生物产业高等教育系列教材（丛书主编：韦革宏）

生物工程设备

（第三版）

主　　编　段开红　万永青
副 主 编　田洪涛　刘　潇　李永丽
参　　编　（按姓氏汉语拼音排序）
包亚莉　冯吉利　黎先发　李国斌
李国光　马婉露　万东莉　张　良

科学出版社
北　京

内 容 简 介

本书为“生物产业高等教育系列教材”之一，内容层次清晰、编排合理，具有规范、实用、新颖等特点。全书共 11 章，主要内容包括绪论、生物工程设备所用基础知识概述、原料处理及灭菌设备、空气预处理及除菌设备、设备和管道的清洗与灭菌、通风发酵设备、厌氧发酵设备、动植物细胞培养反应器及酶反应器、产物分离与提取、生物产品的精制、生物工程公用系统。书后的附录提供了相关计量单位及其换算。书中配有二维码，可扫码获取彩图、视频、拓展阅读等数字资源；同时，本书配套教学课件供使用本书作为教材的高校教师授课参考。

本书可作为农林类、师范类及理工类等高等院校生物工程、生物技术、生物制药、生化工程等专业本科生、研究生的教材，也可供从事相关专业的科研技术人员参考。

图书在版编目（CIP）数据

生物工程设备 / 段开红, 万永青主编. -- 3 版. -- 北京 : 科学出版社, 2024. 11. -- ISBN 978-7-03-080294-1

Ⅰ. Q81

中国国家版本馆 CIP 数据核字第 2024Z7R549 号

责任编辑：王玉时　韩书云 / 责任校对：郑金红

责任印制：赵　博 / 封面设计：马晓敏

科学出版社出版

北京东黄城根北街 16 号

邮政编码：100717

http:// www.sciencep.com

北京华宇信诺印刷有限公司印刷

科学出版社发行　各地新华书店经销

*

2008 年 2 月第　一　版　　开本：787×1092　1/16

2024 年 11 月第　三　版　　印张：16 1/4

2025 年 9 月第二十次印刷　　字数：437 000

定价：69.80 元

（如有印装质量问题，我社负责调换）

丛 书 序

人类社会的发展历程始终伴随着对各类自然资源的开发和利用。生物资源因其具有的易用性、可再生性和功能多样性等特征，在社会生产中扮演着重要角色。随着科技进步，人们基于生物学原理，通过生物技术和生物工程手段，开发出一系列服务于食品、医药、能源、环境等领域的产品与技术，推动了现代生物产业的蓬勃发展。生物产业涵盖农业、畜牧业、渔业、林业、食品、生物医药、生物能源和环境保护等多个领域，已成为21世纪最具创新活力、影响最为深远的新兴产业之一。以生命科学前沿领域的不断创新为主要动力，通过保护性开发与利用生物资源，大力发展生物产业，有助于解决目前人口增长、粮食安全、气候变化和环境污染等全球性挑战，既是我国经济高质量发展的强大助力，也是新质生产力发展的重要增长点。

生物产业的发展关键在于科技创新，这既包括生命科学领域基础理论的突破，也涉及生物技术和生物工程的工艺与设备的革新和升级，是一个横跨多学科的系统性工程。在这一发展过程中，迫切需要大量具备坚实理论基础、创新理念素养和综合实践能力的优秀人才，在生物产业发展的各环节发挥关键性支撑作用。国家和社会发展的这种强烈需求对我国高校的生物相关专业教育教学提出了更高的要求，不仅要夯实基础教学，还要加强知识更新、学科交叉、实践能力培养，以及学科体系的综合性和系统性建设。为此，西北农林科技大学牵头组织福建农林大学、内蒙古农业大学、东北农业大学、湖北大学等多所国内院校的百余位教师，联合科学出版社，合作编写了本套“生物产业高等教育系列教材”，期望以新形态教材建设带动课程建设，通过构建系统化、现代化的教材体系，完善生物产业课程教学体系，满足新兴生物产业发展对创新人才培养的需求。

“生物产业高等教育系列教材”的编写人员均为长期从事生命科学领域教学的一线教师，并且具有丰富的生物产业技术研发与生产实践经验。他们基于自己对生物产业发展历程和趋势的深刻理解，按照本领域课程教学的要求与学生学习的习惯和规律，围绕着生物产业发展这一主线，编写了13本教材，涵盖了从基础研究到技术工艺和工程实践的完整产业体系。其中，《生物化学》《微生物学》《免疫学基础》是对生命学科基础知识的介绍；《细胞工程》《基因工程》《酶工程》《发酵工程》《蛋白质工程》《生物分离工程》是对生物产业发展几个核心工程技术的分别论述；《生物工艺学》和《生物技术制药》介绍了当前生物产业中的核心行业及其关键技术；而《生物工程设备》和《生物发酵工厂设计》则聚焦生物资源产业化过程中至关重要的设备与工厂建设。

“生物产业高等教育系列教材”具备两个突出特点，一是农业特色鲜明，二是形式和内容新颖。农业作为生物产业的重要组成部分，凭借新兴工程技术推动农业现代化，是我国生物产业发展的重要任务之一。本系列教材的编写人员，多数来自农林院校，或者有从事农林相关领域教学和研究的经历。因此，本系列教材在涵盖生命科学基础理论知识和通用工程技术的同时，特别注重现代生物技术在农林牧渔业中的应用，为推动现代农业发展和培养相关领域的人才提供了有力支持。此外，为了丰富教学形式，提升知识更新速度，以及加强实践教学效果，本系列中的多本教材采用了数字教材或纸数融合教材的形式。这种创新形式不仅拓展了教材的内容，也有助于将生命科学领域的最新研究成果与生物产业发展的最新动态实时融入教学过程，从而有效地实现培养创新型生物产业人才的目标。

2024 年 1 月 1 日

第三版前言

生物工程及生物技术是当今发展最快的学科领域，它由发酵工程、基因工程、细胞工程、生化工程及酶工程五大部分组成。生物工程设备是生物工程技术实现规模化、产业化的桥梁和手段。本书针对农林及非工科类高等院校生物技术、生物工程、生物科学、生物制药类专业在机械制图、工程力学、化工原理等工科专业基础课方面较薄弱的特点，在工程教育认证的大背景下，在阐述设备结构理论的基础上，针对设备的设计、选型及应用方面做了重点介绍。

生物工程设备是一门多学科交叉性较强的应用性学科中的主干课程，是将生物技术成果产业化的桥梁。全书分三部分对生物工程设备进行系统阐述。第一部分主要叙述生物工厂的原料处理、空气预处理等上游设备；第二部分主要叙述生物工厂的专业设备；第三部分介绍生物工厂的分离提取精制及公用系统设备。第三版在第二版的基础上，增加了生物工程设备在设计方面的基本知识；在基本知识概述中增加了机械传动；在产物分离与提取之后增加了生物产品的精制。另外，为了便于学生在学习过程中进行相关计量单位的查阅及换算，完善了附录部分。

参与编写本书的老师分别来自农林类、理工类、师范类等高等院校，科研院所及相关企业。他们都长期从事生物工程的教学、科研及实践工作，有着较为丰富的理论基础和实践经验。本书的编写分工如下：第一章由段开红（内蒙古农业大学）和万永青（内蒙古农业大学）编写，第二章由刘潇（金宇保灵生物药品有限公司）和万永青编写，第三章由马婉露（亳州学院）编写，第四章由黎先发（西南科技大学）编写，第五章由万永青和李永丽（内蒙古工业大学）编写，第六章由田洪涛（河北农业大学）编写，第七章由张良（沈阳农业大学）编写，第八章由万东莉（中国农业科学院草原研究所）和刘潇编写，第九章由李国斌（内蒙古农业大学）编写，第十章由李永丽和包亚莉（内蒙古工业大学）编写，第十一章由冯吉利（西北农林科技大学）和李国光（内蒙古农业大学）编写，李国光整理编写了附录。

在编写过程中，编者参阅了大量的国内外先进教材、专著和文献，引用了一些重要的结论及相关图表，在此向各位前辈及同行致以衷心的感谢。本书的编写和顺利出版，得到内蒙古自治区旱寒区植物逆境适应与遗传修饰改良重点实验室建设项目（2023KYPT0016）、内蒙古农业大学“生物技术”国家一流本科专业建设项目及内蒙古玺腾科技发展有限公司的支持，特别是得到了科学出版社的悉心指导和支持，在此表示衷心的感谢。

由于编者水平有限，书中不足之处在所难免，诚挚地希望各位专家和同行及广大读者给予批评指正，以便再版时修订。

编　者

2024 年 9 月

《生物工程设备》（第三版）教学课件索取单

凡使用本书作为授课教材的高校主讲教师，可获赠教学课件一份。欢迎通过以下两种方式之一与我们联系。

1. 关注微信公众号“科学 EDU”索取教学课件

扫码关注 →“样书课件”→“申请流程说明”

2. 填写以下表格，扫描或拍照后发送至联系人邮箱

姓名：	职称：	职务：
手机：	邮箱：	学校及院系：
本门课程名称：	本门课程每年选课人数：	
您对本书的评价及修改建议：		

联系人：王玉时 编辑　　电话：010-64034871　　邮箱：wangyushi@mail.sciencep.com

目　　录

第一章 绪 论

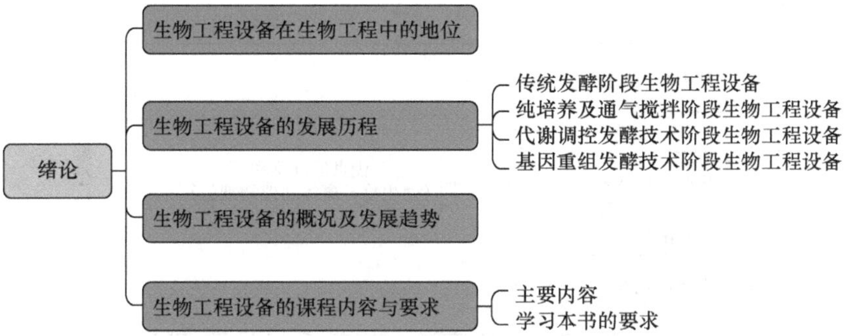

生物工程设备是现代生物技术与工程学原理相交叉的，用于介绍生物工程领域各相关设备的一门课程，是将生物工程领域的技术科学研究成果产业化的桥梁。生物工程设备是伴随着生物技术的传统发酵、纯培养及通气搅拌、代谢调控、基因重组 4 个阶段发展的，同时生物工程设备水平的提高又促进了生物技术在产业化的发展建设中不断优化。

一、生物工程设备在生物工程中的地位

生物工程（bioengineering）是指利用生物体系，应用先进的生物学和工程学原理，通过加工（或不加工）底物原料为人类提供所需产品（或社会服务）的一种新型跨学科技术。这里的生物体系包括植物、动物、微生物，社会服务如环境保护、生态保护。生物工程包括基因工程、细胞工程、发酵工程、酶工程、生化工程 5 个方面。生物工程体系是广义的，而生物技术可以认为是狭义的生物工程，后者将技术定义为工艺操作方法和技能。

生物工程是化学工程中各有关单元操作结合了生物特点的一门学科。生物工程中各单元操作与化学工程中各单元操作相比，除了具有特殊本质，它们还有共同本质。所以要掌握生物工程的特殊规律，首先必须对化学工程与生物工程的共同本质有所认识。生物工程的反应、工艺及过程都是物料以不同的物理状态在特定的设备内完成的。

所谓设备，就是进行某种工作或满足某种需要的成套机器或物品，如化工设备、机械设备、实验设备等。生物工程设备（bioengineering equipment）是生物工程类工厂或实验室为生物反应提供的最基本也是最主要的能够完成特定生物反应工艺过程的专门技术装备或设施，即为生命体完成一定生物反应过程所提供的特定环境。

生物工程设备是生物技术成果产业化的桥梁。只有通过生物工程设备才能构建高效、低碳

的生物转化工艺流程和装备体系，从而完成科学研究成果向生产力的转化。所有的生物技术产业化的目的都必须通过相关的设备来实现，设备必须为实现特定的生物反应工艺过程服务。因而，它必须满足该工艺过程的基本要求，如一定的容积、足够的机械强度、良好的抗腐蚀性能及工艺参数的调控系统，同时要便于维修，保证操作安全。

通常以生物反应器为核心将生物生产过程分为上、中、下游三部分。上游生物技术的主要任务是构建或选育出稳定、优良的生产菌种（组织、细胞、酶）；而中、下游生物技术的任务是设计经济上合理、理论上正确、技术上可行、操作上安全、绿色低碳的一整套生物过程与设备体系，包括原料组分分离，培养基配制与灭菌，无菌空气制备，细胞株种子扩大培养，生物反应器培养生产，产物的提取、分离和纯化等。这些操作设计是建立在生物工程原理上的，而操作过程是通过生物工程设备来实现的。生物生产过程的上、中、下游技术与生物工程设备之间的关系如图 1-1 所示。

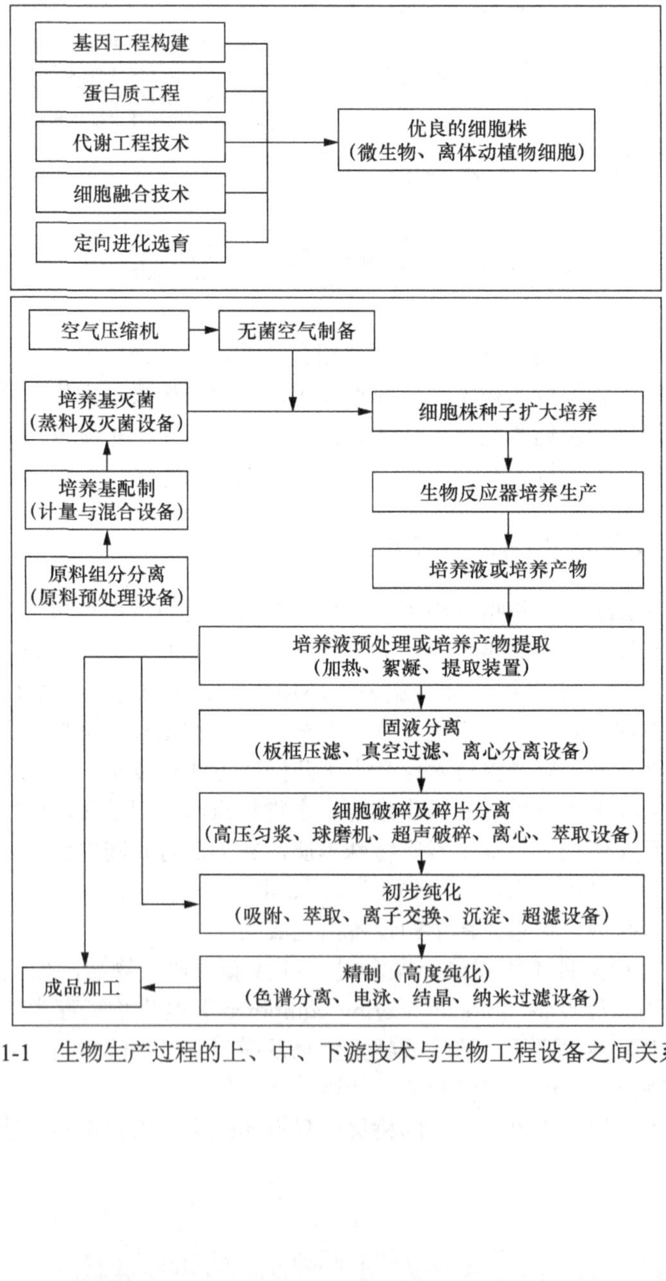

图 1-1 生物生产过程的上、中、下游技术与生物工程设备之间关系示意图

二、生物工程设备的发展历程

生物工程设备是伴随着生物技术的发展而发展的，同时生物工程设备水平的提高又促进了生物技术在产业化的发展建设中不断优化。按照时间的推移，生物工程设备的发展大体经历了以下4个阶段。

1. 传统发酵阶段生物工程设备 虽然数千年以前，微生物的存在及性质尚未被人们所认识，但人类已经在利用自然接种的方法进行发酵制品的生产，主要产品有酒、醋、啤酒、干酪、酸乳等，不过也仅仅是家庭式或作坊式的手工生产。古埃及人虽然早已会酿造啤酒，但直到17世纪才能在容量为1500桶（1桶相当于136L）的木质大桶中进行第一次真正的大规模酿造。有资料记载，1757年已应用温度计，早在1801年就有了原始的热交换器。这一阶段的发酵过程多数属于厌氧性和兼性厌氧发酵，而且不是纯种培养，凭经验传授技术和产品质量不稳定是这个阶段的特点。这个阶段也称为自然发酵阶段。

虽然这个阶段的发酵理论尚未形成，生产形式均以作坊式为主，但从设备角度来看，已能够满足工艺要求。这个阶段的设备可称为设施或器具，如陶罐、瓦罐、瓷罐、甑锅、石磨、木桶、泥池等。其特点是：结构简易，效率低下，劳动强度大，机械化程度低，造价低，制造容易，材料粗，动力主要包括人力、畜力、水力、风力等，处于设施性器具阶段。

2. 纯培养及通气搅拌阶段生物工程设备 1667年，荷兰的列文虎克（Antonie van Leeuwenhoek）首先发明了显微镜，认识到微生物的存在。1857年，微生物学的鼻祖、以“发酵学之父”美誉著称的法国人巴斯德（Louis Pasteur）首次证明了乙醇发酵是由酵母引起的，发酵现象是由微生物所进行的化学反应而产生的，而且不同的发酵与微生物的种类有关。在巴斯德之后，德国的科赫（Robert Koch）建立了微生物分离纯化和纯培养技术。微生物纯培养技术的逐步确立，开创了人为控制微生物的时代。而且随着发酵调控水平的提升，发酵生产过程出现的腐败现象显著减少，后来又采用了杀菌技术，发明了简便的密闭式发酵罐，从而使得发酵效率逐步提高。另外，还随之发展了以乙醇发酵为代表的厌氧发酵工程技术。1929年，英国的弗莱明（Alexander Fleming）发现了青霉素；1940年，英国的弗洛里（Haward Florey）及钱恩（Ernst Boris Chain）两位博士精制分离出了青霉素，并确认青霉素对伤口感染具有奇迹般的疗效。20世纪40年代，随着青霉素的发现和大量生产的成功，人们同时又引进了用摇瓶进行实验室通风培养、用纤维过滤进行高效率的空气灭菌、$5m^3$机械搅拌发酵罐、离心萃取技术及冷冻干燥机，好氧性发酵通气搅拌工程技术也逐渐建立。抗生素工业的兴起，不仅使微生物被应用到医药工业方面，同时还极大地促进了微生物工业的发展，开创了发酵工业的新时代。

通风搅拌发酵技术的建立标志着现代生物工程设备和传统设备均可以满足相应的工艺要求。同时化学工业、冶金、材料、机械、电子等相关行业的发展，不同程度地影响、提高了生物工程设备的技术装备水平，从传统的能够满足工艺要求向高效、低耗的方向转变，实现了真正意义上的生物工程设备。在这个阶段，由于化学工程工作者参与了生物反应过程的开发，在理论和实践相结合的基础上，生化工程随之诞生。至此，发酵工程在微生物学、生物化学和生化工程的三大学科基础上迅速形成一个完整的体系，进而促进了抗生素工业、酶制剂工业和有机酸工业的大力发展。这个阶段设备的特点如下：结构较为复杂，能够满足工业生产的要求，生产效率及机械化、自动化程度均有所提高。

3. 代谢调控发酵技术阶段生物工程设备 随着生物化学、微生物生理学及遗传学的深入发展，对微生物代谢途径和氨基酸生物合成的研究不断深入，人类开始利用代谢调控的手段进行微生物菌种的选育和发酵条件的控制。

20 世纪 50 年代出现了利用微生物突变株发酵生产的氨基酸、核酸，通过遗传突变有目的地控制微生物所具有的一系列代谢反应途径，建立了现代代谢调控发酵技术。同时，对通气搅拌生物反应器进行了改良，发展出了气升式生物反应器，并研制出多种新型分离介质，如新型树脂材料、超滤膜等。这个阶段的发酵设备向着大型化、自动化方向发展，搅拌发酵罐已达 $500m^3$，气升式发酵罐已达 $2000m^3$，常用的发酵罐也达到 $20\sim120m^3$。生产的产品种类繁多，从初级代谢产物到次级代谢产物。原料预处理、产物分离和提取等配套技术装备在此阶段也得到了长足的发展。

4. 基因重组发酵技术阶段生物工程设备 发酵工业的最新技术进步主要表现在可以采用以分子生物学为核心的现代生物技术手段方面，构建基因工程菌，实现原有微生物发酵工业的发酵水平大幅度提高或诞生新型发酵产业，即采用基因工程菌生产原有微生物所不能生产的新的代谢物质。这一阶段主要是指 20 世纪 70 年代以后，由于 DNA 体外重组技术的建立，发酵工业进入了一个崭新的阶段，即以基因工程为中心的时代。

在此阶段，生物技术过程和生物工程设备都得到迅速提高和发展。例如，针对基因工程菌的特点而研制出了超声细胞破碎和高压匀浆等一系列新技术、新设备，这些新技术与新设备的应用使得更多的发酵产品能进行规模化发酵生产，被应用到医学卫生、农林牧渔、轻工食品、化工、能源和环境等众多领域。原料预处理、发酵过程、产物分离和提取等配套技术装备在此阶段也向绿色、低碳、高效的方向发展。

总之，生物技术的进步推动了生物工程设备的发展，而生物工程设备水平的提高又会促使生物技术前进。

三、生物工程设备的概况及发展趋势

生物工程设备主要包括生物反应器、生物反应物料处理及产物分离纯化设备。随着微生物工业的发展，生物工程设备也在不断发展、进步。欧美国家及日本的微生物工业规模大、产值高、产品众多，生物工程设备也较为先进。较为著名的生物工程设备制造企业有德国贝朗公司（Braun）、法国宝乐菲公司（Biolafitte）、瑞士比欧公司（Infors）、日本丸菱株式会社（B. E. Marubishi）等。我国在生物工程设备制造加工领域，由于起步晚、基础薄弱、条件较差，与世界先进国家相比，还存在一定的差距。近年来，随着我国微生物工业的发展，生物工程设备也在不断发展。

目前生物工程设备的研究制造已经取得了重大进展，如已经应用到生产领域的大型自控发酵罐、动植物生物反应器、微生物固态发酵反应器，以及更适合规模化生产应用的分离提纯设备。但现有的装备在材料、设计及效果等方面均远未达到理想程度。例如，反应器材料的生物相容性、培养细胞的密度及时间、细胞间的气体及物质交换、分离提取的效率等均需较大程度地改进。

今后生物工程设备的发展方向主要集中在以下 4 个方面：①开发符合上述要求的新型材料；②改进反应器设计，使之在流体力学及几何学等方面更接近生理状态，并根据某种菌株、组织、细胞的培养过程或细胞的某种培养方式，开发动植物细胞专用反应器；③将反应器培养技术、现代仪器分析手段和智能专家控制系统进行集成，实现植物组织大规模培养过程的自动优化与控制；④开发出适合不同产物的分离提取且可提高分离提取效率的生物工程设备。随着这一领域研究的不断深入及相关学科的飞速发展，我们有理由相信关于智能反应器的研究可能会在未来数年内取得突破性进展。

四、生物工程设备的课程内容与要求

1. 主要内容 就课程体系而言，生物工程课程的主要内容应由生物工程工艺原理与生物工程设备组成。本课程是农业类院校生物技术、生物工程、生物制药、生化工程等专业的专业必修课。本书结合农业类院校的特点，在内容及其与其他专业基础课程的衔接上作了针对性调整。全书共 11 章，分别为绪论、生物工程设备所用基础知识概述、原料处理及灭菌设备、空气预处理及除菌设备、设备和管道的清洗与灭菌、通风发酵设备、厌氧发酵设备、动植物细胞培养反应器及酶反应器、产物分离与提取、生物产品的精制、生物工程公用系统。本书内容侧重于生物反应器和原辅料处理及产物分离纯化设备等的论述。

2. 学习本书的要求 生物发酵工业生产中，生物工程设备的优劣是整个生产过程的关键，直接影响产品的质量和经济效益。生物工程设备的研究对象应包括从原料处理到最终产品获得的整个过程，包括原材料的粉碎、分选，培养基的灭菌，发酵过程的控制，产品分离纯化设备等内容，其中涉及化工原理、发酵工程工艺原理、工程制图、机械零件设计、发酵下游工程、生化工程等方面的问题。

学生在学习本课程的过程中应注意以下要求。

1）学生通过系统学习，树立生物工程设备是生物技术产业化桥梁的工科理念。

2）要深刻理解设备运行的机械原理，一环扣一环的逻辑过程；并且与工程制图、材料力学、化工原理、发酵工程工艺原理等课程的相关知识相融合，为生物发酵工厂设计课程中的设备选型奠定基础。

3）对目前已形成工业化规模生产的非标专业设备，要重点掌握其结构、性能及设计改进的方向；对传统设备的发展过程，国内外生物工程设备发展差距，以及未来生物工程设备的发展趋势要有所了解，并尝试提出个人的见解。

在学习方法上，要求学生结合生产实际，在学习发酵工程工艺原理的基础上，掌握其共性的规律，也要熟悉特殊的生物工程设备，同时还要加强工程技术和设备生产制造方面的实习实训。只有这样，才能达到举一反三的目的，能够理论联系实际，分析和解决有关生物工程设备方面的具体问题，才能进一步提高科学研究和设备设计、选型的能力。

小 结

本章简要介绍了生物工程设备在生物工程中的地位、发展的历程及趋势等内容，并整体介绍了本书的内容及其学习方法，供学生及相关技术人员参考。通过本课程的学习，学生可逐步树立生物工程设备是生物技术产业化桥梁的工科理念，奠定生物工程设备方面的基础，进一步提高设备设计、选型的能力。

复习思考题

1. 简述生物工程设备的发展历程。
2. 简述生物工程设备的发展趋势。

3. 简述本课程的内容与学习要求。

主要参考文献

陈国豪，俞俊棠. 2007. 生物工程设备. 北京：化学工业出版社.
段开红. 2017. 生物工程设备. 2 版. 北京：科学出版社.
黄儒强，黄继红. 2023. 生物工程设备. 北京：科学出版社.
陶兴无. 2017. 生物工程设备. 北京：化学工业出版社.
朱明军，梁世中. 2020. 生物工程设备. 3 版. 北京：中国轻工业出版社.

第二章　生物工程设备所用基础知识概述

- 生物工程设备所用基础知识概述
  - 工程力学基础
    - 力的概念及基本性质
      - 力的概念
      - 力的基本性质
        - 二力平衡定律
        - 作用力与反作用力定律
        - 力的平行四边形法则
    - 力矩与力偶
      - 力矩的概念
      - 力偶的概念
    - 约束和约束力的概念
    - 工程中常见的约束种类
      - 柔性约束
      - 光滑接触面约束
      - 固定铰链支座约束
      - 活动铰链支座约束
      - 固定端支座约束
    - 物体的受力分析与受力图
      - 受力分析
      - 受力图
    - 构件变形的基本形式
      - 轴向拉伸和压缩
      - 剪切
      - 扭转
      - 弯曲
    - 轴向拉伸和压缩时杆件的应力与应变
      - 应力
      - 应变
      - 轴向拉伸和压缩的强度条件
  - 生物工程设备材料
    - 设备所用材料的分类
      - 金属材料：碳钢、铸铁、不锈钢、有色金属材料
      - 非金属材料
        - 无机非金属材料
        - 有机非金属材料
      - 复合材料
    - 设备材料的基本力学性能：强度、硬度、塑性、冲击韧性
    - 设备材料的物理性能：密度、熔点、热膨胀性、导热性、导电性、磁学性能、光学性能
    - 设备材料的化学性能：耐蚀性、抗氧化性
    - 设备材料的加工性能
      - 铸造性
      - 可锻性
      - 焊接性
      - 可切削加工性
      - 热处理工艺性
    - 生物工程设备材料的选用
      - 材料选用时要考虑的因素
        - 使用性能因素
        - 工艺性能因素
        - 经济性因素
        - 环境因素
      - 材料的选用内容
        - 化学成分及组织结构
        - 材料的加工工艺
  - 机械传动
    - 带传动
      - 带传动的失效形式
      - V形带的布置、使用和维修
    - 链传动
      - 链传动的失效形式
      - 链传动的布置和张紧装置
    - 齿轮传动
      - 直齿圆柱齿轮
        - 直齿圆柱齿轮各部分的名称及符号
        - 直齿圆柱齿轮的模数
      - 齿轮轮齿的失效形式
        - 轮齿折断
        - 齿面磨损
        - 齿面点蚀
        - 齿面胶合
      - 齿轮材料

现在越来越多类型的反应器及其他设备被广泛应用在生物工程类实验室或工厂中，任何设备在工作时，都要受到各种各样外力的作用，而这些设备在外力作用下都要产生一定程度的变形，所以在学习生物工程设备前，必须要了解并掌握一定的工程力学基础、设备所用材料及机械传动等相关知识，避免在使用过程中超出设备最大形变范围，保证设备正常工作。

第一节　工程力学基础

一、力的概念及基本性质

（一）力的概念

力是物体间的相互机械作用，这种作用使物体的运动状态发生变化，同时使物体的形状发生改变。也就是说，力的作用结果产生两种作用效应，分别称为运动效应（外效应）和变形效应（内效应）。

单个力作用于物体时，既会引起物体运动状态改变，又会引起物体变形。两个或两个以上的力作用于同一物体时，则有可能不改变物体的运动状态而只引起物体变形。当出现这种情况时，则称物体处于平衡。这表明作用于该物体上的几个力的外效应彼此抵消。

力对物体作用的效应取决于力的三个因素：力的大小、力的方向和力的作用点，其中任何一个有了变化，力的作用效果也必然改变。力的大小表明物体间机械作用的强烈程度。通常采用国际单位制（SI）来度量力的大小，力的单位是“牛顿”（N）和“千牛顿”（kN）；力是矢量，力的方向是指它在空间的方位和指向；力的作用点是指力在物体上的作用位置。通常用带箭头的线段来表示力，线段的长度表示力的大小，箭头所指的方向表示力的方向，线段的起点或终点画在力的作用点上。

力作用的理想情况可分为集中力或分布力：当力的作用面积小到可以不计其大小时，就抽象为一个点，这个点就是力的作用点，而这种作用于一点的力则称为集中力；当作用力分布在有限的面积或体积内时，称为分布力。分布力的分布规律一般比较复杂，需要作简化处理，然后再进行分析计算。作用在一条线上的分布力，其单位是 N/m 或 kN/m。

（二）力的基本性质

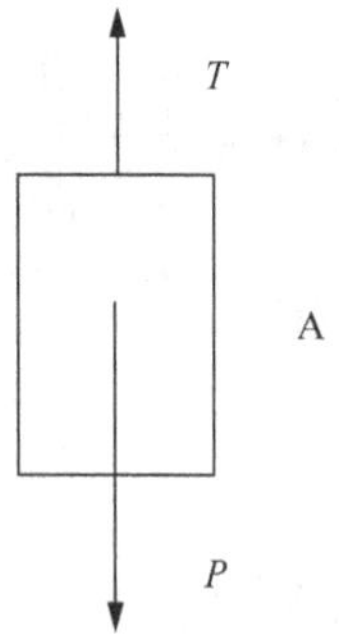

图 2-1　起吊重物受力分析

1. 二力平衡定律　作用于同一物体上的两个力使物体平衡的必要与充分条件是：两个力作用在同一直线上，大小相等，方向相反。这一性质也称为二力平衡定律。

仍以起吊重物为例，重物 A 受到两个力的作用，即向下的重力 P 和向上的拉力 T，它们的方向相反，沿同一直线，如图 2-1 所示。当物体停止在半空中或做匀速直线运动时，这时物体处于平衡，即 $T=P$。由此可以知道，作用于同一物体上的两个力处于平衡时，这两个力总是大小相等、方向相反，并且作用在同一直线上。这就是二力平衡定律。

二力平衡定律对刚体而言，既是必要条件又是充分条件；而对于非刚体而言，这个条件虽必要但不充分。例如，当柔软的绳索受到两个等值反向的拉力作用时可以平衡，但受到两个等值反向的压力作用时就不能平衡。

2. 作用力与反作用力定律　两物体间相互作用的力称为作用力与反作用力。作用力与反作用力总是同时存在的，并且大小相等、方向相反、沿着同一条直线，分别作用在两个相互作用的物体上。作用和反作用定律揭示了自然界中物体间相互作用力的关系，作用力与反作用力必然永远是同时产生，同时消失，而且一旦产生，它们的大小必相等，方向必相反，且作用线必相同。这就是作用力与反作用力定律。

3. 力的平行四边形法则　力的平行四边形法则是反映同一物体上力的合成与分解的基本规则。作用在同一物体上的相交的两个力，可以合成为一个合力，合力的大小和方向由以这两个力的大小为边长所构成的平行四边形的对角线确定，即

$$R = F_1 + F_2 \tag{2-1}$$

这个规则称为力的平行四边形法则，如图 2-2 所示。

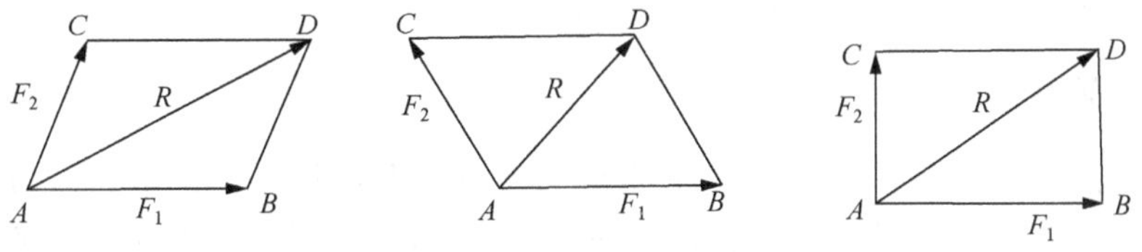

A　B　C

图 2-2　力的平行四边形法则

A. 锐角方向合力图示；B. 钝角方向合力图示；C. 直角方向合力图示

从力的平行四边形法则中不难看出，一般情况下，合力的大小不等于两个分力大小的代数和。它可以大于分力，也可以小于分力，有时合力还可以等于零。

力不但可以合成，根据实际需要，还可以把一个力分解为两个分力。分解的方法仍是应用力的平行四边形法则。例如，搁置在倾斜角为 α 的斜面上的重物，它的重力 P 就可以分解为与斜面平行的下滑力 P_x 和垂直于斜面的正压力 P_y，如图 2-3 所示，正是这个下滑力 P_x 使得物体有向下滑动的趋势。

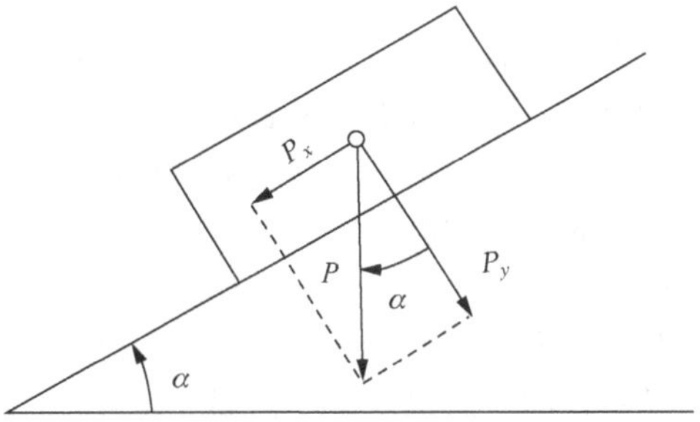

图 2-3　力的分解

平行四边形法则是力系简化的最基本法则，它表达了最简单情况下合力和分力之间的关系，是力系合成与分解的基础。

二、力矩与力偶

（一）力矩的概念

在一般情况下，作用在物体质心以外的力可使物体产生移动，同时也可使物体产生相对于质心的转动。力对物体的转动效应，可以用力矩来度量。在生产实践中，人们利用了各式各样的杠杆，如撬杠、秤等，这些不同的杠杆都利用了力矩的作用。由实践经验可知，用扳手拧螺母时，在力 F 的作用下，扳手和螺母一起绕螺栓的中心线转动。因此，力使物体转动的效果，

不仅取决于 F 的大小，而且与力的作用线到 O 点的距离 d 有关，如图 2-4 所示。

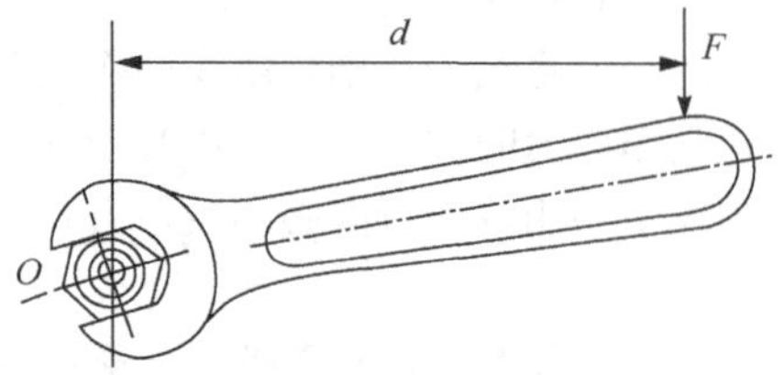

图 2-4 力矩示意图

力矩被定义为力矢的模与力臂的乘积，是一个代数量。O 点称为力矩中心；力的作用线到 O 点的垂直距离 d 称为力臂，力矩 M_0（F）可用式（2-2）表示：

$$M_0(F)=\pm F \cdot d \tag{2-2}$$

力矩的单位为 N·m 或 kN·m。式中，正负号表示力矩转动的方向，一般规定：逆时针转动时力矩取正号，顺时针转动时力矩取负号。

由此可见，同一力 F 对不同点的矩显然是不同的，即力矩矢量 M_0（F）与矩心的位置有关。因此，力矩矢量是定位矢量，只能画在矩心 O 点处。如果物体上有若干个力，当这些力对力矩中心的力矩代数和等于零，即 $\Sigma M_0(F)=0$ 时，原来静止的物体，就不会绕力矩中心转动。

（二）力偶的概念

等值、方向相反的两个平行力 F 与 F' 组成的力系，称为力偶，常用符号（F，F'）表示。力偶中两力作用线间的距离称为力偶臂，力偶所在的平面称为力偶作用面，力偶中力的大小与力偶臂长度的乘积称为力偶矩，力偶矩是力偶对物体转动效应的度量。力偶矩的单位与力矩的单位一样，也为 N·m 或 kN·m。

若用 m 表示力偶的力偶矩，力偶臂为 l，则有

$$m=\pm F \cdot l \tag{2-3}$$

因此力偶矩和力矩一样，也可以用一个代数量表示，其数值等于力偶中一力的大小与力偶臂的乘积，正负号则分别表示力偶的两种相反转向，若规定逆时针转向为正，则顺时针转向为负。这是人为规定的，作与上述相反的规定也可以。

力偶是一种最简单而又特殊的力系，力偶是由两个力组成的，它对物体的作用效应，就是这两个力分别对物体作用效应的叠加。由于组成力偶的两个力大小相等、方向相反，它们的矢量和必为零，它们在任一轴上投影之和也必为零，即力偶对物体没有平移效应，而只有使物体转动的效应。这也表明，力偶不可能和一个力等效，也不可能存在合力，因此不能用一个力去平衡它，力偶只可能和力偶等效或成平衡。

三、约束和约束力的概念

如果物体只受主动力作用，而且能够在空间沿任何方向完全自由地运动，则称该物体为自由体，如在空中飞行的飞机、炮弹等；如果物体的运动在某些方向上受到了限制而不能完全自由地运动，那么称该物体为非自由体，如桌面上放置的书、用绳子悬挂而不能下落的重物等。

限制非自由体运动的物体称为约束。约束是以物体相互接触的方式构成的，如上述桌面和绳子就是书和重物的约束。约束对物体的作用称为约束力或约束反力。与约束力相对应，能主动地使物体运动或使物体有运动趋势的力，称为主动力，如重力、水压力等。物体所受的主动力一般是已知的，而约束力是未知的。约束力作用在约束与物体的接触处，其方向总是与约束所能阻止物体的运动方向相反。

当非自由体的运动受到它的约束限制时，在非自由体与其约束之间就要产生相互作用的力，这时约束作用于非自由体上的力称为该约束的约束反力。当一个非自由体同时受到几个约

束的作用时，那么该非自由体就会同时受到几个约束反力的作用。如果这个非自由体处于平衡，那么这几个约束反力对该非自由体所产生的联合效应必正好抵消主动力对该物体所产生的外效应，所以约束力的方向必定与该约束限制的运动方向相反。应用这个原则，可以确定约束力的方向或作用线的位置。至于约束反力的大小，则需要用平衡条件求出。

四、工程中常见的约束种类

工程中的各种约束，可以归结为以下几种基本形式。

（一）柔性约束

由柔软的绳索、链条或皮带等构成的约束称为柔性约束。这类约束只能阻止物体沿着绳索、链条或皮带等伸长的方向运动，而不能阻止其他方向的运动。

（二）光滑接触面约束

当两物体接触面间的摩擦力很小，可以忽略不计时，就构成了光滑接触面约束。这类约束是由光滑支承面如滑槽、导轨等所构成的。接触面的接触形式一般有面与面接触、点与面接触、点与线接触三种形式。

（三）固定铰链支座约束

若将构件用圆柱形光滑轴销（3）与固定支座（1）连接，就称该支座为固定铰链支座，简称铰链支座，如图 2-5 所示。铰链支座既不能阻止构件的转动，也不能阻止构件沿轴销轴线方向的移动，只能阻止构件在垂直轴销的平面内移动。在运动过程中，铰链（2）对轴销（3）施加了 N_x 和 N_y 的作用力。固定铰链支座是工程中常用的约束形式。

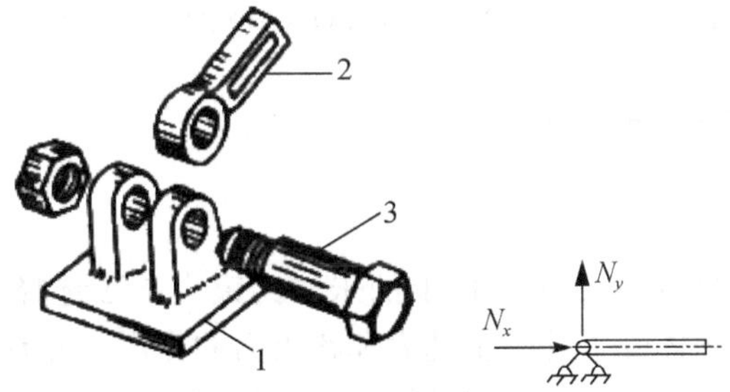

图 2-5　固定铰链支座约束

1. 支座；2. 铰链；3. 轴销。N_x、N_y 分别代表约束反力在水平方向和垂直方向的分力。固定铰链支座约束物体时，不能确定约束反力的具体方向，但可以知道其作用线一定通过铰链中心。为了便于分析，将约束反力分解为水平方向的 N_x 和垂直方向的 N_y

（四）活动铰链支座约束

如果在固定铰链支座下装上几个辊轴，使支座可以沿支承面移动，就构成了活动铰链支座，也称为辊轴支座，如图 2-6 所示。活动铰链支座能限制物体沿着支承面法线方向的运动，但不能限制物体沿着支承面切线方向的运动，受作用力 N 完成限制功能，也不能限制物体绕轴销轴线的转动。

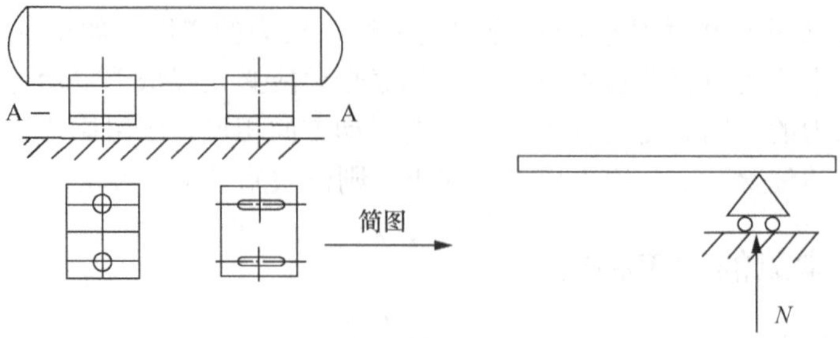

图 2-6 活动铰链支座约束

（五）固定端支座约束

若将构件的一端与静止的物体紧密相连，构件既不能移动，也不能转动，就称为固定端支座。这类约束是限制被约束物体的，被约束的一端完全固定。例如，悬臂式管道托架的一端插入墙内，另一端为自由端，墙对托架也起到固定端约束的作用，如图 2-7 所示。

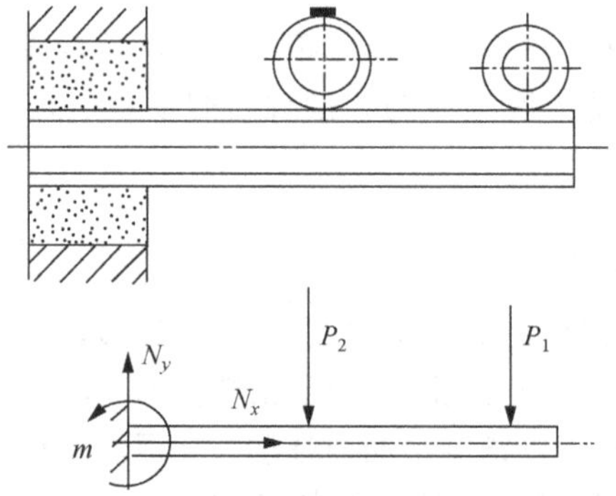

图 2-7 固定端约束的托架

墙体对托架固定时，给托架的作用力可以分解为向上的 N_y 和向右的水平力 N_x。能支撑托架上放置的重物 P_1 和 P_2

五、物体的受力分析与受力图

（一）受力分析

在工程力学中，为了求出作用于物体上的未知约束力，应选择一个或几个物体为研究对象，分析受力情况，确定物体受了几个主动力和约束力的作用，并判定每个力的作用位置和作用方向。这种对物体所受的力进行分析的过程，称为物体的受力分析。只有在对物体进行受力分析的基础上，才能进一步应用平衡方程求解未知约束力。

作用在物体上的主动力，按其作用方式有体积力和表面力两种。体积力是连续分布在物体内各点处的力，如均匀物体的重力，单位是 N/m^2 或 kN/m^2；表面力常是在接触面上连续分布的力，如内压容器的压力等，单位是 N/m^2 或 kN/m^2；如果被研究物体的横向尺寸比长度小很多，则均用线分布力度量其体积力和表面力大小，单位是 N/m 或 kN/m。两个直接接触的物体在很小的接触面上互相作用的分布力，可以简化为作用在一点上的集中力，如化工管道对托架的作用力，单位是 N 或 kN。未知外力主要指约束力。

（二）受力图

为了清晰地分析与表示构件的受力情况，需要将研究的构件（研究对象）从与它发生联系的周围物体中分离出来，把作用于其上的全部外力（包括已知的主动力和未知的约束力）都表示出来。这样作出的表示物体受力情况的简图称为受力图。

画物体受力图是解决力学问题的基本环节，其具体过程如下：①取隔离体。根据所分析问题的具体要求，选择受力分析对象，画出隔离体的轮廓图。②画上约束力。根据约束的性质，正确地画出所有的约束力。③画上主动力。画出隔离体上的所有主动力。④只画外力，不画内力。若研究对象不是单独一个物体，而是由几个物体组成的物体系时，要分清内力与外力。物体系以外的其他物体对物体系的作用力，称为外力；物体系内部各物体之间的相互作用力，称为内力。物体系中的内力是成对出现的，不必画出，只画作用在物体系上的外力。

例如，图 2-8 所示为焊接在钢柱上的直角三角形钢结构管道支架（其中一个锐角为 α），上面铺设三根管道结构简图，BC 杆的受力分析见图 2-8C，AB 杆的受力分析见图 2-8B，A 点的受力分析见图 2-8D，若以整体为研究对象，画出来的受力图如图 2-8E 所示。P 代表管道向下的压力，a 代表管道中心距支点 A 的距离，b 代表 A 点到 C 点的距离；x、y 分别代表水平和垂直方向，N 代表三角形斜边的支撑。

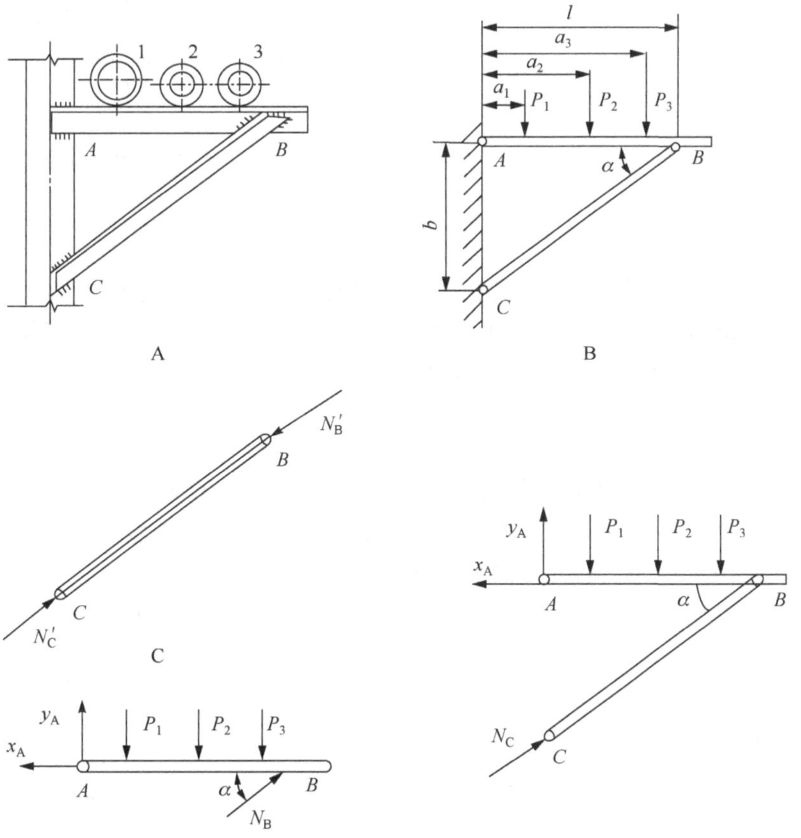

图 2-8　三角形钢结构管道支架受力分析

六、构件变形的基本形式

作用在构件上的外力是多种多样的，因此，构件的变形也是各种各样的。不过这些变形的基本形式通常可以归结为以下 4 种。

（一）轴向拉伸和压缩

轴向拉伸和压缩变形是构件基本变形之一，轴向拉伸或压缩变形的受力特点是：构件两端受一对沿着杆轴线、大小相等、方向相反且共线的外力作用。当两个外力相互背离构件时（如图 2-9A 中拉力 F_p），构件受拉而伸长，称为轴向拉伸；当两个外力相互指向构件时（如图 2-9B 中压力 F_p），构件受压而缩短，称为轴向压缩。

（二）剪切

当杆件受到作用线与杆的轴线垂直，而又相距很近的大小相等、方向相反的两个力作用时，杆上两个力中间的部分，各个截面将互相错开，这种变形称为剪切变形。图 2-10 所示为一铆钉联结，在力 F_p 作用下，铆钉即受到剪切。机械中常用的零件如键、轴销、螺栓等都产生剪切变形。

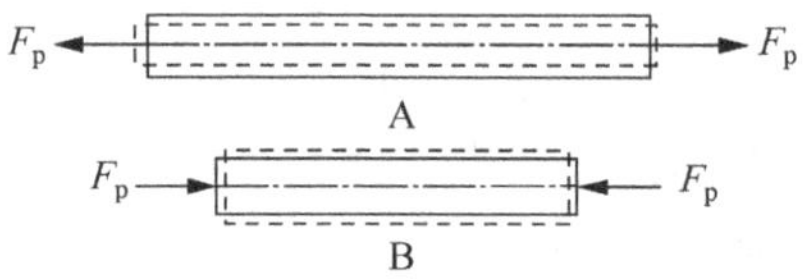

图 2-9 拉伸（A）与压缩（B）

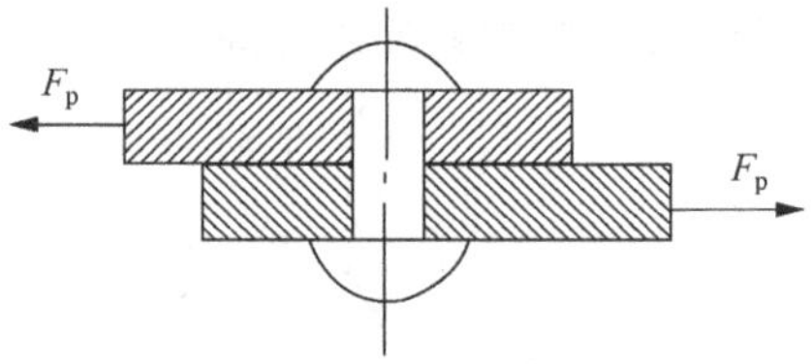

图 2-10 剪切

（三）扭转

在一对转向相反、作用面垂直于杆轴线的外力偶作用下，构件将产生扭转变形，即构件的横截面绕轴线发生相对转动。如图 2-11 所示，传动轴在外力 M_e 作用下发生扭转变形。汽车的凸轮胎、电机和水轮机的主轴，都是主要发生扭转变形的构件。

（四）弯曲

在一对转向相反、作用面在构件的纵向平面内的外力偶作用下，构件将发生弯曲变形，变形后的轴线成为曲线，这种情况称为构件的弯曲。图 2-12 所示的轮轴，在外力 F_T 作用下发生弯曲变形。在工程中，受弯杆件是最常遇到的情况。

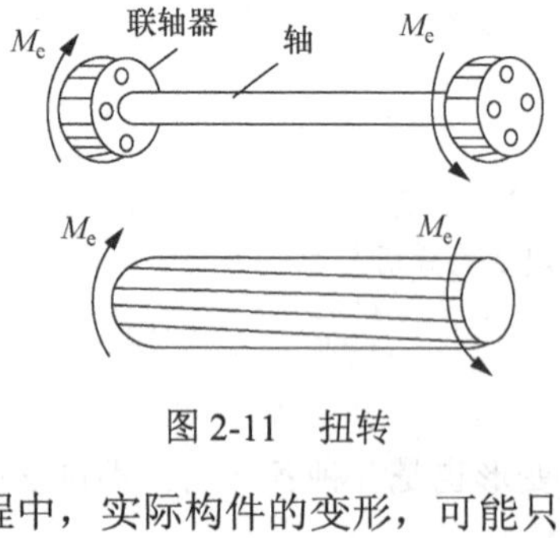

图 2-11 扭转

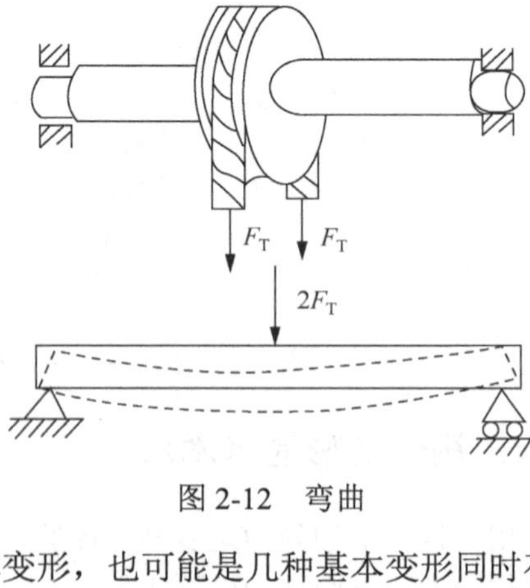

图 2-12 弯曲

工程中，实际构件的变形，可能只是某一种基本变形，也可能是几种基本变形同时存在的组合变形。

关于基本变形的强度，后面进行讨论。本节首先讨论直杆的拉伸与压缩。

实际工程中直杆拉伸和压缩的实例是很多的。例如，起吊设备时的绳索和连接容器（图 2-13A）法兰用的螺栓（图 2-13B），它们所受的作用力都是拉伸的实例（受拉伸力 P 的作用）；容器的立式支腿（图 2-13C）（受压缩力 P 的作用）和千斤顶的螺杆，则是受压缩的构件。

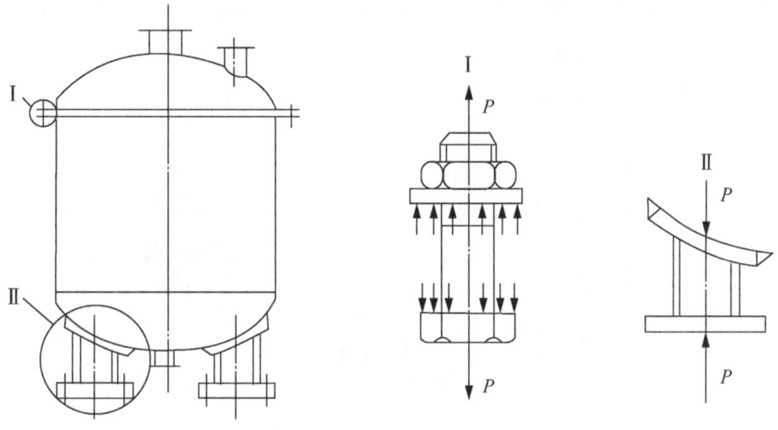

图 2-13　拉伸和压缩的实例

A. 容器及支座；B. 螺栓；C. 立式支腿

拉伸和压缩时的受力特点是：沿着杆件的轴线方向受到一对大小相等、方向相反的外力的作用。当外力背离杆件时称为轴向拉伸，外力指向杆件时称为轴向压缩。

拉伸和压缩时的变形特点是：拉伸时杆件沿轴向伸长，横向尺寸缩小；压缩时杆件沿轴向缩短，横向尺寸增大。

七、轴向拉伸和压缩时杆件的应力与应变

（一）应力

受外力作用后，物体内部相互作用力的情况要发生变化，同时物体要产生变形，这种由外力引起的物体内部相互作用力的变化量称为附加内力，简称内力。实践证明，用相同材料制成的粗细不同的杆件，在相同的拉力作用下，细杆比粗杆易断。可见强度问题除了与内力有关，还与构件的横面面积有关。为了表示物体内某点处内力分布的强弱程度，消除截面面积大小的影响，必须研究构件在外力作用下的内抗力，可将其命名为应力。

杆件受拉伸时的内力在横截面上是均匀分布的，它的方向与横截面垂直。这些均匀分布的内力的合力为 N。如横截面面积为 A，则作用在单位横截面面积上的内力的大小为

$$\sigma=\frac{N}{A} \tag{2-4}$$

式中，σ 为截面上的正应力，方向垂直于横截面。

应力的单位在国际单位制中是 N/m^2（牛顿/米^2），称帕斯卡（简称帕，用 Pa 表示）。应力是单位面积上的内力，它的大小可以表示内力分布的密集程度。用相同材料制成的粗细不同的杆件，在相等的拉力作用下，细杆易断，就是横截面上的正应力较大的缘故。

式（2-4）是根据杆件受拉伸时推得的，但在杆件受压缩时也适用。杆件受拉伸时的正应力称为拉应力，为正值；受压缩时的正应力称为压应力，为负值。

另外，当横截面尺寸有急剧改变时，则在截面突变附近局部范围内，应力数据也急剧增大，离开这个区域稍远，应力即大为降低并趋于均匀，如图 2-14 所示。这种在截面突变处应力局部增大的现象称为应力集中。由于应力集中，零件容易从最大应力处开始发生破坏，在设计时必须采取某些补救措施。例如，窗口开孔以后，要采取开孔补强的措施。

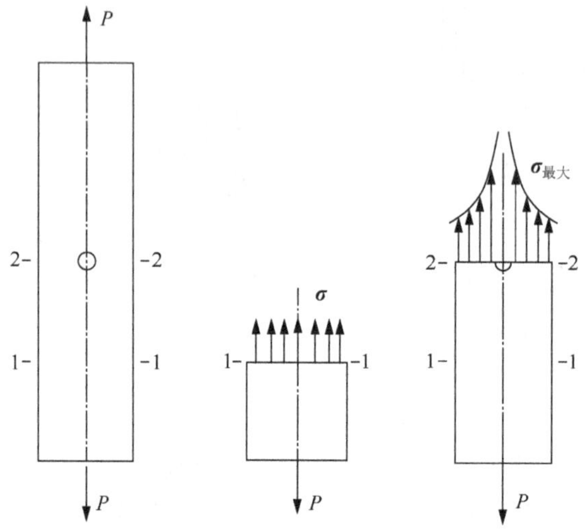

图 2-14　截面突变处应力局部增大

在力 P 的作用下，在 1 和 2 的横截面所受到的应力示意图（在截面 2 处应力集中在圆圈处）

（二）应变

实验表明，构件在轴向拉力或压力的作用下，沿轴线方向将发生伸长或缩短，同时，横向（与轴线垂直的方向）必发生缩短或伸长，如图 2-15 所示，虚线为变形前的形状，实线为变形后的状态。

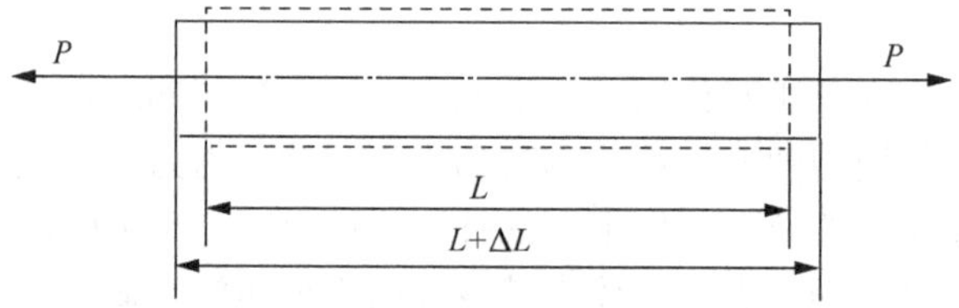

图 2-15　受轴向拉伸变形

杆件原长为 L，受轴向拉伸力 P 后，其长度变为 $L+\Delta L$，ΔL 称为绝对伸长。实验表明，用同样材料制成的杆件，其变形量与应力的大小及杆件原长有关。在截面积相同、受力相等的条件下，杆件越长，绝对伸长越多。将绝对伸长量除以构件的原始尺寸，即得单位伸长，称为应变。

$$\varepsilon=\frac{\Delta L}{L} \tag{2-5}$$

式中，ε 为线应变，简称应变，它是一个没有单位的量。

（三）轴向拉伸和压缩的强度条件

如果直杆受到的是简单拉伸作用，其轴力 N 将等于外力 P，应力计算公式也可以写成用外力表达的形式。

$$\sigma=\frac{P}{A} \tag{2-6}$$

随着外力 P 的增大，杆内应力值跟着增加，从保证杆的安全工作出发，对杆的工作应力应规定一个最高的允许值，这个允许值是建立在材料力学性能基础上的，称为材料的许用应力，用［σ］表示。

为了保证拉（压）杆的正常工作，必须使其最大工作应力不超过材料在拉伸（压缩）时的许用应力，即

$$\sigma_{\max}\leqslant[\sigma] \tag{2-7}$$

式（2-7）称为受拉伸（压缩）直杆的强度条件，即保证杆在强度上安全工作所必须满足的条件。

第二节　生物工程设备材料

一、设备所用材料的分类

生物工程设备材料按化学成分一般分为金属材料、非金属材料和复合材料三大类。

（一）金属材料

金属材料包括金属和以金属为基础的合金。碳钢和铸铁是生物工程设备应用最广泛、最重要的金属材料。它们是由95%以上的铁和0.05%～4%的碳及1%左右的杂质元素所组成的合金，称铁碳合金。

由于碳钢和铸铁具有优良的力学性能，资源丰富，与其他金属相比，其价格又较便宜，还可以通过采用各种防腐措施如衬里、涂料、电化学保护等来防止介质对金属的腐蚀，故在工业中选用金属材料时，首先考虑用碳钢或铸铁，只有当它们不适用时，才考虑选用其他金属材料。

1. 碳钢　工业用钢按化学成分可分为碳素钢和合金钢两大类。碳素钢为含碳少于2.11%的铁碳合金；而合金钢是指为了提高钢的性能，在碳素钢的基础上有意加入一定量的合金元素所获得的铁基合金。碳素钢的优点是冶炼工艺简单、生产成本低、加工性能好；但是碳素钢也有淬透性低、耐回火性差、耐热性低、耐蚀抗氧化性差等缺点，因而需要通过合金化来克服和改善碳素钢的不足。

碳钢在大气和水中易生锈，在很多介质中的耐蚀性也不好。但它对诸多环境如碱性溶液、各类气体、液态金属、有机液体等的耐蚀性良好；在中性溶液中，其耐蚀性由含氧量而定，即在无氧或低氧的静止液中，腐蚀很轻微，在高氧和搅拌情况下，腐蚀可增大几十倍，但当氧化能力达到使金属钝化的程度时，腐蚀状况又大大下降；在还原性酸中，腐蚀很快，但当在强氧化性酸如浓硫酸中，由于产生钝化膜，腐蚀又大大减轻；在碱性溶液中，生成了保护膜，腐蚀性很小；在酸和碱中，腐蚀均匀，但在中性溶液中可能产生孔蚀。

根据实际生产和应用的需要，可将碳钢进行分类和编号。分类方法有多种，如按用途可分为结构钢、工具钢和特殊性能钢（如不锈钢、耐热钢等）；按化学成分可分为碳素钢和合金钢；按含碳量高低又可分为低碳钢、中碳钢和高碳钢；按合金元素总量的多少可分为低合金钢、中合金钢及高合金钢；按合金元素的种类可分为铬钢、锰钢、硅锰钢、铬镍钢、铬镍钼钢等；按磷元素、硫元素的含量可分为普通质量钢、优质钢、高级优质钢和特级优质钢；按脱氧方式可分为镇静钢和沸腾钢。

2. 铸铁 工业上常用的铸铁，其含碳量（质量分数）一般在2%以上，并含有S、P、Si、Mn等杂质。与钢相比，铸铁的力学性能通常较低，特别是塑性、冲击韧性较差。但铸铁生产工艺简单，具有优良的铸造性能、可切削加工性能及较好的耐磨性能、减振性等优点。因此，铸铁被广泛用于机械制造、冶金、矿山及交通运输等工业领域。此外，高强度铸铁和特殊性能的合金铸铁还可代替部分昂贵的合金钢和有色金属材料。

铸铁可分为灰铸铁、可锻铸铁、球墨铸铁和特殊性能铸铁等。

3. 不锈钢 不锈钢是以不锈性、耐蚀性为主要特性的高铬含量（≥12%）的钢种。

不锈钢种类多、性能差异大，分类方法较多。按国际通用分类方法，可以将不锈钢分为铁素体不锈钢、马氏体不锈钢、奥氏体不锈钢、奥氏体-铁素体双相不锈钢、沉淀硬化不锈钢5类。

奥氏体不锈钢是指基体以面心立方晶体结构的奥氏体组织为主，无磁性，可通过冷加工使其强化（并可能导致一定的磁性）的不锈钢。此类钢包含$Cr_{18}Ni_8$系不锈钢，以及在此基础上发展起来的含铬镍量更高的应用更广泛的且含钼、硅、铜等合金元素的奥氏体类不锈钢。这类钢的特点是具有优异的综合性能，包括优良的力学性能，冷、热加工和成型性，可焊性，以及在许多介质中的良好耐蚀性，是目前制造各种贮槽、塔器、反应釜、阀件等设备使用最广泛的一类不锈钢材料。

奥氏体不锈钢的品种很多，以$0Cr_{18}Ni_9$为代表的普通型奥氏体不锈钢用量最大。我国原以$1Cr_{18}Ni_9Ti$为主，近几年正逐步被低碳钢或超低碳的$0Cr_{18}Ni_9$或$00Cr_{19}Ni_{10}$所取代。奥氏体不锈钢产品以板材、带材为主。它在医药、石油、化工、食品、制糖、酿酒、油脂及印染工业中得到广泛的应用，使用温度为-196～600℃。

4. 有色金属材料 钢铁以外的金属及合金称为有色金属，同时把密度低于$4.5\times10^3kg/m^3$的金属称为轻金属。有色金属及其合金具有很多钢铁材料不具备的特殊性能，如比强度高、导电性好、耐蚀性和耐热性高等性能。在工业中应用最广泛的有铝合金、铜合金、钛合金及其轴承合金。有色金属及其合金种类很多，常用的有铝、铜、钛等。

（1）铝及其合金 与钢相比，低密度和高比强度是铝合金适合用作结构材料的关键因素。铝及其合金在力学性能、物理性能和化学性能方面具有独特的优点。

1）低密度和高比强度。纯铝的密度为$2.07g/cm^3$，约为铁的1/3。

2）高热导率及电导率。纯铝的热导率约为237W/（m·K），纯铝的电阻率为28.2nΩ·m。

3）良好的耐大气腐蚀性。铝可与氧气迅速作用，在表面生成一层紧密附着的极薄氧化膜，保护内部的材料不受环境侵蚀。

4）铝及其合金具有易加工和易回收并重复使用的特性。此外，铝具有高反射率和低透射率。

铝的缺点是硬度低，易磨损；熔点低，不宜在高温条件下工作；一些铝合金具有应力腐蚀开裂倾向。

（2）铜及其合金 铜具有极高的热导率与电导率，是抗磁材料。纯铜的热导率约401W/（m·K），纯铜的电阻率为16.78nΩ·m。

铜还具有较高的塑性和耐蚀性及高弹性极限和疲劳强度；铜容易冷热成形，并具有高循环再利用性。同铝类似，纯铜强度低，主要用于制作电导体及配制合金，不宜作为结构材料使用。铜无同素异构转变，故纯铜不能通过热处理强化，但可通过冷塑性变形来强化，强化以后塑性会明显降低。工业上常对纯铜作合金化处理，加入Zn、Ni、Sn、Al、Mn等合金元素，以获得强度和冲击韧性都满足要求的铜合金。

（3）钛及其合金　与钢相比，钛材具有优异的耐蚀性和高温性能，高比强度和优良的耐蚀性是钛用作重要结构材料的关键因素。钛的密度为4.5g/cm^3，热导率约为21.9W/（m·K），熔点为1668℃，热膨胀系数约为1.0×10^{-5}℃$^{-1}$。其热导率和热膨胀系数较低。此外，钛合金的工艺性能差，切削加工困难；硬度低，抗磨性差。

（二）非金属材料

非金属材料具有优良的耐蚀性，原料来源丰富，也是重要的生物工程设备材料。非金属材料的种类很多，按其性质可分为无机非金属材料和有机非金属材料两大类：无机非金属材料包括玻璃、石墨、搪瓷、陶瓷、水泥等；有机非金属材料包括塑料、树脂、橡胶、涂料、合成纤维等。当然，非金属材料还存在一些不足之处，如多数材料的物理、力学性能较差，热导率较小，热稳定性与耐热性较差，某些材料的加工制造比较困难等。

1. 无机非金属材料

（1）陶瓷　陶瓷是由天然或人工原料经高温烧结而成的致密固体材料。按其成分和结构可分为普通陶瓷和特种陶瓷。普通陶瓷又称为传统陶瓷，是以黏土、长石、石英等天然原料为主，经过粉碎、成形和烧结制成的产品，包括日用陶瓷、建筑陶瓷、卫生陶瓷、化工陶瓷等，产量大、用途广。特种陶瓷是指采用高纯度人工合成原料制成的具有特殊物理化学性能的新型陶瓷材料，包括金属陶瓷、氧化物陶瓷、氮化物理学陶瓷、碳化物陶瓷、硅化物陶瓷、硼化物陶瓷等。

陶瓷材料中存在晶体相、玻璃相和气相，其性能主要取决于这三种相的相对数量、形状和分布。总体来讲，陶瓷具有弹性模量高、硬度高、塑性变形能力差、化学稳定性好、熔点高、电绝缘性好、导热率低等特点。除了上述特点，陶瓷由于所具有的光学特性，可作激光材料、光学纤维等。总之，陶瓷材料具有优良的物理性能和极好的耐高温、耐蚀性，而且原料丰富，其产品应用广泛，如生物工程设备中的耐酸耐碱容器、反应塔、管道等。此外，作为高温结构材料和功能材料及某些特殊领域用材，陶瓷具有极其重要的应用前景。陶瓷材料的致命缺点是脆性大，此外就是加工性能差，难以进行常规加工。

（2）玻璃　玻璃是一种较为透明的无定形材料。透明是指对可见光具有一定的透明度；无定形是指结构中质点排列无规则，即其X射线谱呈现宽幅的散射峰。

玻璃具有容易成形、脆性大、光学性能优异、导热性差及耐蚀性较好等特点。特别是一些硅酸盐玻璃，耐水、酸（氢氟酸除外）、碱的能力较强。所有玻璃均易燃易爆且被氢氟酸腐蚀，所以氢氟酸可用于雕刻玻璃。

2. 有机非金属材料

（1）塑料　塑料是用高分子合成树脂为主要原料，在一定温度、压力条件下塑制成的型材或产品（泵、阀等）的总称。其强度、冲击韧性和耐磨性较好，可制造某些机器零件或构件的工程塑料，一般分为热塑性塑料和热固性塑料两种。塑料的主要成分是树脂，它是决定塑料性质的主要因素。除树脂外，为了满足各种应用领域的要求，往往加入添加剂以改善产品性能。一般添加剂有：填料，主要起增强作用，提高塑料的力学性能；增塑剂，降低材料的脆性和硬度，提高树脂的可塑性与柔软性；润滑剂，防止塑料在成型过程中粘在模具或其他设备上；稳定剂，延缓材料的老化，延长塑料的使用寿命；固化剂，加快固化速度，使固化后的树脂具有良好的机械强度。

常用的塑料有聚乙烯（PE）塑料、硬聚氯乙烯（PVC）塑料、聚苯乙烯（PS）塑料、聚四氟乙烯（PTFE）塑料、酚醛（PF）塑料、玻璃纤维增强塑料等。

（2）橡胶　橡胶是以生胶为原料，加入适量的配合剂所组成的一种高弹性的高分子化合物。橡胶最重要的特点是高弹性，因此又称为弹性体。橡胶由若干细长而柔顺的分子链组成。分子链通常卷曲成无规线团状，相互缠曲。当受外力拉伸时，分子链就伸直，外力去除后又恢复卷曲，其弹性变形量可达 100%～1000%。橡胶最大的缺点是易老化，即橡胶制品在使用过程中出现变色、发黏、发脆及龟裂等现象，使橡胶的弹性、强度等性能劣化。橡胶一般被应用于反应器各不锈钢管道连接处的垫片和各个阀门中，起到密封及防止硬性碰撞的作用。

（3）涂料　涂料就是通常所说的油漆，是一种高分子胶体的混合溶液，涂在物体表面，能形成一层附着牢固的涂膜。工业上常用的涂料有酚醛树脂涂料、氨基树脂涂料、醇酸树脂涂料、聚氨酯涂料和有机硅涂料等。

（4）合成纤维　合成纤维是指由单体聚合而成且强度很高，通过机械处理所获得的聚合物纤维材料。

（三）复合材料

复合材料就是用两种或两种以上不同材料组合的材料，其性能是其他单质材料所不具备的。复合材料可以由各种不同种类的材料复合组成。它在强度、刚度和耐蚀性方面比单纯的金属、陶瓷和聚合物都优越，是特殊的生物工程设备材料，具有广阔的发展前景（逄鲁峰，2012）。

在选用材料时，首先必须考虑材料的有关性能，使之与构件的使用要求匹配。材料的性能可分为使用性能和工艺性能两类。使用性能是指材料在使用过程中所表现的性能。工艺性能是指材料在加工过程中所表现出的性能。

二、设备材料的基本力学性能

材料的力学性能是指材料在不同环境因素（温度、介质）下，承受外加负荷作用时所表现出来的行为。这种行为通常表现为材料的变形和断裂。因此，材料的力学性能可以理解为材料抵抗外加负荷所引起的变形和断裂的能力。当外加负荷的性质、环境温度与介质等外在因素不同时，对材料要求的力学性能指标也不相同，室温下常用的力学性能有强度、硬度、塑性和冲击韧性等。这些性能是进行设备材料选择及计算时决定许用应力的依据。

（一）强度

材料的强度是指材料抵抗外加载荷而不致失效破坏的能力。强度按所抵抗外力作用的形式可分为抵抗外力的静强度、抵抗冲击外力的冲击强度和抵抗交变外力的疲劳强度；按环境温度可分为常温下抵抗外力的常温强度，以及高温或低温下抵抗外力的高温强度或低温强度等。材料在常温下的强度指标有屈服强度和抗拉强度。

力-伸长曲线是指在拉伸试验中外力与试样伸长量之间的关系曲线，曲线的纵坐标为拉力

F，横坐标为绝对伸长 ΔL。若将力-伸长曲线图的纵坐标 F 除以试样的原始横截面积，横坐标 ΔL 除以试样的标距 L，即可得到材料的应力-应变曲线，如图 2-16 所示。

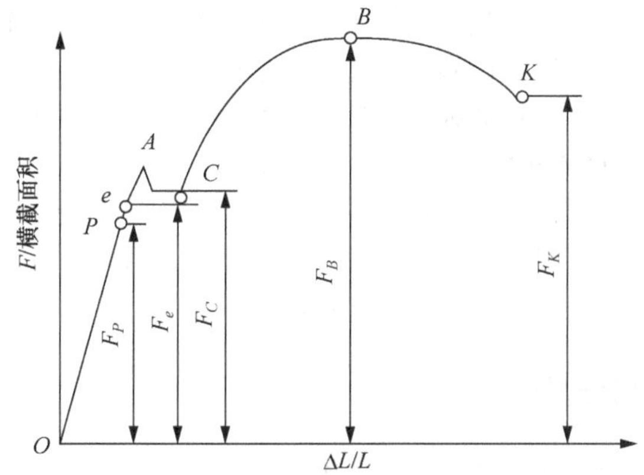

图 2-16　低碳钢的应力-应变曲线

但对于工程使用的金属而言，大部分没有明显的屈服现象。而部分低塑性材料甚至没有缩颈现象，最大的力即断裂时的外力。

通常随着温度升高，金属的强度降低而塑性增加。金属材料在高温下长期工作时，在一定的应力下，会随着时间的延长，缓慢并且不断地发生塑性变化，称为蠕变现象。例如，高温高压蒸汽管道，虽然其承受的应力远小于工作温度下材料的屈服点，但在长期的使用中则会产生缓慢而连续的变形使管径日趋增大，最后可能导致破裂。

对于长期承受交变应力作用的金属材料，还要考虑疲劳破坏。所谓疲劳破坏，是指非金属材料在小于屈服强度极限的循环载荷长期作用下发生破坏的现象。疲劳断裂与静载荷下的断裂不同，在静载荷下无论显示脆性还是冲击韧性的材料，在疲劳断裂时，都不产生明显的塑性变形，断裂是突然发生的，因此具有很大的危险性，常造成严重的事故。

（二）硬度

硬度是反映材料软硬程度的一种性能指标，它表示材料表面局部区域内抵抗变形或破裂的能力。它采用不同的试验方法来表征不同的抗力。硬度不是独立的基本性能，而是反映材料弹性、强度与塑性等的综合性能指标。一般情况下，硬度高的材料强度高，耐磨性能较好，但切削加工性能较差。在工程技术中应用最多的压入硬度，常用的指标有布氏硬度（HB）、洛氏硬度（HRC、HRB）和维氏硬度（HV）等，所得到的硬度值的大小实质上表示金属表面抵抗压入物体（钢球或锥体）所引起局部塑性变形的抗力大小。

（三）塑性

材料的塑性是指材料受力时，当应力超过屈服点后，能产生显著变形而不立即断裂的性质。塑性指标在设备设计中具有重要意义，有良好的塑性才能进行成型加工，如弯卷和冲压等；良好的塑性性能可使设备在使用中产生塑性变形而避免发生突然的断裂。但过高的塑性常常会导致强度降低。

（四）冲击韧性

在一定温度下，材料在冲击负荷作用下抵抗破坏的能力称为冲击韧性。材料的冲击韧性为其强度和塑性的综合指标，反义为脆性。材料的抗冲击能力常以使其破坏所消耗的功或吸收的能除以试件的截面积来衡量，称为材料的冲击韧度，以 α_K 表示，单位为 J/cm^2。

冲击韧性可理解为材料在外加动载荷突然袭击时的一种及时并迅速塑性变形的能力。冲击韧性高的材料一般有较高的塑性指标，但塑性指标较高的材料，却不一定具有较高的冲击韧性，原因是在静载下能够缓慢塑性变形的材料，在动载下不一定能迅速地塑性变形。冲击韧性不可直接用于零件的设计与计算，但可用于判断材料的冷脆倾向和比较不同材质材料之间的冲击韧性，以及评定材料在一定工作条件下的缺口敏感性。

三、设备材料的物理性能

材料的物理性能有密度、热学性能（熔点、比热容、热膨胀性、导热性等）、电学性能（热导性、导电性、压电性、铁电性、光电性、磁电性等）、磁学性能及光学性能。下面介绍生物工程设备材料选择和应用时常需考虑的几种物理性能。

（一）密度

单位体积物质的质量称为密度。一般把小于 $5g/cm^3$ 的金属称为轻金属（铝、镁、钛等），反之为重金属（铁、铬、镍等）。密度是计算设备质量的常数。

（二）熔点

材料从固态向液态转变时的平衡温度称为熔点。熔点低的金属和合金，其铸造和焊接加工都较容易，常用于制造熔断器等零件；熔点高的合金则可用于制造要求耐高温的零件。

（三）热膨胀性

金属及合金受热时，一般都会有不同程度的体积膨胀，因此，双金属材料的焊接要考虑它们的线膨胀系数是否接近，否则容器或零件会因膨胀量不等而变形或损坏。有些设备的衬里及其组合的线膨胀系数应和基本材料相同，以免受热后因膨胀量不同而松动或破坏。

（四）导热性

表征材料导热性的指标有导热系数（λ），也称为热导率。金属中银和铜的导热性最好，其次为铝；纯金属的导热性比合金好，而非金属材料的导热性差。导热性对制定金属的加热工艺也很重要，如合金钢的导热性比碳钢差，其加热速度就要慢一些。

（五）导电性

材料传导电流的能力称为导电性，用电阻率来衡量。合金的导电性一般比纯金属差。纯铜、纯铝的导电性好，可用作输电线；Ni-Cr 合金、Fe-Mn-Al 合金、Fe-Cr-Al 合金的导电性差而电阻率较高，可用作电阻丝。一般而言，塑料、陶瓷的导电性很差，常作为绝缘体使用，但部分陶瓷为半导体，少数陶瓷材料在特定条件下为超导体。

（六）磁学性能

磁学性能是材料被外界磁场磁化或吸引的能力。金属材料可分为铁磁性材料（在外磁场中能强烈地被磁化，如铁、钴、镍等）、顺磁性材料（在外磁场中只能微弱地被磁化，如锰、铬等）和抗磁性物质（能抗拒或削弱外磁场对材料本身的磁化作用，如锌、铜、银、铝、奥氏体钢及高分子材料、玻璃等）三类。

铁磁性材料可用于制造变压器、电动机、测量仪表中的铁芯等；对于铁磁性材料，当温度升高到一定数值时，磁畴被破坏，可变为顺磁性材料。

（七）光学性能

光学性能是指材料对光的辐射、吸收、透射、反射和折射的能力。某些材料可以产生激光，玻璃纤维可用作光通信的传输介质。此外，还有用于光电转换的光电材料。

四、设备材料的化学性能

材料的化学性能是指材料抵抗各种化学介质作用的能力，包括溶蚀性、耐蚀性、抗渗入性和抗氧化性等，可归结为材料的化学稳定性。对于常用的结构材料，最常考虑的化学性能指标主要有耐蚀性和抗氧化性。

（一）耐蚀性

金属和合金对周围介质如大气、水汽、各种电解液侵蚀的抵抗能力叫作耐蚀性或抗腐蚀性能。常用腐蚀速率来评价材料的耐蚀性。金属被腐蚀后，其质量、厚度、力学性能等都会发生变化，它们的变化率可用来表示金属的腐蚀速率。在均匀腐蚀的情况下，通常用质量指标［单位时间内在单位金属表面由腐蚀引起的质量变化，单位为 $g/(m^2 \cdot h)$］、深度指标［单位时间内的腐蚀深度，单位为毫米/年（mm/a）］表示金属的腐蚀程度。

金属材料常见的腐蚀形态有均匀腐蚀和局部腐蚀，以及应力腐蚀、腐蚀疲劳、磨损腐蚀、氢腐蚀等。材料的耐蚀性对机械的使用与维护意义重大，各种与化学介质相接触的零件和容器都要考虑腐蚀问题。金属腐蚀最严重的几个领域为石油化工、航天航空、船舶制造、核能等现代工业领域。例如，井下油管、海洋钻井平台、船载电子装备等的主要损坏形式即腐蚀。

（二）抗氧化性

在高温条件下，钢铁不仅与自由氧发生氧化腐蚀，使钢铁表面形成结构疏松而容易剥落的氧化皮；还会与水蒸气、二氧化碳、二氧化硫等气体产生高温氧化与脱碳作用，使钢的力学性能下降，特别是降低了材料的表面硬度和抗疲劳强度。因此，高温设备必须选用耐热材料。

五、设备材料的加工性能

材料的加工性能是指制造工艺过程中材料适应加工的能力，反映了材料加工的难易程度。对于金属材料，主要为铸造性、可锻性、焊接性、可切削加工性和热处理工艺性等。这些性能会直接影响设备和零部件的制造工艺方法与质量。

（一）铸造性

铸造性主要是指液体金属在型腔中的流动性及凝固过程中的收缩和偏析倾向（合金凝固时化学成分的不均匀析出称为偏析）。流动性好的金属能充满铸型，故能浇铸较薄的及形状复杂的铸件。铸造时，熔渣与气体较易上浮，铸件不易形成夹渣与气孔，且收缩小。铸件中不易出现缩孔、裂纹、变形等缺陷，偏析小，铸件各部位成分较均匀。这些都使铸件质量有所提高。合金钢与高碳钢比低碳钢偏析倾向大，因此，铸造后要用热处理方法消除偏析。常用金属材料中，灰铸铁和锡青铜的铸造性较好。

（二）可锻性

可锻性是指金属适应锻、轧等压力加工的能力。可锻性包括金属的塑性与变形抗力两个方面。塑性好的材料，锻压所需外力小，可锻性好。低碳钢的可锻性比中碳钢及高碳钢好；碳钢的可锻性比合金好。铸铁是脆性材料，目前尚不能锻压加工。

（三）焊接性

焊接性是指金属材料对焊接成形的适应性，也就是指在一定的焊接工艺条件下金属材料获得优质焊接头的难易程度。焊接性好的材料易于用一般焊接方法与工艺进行焊接，不易形成裂纹、气孔、夹渣等缺陷，焊接接头强度与母材相当。焊接性差的金属材料要采用特殊的焊接方法和工艺才能进行焊接。金属的焊接性很大程度上受金属本身材质（如化学成分）的影响。低碳钢具有优良的焊接性，而铸铁、铝合金等的焊接性较差。

（四）可切削加工性

可切削加工性是指金属材料被切削加工的难易程度。可切削加工性好的金属切削时消耗的功率小，刀具寿命长，切削易于折断脱落，切削后表面光洁。灰铸铁、碳钢都具有较好的可切削加工性。

（五）热处理工艺性

热处理工艺性是指材料接受热处理的难易程度和产生热处理缺陷的倾向，可用淬硬性、回火脆性、氧化脱碳倾向和变形开裂倾向等指标评价。

六、生物工程设备材料的选用

随着材料研究和开发水平的不断提高，可供选用的生物工程设备材料品种越来越多。要想正确选用生物工程设备材料，达到最佳的使用效果，需要遵循一定的材料选用规律。

（一）材料选用时要考虑的因素

为某一产品或零件选用材料时，必须考虑一系列的因素。首先，材料必须具有所需要的物理和化学性能；其次，必须能加工成所需的形状，即具有良好的工艺性能；最后，必须具有合适的经济性，即合适的性价比。除了满足以上需求，还要考虑材料的生产、使用过程中及失效后对环境的影响。

1. 使用性能因素 使用性能是指零件在使用状态下，材料应具备的力学性能、物理性能和化学性能，是材料选用时首先应考虑的因素。不同零件所要求的使用性能不同，对于大量的机器零件和工程构件，在使用过程中承受各种形式的外力作用，要求材料在规定的期限内，不超过规定的变形度或不产生破断，即要求具有良好的力学性能。

2. 工艺性能因素　工艺性能是指材料在加工过程中被加工成形的能力。材料的工艺性能决定了零件成形的可行性、生产效率及成本，有些还直接影响到零件的使用性能，因此选用材料时一定要考虑其工艺性能。

3. 经济性因素　在保证零件使用性能的前提下，尽量选用价格便宜的材料，可降低零件总成本。但是有时选用性能好的材料，虽然价格较贵，但是可通过减轻零件的自重、延长使用寿命、降低维修费用等而使总成本降低。

4. 环境因素　材料在加工、制造、使用和再生过程中会耗用自然资源和能源，并向环境体系排放各种废弃物。那些可节约能源和资源，可重复使用，可循环再生，结构可靠性高，可替代有毒物质，能清洁、治理环境的生物工程设备材料正在成为人们关注和首选的材料。

（二）材料的选用内容

1. 化学成分及组织结构　在材料的化学成分、组织结构和性能之间的关系方面已经积累了大量研究、使用结果和数据，为材料的选择提供了条件。改变化学成分和组成相的数量、尺寸、形状及分布等，都可以改变材料的性能。因此，材料的化学成分和组织结构是材料设计和选用的核心问题。

2. 材料的加工工艺　材料的加工工艺选择首先要保证零件所要求的使用性能，其次是达到规定的生产效率，最后是经济成本低。对于金属材料，加工过程中材料的组织将发生变化，很好地控制加工工艺可以获得更好的力学性能。材料加工工艺设计除考虑产品性能外，产品的形状、尺寸、质量及产量等也必须要考虑到。

第三节　机 械 传 动

在生物产品生产中会广泛使用各种设备，如粉碎机、混合机、包装机等。通常，一台完整的设备由动力部分、执行部分和传动部分组成。动力部分为设备提供动力源，应用最多的是交流电动机，其转速分为3000r/min、1500r/min、1000r/min、750r/min等几种。执行部分是直接完成生产所需的工艺动作的部分，它的结构形式完全取决于机械本身的用途（如粉碎机中的鼓锤及结构排布）。传动部分是将动力部分的功率和运动传递到执行部分的中间环节。例如，把旋转运动变为直线运动，把连续运动变为间歇运动等。

按工作原理可将传动分为机械传动、液力传动、电力传动和磁力传动等。其中机械传动最为常见。按照传动原理，机械传动可分为摩擦传动、啮合传动和推动三大类。摩擦传动是依靠构件接触面的摩擦力来传递动力和运动的，如带传动、摩擦轮传动。啮合传动是依靠构件间的相互啮合来传递动力和运动的，如齿轮传动、蜗杆传动、链传动等。推动系统主要是依靠螺旋推动机构、连杆机构、凸轮机构及组合机构来执行推动，如齿轮连杆、齿轮凸轮和液压连杆等。

本节简要介绍机械传动中的带传动、链传动和齿轮传动。

一、带传动

数字资源 2-1

带传动是由主动轮（1）、从动轮（2）和传动带（3，张紧在两轮上）所组成的（图2-17）。由于张紧，静止时带受到两轮拉力，产生压力。当主动轮回转时，靠带与轮接触面间的摩擦力带动从动轮回转。这样，主动轴的运动和扭矩就通过带传给从动轴（数字资源2-1）。

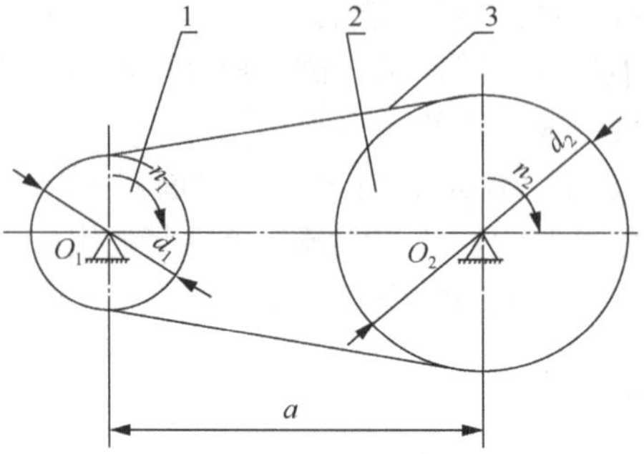

图 2-17　带传动示意图

1. 主动轮（或从动轮）；2. 从动轮（或主动轮）；3. 传动带；d_1. 主动轮直径；d_2. 从动轮直径；a. 主动轮中心到从动轮中心的距离；n_1，n_2. 轮子的转速

传动带可分为平带、V形带（又称三角带）、环形带（数字资源2-1）等类型，如图2-18所示。三种类型中，普通V形带无接头，形成楔形效应，摩擦力较大，传动平稳，能传递较大的功率，应用最广泛。

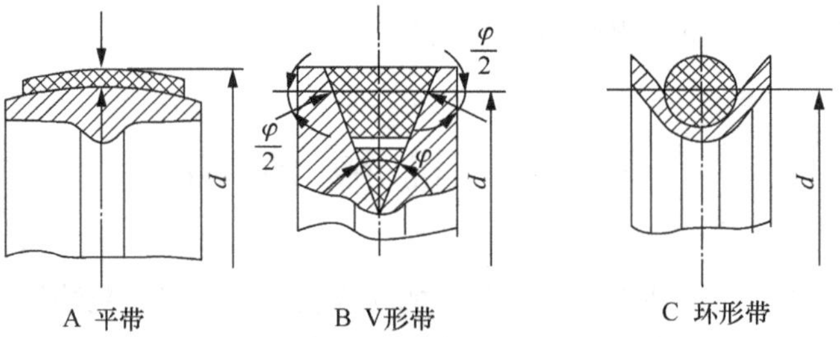

图 2-18　传动带的类型

d. 轮子的直径或半径；φ. V形带的夹角

带传动有以下特点：①由于带具有弹性与挠性，可缓和冲击与振动，运转平稳，噪声小；②可用于两轴中心距较大的传动；③由于它是靠摩擦力来传递运动的，当机器过载时，带可在轮上打滑，故能防止机器其他零件的破坏；④结构简单，便于维修；⑤带传动在正常工作时有滑动现象，因此不能保证准确的传动比（i）；⑥带与轮在运转过程中，因摩擦易起电，不宜用在有爆炸风险的地方；⑦与齿轮传动相比，带传动的效率较低，为其87%～98%。

通常，V形带用于功率小于100kW、带速5～30m/s、传动比≤7（少数可达10）且传动比要求不十分准确的中小功率传动。

（一）带传动的失效形式

带传动的失效形式有打滑和疲劳破坏。打滑是由于过载，带在轮上打滑而不能正常转动。而带的疲劳破坏是带在变应力状态下工作，当应力循环次数达到一定值时，带将发生疲劳破坏，如脱层、撕裂和拉断。

（二）V 形带的布置、使用和维修

为便于装拆环状 V 形带，带轮宜悬臂装在轴端上。在水平或近似水平的传动中，应使带的紧边在下，松边在上。

带的正确使用和维修可以延长其使用寿命，确保其传动的正常运行。通常需要注意：①两带轮轴线必须平行，轮槽应对正，否则将加剧带的磨损，甚至使带脱落。安装时先缩小中心距，然后套上 V 形带，再作调整，不得硬撬。②严防带与矿物油、酸、碱等介质接触，以免变质；也不宜在阳光下曝晒。③多根带的传动，坏了少数几根，不要用新带补上，以免新旧带并用，长短不一，受载不均匀而加速新带损坏。这时可用未损坏的旧带补全或全部换新。④为确保安全，传动装置须设防护罩。⑤带工作一段时间后，会因变形伸长，导致张紧力逐渐减小，严重时出现打滑。因此，要重新张紧带，调整带的初拉力。图 2-19 所示为常见的张紧装置，图 2-19A 和图 2-19B 所示的结构设有调整螺栓，可随时调整电动机的位置；图 2-19C 所示的结构，是靠电动机和机架重力的自动张紧装置；图 2-19D 所示的结构带轮中心距固定，利用张紧轮调紧。

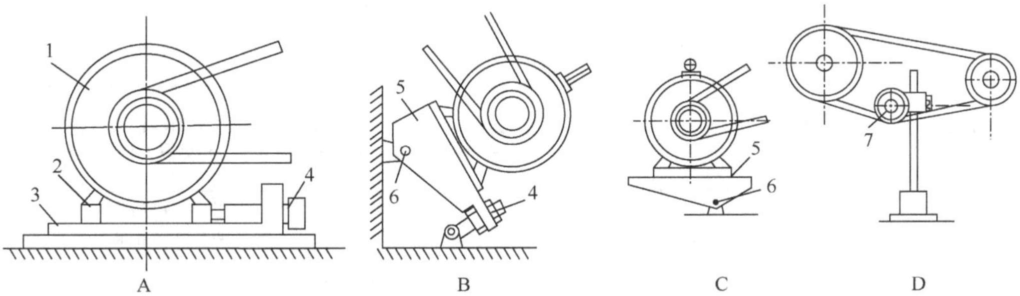

图 2-19　带传动的张紧装置

1. 电动机；2. 固定螺栓；3. 导轨；4. 调整螺栓；5. 摆动机座；6. 小轴；7. 张紧轮

二、链传动

链传动又称为啮合传动，由主动链轮、从动链轮和与它们相啮合的链条组成（数字资源 2-2），如自行车。链传动是以链条作为中间挠性件，靠链与链轮轮齿的啮合来传递运动和动力的。它适用于中心距较大、要求平均传动比准确或工作条件恶劣（如温度高、有油污、淋水等）的场合。

数字资源 2-2

与带传动相比，链传动有如下特点：①摩擦损耗小，效率高，结构紧凑，承载能力大，且能保持准确的平均传动比；②因有链条作中间挠性构件，能吸振缓冲并能适用于较大的中心距传动；③传递运动的速度不宜过高，只能在中、低速下工作，瞬时传动比不均匀，有冲击噪声。

通常，链传动的传动比（i）≤8；中心距（a）≤6m；传递功率（P）≤100kW；圆周速度（v）≤15m/s；闭式传动效率（η）为 0.95～0.98，开式传动效率（η）为 0.90～0.93。

（一）链传动的失效形式

链传动的主要失效形式有链条疲劳损坏、铰链磨损、多次冲击破坏、胶合和静力拉断。①链条疲劳损坏：是由于在链传动中，链条两边拉力不相等。在变载荷作用下，经过一定应力

循环次数，链板将产生疲劳损坏，如发生疲劳断裂，滚子表面发生疲劳点蚀。在正常润滑条件下，疲劳破坏常是限定链传动承载能力的主要因素。②链条铰链磨损：当润滑密封不良时，极易引起铰链磨损，铰链磨损后链节变长，容易引起跳齿或脱链，从而降低链条的使用寿命。③多次冲击破坏：是受重复冲击载荷或反复启动、制动和反转时，滚子套筒和销轴可能在疲劳破坏之前发生冲击断裂。④胶合：是润滑不当或速度过高时，使销轴和套筒之间的润滑油膜受到破坏，以致工作表面发生胶合。胶合限定了链传动的极限转速。⑤若载荷超过链条的静力强度时，链条就被拉断，即静力拉断。这种拉断常发生于低速重载或严重过载的传动中。

（二）链传动的布置和张紧装置

在链传动的布置方面，链传动的两轴应平行，两链轮应位于同一平面内。一般宜采用水平或接近水平的布置，并使松边在下边，见表 2-1。

表 2-1　链传动的布置

传动参数	正确布置	不正确布置	说明
$i>2$ α=（30～50）p	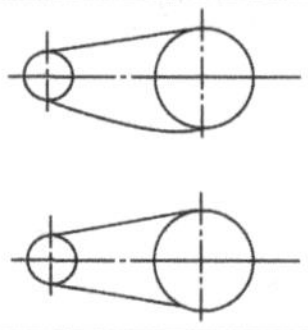		两轮轴线在同一水平面，紧边在上、下均不影响工作
$i>2$ $\alpha<30p$	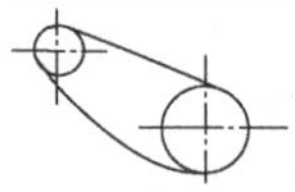	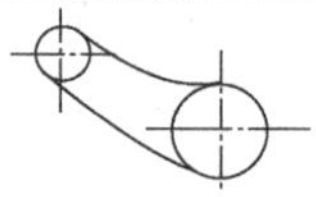	两轮轴线不在同一水平面，松边应在下面，否则松边下垂量增大后，链条易与链轮卡死
$i<1.5$ $\alpha>60p$		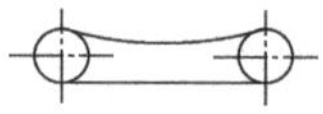	两轮轴线在同一水平面，松边应在下面，否则下垂量增大后，松边会与紧边相碰，需经常调整中心距
i、α 为任意值	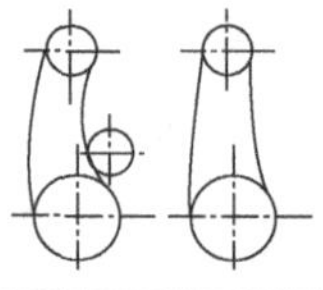	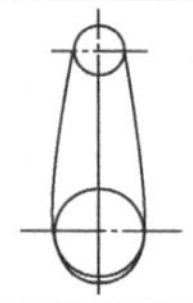	两轮轴线在同一铅垂面内，下垂量增大，会减少下链轮有效啮合轮数，降低传动能力，因此应采用的措施包括中心距可调；张紧装置；上下两轮错开，使其不在同一铅垂直面内

注：i. 传动比；α. 中心距；p. 节距，滚子链上相邻两滚子的中心距

链传动张紧的目的主要是避免垂度过大时啮合不良，同时也可减小链条振动及增大链条与链轮的啮合包角。张紧方法主要有：①增大两轮的中心距；②用张紧装置张紧，如图 2-20 所示，张紧轮直径稍小于小链轮直径，并置于松边靠近小链轮。

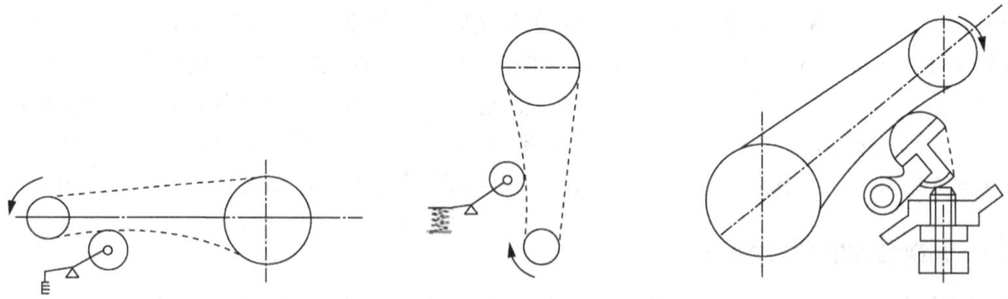

A 靠挂重自动张紧　　B 靠弹簧自动张紧　　C 靠螺栓调节的托板张紧

图 2-20　链传动中的张紧装置

三、齿轮传动

齿轮传动是应用最广泛的传动机构之一。齿轮传动的主要优点：①适用圆周速度和功率范围广；②效率较高，一般 η=0.94～0.99；③传动比准确；④寿命较长；⑤工作可靠性较高；⑥可实现平行轴、任意角相交轴和任意角交错轴之间的传动。齿轮传动的主要缺点：①要求较高的制造和安装精度，成本较高；②不适宜远距离两轴之间的传动。

齿轮传动的类型很多，最常见于：①两轴线相互平行的圆柱齿轮传动；②两轴线相交的圆锥齿轮传动；③两轴线交错在空间既不平行也不相交的螺旋齿轮传动。表 2-2 是齿轮机构的常见类型。

表 2-2　齿轮机构的常见类型（朱宏吉和张明贤，2015）

	平行轴外啮合-直齿	平行轴外啮合-斜齿	平行轴外啮合-人字齿	平行轴内啮合齿轮	齿轮齿条
平面齿轮机构	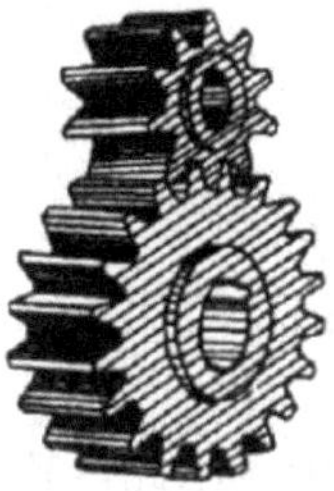				
	相交轴外啮合-直齿	相交轴外啮合-斜齿	相交轴外啮合-曲齿	交错轴外啮合-斜齿	交错轴-涡轮蜗杆
空间齿轮机构				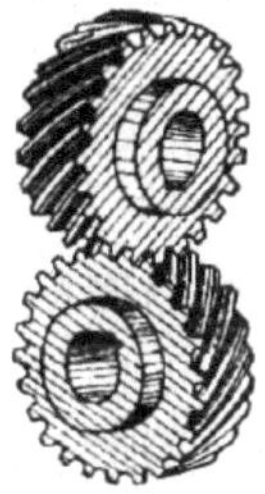	

（一）直齿圆柱齿轮

1. 直齿圆柱齿轮各部分的名称及符号　图 2-21 是直齿圆柱标准齿轮的一角，从中可看出其各部分的名称及符号。过齿轮各轮齿顶端的圆称为齿顶圆，其半径用 r_a 表示。过齿轮各齿槽底部的圆称为齿根圆，其半径用 r_i 表示。分度圆是用来分度（分齿）的圆，该圆位于齿厚和槽宽相等的地方，其直径用 r 表示。基圆的半径用 r_b 表示。齿轮轮齿的宽度（沿齿轮轴线方向度量）为齿宽，用 b 表示。一个齿的两侧齿廓之间的分度圆弧长为齿厚，用 s 表示。一个齿槽的两侧齿廓之间的分度圆弧长为齿槽宽，用 e 表示。相邻两齿在分度圆上对应点间的弧长称为周节或齿距，用 p 表示，即有 $p=s+e$。

2. 直齿圆柱齿轮的模数　分度圆上的周节 p 对 π 的比值称为模数，用 m（mm）表示，即 $m=p/\pi$。模数是齿轮几何尺寸计算的基础。显然，m 越大，则 p 越大，轮齿就越大，轮齿的抗弯曲能力也越高，所以 m 又是轮齿抗弯能力的重要标志。

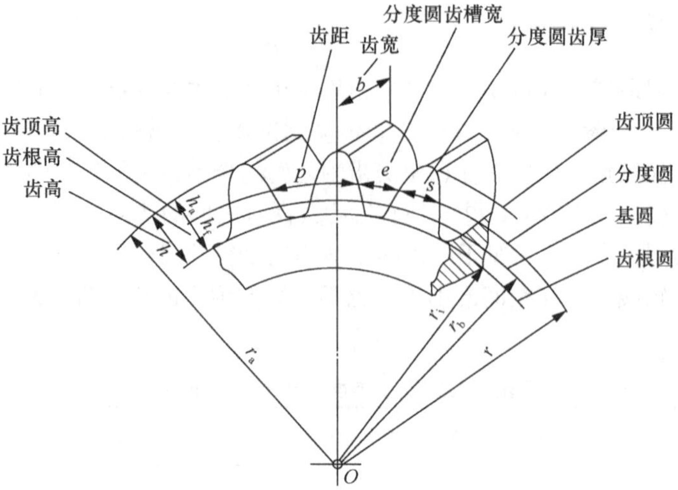

图 2-21　齿轮各部分名称及符号

（二）齿轮轮齿的失效形式

齿轮最重要的部分为轮齿。它的失效形式主要有轮齿折断、齿面磨损、齿面点蚀和齿面胶合。

1. 轮齿折断　因为轮齿受力时齿根弯曲应力最大，而且有应力集中，因此，轮齿折断一般发生在齿根部分。若轮齿单侧工作时，根部弯曲应力一侧为拉伸，另一侧为压缩，轮齿脱离啮合后，弯曲应力为零。因此，在载荷的多次重复作用下，弯曲应力超过弯曲持久极限时，齿根部分将产生疲劳裂纹。裂纹逐渐扩展，最终将引起断齿，这种折断称为疲劳折断。轮齿由短时过载或冲击过载而引起的突然折断，称为过载折断。用淬火钢或铸铁等脆性材料制成的齿轮容易发生这种断齿。

2. 齿面磨损　齿面磨损主要是由灰砂、硬屑粒等进入齿面间而引起的磨粒性磨损；其次是由齿面互相摩擦而产生的跑合性磨损。磨损后齿廓失去正确形状（图 2-22），使运转中产生冲击和噪声。磨粒性磨损在开式传动中是难以避免的。采用闭式传动，降低齿面粗糙度和保持良好的润滑，可以防止或减轻这种磨损。

3. 齿面点蚀　轮齿工作时，其工作表面产生的接触压应力由零增加到一最大值，即齿面接触应力是按脉动循环变化的。在过高的接触应力的多次重复作用下，齿面表层就会产生细微的疲劳裂纹，裂纹的蔓延扩展使齿面的金属微粒剥落下来而形成凹坑，即疲劳点蚀，继续发展以致轮齿啮合情况恶化而报废。实践表明，疲劳点蚀首先出现在齿根表面靠近节线处（图 2-23）。齿面抗点蚀能力主要与齿面硬度有关，齿面硬度越高，抗点蚀能力也越强。

图 2-22　齿面磨损

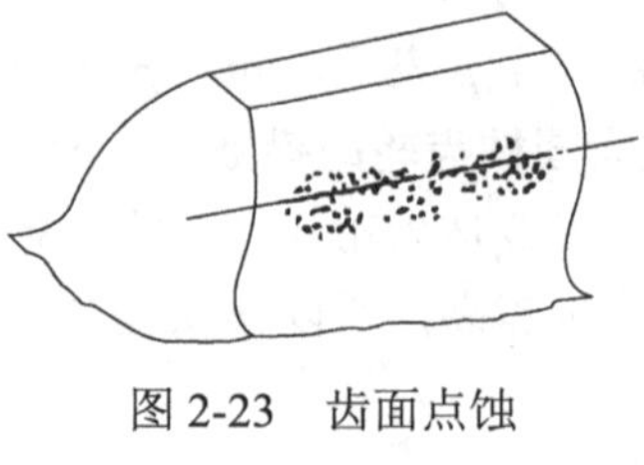
图 2-23　齿面点蚀

4. 齿面胶合　在高速重载传动中，常由啮合温度升高而引起润滑失效，致使两齿面金属直接接触并相互粘连。当两齿面相对运动时，较软的齿面沿滑动方向被撕裂出现沟纹（图 2-24），这种现象称为胶合。在低速重载传动中，由于齿面间不易形成润滑油膜，也可能产生胶合破坏。提高齿面硬度和降低齿面粗糙度能增强抗胶合能力。低速传动采用黏度较大的润滑油；高速传动采用含抗胶合添加剂的润滑油，对于抗胶合也很有效。

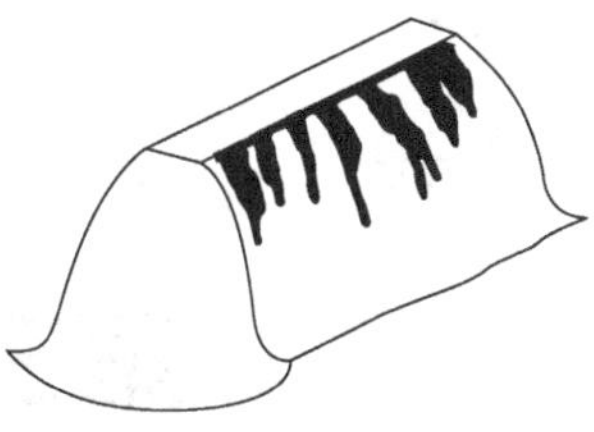
图 2-24　齿面胶合

（三）齿轮材料

选择齿轮材料时，应使轮齿表面有足够的硬度和良好的耐磨性，以提高其抗磨损、抗点蚀和抗胶合的能力。齿芯要有足够的强度和冲击韧性，以确保轮齿有足够的抗弯强度和抗冲击能力，防止轮齿折断。适当选择配对齿轮的材料、硬度，可提高其抗胶合能力。此外，对齿轮材料还要求有良好的加工工艺性、热处理性和经济性。

齿轮材料常用的有各种牌号的优质碳素钢、合金结构钢，这些钢材可以通过各种热处理方式获得所需的综合性能。常用的是锻钢，其次是铸钢、铸铁，在特殊情况下应采用有色金属、粉末冶金制品及工程塑料。

小　结

本章对生物工程设备的基本知识——工程力学、设备使用的材料及机械传动进行了简要描述，旨在让使用者对设备的结构、材料及工作原理进行较好的理解。

复习思考题

1. 什么是约束和约束力？
2. 构件变形的基本形式有哪些？
3. 什么是奥氏体不锈钢？不锈钢为什么含碳量都很低？
4. 试比较说明链传动与带传动的特点。
5. 齿轮传动有什么特点？
6. 轮齿的主要失效形式有哪几种？

主要参考文献

段开红. 2017. 生物工程设备. 2 版. 北京：科学出版社.
罗啸峰. 2022. 标准直齿圆柱齿轮轮齿任意点 K 的齿厚计算. 四川职业技术学院学报，32（3）：163-168.
朱宏吉，张明贤. 2015. 制药设备与工程设计. 2 版. 北京：化学工业出版社.

第三章　原料处理及灭菌设备

- 原料处理及灭菌设备
  - 原料的处理及粉碎设备
    - 粗选设备
      - 筛选机械
      - 磁力分离器
    - 精选设备
      - 碟片精选机
      - 滚筒精选机
    - 粉碎设备
      - 粉碎理论
      - 粉碎设备类型
        - 锤式粉碎机
        - 辊式粉碎机
        - 冷冻粉碎设备
        - 纳米粉碎设备
      - 粉碎设备的选型及设计计算
  - 输送设备
    - 固体物料输送设备
      - 带式输送机
      - 斗式提升机
      - 螺旋输送机
      - 气流输送流程
        - 气流输送流程类型
        - 气流输送的配套设备
        - 气流输送流程的选择及设计计算
    - 液体物料输送设备
      - 离心泵
      - 往复泵
      - 泵的选型及设计计算
  - 培养基的灭菌方法及设备
    - 培养基分批灭菌
      - 培养基分批灭菌的特点
      - 培养基分批灭菌所需设备及操作要点
      - 培养基分批灭菌工艺设计
    - 培养基连续灭菌
      - 培养基连续灭菌流程及其特点
      - 连消塔的种类与构造
      - 培养基连续灭菌工艺设计

在工厂生产中，一般都是以初级粮食为淀粉质原料。这些原料在收获、运输和储藏过程中混入的杂质，以及原料颗粒大小不均一，都会影响生产的正常进行，因此原料处理及灭菌设备是生物工程设备中非常重要的一部分。本章首先阐述了对原料的处理，然后对粉碎设备、输送设备、灭菌设备的工作原理、结构、性能特点等进行了阐述。

第一节　原料的处理及粉碎设备

发酵工厂的原料在收获、运输和储藏过程中，都有可能混入各种杂质。这些杂质如不除去，会降低原料的出品率，过度磨损设备，使设备发生故障，影响设备的工作效能，严重时甚至使生产瘫痪。因此，在进行生物反应之前，原料往往需要经过筛选去杂、磁力除铁、精选分级及原料粉碎等处理过程。利用物料与杂质在物理特性上的差异，采用相应的机械设备和措施将混杂在物料中的杂质除去。

一、粗选设备

（一）筛选机械

1. 筛分原理　筛选机械是一种根据颗粒的几何形状及其粒度，利用带有孔眼的筛面对物料进行分选的机器，具有去杂、分级两种功能，应用极为广泛。这类机械筛分的主要对象是尺寸较小的球形、椭球形和多面体散粒体物料。当有一定厚度的物料要进行分选时，通过振动或运动，密度大、颗粒小的位于下层，与筛面充分接触并通过筛面而实现分离。

2. 典型筛选设备

（1）振动筛　振动筛（图 3-1）多用于清除物料中小或轻的杂质，主要由进料装置、筛体、吸风除尘装置、振动装置和支架等部分组成。进料装置的作用是保证进入筛面的物料流量稳定并沿筛面均匀分布，提高筛分效率。进料装置由进料斗和流量控制活门构成。

振动筛的主要工作部件是筛体，由筛框、筛面、筛面清理装置、吊杆、限振装置等组成。筛体内装有三层筛面。第一层为接料筛面，筛孔最大，筛上物为大型杂质，筛下物均匀落到第二层筛面的进料端。第二层为大杂筛面，用以进一步清理略大于物料粒的大杂质。第三层为小杂筛面，小杂质穿过筛孔排出。

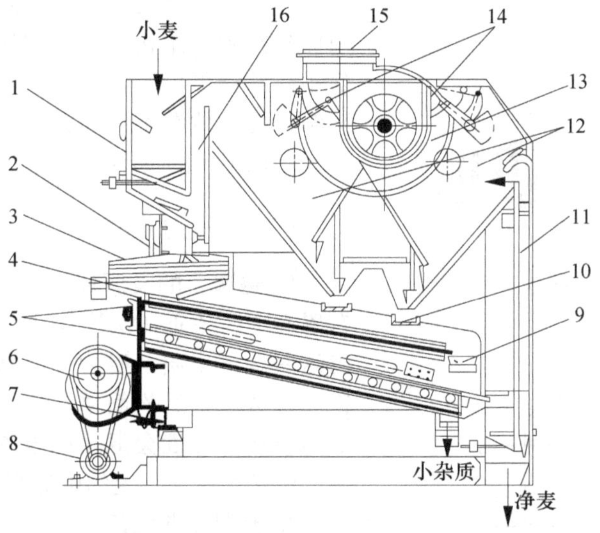

图 3-1　振动筛（段开红，2017）

1. 进料斗；2. 吊杆；3. 筛体；4. 大杂出料口；5. 筛格；6. 自衡振动器；7. 弹簧限振器；8. 电动机；9. 中杂出料槽；10. 轻杂出料槽；11. 后吸风道；12. 沉降室；13. 风机；14. 风门；15. 排风口；16. 前吸风道

（2）滚筒筛　滚筒筛（图 3-2）由附有筛孔且可回转的圆柱面筛筒所构成，筒壁分别开有各种孔径的筛孔。依照不同孔径圆筒的排列，滚筒筛有并列式、串列式和同轴式三种结构。

并列式组合是将筒径与筒长相同而筛孔规格不同的几个筛筒按筛孔大小依次排列。每段筛筒的长度较大，筛选路程较长。各段筛选能力均衡，适于粒径分布较为均匀的物料的筛分。

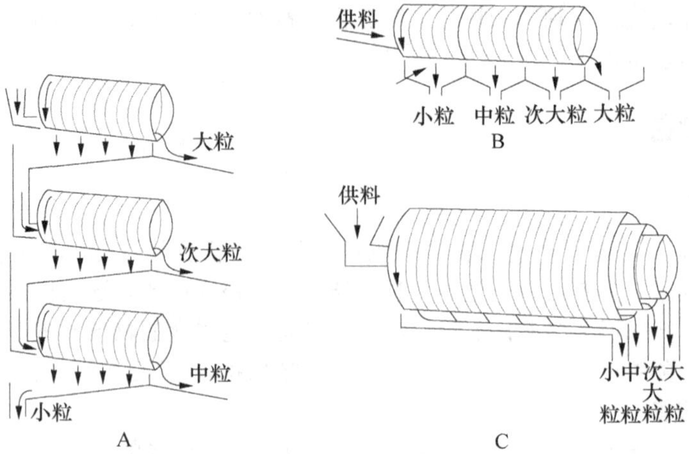

图 3-2 滚筒筛

A. 并列式；B. 串列式；C. 同轴式

串列式组合是将筛筒分成多段，筛孔由小而大，各段长度较短，筛选路程短，物料有时不能得到充分筛选，影响作业效率。其适宜于小颗粒含量较多的物料的筛分。

同轴式组合是将具有不同筛孔和筒径的筛筒由内而外排列，结构紧凑，但流量最大的内筛筒直径最小，筛选能力低，而且同一粒度的颗粒因穿过上一级筛孔的位置不同而具有不同的筛选路程，故适于大颗粒不多的物料的分选。

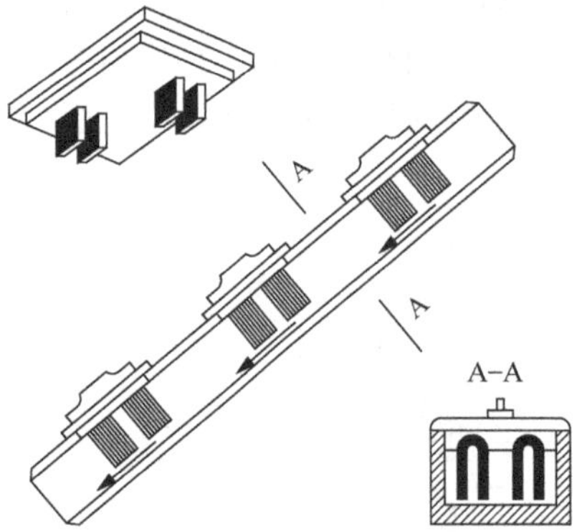

图 3-3 永磁溜管

（二）磁力分离器

1. 磁选目的及原理 原料有时不可避免混杂有磁性金属杂质（铁等），通常采用磁力分离器分离出这些金属杂质。磁力分离器可用永久磁铁或电磁铁。永久磁铁结构简单，使用维护时不耗电能，但磁力较弱，磁性会退化；电磁铁磁力稳定，性能可靠，但必须保证一定的电流强度，且结构稍复杂。

2. 典型磁选设备

（1）*永磁溜管* 永磁溜管（图 3-3）的永久磁铁装在溜管上边的盖板上。一般在溜管上设置 2 或 3 个盖板，每个盖板上装有两组前后错开的磁铁。工作时，原料从溜管上端流下，磁性物体被磁铁吸住。盖板可依次交替地取下，除去磁性杂质。

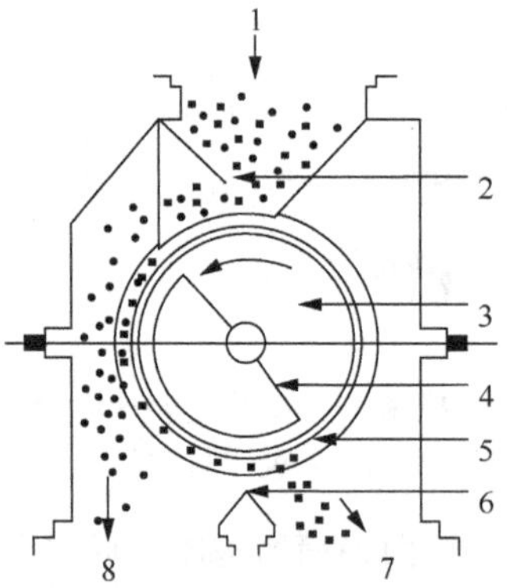

图 3-4 永磁滚筒

1. 原料；2. 挡板；3. 滚筒；4. 磁心；5. 滚筒隔板；6. 刮刷；7. 磁性物排出口；8. 原料出口

（2）*永磁滚筒* 永磁滚筒（图 3-4）主要由进料装置、滚筒、磁心、机壳和传动装置等部分组成。磁心由永久磁铁和铁隔板按一定顺序排列成 170°的圆弧形，安装在固定的轴上。滚筒由非磁性材料制成。永磁滚筒能自动排除磁性杂质，除杂效率在98%以上，特别适合除去粒状物料中的磁性杂质。

二、精选设备

（一）碟片精选机

碟片精选机（图3-5）的主要构件是一组同轴圆环状铸铁碟片，在金属碟片的平面上制成许多袋形的凹孔，孔的大小和形状视除杂条件而定。碟片在粮堆中运动时，短小的颗粒嵌入袋孔，被带到较高的位置才会落下，因此只要把收集短粒的斜槽放在适当位置上，就能将短粒分出来。

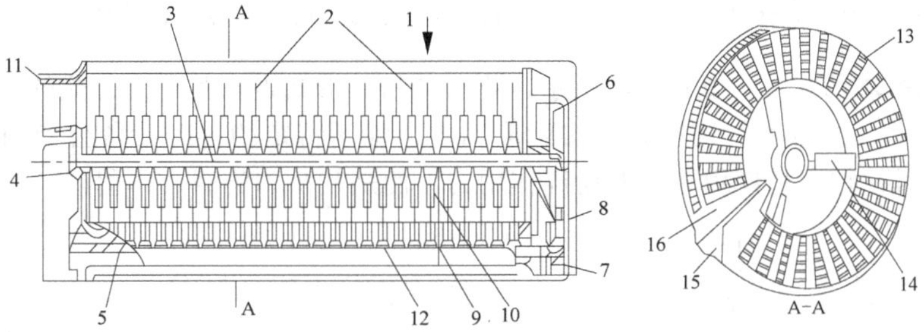

图3-5　碟片精选机示意图（段开红，2017）

1. 进料口；2. 碟片；3. 轴；4. 轴承；5. 绞龙；6. 大链轮；7. 小链轮；8. 链条；9. 隔板；10. 孔；11. 长粒物料出口；12. 滴板；13. 碟片；14. 叶片；15. 短粒出口；16. 盛物槽

碟片精选机的特点是工作面积大，转速高，处理量比滚筒精选机大；而且为除去不同品种杂质所需要的不同袋孔可用于同一机器中，即在同一台机器上安装不同袋孔的碟片；碟片损坏可以部分更换，还可分别检查每次碟片的除杂效果。因此，碟片精选机是比较优越的精选机，缺点是碟片上的袋孔容易磨损，功率消耗较大。

（二）滚筒精选机

滚筒精选机按作用不同可分为荞麦滚筒精选机、大麦滚筒精选机和分级滚筒精选机，若按滚筒旋转速度又有快速和慢速之分。它们的结构基本相同。

图3-6为滚筒精选机的结构之一，它由滚筒、短粒收集槽、调节装置、输送螺旋、搅动器和传动机构等组成。滚筒精选机工作时，物料由进料口（1）送入滚筒（2），在滚筒转动过程中短粒不断嵌入袋孔，被带到一定高度后在自身重力作用下落入收集槽（3），由输送螺旋（4）送至短粒出口（11）；长粒物料位于滚筒底部，依靠搅动器（13）或滚筒（2）本身的倾斜送至长粒出口（12）。卸料端的可调挡板（9）和固定挡板（10）可防止未被分离出来的短粒混同长粒一起进入出口，起延长精选时间和提高精选效果的作用。根据产量需要，还可将多个滚筒并联安装在一起使用。

三、粉碎设备

（一）粉碎理论

1. 粉碎的基本概念　粉碎是用机械力的方法克服固体物料内部凝聚力使之破碎的单元操作。习惯上将大块物料分裂成小块物料的操作称为破碎；将小块物料分裂成细粉的操作称为磨碎或研磨。两者又统称粉碎。

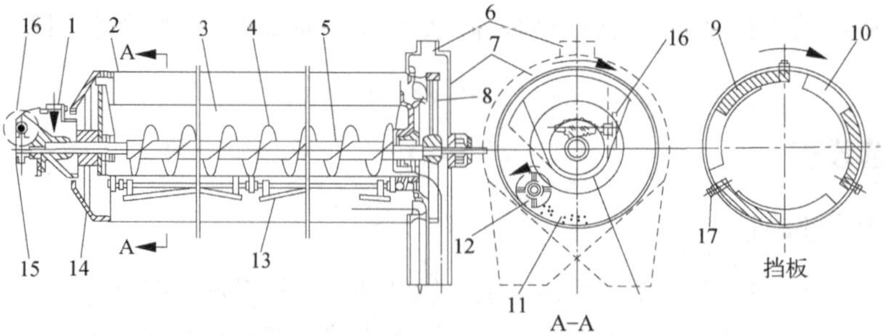

图 3-6　滚筒精选机的结构（段开红，2017）

1. 进料口；2. 滚筒；3. 短粒收集槽；4. 输送螺旋；5. 主轴；6. 吸风口；7. 卸料端护罩；8，14. 端盖接头；9. 可调挡板；10. 固定挡板；11. 短粒出口；12. 长粒出口；13. 搅动器；15. 指示盘；16. 手轮；17. 螺钉

2. 粉碎的基本形式　如图 3-7 所示，物料的粉碎形式根据其受力方式的不同，可分为挤压、劈裂、研磨、冲击和剪切等。在实际应用中，除了特定的粉碎设备会使用一种作用力为主，各种粉碎机往往不是使用单一的粉碎作用力，而是几种力的组合作用。

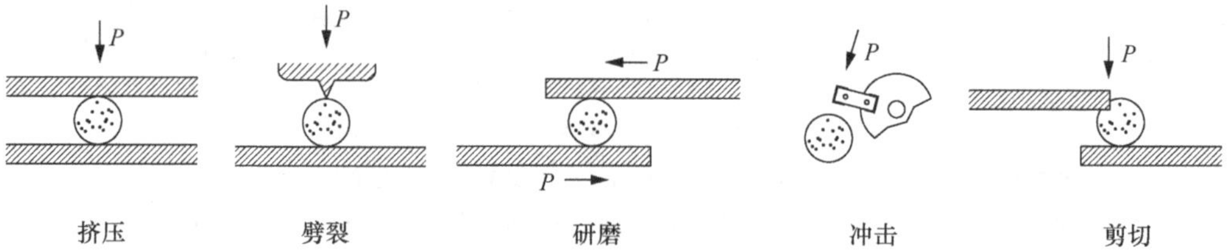

图 3-7　物料粉碎形式

3. 物料的粉碎比　物料的粉碎比（粉碎度）是指物料粉碎前后的平均直径（粒度）之比，用以衡量粉碎的效果，是确定粉碎工艺及选择粉碎机的重要依据。单次粉碎比过大会导致操作效率降低，因此生产中往往采取多级粉碎（每一次粉碎步骤称为一级）来达到工艺要求的总粉碎度。

（二）粉碎设备类型

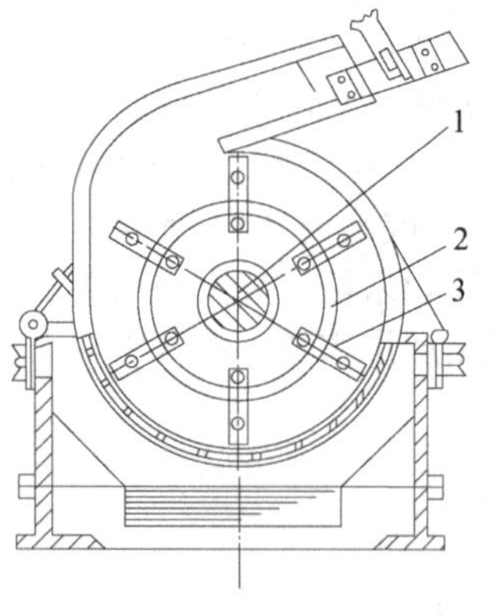

图 3-8　单转子锤式粉碎机（段开红，2017）

1. 轴；2. 转鼓；3. 锤刀

1. 锤式粉碎机　锤式粉碎机是利用快速运动的锤刀对物料进行冲击粉碎，被广泛用于各种中等硬度的物料的粉碎，对原料品种变化的适应性也较强，尤其适用于脆性物料。一般单转子锤式粉碎机的结构如图 3-8 所示，机械内部有一根水平轴，轴上装有一些圆盘，圆盘的周边安装着板状锤刀（杆锤），周围有圆筒形外壳。

原料的粉碎是由于锤刀的撞击作用，因此锤刀磨损甚速，需要经常更换。锤刀的一般寿命为 200～500h，为了延长使用寿命，通常采用耐磨钢材如高碳钢或锰钢进行制作。锤刀（图 3-9）的形状视需破碎的物料而定，矩形锤刀因其能多次再用的优点，被应用得较多。阶梯形锤刀工作棱角多，粉碎能力较强，但耐磨性较差。锐角形锤刀工作棱角尖，适于粉碎纤维性物料。环形锤刀粉碎时工作棱角经常变动，故磨损均匀，寿命较长，但结构复杂。

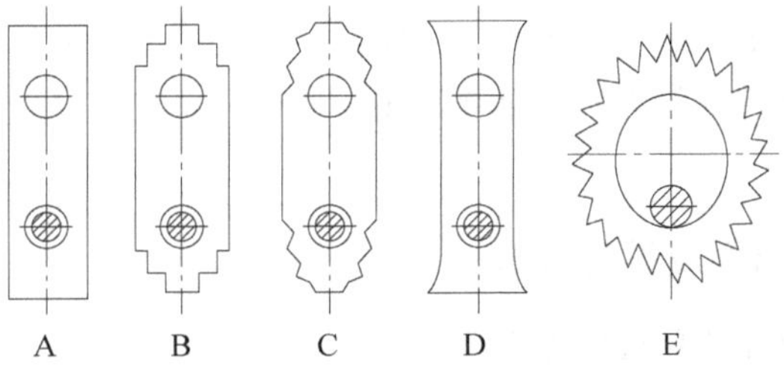

图 3-9　锤刀结构形式

A. 矩形；B. 阶梯形；C，D. 锐角形；E. 环形

用以控制物料粉碎程度的筛面采用钢板冲制，一般设在转子下半周。产品的粒度主要由筛孔的形状与尺寸决定，粉料通风的筛孔，形状多为圆孔或长孔，孔径为 1.5～2.5mm，许多乙醇厂所采用的筛孔大小都在此范围内。

锤式粉碎机最大的特点是具有很高的破碎比（10～50），此外还具有单位产量能耗低、构造简单、结构紧凑、生产能力高等优点，因此在工业上被广泛应用。但锤式粉碎机也存在一些缺点，如工作部件易于磨损，物料含水量超过 10%时易于堵塞，因而维修工作量大。

2. 辊式粉碎机　辊式粉碎机被广泛用于破碎黏性和湿物料块。啤酒厂粉碎麦芽和大米时都是用辊式粉碎机，常用的有两辊式、四辊式、五辊式和六辊式等。

两辊式粉碎机（图 3-10）的主要工作部件为两个相对旋转的平行装置的圆柱形辊筒。工作时，装在两辊之间的物料由于辊筒对物料的摩擦作用而被拖入两辊的间隙中被粉碎。其中一个辊筒轴承座为可移动的。固定辊筒的轴承座固定在机架上，可移动辊筒的轴承座为弹簧压紧，当辊筒间隙内落入不能粉碎的硬物时，可移动辊筒使弹簧压缩而向后滑移。硬物通过后，借弹簧力恢复到原来位置。两辊式粉碎机制造简便，结构紧凑，运行平稳，适于中碎和细碎。

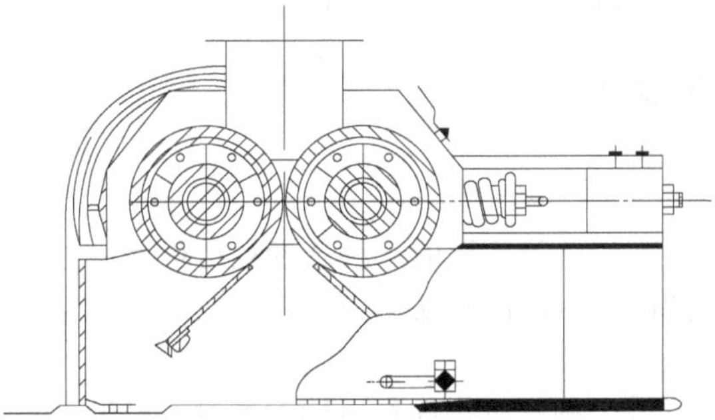

图 3-10　两辊式粉碎机（段开红，2017）

3. 冷冻粉碎设备　冷冻粉碎又称低温粉碎，是将冷冻与粉碎两种技术相结合，使物料在冻结状态下进行粉碎制成干粉的技术，但冷冻粉碎后应进行冷冻干燥处理。其基本原理是预先将待粉碎的材料用液氮冷却冻结到脆化点以下，就可以利用其低温脆性轻而易举地使物料粉碎。它避免了常温粉碎时由于投入的能量大部分转化为热能而以热的形式散发。这一点对热敏性和某些塑性材料极为有利，可避免散发的热量造成物料的变质、熔化、黏着、生产能力下降等问题。

4. 纳米粉碎设备　纳米粒子一般是指颗粒尺寸为 1～100nm，具有量子尺寸效应、小尺寸效应、表面效应和宏观量子隧道效应的超细粒子。该粒子比表面积、表面原子数、表面能和表面张力很大，且随粒径的下降急剧增加，因而展现出许多特有的性质。目前，由纳米微粒组成的新型材料在催化、陶瓷、滤光、光吸收、医药、磁介质及新材料等方面有着广阔的应用前景。纳米粉碎设备有气流超细粉碎机、爆炸冲击粉碎机、多层次分级纳米球磨机和纳米高压脉冲粉碎机等。

（三）粉碎设备的选型及设计计算

粉碎设备的选型与设计计算过程如下。

1）根据工艺要求确定粉碎设备的处理量与粉碎物料的特性（硬度、脆性、密度、湿度、粒度）。

2）根据工艺要求确定物料的产品粒度、总粉碎比、开路或闭路工作、粉碎级数等。

3）根据所选定的粉碎流程方案计算选择各级粉碎比和生产能力。

4）计算各级筛分效率及产物的产率。

5）选定各级粉碎设备的型号和台数。

6）核算所选定粉碎流程的生产能力。

第二节 输送设备

生物产品发酵工厂中，要求生产过程连续进行，组成自动生产线。物料在一组设备上完成某一工序加工后，再由连续输送机械将其输送至另一组设备上进行下一工序的加工，甚至有时直接就在连续运输机上进行各种加工，这就使连续运输机械成为工业自动化的一个重要环节。

按所输送的物料可分为固体物料的输送和液体物料的输送，输送固体物料采用各种类型的输送机和气力输送装置，输送液体物料则采用各种类型的泵。

一、固体物料输送设备

（一）带式输送机

带式输送机是发酵工厂中应用最广泛的一种连续输送机械，用于块状、颗粒状物料及整件物料的水平方向或倾斜方向的运送，同时还常用于连续分选、检查、包装、清洗和预处理的操作台等。

带式输送机（图 3-11）是一种具有挠性牵引构件的输送机械，它主要由环形输送带、驱动滚筒、张紧滚筒、张紧装置、装料斗、卸料装置、托辊及机架组成。

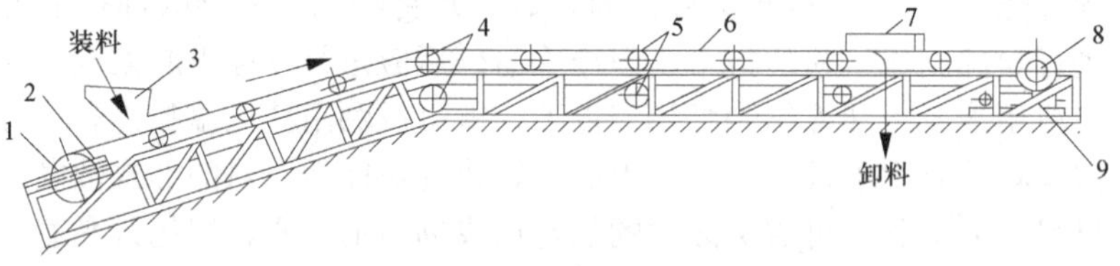

图 3-11 带式输送机（段开红，2017）

1. 张紧滚筒；2. 张紧装置；3. 装料斗；4. 改向滚筒；5. 托辊；6. 环形输送带；7. 卸料装置；8. 驱动滚筒；9. 驱动装置

环形输送带作为牵引及承载构件，绕过并张紧于两滚筒上，输送带依靠其与驱动滚筒之间的摩擦力产生连续运动，同时依靠其与物料之间的摩擦力和物料的内摩擦力使物料随输送带一起运动，从而完成输送物料的任务。

带式输送机结构简单，适应范围广，使用方便，工作平稳，不损伤被运输物料；输送过程中物料与输送带间无相对运动，可输送研磨性物料；运输速度范围广，输送距离长，输送能力强，能耗低。但输送带易磨损。

（二）斗式提升机

斗式提升机是利用均匀固接于牵引构件上的一系列料斗，连续地将物料由低处提升到高处的输送机械。它的提升高度大，通常为7～10m，有时高达30～50m；提升稳定，占地面积小；适宜于颗粒状、粉状和中小块状物料的提升。

斗式提升机（图3-12）主要由传动装置、张紧装置、环形牵引带或链、料斗、机筒和装卸料装置几部分组成。其输送工作原理是：料斗把物料舀起，随着输送带或链提升到顶部，绕过顶轮后向下翻转，靠重力和离心力将物料倾倒出来。根据传送量可调节传送速度，还可根据需要选择提升高度。

物料装入料斗的方法有挖取法和灌入法两种（图3-13）。挖取法易于充满，可以采用较高的料斗速度，但阻力较大，适合输送中小块或磨损性小的粒状物料。灌入法的物料直接装入运动着的料斗中，难以充满，需要采用较低的料斗速度，采用较为密集的料斗布置，用于块度较大和磨损性大的物料。

根据卸料动力的不同，斗式提升机的卸料方法分为离心式、重力式和混合式三种（图3-14）。离心式卸料时，离心力大于重力，料斗内物料向料斗外缘移动而抛出，适用于运行速度较快的场合，多用于流动性较差的物料。重力式卸料时，重力大于离心力，物料沿料斗内缘向外卸出，并沿前一个料斗的背部落下，适用于物料提升速度较慢、大块、相对密度大和易碎的物料。混合式卸料时，接近外壁的物料离心力大于重力，靠离心力抛出，接近内壁的物料，其重力大于离心力，靠自重卸出，适用于流动性不良的散状或潮湿物料。

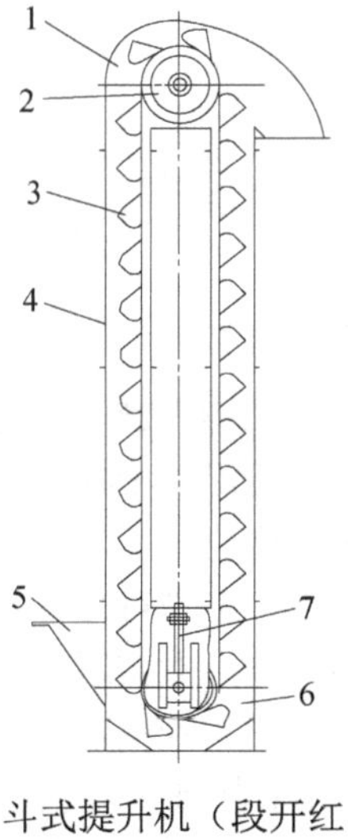

图3-12　斗式提升机（段开红，2017）

1. 机头；2. 头轮；3. 料斗；4. 机筒；5. 垂直进料斗；6. 底座；7. 张紧螺杆

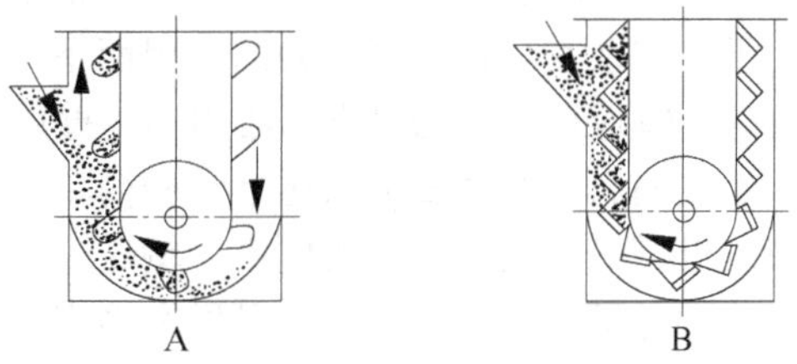

图3-13　斗式提升机装料方式（段开红，2017）

A. 挖取法；B. 灌入法

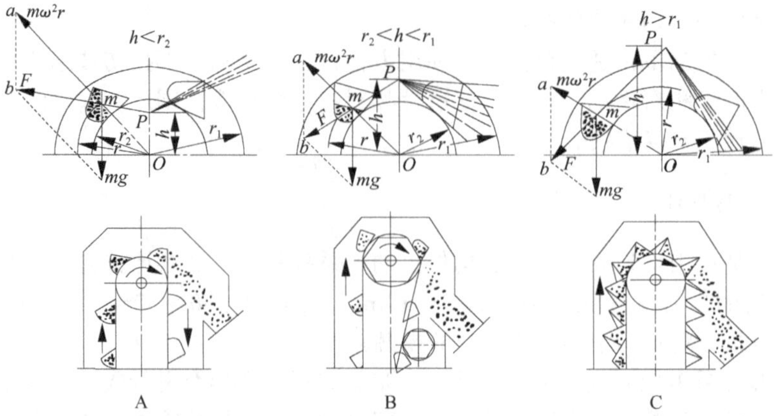

图 3-14　斗式提升机卸料方式（段开红，2017）

A. 离心式卸料；B. 混合式卸料；C. 重力式卸料

（三）螺旋输送机

螺旋输送机（图 3-15）属于没有挠性牵引构件的连续输送机械。它主要用于摩擦性小的粉状、颗粒状及小块状散粒物料的输送。在输送过程中，主要用于距离不太长的水平输送，或小倾角的倾斜输送，少数情况下也用于高倾角和垂直输送。

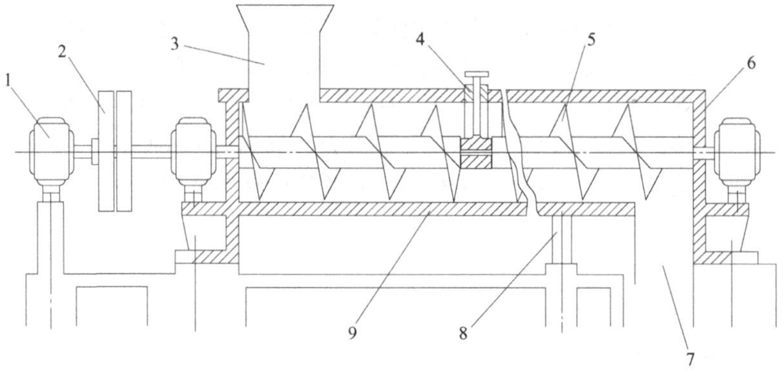

图 3-15　螺旋输送机（段开红，2017）

1. 轴承；2. 传动轴；3. 进料口；4. 中间轴承；5. 螺旋片；6. 机壳；7. 卸料口；8. 支座；9. 料槽

螺旋输送机的工作原理是：绞龙（带螺旋片的轴）在封闭的料槽内旋转，使装入料槽的物料由于自重及其与料槽摩擦力的作用而不与螺旋片一起旋转，只能沿料槽横向移动。在垂直放置的螺旋输送机中，物料靠离心力与槽壁所产生的摩擦力而向上移动。

螺旋输送机的主要优点包括结构简单、紧凑，横断面尺寸小；工作可靠，易于维修，成本低廉；机槽可以全封闭，实现密闭输送，以减少物料对环境的污染，尤其适合输送粉尘大的物料；输送时可以多点进料，也可以在多点卸料，工艺安排灵活；物料的输送方向是可逆的；在物料输送中还可以同时进行混合、搅拌、松散、加热和冷却等工艺操作。但由于在输送过程中，物料与机槽、螺旋片间的摩擦及物料间的搅拌翻动，输送功率消耗较大，同时对物料具有一定的破碎作用，特别是它对机槽和螺旋片有强烈的磨损作用，对超载敏感，需要均匀进料，否则容易产生堵塞现象，不宜输送含长纤维及杂质多的物料。

在选择机械输送设备型式时需要考虑：①物料的性质，包括粒度大小、密度、湿度和流动性等。②工艺要求的输送量，根据工艺流程的物料衡算来确定输送量。③输送距离和角度，一般来说，带式输送机适合于水平或角度不大的长距离输送，斗式提升机适合由低处向高处的垂直输送，螺旋输送机适合进行水平或角度不大的短距离输送。④设备的输送速度，需要根据物料的性质和输送量要求选择合适的输送速度。⑤设备的结构与材质，材质选择时需要考虑物料的理化性质、工作的环境条件等，同时需考虑设备的结构设计是否合理，便于后期的清理和维护。⑥设备的可靠性和使用寿命。

（四）气流输送流程

气流输送又称风力输送，是借助空气在密闭管道内的高速流动，物料在气流中被悬浮输送到目的地的一种运输方式，目前已被广泛应用，如发酵工厂利用气流输送瓜干、大麦、大米等都收到良好的效果。

1. 气流输送流程类型　按输送气源的压力可将气流输送分为吸引式和压送式。

吸引式输送流程（图 3-16）是将抽风机（真空泵）安装在整个系统的尾部，运用抽风机从整个管路系统中抽气，使管道内的气体压力低于外界大气压力，即处于负压状态。压送式输送流程（图 3-17）是将罗茨鼓风机（压缩机）安装在系统的前端，风机启动后，空气即进入管路内，管道内压力高于大气压力，即处于正压状态。将风机安装在整个系统的中间，把真空输送与压力输送结合起来就组成了综合式气流输送系统。

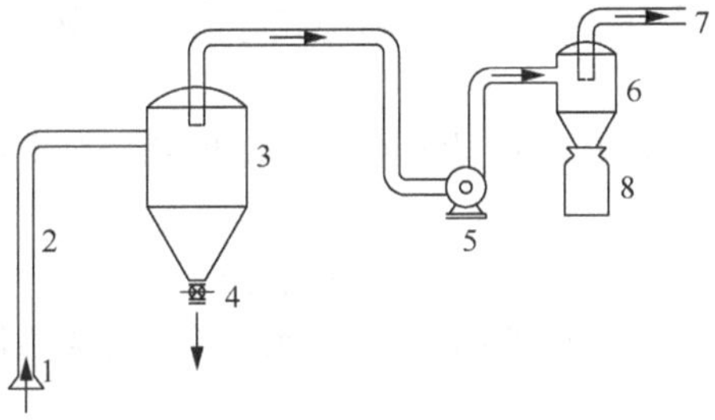

图 3-16　吸引式输送流程

1. 物料口；2. 输送管；3. 1 号旋风分离器；4. 落料口；5. 抽风机；6. 2 号旋风分离器；7. 废气；8. 集尘袋

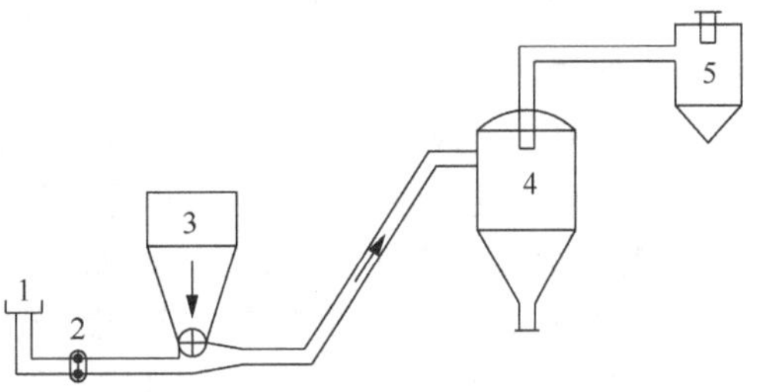

图 3-17　压送式输送流程

1. 空气粗滤器；2. 罗茨鼓风机；3. 料斗；4. 分离器；5. 除尘器

2. 气流输送的配套设备

（1）进料装置

1）吸嘴。其是真空气流输送系统的进料装置。其作用是在进风量一定的情况下，吸料量多且均匀，以提高输送装置的产量，减少系统的压力损失。吸嘴的种类很多，常用的有单管形吸嘴、带二次空气进口的单管形吸嘴、双筒喇叭形吸嘴和固定式吸嘴。

2）旋转加料器（闭风器）。旋转加料器在真空输送系统中用于卸料，而在压送式气流输送系统中可用作加料器。因此，旋转加料器在气流输送中被广泛应用。

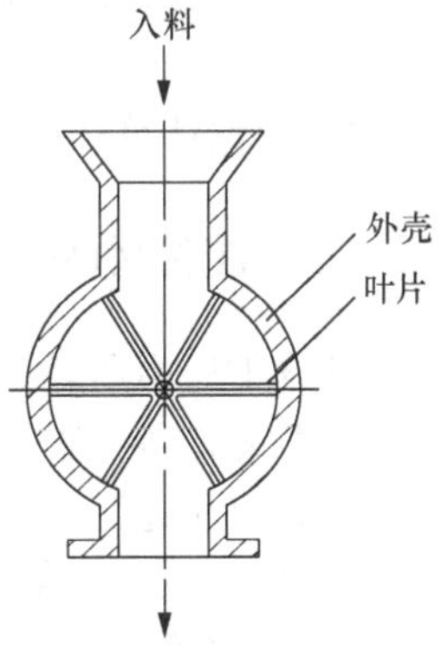

图 3-18　旋转加料器

旋转加料器（图 3-18）又称星形供料器，在机壳内装有可以旋转的有若干叶片的转子，叶片数为 6～8 片。物料由上部料斗落下，进入转子叶片间的格子里，随同转子旋转，转到下部借自重落入输料管中（料箱）。转子的空格子再转到上部，重新落入物料，转子就这样不断旋转，不断地送料。

（2）卸料装置

1）离心式卸料器。离心式卸料器实质上就是旋风分离器，气流经旋风分离器后，物料从分离器下部的卸料装置排出，分离后的气流从顶部的中央出气口排出，并进入除尘装置回收气流所带走的灰尘。

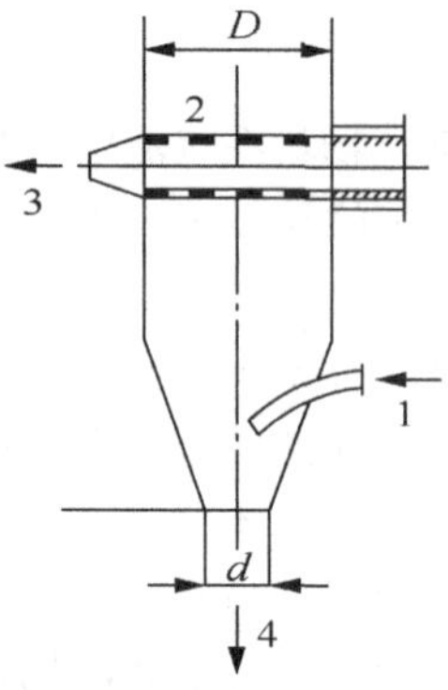

图 3-19　沉降式卸料器

1. 物料口；2. 筛筒；3. 气体出口；4. 出料口；*D*. 筛筒的直径；*d*. 出料口的直径

2）沉降式卸料器。沉降式卸料器（图 3-19）实质上就是重力式分离器，带有悬浮物料的气流，进入一个较大的圆柱形空间里，气流速度大大降低，悬浮的颗粒由于自身的重力而沉降，气体由上部排出。为尽量提高分离的效果，要求降低物料口的速度，特别是粉状物料，更容易被气流重新卷起，所以采用切线进料较好一些。

（3）空气除尘装置　在气流输送系统中，物料经分离器、卸料器之后，对于颗粒状物体，一般可百分之百地卸出，但由于输送过程中物料有磨损，排出的气流中还含有大量的粉尘。为提高回收率和减少对大气环境的污染，常需将气流送入空气除尘装置以达到进一步的分离。常用的空气除尘装置有离心式除尘器、袋滤器和湿式除尘器等。

（4）风机　风机是气流输送系统的能源，风机供给高速运动的空气流，推动物料进行输送，风机所提供的风量和风压必须满足输送系统的要求。

3. 气流输送流程的选择及设计计算　气流输送流程设计计算的基本步骤如下。

1）根据被输送物料的性质、输送距离及起点和终点具体使用情况，确定气流输送流程形式，并根据工艺要求的输送量确定其输送能力。

2）根据工艺要求的物料输送量确定合适的料气输送比和输送所需空气量。

3）根据被输送物料的种类与性质确定适合的气流速度。

4）计算输送管道的直径。

5）根据输送流程形式、物料特性和输送距离等因素计算输送过程中的总压力损失。

6）根据计算的结果核算流程的工艺参数。

7）根据计算结果确定风机类型及所需功率，并据此选定配套电动机。

二、液体物料输送设备

发酵工厂中所输送液体的性质比较复杂，有黏稠状的悬浮液、腐蚀性强的液体等，而温度、压力又有高有低。选用的泵应满足具体的要求，以完成液体物料的输送任务，这样才能保证生产的顺利进行。按照工作原理的不同，泵通常被分为叶轮式泵（离心泵、轴流泵、旋涡泵等）、容积式泵（往复泵、螺杆泵、齿轮泵等）和其他类型的泵（喷射泵、电磁泵、空气升液泵等）。发酵工厂液体物料的输送设备多采用离心泵和往复泵，除此之外，还有隔膜泵、螺杆泵、齿轮泵等。

（一）离心泵

离心泵（图3-20）由泵、吸入系统和排出系统三部分组成。吸入系统包括吸入贮槽、吸入管、底阀、滤网。排出系统有排出贮槽、排出管、逆止阀、调节阀等。离心泵是适用范围最广的流体输送设备，它既能输送低、中黏度的溶液，也能输送悬浮物的溶液。

离心泵启动前，必须用所送液体把泵灌满。电机启动后，当泵轴带动叶轮与叶片间的液体一同高速旋转时，在离心力的作用下使液体在叶片间从叶轮中心沿径向连续高速甩向叶轮边缘，并进入蜗壳形泵腔内，泵壳中流道逐渐加宽，使进入其中的液体流速逐渐降低，动能转变为静压能，使出口处压强提高后从排出口排出。与此同时，在叶轮中心处形成一定的真空度，使液体不断地从吸入口进入泵内，并连续将液体排出。吸入系统中的底阀为逆止阀，其作用是防止泵内的液体由吸入管倒流入吸入贮槽。

（二）往复泵

往复泵（图3-21）属于容积泵。泵缸（1）内有活塞（2），它通过活塞杆（3）与传动机械相连接。当活塞杆（3）由于外力作用向右移动时，泵缸（1）内密闭的工作室容积变大，压力降低，吸入池内的液体在大气压的作用下，顶开吸入阀（4）进入泵缸，这时排出阀（5）因排出管中液体的压力而关闭。此后活塞便向左移动，使泵缸（1）内密闭工作室容积变小，压力升高，排出阀（5）被顶开，吸入阀（4）自动关闭将缸内液体排出泵外。活塞重复上述循环过程，液体不断地被吸入和排出。

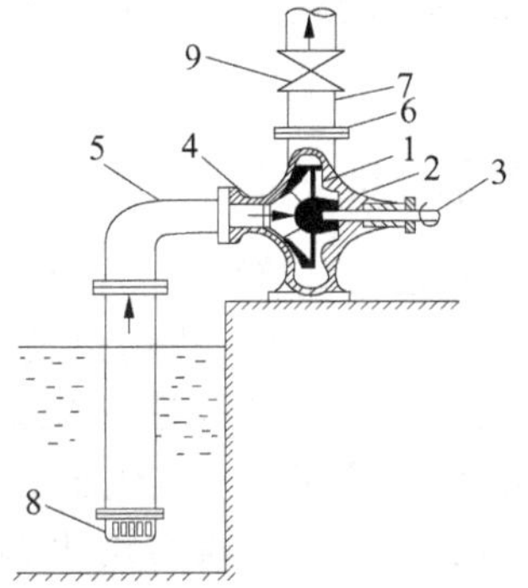

图3-20　离心泵（段开红，2017）

1. 叶轮；2. 泵壳；3. 泵轴；4. 吸入口；5. 吸入管；6. 排出口；7. 排出管；8. 底阀；9. 调节阀

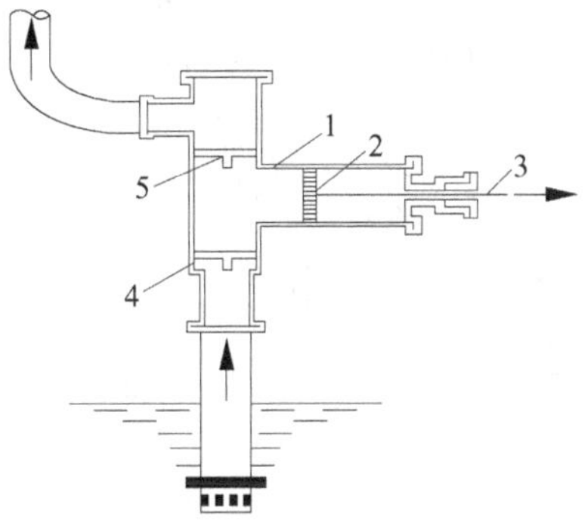

图3-21　往复泵（段开红，2017）

1. 泵缸；2. 活塞；3. 活塞杆；4. 吸入阀；5. 排出阀

（三）泵的选型及设计计算

泵的选型及设计计算的基本步骤如下。

1）准备工作：①收集整理物性数据资料。a. 输送物料的性质，如黏度、密度、蒸汽压力和化学腐蚀性等；b. 了解泵的安装位置及工作环境；c. 在工作条件下泵的使用参数，如温度、压力、流量等的变化。②确定泵的性能参数，主要包括流量、扬程、汽蚀余量和效率等。

2）根据工艺要求确定输送液体物料的流量及扬程。

3）根据工艺要求、物料性质、流量和扬程来选择泵的类型、型号、材质及台数。

4）核算选定的泵的工艺参数是否满足生产需求。

5）确定泵的安装高度，以保证在指定工作条件下能正常运行而不发生汽蚀现象。

6）计算泵的功率，并据此选定原动机功率。

第三节　培养基的灭菌方法及设备

大多数工业发酵生产过程属于纯种培养过程，因此为了保证发酵生产正常进行，应尽可能地避免杂菌污染。发酵生产过程中应用的工具、设备、培养基、空气等必须是无菌的。

培养基灭菌是指从培养基中杀灭有生活能力的细菌营养体及其孢子，或从中将其除去。工业规模的液体培养基通常采用灭菌的方法除去杂菌，培养基灭菌方式有分批灭菌和连续灭菌两种。实验室所用的培养基也可采用过滤的方法除去杂菌。

一、培养基分批灭菌

（一）培养基分批灭菌的特点

培养基分批灭菌是指将配制好的培养基放在发酵罐中，通入蒸汽将培养基和发酵罐一起加热进行灭菌的方法，也称间歇灭菌或实罐灭菌法。其过程包括升温、保温和冷却三个阶段。该法不需要专门的灭菌设备，投资少，设备简单易于操作，灭菌效果可靠，是中小型发酵罐常用的一种灭菌方法。但因其加热和冷却所需时间较长，增加了发酵前的准备时间，延长了发酵周期，使发酵罐的利用率降低，培养基中的营养成分遭到一定程度的破坏；在灭菌过程中蒸汽用量变化大，造成锅炉负荷波动大。

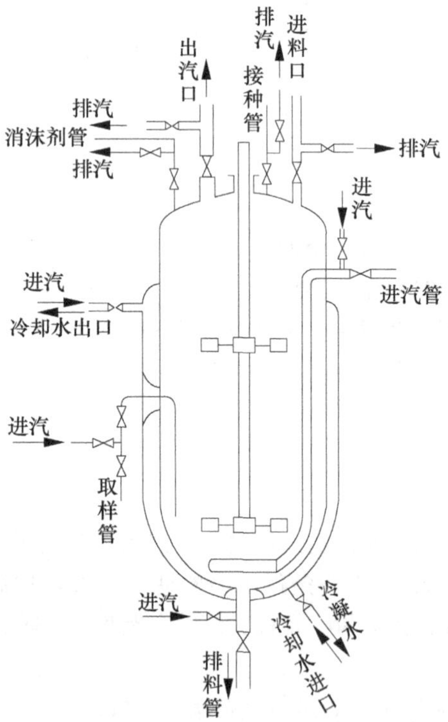

图 3-22　实罐灭菌设备示意图

（二）培养基分批灭菌所需设备及操作要点

培养基分批灭菌时要确保设备密封，防止杂菌侵染。在空罐或实罐灭菌前，发酵罐及附属设备必须进行全面的严密度检查，在保证无渗漏的情况下才能开始灭菌，灭菌时应注意温度与气压是否对应。

图 3-22 是通用型发酵罐实罐灭菌设备示意图。实罐灭菌操作要点如下：①将输料管路内的污水放掉、冲净；②用泵将配制好的培养基送至发酵罐内，同时开动搅拌器进行灭菌；③打开各排汽阀，将蒸汽引入夹套或蛇管进行预热，待罐温升至80～90℃时，逐渐关小排汽阀；④将蒸汽从进汽口、排料口、取样口直接通入罐中；⑤调整进、排汽阀使罐温上升到118～120℃，罐压维持在0.09～0.1MPa（表压），并保持约30min；⑥保温结束后，依次关闭各排、进汽阀；⑦待罐内压力低于空气压力后，向罐内通入无菌空气，通冷却水降温，使培养基的温度降到所需的温度。

在进行实罐灭菌时应注意：①灭菌过程中要求进汽、排汽要畅通，罐内液体翻动要激烈。②在保温阶段，凡是进口在培养基液面以下的管道及冲视镜管都应进汽；开口在液面之上者均应排汽。无论与罐连通的管路如何配置，在实消时均应遵循“不进则出”的原则，这样才能保证灭菌彻底，不留死角。③排汽量不宜过大，在引入无菌空气前，罐压必须低于过滤器压力，否则物料将倒流入过滤器内。

空罐灭菌（空消）即发酵罐罐体的灭菌。空消时一般维持罐压 0.15～0.2MPa，罐温 125～130℃，保持 30～45min。

（三）培养基分批灭菌工艺设计

分批灭菌工艺的设计目标是要在达到预期灭菌效果的同时，使培养基营养成分的损失尽可能降到最低。分批灭菌主要分为加热、保温（或维持）和冷却三个阶段。在设计分批灭菌工艺之前，首先要了解在灭菌周期中，加热和冷却阶段发酵培养基的温度升高和降低的曲线；其次要知道培养基中原始污染的菌数和灭菌度要求，灭菌度通常取染菌率是 1/1000，灭菌作用主要在保温阶段完成，但加热和冷却阶段对于灭菌效果也有约 1/4 的贡献度，即 $\nabla_{总}=\nabla_{加热}+\nabla_{保温}+\nabla_{冷却}$；最后要有“标准”微生物的热死亡特征。

1. 灭菌原理　培养基分批灭菌常用的湿热灭菌法是利用高温蒸汽释放的热能破坏微生物细胞内酶蛋白等分子内部化学键，使微生物失活直至死亡。在一定的加热温度下，微生物的受热死亡遵循一级反应方程。微生物的热死速率与任一瞬间残存的微生物数量成正比，这就是对数残留定律，其数学表达式如下。

$$\frac{dN}{dt}=-kN \tag{3-1}$$

式中，N 为培养基中残存的活微生物数，个；t 为受热时间，s；k 为热死速率常数，s^{-1}，此常数取值与微生物的种类和加热温度有关。

在一定温度下，若灭菌前培养基中活微生物数量为 N_0，经过 t 时间灭菌后的残存活微生物数为 N_t，对该式移项积分后得

$$\ln\frac{N_t}{N_0}=-kt \tag{3-2}$$

$$N_t=N_0e^{-kt} \tag{3-3}$$

式中，N_0 为灭菌前培养基中活微生物数，个；N_t 为经过 t 时间灭菌后的残存活微生物数，个。根据上式，若要求达到彻底灭菌，即 $N_t=0$，所需灭菌时间将等于无穷大，这在实际生产中是不可能的。因此，通常取 $N_t=0.001$ 个/罐，即每 1000 个经灭菌处理后的发酵罐，只残存 1 个活微生物。

2. 灭菌温度与时间的确定　不同种类微生物对热的抵抗力不同，热死速率常数 k 是判断微生物耐热性的基本依据，在相同温度下，k 值越小表明该种微生物的耐热性越强。对于同一种微生物而言，k 的取值随灭菌温度 T 的变化而改变，二者的关系可用描述化学反应速率常数随温度变化的经验公式——阿伦尼乌斯（Arrhenius）方程表示：

$$\frac{d\ln k}{dT}=\frac{\Delta E}{RT^2} \tag{3-4}$$

当 E 为常数时积分移项可得

$$k=Ae^{-\frac{\Delta E}{RT}} \tag{3-5}$$

式中，A 为阿伦尼乌斯常数，s^{-1}；ΔE 为微生物受热死亡活化能，J/mol；R 为气体常数，8.314J/(mol·K)；T 为热力学温度，K。

将上式代入式（3-3）中，可得

$$t=\frac{1}{A}e^{\frac{\Delta E}{RT}}\ln\frac{N_0}{N_t} \tag{3-6}$$

灭菌时的温度 T 和时间 t 是灭菌工艺设计中的重要参数，上式即这两者之间的理论关系。由该式可以看出，所需灭菌时间随着灭菌温度的升高而缩短。

此外，灭菌时间与温度和微生物受热死亡活化能 ΔE 也有一定的关系。一般来说，微生物受热死亡活化能要比营养成分受热分解活化能大得多。也就是说当灭菌温度升高时，微生物死亡速率的增加量要比营养成分受热分解速率的增加量大得多。据此理论，采用湿热灭菌法对培养基进行灭菌时，应采用高温短时间的灭菌方式，以保护营养成分不受破坏。

分批灭菌工艺的设计需要微生物学、生物化学和工程学等跨学科、跨领域的合作。这种团结协作的精神体现了社会主义核心价值观中的“和谐”。通过团结协作，能够汇聚更多的智慧和力量，共同攻克技术难题，推动生物工程领域的发展。

二、培养基连续灭菌

（一）培养基连续灭菌流程及其特点

培养基的连续灭菌是指将配制好的培养基在向发酵罐输送的同时经过加热、保温和冷却过程的灭菌方法，也称连消法。连续灭菌时，培养基能在短时间内加热到保温温度，并能很快被冷却，保温时间很短，有利于减少营养物质的破坏。但其不足之处是在培养基连续灭菌过程中，蒸汽压强一般要求高于 0.5MPa（表压），所需设备比较复杂，投资较大。

连续灭菌流程主要有连消-喷淋冷却流程、喷射加热连续灭菌流程（图 3-23）和薄板热交换器连续灭菌流程（图 3-24）三种。

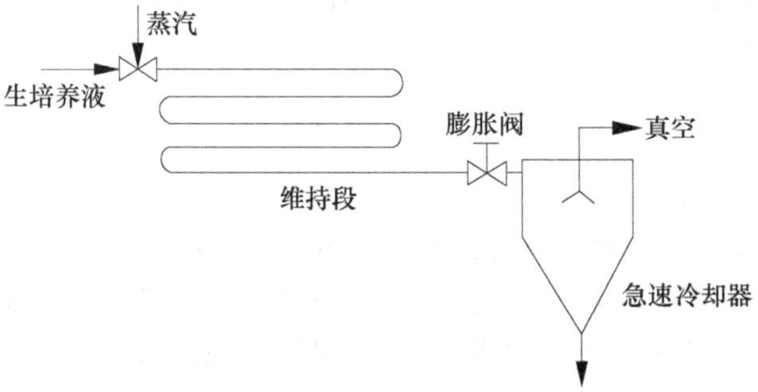

图 3-23　喷射加热连续灭菌流程示意图

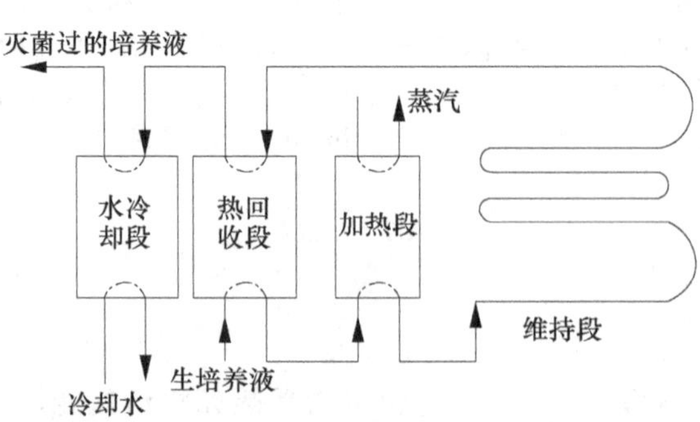

图 3-24　薄板热交换器连续灭菌流程示意图

连消-喷淋冷却流程是由连消塔、维持罐和喷淋冷却器组成的连续灭菌流程。培养基在配料罐配好后，送入连消塔底端，料液被加热至灭菌温度，由顶部流出，进入维持罐后维持约10min后，由维持罐上部侧面流出，经喷淋冷却器冷却到发酵温度，送至发酵罐。

喷射加热连续灭菌流程（图3-23）由喷射加热、管道维持和真空冷却三部分组成。蒸汽直接喷入喷射加热器与培养基混合，使培养基温度急速上升到预定灭菌温度，保温时间的长短由维持管道的长度确定。灭菌后培养基通过膨胀阀进入真空的急速冷却器进行急速冷却。

薄板热交换器连续灭菌流程（图3-24）中，培养基在设备中同时完成预热、灭菌及冷却过程。由于生培养基的预热过程即灭过菌的培养基的冷却过程，热能利用比较经济。

（二）连消塔的种类与构造

1. 套管式连消塔　套管式连消塔（图3-25）的内管开有45°向下倾斜喷出蒸汽的小孔。靠近蒸汽入口位置的孔距要大，随后孔距减小，使蒸汽均匀加热。培养基由外管下部侧面进入，在两管间向上流动，被内管小孔中喷射出的蒸汽加热到110～130℃后，由外管上部侧面流出。

2. 汽液混合式连消器　汽液混合式连消器（图3-26）工作时，培养基从中间管喷入，蒸汽从管外环隙同时喷入，在器内进行混合。为了增加混合效果，器内设置一块弧形挡板。

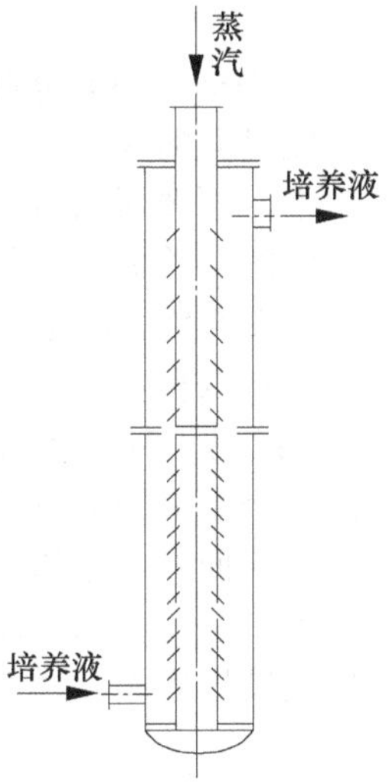

图3-25　套管式连消塔

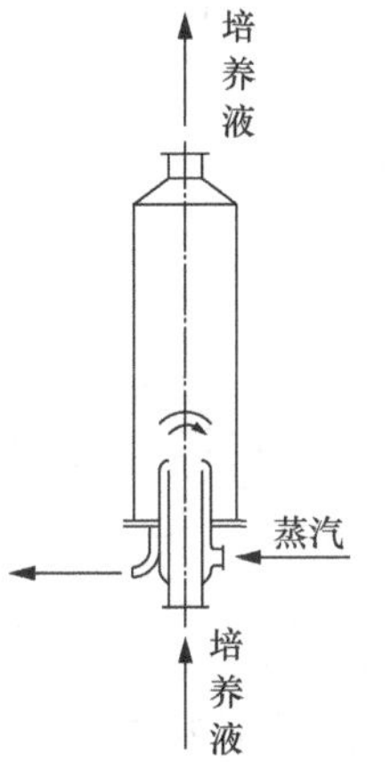

图3-26　汽液混合式连消器

（三）培养基连续灭菌工艺设计

1. 预热　预热可在培养基配制罐或预热罐中进行，使培养基的温度升到70℃左右。培养基经过预热后，一些不溶性物料（如淀粉）发生糊化，不易沉淀。经过预热的培养基在用蒸汽进一步加热时，产生的振动噪声也大大减小。

2. 加热　在加热器中，培养基与蒸汽混合，温度迅速上升到130～140℃。连消塔式连续灭菌设备有套管式和汽液混合式两类。

目前应用较多的加热设备是喷射式加热器（图3-27），当培养基经减缩喷嘴（1）以高速喷出时，与从吸入口（室）［2（3）］进入的蒸汽在混合喷嘴（4）中混合，并在较长的混合段

（5）中充分混合。加热器中的挡板使混合作用更加完全，加热后的培养基从扩大管（6）流出。这种加热器的特点是结构简单，体积小，操作噪声小，蒸汽与料液混合充分，并在瞬时内即可完成加热。

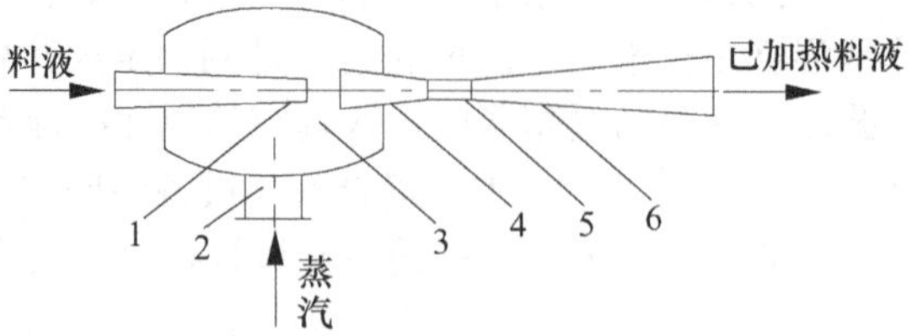

图 3-27 喷射式加热器示意图

1. 减缩喷嘴；2. 吸入口；3. 吸入室；4. 混合喷嘴；5. 混合段；6. 扩大管

假设培养基流量为 F_M，进入加热器的温度为 T_1，灭菌温度为 T，根据热量平衡可以得到加热蒸汽的用量：

$$S = K\frac{F_M \rho C(T - T_1)}{\lambda - C_M T} \tag{3-7}$$

式中，F_M 为培养基流量，m^3/s；S 为加热蒸汽的质量流量，kg/s；ρ 为培养基的密度，kg/m^3；C、C_M 分别为培养基、冷凝水的热容，J/（kg・℃）；T、T_1 分别为培养基的出口、进口温度，℃；λ 为加热蒸汽的热容，J/kg；K 为安全系数，可取 1.2。

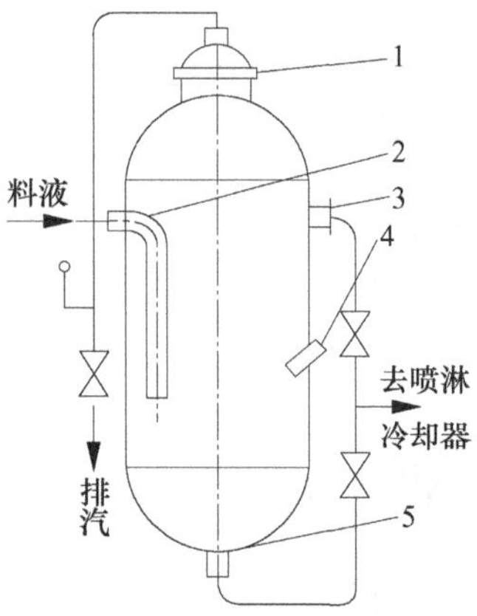

图 3-28 维持罐（段开红，2017）

1. 人孔；2. 进料管；3. 出料管；4. 温度计插座；5. 料液排尽管

3. 保温 在加热器中被加热到灭菌温度的培养基进入保温设备后，经过一段时间的保温，以杀灭培养基中所含微生物。在保温过程中，不要再向培养基通入蒸汽，以免温度过高破坏培养基中的营养成分。保温设备应该用保温材料包裹，以免散热而使培养基温度下降。

连续灭菌的保温设备有两种形式：一种是罐式保温设备，即维持罐（图 3-28）；另一种是管式保温设备，即维持管。罐式保温设备是一个直立圆筒形容器。罐顶部设有人孔，进料管由圆筒上部侧面伸入罐的下部，料液经进料管输入后，自下向上流动，从罐上部侧面的出料管流出。罐上部留有空间，以便安装压力表和排汽管。圆筒中部有温度计插座。

为使料液在维持罐中的返混小，保证培养基先进先出，维持罐的高径比一般为 2.0～2.5。部分培养基可能在罐中停留时间过长而过度受热，营养成分损失较多；部分培养基可能在罐中停留时间过短，不能达到灭菌要求而造成染菌。所以，培养基在维持罐中的停留时间应比按对数残留定律计算的维持时间长。为安全起见，实际维持时间常取理论灭菌时间的 3～5 倍或取经验数据 8～25min。

维持罐的容积应满足物料在罐内停留时间的需要，计算公式如下。

$$V = \frac{Qt}{60\varphi} \tag{3-8}$$

式中，V 为维持罐容积，m^3；Q 为料液体积流量，m^3/h；t 为维持时间，min；φ 为填充系数，其值为 0.85～0.90。

当采用维持管进行保温时，若培养基流动为活塞流，则可先求出灭菌时间，即保温时间。再根据维持管的内径、培养基的流量求出管长。但实际上培养基的流动不可能呈活塞流。因此，在设计维持管时，为了较好地确定管长，可以采用扩散模型，用轴向扩散系数来表示液体流动偏离活塞流的程度，再通过对灭菌前后培养基中的活微生物进行物料衡算，求出维持管的长度。

4. 冷却　培养基经过灭菌后，可通过各种冷却设备进行冷却，通用的冷却设备有喷淋冷却器、真空冷却器、薄板热交换器和螺旋板式热交换器等。

（1）喷淋冷却器　由于喷淋冷却器具有结构简单、冷却效果好等特点，被广泛地用作连续灭菌的冷却设备。培养基从下部进入冷却器，从上部排出。顶部的喷淋装置将冷却水均匀地淋在水平排列的冷却排管上，使培养基温度下降。部分淋下的水滴被高温的管壁加热汽化，带走大量的热量，故传热效率较高，冷却速度快。

（2）真空冷却器　物料在一定真空度下蒸发部分水，需要汽化的潜热取自料液本身，因而料液很快被冷却到真空度相应的温度，该冷却方法称为真空冷却。真空冷却器（图 3-29）器身为圆筒，上部和下部分别为碟形和锥形。

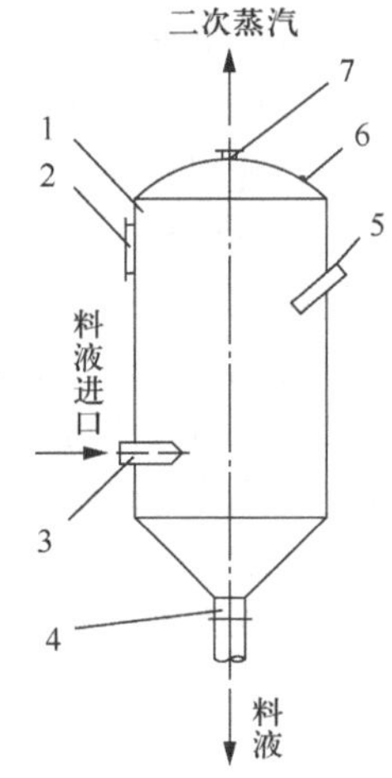

图 3-29　真空冷却器

1. 圆筒体；2. 人孔；3. 进料管；4. 料液排出管；5. 温度计插座；6. 真空表接管；7. 二次蒸汽出口

（3）薄板热交换器　薄板热交换器（图 3-30）由高效传热波纹板片及框架组成，板片由螺栓夹紧在固定压紧板及活动压紧板之间，在热交换器内部构成了许多流道，板与板之间用橡胶密封。压紧板上有与外部连接的接管。板片四角有供介质进出的角孔，上下有挂孔。冷媒和热媒在相邻的通道内逆向流动进行换热。

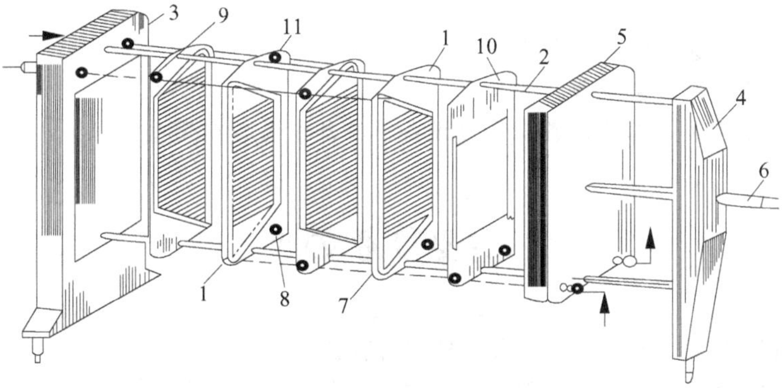

图 3-30　薄板热交换器（段开红，2017）

1. 波纹换热板；2. 导杆；3. 支架；4. 后支架；5. 端面板；6. 压紧螺杆；7. 密封垫圈；8. 下角孔；9. 上角孔；10. 限位板；11. 角孔密封圈

（4）螺旋板式热交换器　螺旋板式热交换器是一种高效热交换器设备，适用于汽-汽、汽-液、液-液等的传热。该设备由两张钢板卷制成双螺旋形成了两个均匀的螺旋通道，螺旋末端用盖子密封，两种传热介质可进行全逆流流动，极大地增强了换热效果，即使两种小温差介质，也能达到理想的换热效果。

小　结

工业中所用生产培养基一般以谷物、薯类等农作物作为淀粉质原料，原料的处理不仅会影响工程菌的生长和产物的合成，对下游的产物提取工艺流程设计和产品质量的控制也有很大的影响。原料的处理操作主要包括分选（除杂）、粉碎、淀粉质原料的水解等。根据生产工艺要求，还需要输送设备完成物料在不同工作单元之间的传送，其中固体物料的输送主要采用各种类型的输送机械或气力输送装置，液体物料的输送则依靠各种类型的泵来完成。原料处理后需要加入其他营养物质配制成适宜的培养基，以满足工程菌的正常生长所需，为避免后续发酵生产过程中的杂菌污染，配制好的培养基必须灭菌处理后方可使用。培养基灭菌方法主要分为分批灭菌（实消法）和连续灭菌（连消法）两种，前者直接在发酵罐中进行，无需其他设备，操作简单，小规模发酵罐往往采取这种方式进行灭菌；后者需要通过多个设备组成的连消流程完成，适合自动化控制，但对设备的要求较高，投资较大，适用于大批量、一致性较强的生物制品的生产。

复习思考题

1. 固体物料的精选需要哪些设备？它们的结构与性能特点如何？
2. 分析各种粉碎机的结构特点、工作原理及适应性。
3. 叙述固体物料输送机械的种类、特点及其适用范围。
4. 液体输送泵的种类、特点及其适用范围分别是什么？
5. 培养基的最佳灭菌方法是什么？
6. 培养基实罐灭菌的特点是什么？
7. 叙述培养基连续灭菌流程及其特点。
8. 培养基灭菌常用的加热设备、保温设备、冷却设备各有哪些？

主要参考文献

陈必链. 2013. 生物工程设备. 北京：科学出版社.
陈坚，堵国成. 2012. 发酵工程原理与技术. 北京：化学工业出版社.
段开红. 2017. 生物工程设备. 2 版. 北京：科学出版社.
邱立友. 2007. 发酵工程与设备. 北京：中国农业出版社.
陶兴无. 2017. 生物工程设备. 北京：化学工业出版社.
郑裕国，薛亚平. 2022. 生物工程设备. 2 版. 北京：化学工业出版社.
朱明军，梁世中. 2020. 生物工程设备. 3 版. 北京：中国轻工业出版社.

第四章　空气预处理及除菌设备

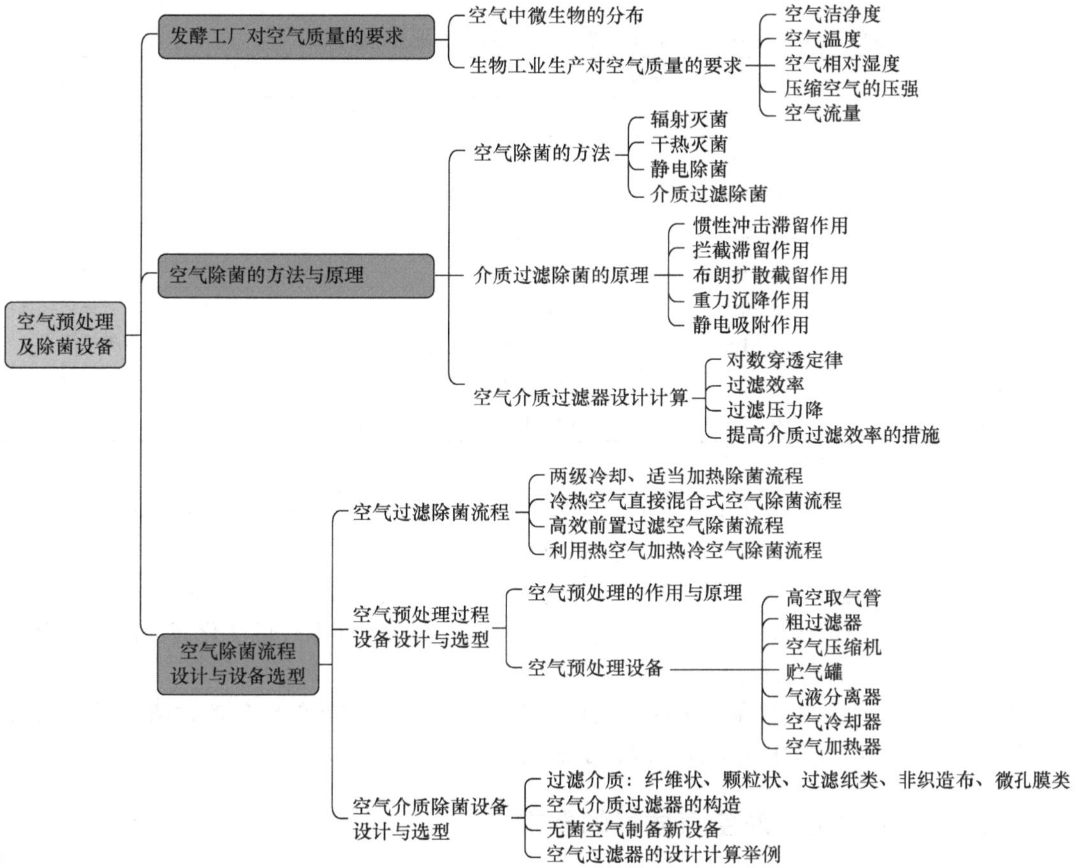

在很多情况下，生物加工过程都涉及需氧微生物的纯培养，无论是生长还是合成代谢产物都需要消耗大量的氧气，以满足微生物的生长、繁殖及代谢的需要。这些氧气通常由空气提供，但是空气中夹带有大量的各类杂微生物，这些杂微生物如果随空气一起进入培养系统，便会在合适的条件下大量繁殖，并与发酵生产中的生产菌竞争、抢夺营养物质，产生各种副产物，从而干扰或破坏纯种培养过程的正常进行，使生物产品的得率降低，产量下降，甚至使培养过程彻底失败导致倒罐，造成严重的经济损失。因此，空气除菌是生物细胞培养过程中极其重要的一个环节。

第一节　发酵工厂对空气质量的要求

一、空气中微生物的分布

空气主要是由氮气和氧气、二氧化碳、惰性气体、水蒸气及悬浮在空气中的尘埃等组成的混合物。空气中经常可以检测到一些细菌及其芽孢、酵母、真菌和病毒，空气中常见杂菌的类型和大小如表 4-1 所示。空气的含菌量随环境的不同而有很大的差异。一般干燥寒冷的北方空气含菌量较少，而温暖潮湿的南方含菌量较多，人口稠密的城市比人口较少的农村含菌量多，地平面又比高空的含菌量多。

表 4-1　空气中常见杂菌的类型和大小（郑裕国和薛亚平，2022）　　（单位：μm）

菌种	细胞		孢子	
	宽	长	宽	长
金黄色小球菌	0.5～1.0	—	—	—
产气杆菌	1.0～1.5	1.0～2.5	—	—
蜡样芽孢杆菌	1.3～2.0	8.1～25.8	—	—
普通变形杆菌	0.5～1.0	1.0～3.0	—	—
地衣芽孢杆菌	0.5～0.7	1.8～3.3	—	—
枯草芽孢杆菌	0.5～1.1	1.6～4.8	0.5～1.0	0.9～1.8
巨大芽孢杆菌	0.9～2.1	2.0～10.0	0.6～1.2	0.9～1.7
霉状分枝杆菌	0.6～1.6	1.6～13.6	0.8～1.2	0.8～1.8

注：“—”表示缺少相关数据

空气中的微生物是依附在尘埃上的，空气中的尘埃数与细菌数的关系如式（4-1）所示。

$$y = 0.003x - 2.6 \tag{4-1}$$

式中，y 为空气中的微生物数量，个/m^3；x 为空气中的尘埃颗粒数量，个/m^3。

各地空气所悬浮的微生物的种类及比例各不相同，数量也随条件的变化而异，一般设计时以含量 10^3～10^4 个/m^3 为依据进行计算。

要准确测定空气中的含菌量来决定过滤设备或检测经过过滤的空气的含菌量（或无菌程度）是比较困难的，一般采用培养法或光学法测定其近似值。

二、生物工业生产对空气质量的要求

在发酵过程中要求纯种培养，不允许其他微生物与生产菌共存。微生物的存在严重地干扰生产菌的正常生长和发酵作用，甚至产生倒罐。空气为好氧发酵和微生物在繁殖培养过程中的氧源。空气中含有各式各样的微生物，这些微生物随着空气进入培养液，在适宜的条件下，它们会大量繁殖，消耗大量的营养物质，以及产生各种代谢产物，干扰甚至破坏预定发酵的正常进行，导致发酵彻底失败等严重事故。

在生物加工过程中，由于所用菌种的生产能力的强弱、生长速度的快慢、发酵周期的长短、分泌物质的性质、培养基的营养成分和 pH 的差异等，对所用的空气质量有不同的要求。例如，面包酵母培养和乙酸发酵生产，前者因为酵母的比生长速率快，利用营养物质的速率较高，酵母细胞浓度会占绝对优势地位，从而抑制其他杂菌的生长；后者由于乙酸的生成，发酵液的 pH 降低，对杂菌有一定的抵抗能力，对空气的无菌程度要求较低。而氨基酸、抗生素的发酵由于发酵周期长，对空气无菌程度的要求就要高得多。

1. 空气洁净度　生物加工过程中应用的“无菌空气”，是指通过除菌处理使空气中的含菌量降低到某一个水平，从而使污染的可能性降至极小。根据生物产品的不同，可以按染菌概率 10^{-6}～10^{-3} 来表示无菌程度，10^{-3} 染菌概率表示用无菌空气培养 1000 次只允许 1 次染菌。

2. 空气温度　为了降低空气的相对湿度，在空气预处理过程中往往采用适当加热压缩空气的方法。一般控制进入发酵罐压缩空气的温度比发酵温度高出 10℃左右。

3. 空气相对湿度　由于目前大多数发酵工厂的空气总过滤器的过滤介质采用纤维素纸、PP 毛毡或者棉花等，这些过滤介质受潮后，其过滤效率会大大降低，因此将进入总过滤器的压缩空气的相对湿度控制在 60%～70%。

4. 压缩空气的压强　一般要求空气压缩机出口的空气压强控制在 0.2～0.35MPa（表压），不必强求压缩机出口的空气压强过高。此外，目前发酵工厂大多把传统的 L 型空气压缩机由二级改为一级压缩，大大节省了能耗。

5. 空气流量　一般根据发酵工厂或发酵车间的总体发酵罐容积，确定应提供的压缩空气的流量。

第二节　空气除菌的方法与原理

空气除菌就是除去或杀灭空气中的微生物。常用的除菌方法有介质过滤、辐射、化学药品、加热、静电吸附等。其中辐射灭菌、化学药品杀菌、干热灭菌等都是将有机体蛋白质变性而破坏其活力，从而杀灭空气中的微生物。而介质过滤和静电吸附则是利用分离方法将微生物粒子除去。生物加工过程所需的无菌空气要求甚高，用量大，故要选择运行可靠、操作方便、设备简单、节省材料和减少动力消耗的有效除菌方法。

一、空气除菌的方法

1. 辐射灭菌　超声波、高能阴极射线、X 射线、γ 射线、β 射线、紫外线理论上都能破坏蛋白质活性而起杀菌作用。但由于具体的杀菌机制不是很清楚，目前应用较广泛的还是紫外线。紫外线波长为 253.7～265nm 时杀菌效力最强，它的杀菌力与紫外线的强度成正比，与距离的平方成反比。辐射灭菌目前仅用于一些表面的以及对流不强情况下有限空间内空气的灭菌，对于在大规模空气条件下的灭菌尚有不少问题亟待解决。

2. 干热灭菌　空气干热灭菌是依靠加热后使微生物体内蛋白质（酶）氧化而致死亡，与培养基灭菌利用蛋白质（酶）的凝固破坏而致菌体死亡在机制上大不相同。热灭菌法虽然是有效的、可靠的杀菌方法，但是如果采用蒸汽或电热来加热大量的空气，以达到杀菌的目的，则需要消耗大量的能源和增设大量的换热设备，从技术经济上来看不是很合理。

鉴于空气在进入培养系统之前，一般需用空压机以提高压力，所以空气热灭菌时所需温度的提高，可直接利用空气压缩时的温度升高来实现。一般来说，要杀死空气中的杂菌，在不同温度下所需的时间如表 4-2 所示。

表 4-2　空气温度与微生物被热杀死所需时间的关系

温度/℃	时间/s	温度/℃	时间/s
200	15.1	300	2.1
250	5.1	350	1.05

由研究得出，如果空气经压缩后温度能升至200℃以上，那么便可实现干热灭菌，实际上这一条件通常很容易做到。根据多变压缩公式（4-2）可计算出压缩后空气的热力学温度（陈国豪和俞俊棠，2007）。

$$T_2 = T_1\left(\frac{P_2}{P_1}\right)^{\frac{m-1}{m}} \tag{4-2}$$

式中，T_1、T_2 分别为压缩前后的热力学温度，K；P_1、P_2 分别为压缩前后空气的绝对压强，Pa；m 为多变指数，一般取值 1.25，那么当压缩比 $P_2/P_1=6$ 时，由上式可知在 60～70℃的进气温度下，经压缩机压缩后的空气温度将升至 200℃以上，从而进行干热灭菌。因此，空气热灭菌的流程设计（图 4-1），通常是将空气先预热至 60～70℃进入压缩机压缩，并在 200℃以上的温度下维持一段时间，以杀死杂菌。有时为了延长空气的高温时间，防止空气在贮罐中走短路，最好在贮罐内加导筒，在进入培养系统前应加装分过滤器以保证安全。

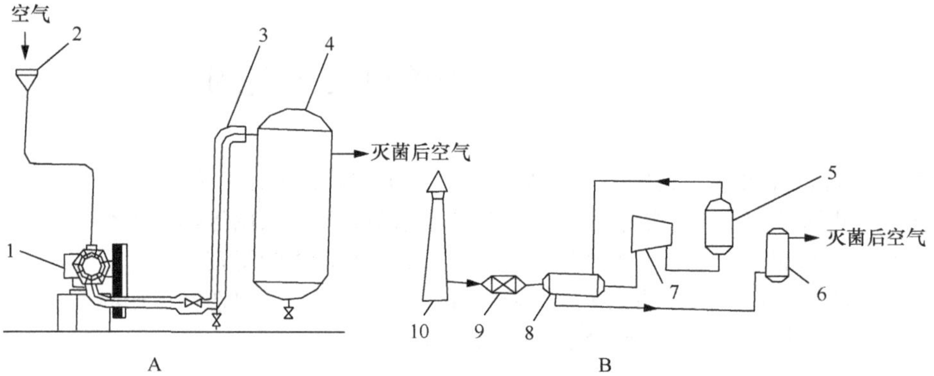

图 4-1　空气热灭菌流程示意图（郑裕国和薛亚平，2022）

A. 空气直接压缩；B. 空气预热后再压缩。1. 空气压缩机；2. 粗过滤器；3. 沿程保温管；4. 贮气罐；5. 保温罐；6. 列管式冷却器；7. 涡轮压缩机；8. 预热器；9. 粗过滤器；10. 空气吸入塔

3. 静电除菌　静电除菌法具有能耗小、压力损失小等优点，已被广泛采用。静电除尘是利用静电引力来吸附带电离子而达到除尘灭菌的目的。悬浮于空气中的微生物、微生物孢子大多数带有不同的电荷，没有电荷的微粒进入高压静电场时则会被电离成带电微粒，但对于一些直径很小的微粒，它所带的电荷很小，当产生的引力等于或小于气流对微粒的拖带力或微粒布朗运动的动量时，微粒就不能被吸附而沉降，所以静电除尘对很小的微粒效率较低。

静电除尘装置如图 4-2 所示，可以根据对菌体微粒的作用分为电离区和捕集区。空气通过电离区后，它所带的细菌微粒被电离而带正电荷。捕集区由一系列交替排列的高压电极板与接地电极板组成，它们间隔很窄，且平行于气流方向。在高压电极板上加上 5kV 的直流电压，极板间形成一均匀电场，当气流与被电离的微粒流过时，带正电荷的微粒受静电场库仑力的作用，产生一个向负极的合速度而向极板移动，最后吸附在极板上。由于静电除菌的除菌效率不是很高，往往需要与高效空气过滤器联合使用。到目前为止，静电除菌在生物过程无菌空气制备中并不多见。

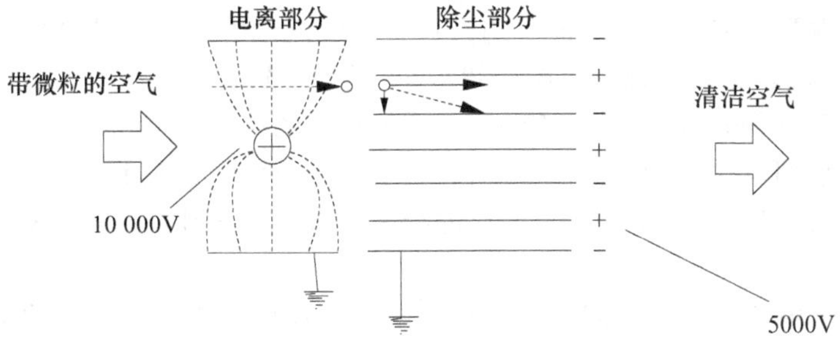

图 4-2　静电除尘装置图（梁世中和朱明军，2011）

4. 介质过滤除菌　过滤除菌法是使含菌空气通过过滤介质，以阻截空气流中所含的微生物，从而取得无菌空气的方法，是目前生物加工过程中最常用的获得大量无菌空气的常规方法。常用的过滤介质按孔隙的大小可分为两大类：一类是介质间孔隙大于微生物直径，故必须有一定厚度的介质滤层才能达到过滤除菌的目的，这类过滤介质有棉花、活性炭、玻璃纤维、有机合成纤维、烧结材料（烧结金属、烧结陶瓷、烧结塑料）；而另一类介质的孔隙小于细菌，当含细菌等微生物的空气通过介质时，微生物就被截留于介质上而实现过滤除菌，有时称之为绝对过滤。绝对过滤在生物加工过程中的应用逐渐增多，它可以除去 0.2μm 左右的粒子，故可以把生物全部过滤除去。从经济性、可操作性、有效性等方面考虑，生物加工过程的无菌空气基本上采用介质过滤的方法进行。

二、介质过滤除菌的原理

当气流通过滤层时由于滤层纤维网格的层层阻碍，气流被迫无数次改变运动速度和运动方向而绕过纤维前进，从而导致微粒对滤层纤维产生惯性冲击、重力沉降、拦截、布朗扩散、静电吸附等作用而把微生物滞留在纤维表面。

1. 惯性冲击滞留作用　过滤器中无数交织的纤维形成层层网格，且随着纤维直径的减小和填充密度的增大，网格也越来越紧密。当含有微生物的空气通过滤层时，气流仅能从纤维间的间隙通过，由于纤维纵横交错，错综复杂，空气流被迫不断地改变运动方向和速度。现以一条纤维对气流的影响进行分析，图 4-3 所示为直径为 d_f 的纤维的断面，当微粒以一定的速度垂直纤维方向运动时，空气受阻即改变方向，绕过纤维前进。而微粒由于它的运动惯性较大，未能及时改变运动方向，直冲到纤维的表面，由于摩擦黏附，微粒就滞留在纤维表面，这称为惯性冲击滞留作用。

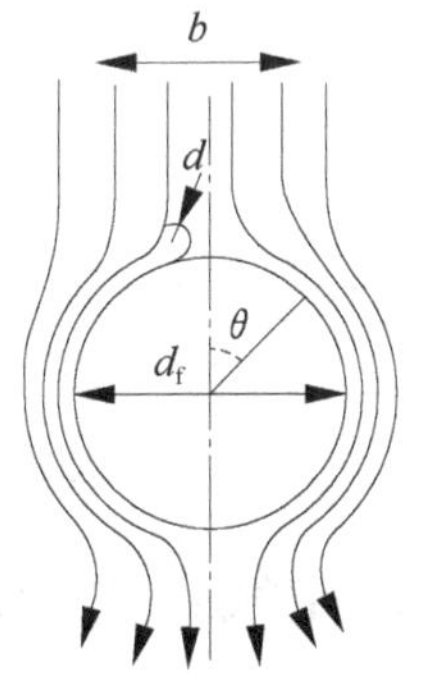

图 4-3　单纤维空气流线图（梁世中和朱明军，2011）

b. 纤维能滞留微粒的宽度空间；*d*. 微粒直径；d_f. 纤维直径；*θ*. 垂直速度与绕过纤维速度之间的夹角

2. 拦截滞留作用　气流速度下降到临界速度以下后，惯性撞击已经失去其捕集微粒的作用，捕集效率显著下降。但事实上，随着气流速度的继续下降，纤维对微粒的捕集效率又有回升，说明有另外的机制在起作用，这就是拦截滞留作用的机制。

当微生物等微粒随低速气流流动慢慢靠近纤维时，微粒所在的主导气流流线受纤维所阻而改变流动方向，绕过纤维前进，并在纤维的周边形成一层边界滞流区。滞流区内的气流速度更慢，进入其中的微粒慢慢靠近和接触纤维而被黏附滞留，称为拦截滞留作用。

3. 布朗扩散截留作用 直径很小的微粒在缓慢流动的气流中能产生一种不规则的直线运动，称为布朗扩散。布朗扩散的范围一般很小（微米级），故在较大气流速度和较大的空间范围内，它是不起作用的；但在缓慢流动的气流和极小的纤维间隙间，布朗扩散作用大大增强了微粒与纤维的接触和被捕捉概率。纤维对微粒的捕集效率与微粒本身的扩散运动的最大距离有关，离纤维最大距离内气流中的微粒都可能会因扩散运动与纤维接触，滞留在纤维上，增加纤维的捕集效率。

4. 重力沉降作用 重力沉降是一个稳定的分离作用，当微粒所受的重力大于气流对它的拖带力时，微粒就容易沉降。在单一的重力沉降情况下，大颗粒比小颗粒作用显著，对于小颗粒，只有在气流速度很慢时才起作用。一般它是与拦截作用相配合的，即在纤维的边界滞留区内，微粒的沉降作用提高了拦截滞留的捕集效率。

5. 静电吸附作用 干空气与非导体物质相对运动产生摩擦时，会产生诱导电荷，在纤维和树脂处理过的纤维表面，尤其是一些合成纤维中，这种现象更为明显。悬浮在空气中的微生物微粒大多带有不同的电荷，如枯草芽孢杆菌孢子中20%以上带正电荷，15%带负电荷，其余为电中性，这些带电的微粒会受带异性电荷物体的吸引而沉降。

当空气流过介质时，上述5种除菌机制同时起作用，不过气流速度不同，起主要作用的机制也就不同。当气流速度较大时，除菌效率随空气流速的增加而增加，此时惯性冲击起主要作用；当气流速度较小时，除菌效率随气流速度的增加而降低，此时扩散起主要作用；当气流速度中等时，可能是截留起主要作用。如果空气流速过大，除菌效率又下降，则是由于已被捕集的微粒又被湍动的气流夹带返回到空气中。图4-4所示为气流速度与单纤维过滤除菌效率的关系。

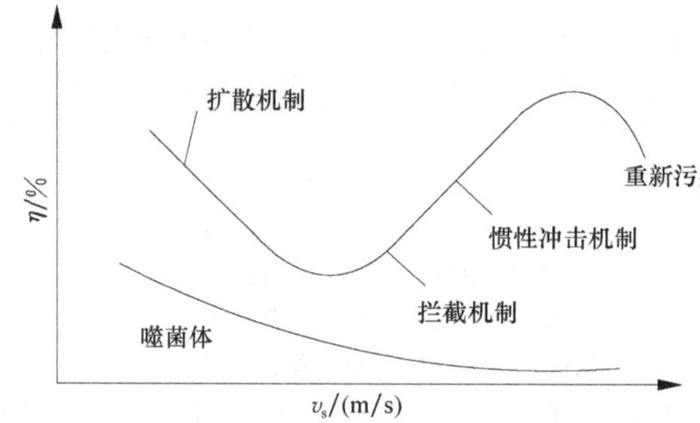

图4-4 过滤除菌效率（η）与气流速度（v_s）的关系（梁世中和朱明军，2011）

三、空气介质过滤器设计计算

以上讨论的是过滤除菌的机制，由这些微观除菌机制反映出来的宏观结果便是对数穿透定律。

1. 对数穿透定律 当微粒随气流一起通过滤层时，由于惯性冲击、拦截及布朗扩散等截留作用的结果，微粒在随气流一起通过滤层的过程中，不断地被捕捉，含量逐渐减少。这种微粒在滤层内的减少，表现出类似一级衰减规律的形式，即微生物的穿透能力与滤层厚度为对数关系，可用式（4-3）表示。

$$\frac{\mathrm{d}N}{\mathrm{d}L}=-KN \tag{4-3}$$

对式（4-3）积分，得

$$-\int_{N_0}^{N} \frac{dN}{N} = K\int_0^L dL \tag{4-4}$$

$$\ln \frac{N}{N_0} = -KL \quad 或 \quad \lg \frac{N_0}{N} = K'L \tag{4-5}$$

式（4-4）和式（4-5）称为空气过滤时的对数穿透定律，表示微生物的穿透能力与滤层厚度 L 为对数关系。N_0、N 分别为进出滤层的微生物浓度；K 或 K' 为过滤常数或阻塞因子，cm^{-1} 或 m^{-1}，表示过滤床阻止微生物穿透的能力，取决于过滤介质的性质和操作，如纤维的种类、直径、填充率、空气流速及空气中微粒的直径等，一般由实验获得。

例如，当棉花纤维直径 $d_f = 16\mu m$、纤维填充率为 8%时，实验室测得 K' 与空气流速 v_s 之间的关系如表 4-3 所示。

表 4-3　棉花纤维 K' 与空气流速的关系（郑裕国和薛亚平，2022）

空气流速/(m/s)	K'/m^{-1}	空气流速/(m/s)	K'/m^{-1}
0.05	19.30	1.00	19.50
0.10	13.50	2.00	132.00
0.50	10.00	3.00	256.00

当采用 $d_f = 14\mu m$，经糠醛树脂处理过的玻璃纤维，以枯草芽孢杆菌为实验对象时，所测得的值如表 4-4 所示。

表 4-4　玻璃纤维 K' 与空气流速的关系（梁世中和朱明军，2011）

空气流速/(m/s)	K'/m^{-1}	空气流速/(m/s)	K'/m^{-1}
0.03	56.70	0.92	39.40
0.15	25.20	1.52	150.00
0.30	19.30	3.15	605.00

K 值受过滤介质的性质和通过过滤器的空气线速度的影响。图 4-5 为 K 和 L_{90} 对空气线速度的典型曲线图。在适当增加空气线速度时，可以增加 K 值，但进一步增加空气的线速度反而使 K 下降。增加空气线速度，可能是由于加强了阻滞作用而使 K 值上升，这表明阻滞作用是除菌的主要机制。更高的空气线速度使 K 值下降的原因，可能是过滤层受到扰乱，如通道的扩大和纤维的抖动，结果使先前所捕集的微生物颗粒重新释放入空气中。

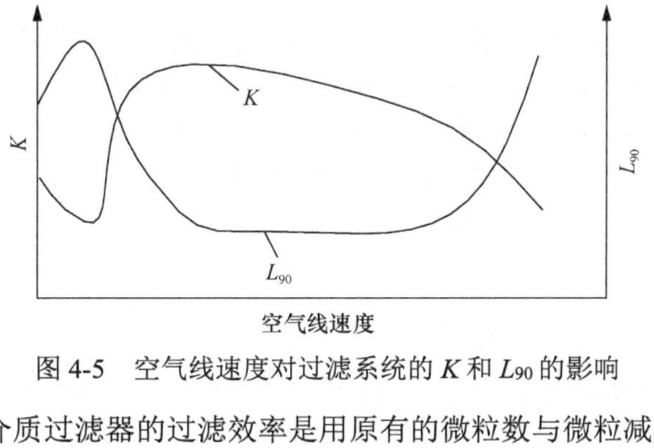

图 4-5　空气线速度对过滤系统的 K 和 L_{90} 的影响

2. 过滤效率　介质过滤器的过滤效率是用原有的微粒数与微粒减少数之比来表示的。

$$\eta = \frac{N_0 - N}{N_0} = 1 - \frac{N}{N_0} \tag{4-6}$$

式中，η为介质过滤器的过滤效率；N_0为过滤前空气的微粒数；N为过滤后空气的微粒数；N/N_0为穿透率。

将N/N_0与相应介质层厚度在半对数坐标上标绘，可得到一条曲线，如图 4-6 所示。若$N/N_0=0.1$，即颗粒的 90%被捕获截留，10%穿透，相应的介质层厚度用L表示。由式（4-5）可得

$$\ln 0.1=-KL$$

因此，

$$L=\frac{2.303}{K} \tag{4-7}$$

式（4-7）是过滤效率为 90%时滤层厚度L与过滤介质K的关系式。

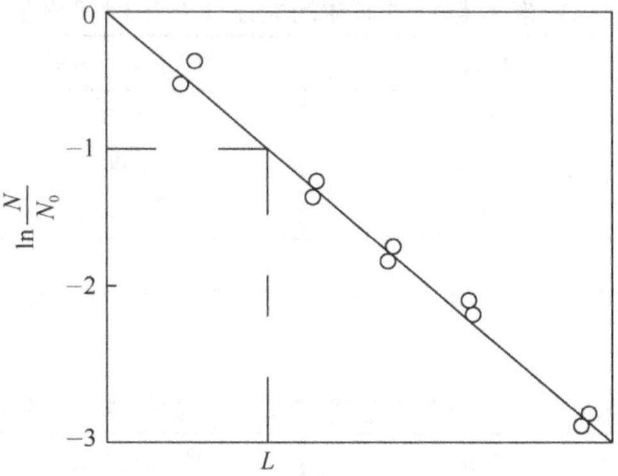

图 4-6　空气穿透率与介质厚度的关系

在培养基湿热灭菌过程中为使杂菌减少到零，需要无限长的时间。同样在空气过滤理论中，为除去空气流中的所有微生物，需要无限多的滤层。因此，在设计过滤器时必须确定一个可接受的染菌概率，一般取为10^{-6}～10^{-3}。

3. 过滤压力降　空气通过滤层需克服与介质的摩擦而引起的压力降是一种能量损失。与流体在管道中流动时的压力降公式相似，气体在滤层中流动时的压力降（ΔP）可按式（4-8）计算。

$$\Delta P=cL\frac{2\rho {v_0}^2\alpha^m}{\pi d_{\mathrm{f}}} \tag{4-8}$$

式中，L为过滤层厚度，m；ρ为空气密度，kg/m^3；α为介质填充率；v_0为空气在介质间隙中的实际流速，m/s，可按$v_0=v_{\mathrm{s}}/(1-\alpha)$计算；$v_{\mathrm{s}}$为过滤器空罐气流速度，m/s；$d_{\mathrm{f}}$为纤维直径，m；$m$为实验指数，棉花介质的$m$=1.45，19μm 玻璃纤维的$m$=1.35，8μm 玻璃纤维的$m$=1.55；$c$为阻力系数，是雷诺数的函数，通过实验得

$$c=\frac{100}{Re}\quad（以棉花为过滤介质）$$

$$c=\frac{52}{Re}\quad（以玻璃纤维为过滤介质）$$

4. 提高介质过滤效率的措施　空气过滤器的过滤效率与微粒的大小、过滤介质的种类和规格、介质的填充密度、过滤介质的厚度及所通过的空气气流速度有关。

根据对数穿透定律，结合压力降计算公式可知：通过改变介质的种类和规格（如纤维直径），提高介质填充系数，提高空气流速，增加过滤层厚度，都能够提高介质过滤器的效率。

设计过滤器时，除考虑过滤效率之外，还必须考虑气流通过滤层时的压力降。但过滤效率和压力降这两个要求往往矛盾，不能兼顾，高的过滤效率和低的压力降往往难以同时实现。因此，设计过滤器必须对这两个因素全面权衡，以选择适当的操作条件。

第三节 空气除菌流程设计与设备选型

一、空气过滤除菌流程

空气过滤除菌流程是按生产对无菌空气要求具备的参数，如无菌程度、空气压力、温度等，并结合吸气环境的空气条件和所用除菌设备的特性，根据空气的性质而制定的。

要将空气过滤除菌，并输送到需要的地方，首先要提高空气的能量，即增加空气的压力，以克服设备和管道的阻力。这就需要使用空气压缩机或鼓风机。而空气经压缩后，温度会升高，冷却后会释出水分，空气在压缩过程中又有可能夹带润滑机器的油雾，这些都使无菌空气的制备流程复杂化。

要制备无菌程度高、压力高的无菌空气，就要采用空气压缩机来增压。由于空气压缩比大，空气的各种参数变化大，这就需要额外增加一系列附属设备。这种流程的制定应根据所在地的地理位置、气候环境和设备条件等作全面考虑。例如，在环境污染比较严重的地方，要考虑改变吸风的条件，以降低过滤器的负荷，提高空气的无菌程度；在温暖潮湿的南方，要加强除水设施，以确保过滤器的最大除菌效率和使用寿命；在压缩机耗油严重的流程中要加强油雾的去除。另外，空气被压缩后温度升高，需将其迅速冷却，以减小压缩机的负荷，保证机器的正常运转。空气冷却将析出大量的冷凝水而形成水雾，必须将其除去，否则带入过滤器将会严重影响过滤效果。一般要求压缩空气的相对湿度（ψ）为50%～60%时通过过滤器为好。

要保持过滤器在比较高的效率下进行过滤，并维持一定的气流速度和不受油、水的污染，需要一系列的加热、冷却及分离和除杂设备来保证。空气过滤除菌有多种流程，下面是几个较为典型的设备流程。

1. 两级冷却、适当加热除菌流程 空气两级冷却、适当加热除菌流程具体见图4-7，这是一个比较完善的空气除菌流程，可适应各种气候条件，能充分地分离油水，使空气达到低的相对湿度后进入过滤器，以提高过滤效率。该流程的特点是两次冷却、两次分离、适当加热。两次加热、两次分离油水的好处是能提高传热系数，节约冷却水，油水分离得比较完全。经第一冷却器冷却后，大部分的水、油都已结成较大的颗粒，且雾粒浓度较大，故适宜用旋风分离器分离。第二冷却器使空气进一步冷却后析出一部分较小的雾粒，宜采用丝网分离器分离，以发挥丝网能够分离较小直径的雾粒和分离效率高的作用。通常，第一级冷却到30～35℃，第

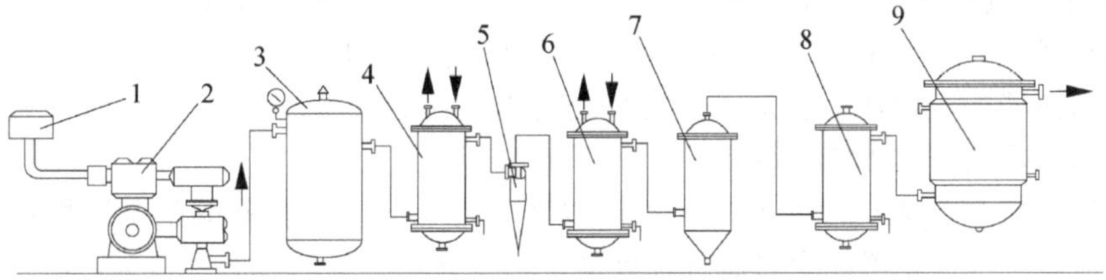

图4-7 空气两级冷却、适当加热除菌流程

1. 粗过滤器；2. 压缩机；3. 贮罐；4，6. 冷却器；5. 旋风分离器；7. 丝网分离器；8. 加热器；9. 过滤器

二级冷却到 20～25℃。除水后，空气的相对湿度仍较高，须用丝网分离器后的加热器加热空气，使其相对湿度降低至 50%～60%，以保证过滤器的正常运行。

两级冷却、适当加热除菌流程尤其适用于潮湿的地区，其他地区可根据当地的情况，对流程中的设备作适当的增减。一些对无菌程度要求比较高的微生物工程产品均使用此流程。

2. 冷热空气直接混合式空气除菌流程 冷热空气直接混合式空气除菌流程如图 4-8 所示。从流程图（图 4-8）可以看出，压缩空气从贮罐出来后分成两部分，一部分进入冷却器，冷却到较低的温度，经丝网分离器分离水、油雾后，与另一部分未处理过的高温压缩空气混合，此时混合空气的温度已达到 30～35℃、相对湿度为 50%～60%的要求，再进入过滤器过滤。该流程的特点是可省去第二次冷却后的分离设备和空气加热设备，流程比较简单，利用压缩空气来加热析水后的空气，冷却水用量少等。该流程适用于空气含湿量中等的地区，但不适合空气含湿量高的地区。由于外界空气随季节而变化，冷热空气的混合流程需要较高的操作技术。

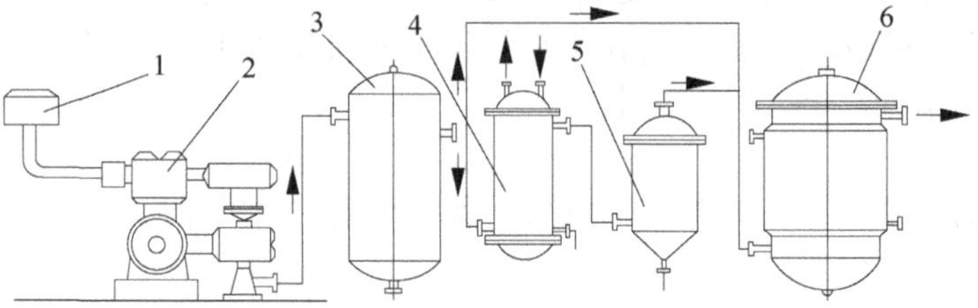

图 4-8 冷热空气直接混合式空气除菌流程

1. 粗过滤器；2. 压缩机；3. 贮罐；4. 冷却器；5. 丝网分离器；6. 过滤器

3. 高效前置过滤空气除菌流程 图 4-9 为高效前置过滤空气除菌流程示意图。它采用了高效率的前置过滤设备，利用压缩机的抽吸作用，使空气先经中、高效过滤后，再进入空气压缩机，这样就降低了主过滤器的负荷。经高效前置过滤后，空气的无菌程度已相当高，再经冷却、分离，进入主过滤器过滤，就可获得无菌程度很高的空气。此流程的特点是采用了高效率的前置过滤设备，使空气经过多次过滤，因而所得的空气无菌程度比较高。

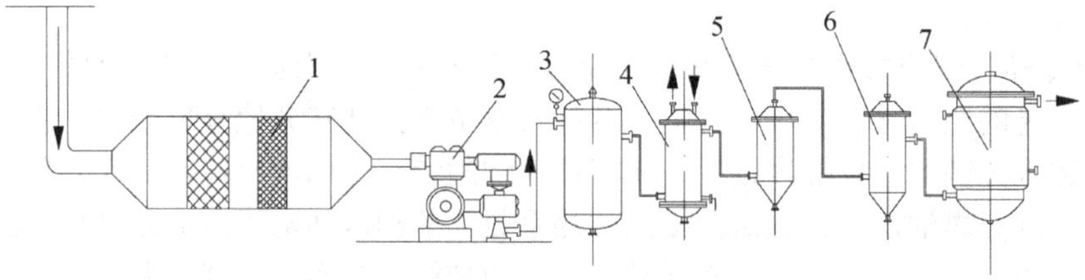

图 4-9 高效前置过滤空气除菌流程

1. 高效前置过滤器；2. 压缩机；3. 贮罐；4. 冷却器；5. 丝网分离器；6. 加热器；7. 过滤器

4. 利用热空气加热冷空气除菌流程 图 4-10 为利用热空气加热冷空气除菌流程示意图。它利用压缩后热空气和冷却后的冷空气进行热交换，使冷空气的温度升高，相对湿度降低。此流程对热能的利用比较合理，热交换还可以兼作贮气罐，但由于气-气交换的传热系数很小，加热面积要足够大才能满足要求。

由以上较为典型的无菌空气制备流程可以看出，无菌空气制备的整个过程包括两部分内容：一是对进入空气过滤器的空气进行预处理，达到合适的空气状态（压强、流量、温度、湿度），二是对空气进行过滤处理，一般设置三级过滤，即总过滤器、分过滤器、精过滤器，以除去微生物颗粒，满足生物细胞培养的要求。

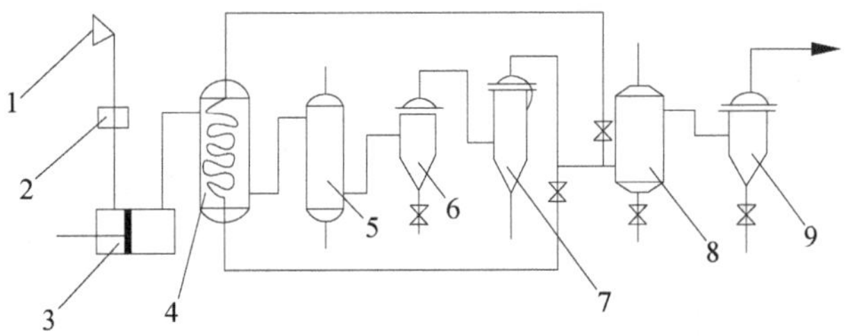

图 4-10　利用热空气加热冷空气除菌流程

1. 高空取气管；2. 粗过滤器；3. 压缩机；4. 热交换器；5. 冷却器；6，7. 析水器；8. 空气总过滤器；9. 空气分过滤器

以上讨论的几个除菌流程都是根据目前使用的过滤介质的过滤性能，结合环境条件，从提高过滤效率和使用寿命来设计的。目前味精厂等发酵工厂常用的空气过滤除菌流程如图 4-11 所示。

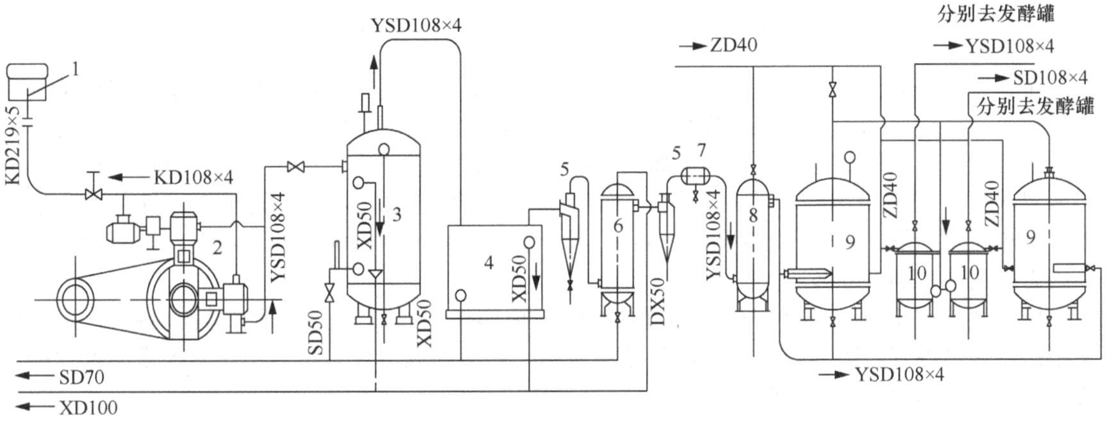

图 4-11　空气过滤除菌实用化流程（朱明军和梁世中，2020）

1. 粗过滤器；2. 空气压缩机；3. 贮气罐；4. 沉浸式空气冷却器；5. 油水分离器；6. 二级空气冷却管；7. 除雾器；8. 空气加热器；9. 空气过滤器；10. 金属微孔管过滤器（或纤维纸过滤器）；KD. 空气进气管管径；YSD. 压缩空气管管径；ZD. 蒸汽管管径；SD. 上水管管径；XD. 排水管管径；108×4. 管径 108mm，壁厚 4mm，余同

二、空气预处理过程设备设计与选型

（一）空气预处理的作用与原理

空气预处理的主要目的有两个：一是提高压缩空气的洁净度，降低空气过滤器的负荷；二是去除压缩后空气中所带的油雾、水雾，以合适的空气压力、湿度和温度进入空气过滤器。

（二）空气预处理设备

1. 高空取气管　高空取气管也称为采风口或吸风塔，一般应建在生物工厂的上风头，远离烟囱。高 10m 以上，设计气流速度 8m/s。也可将采风口建成采风室，直接构筑在空气压缩机房的屋顶上。高空取气管上设置防雨罩，其结构如图 4-12 所示。

2. 粗过滤器　安装在空气压缩机前的粗过滤器，其主要作用是捕集较大的灰尘颗粒，防止压缩机受损，同时也可减轻总过滤器的负荷。粗过滤器一般要求过滤效率高、阻力小，否则会增加空气压缩机的吸入负荷和降低空气压缩机的排气量。常用的粗过滤器有布袋过滤器、填料式粗过滤器、油浴洗涤器和水雾除尘器等。

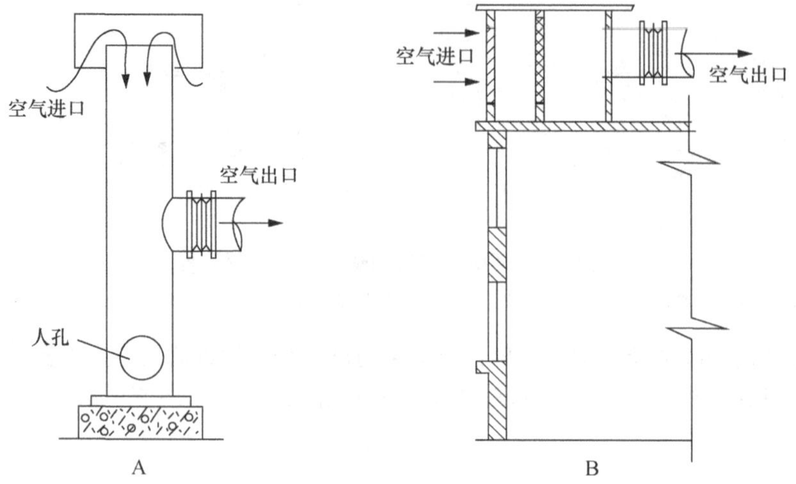

图 4-12　高空取气管（A）及采风室（B）

布袋过滤器的结构最简单，只要将滤布缝制成与骨架相同形状的布袋，紧套于焊在进气管的骨架上，并缝紧所有会造成短路的空隙（图 4-13）。它的过滤效率和阻力损失主要视所选用的滤布结构情况和过滤面积而定。布质结实细致，则过滤效率高，但阻力大。最好采用毛质绒布效果最好，现多采用合成纤维滤布、无纺布。气流速度越大，则阻力越大，且过滤效率也低。气流速度一般为 2～2.5m^3/（m^2 • min），空气阻力为 600～1200Pa。滤布要定期清洗，以减少阻力损失和提高过滤效率。

使用填料式粗过滤器（一般用油浸铁丝网、玻璃纤维或其他合成纤维等作填料），过滤效果稍比布袋过滤好，阻力损失也小，但结构复杂，占地面积也较大，内部填料经常洗换才能保持一定的过滤作用，操作比较麻烦。

油浴洗涤器的结构如图 4-14 所示。空气进入装置后通过油层洗涤，空气中的微粒被油黏附而逐渐沉降于油箱底部而除去。这种装置的洗涤除菌效果好，阻力也不是很大，但耗油较多。

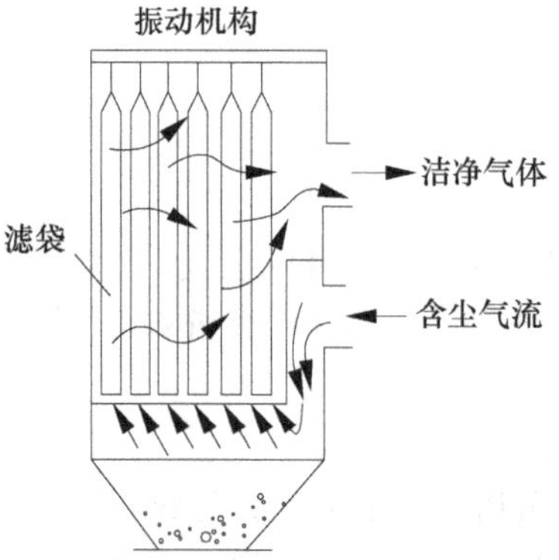

图 4-13　布袋过滤器

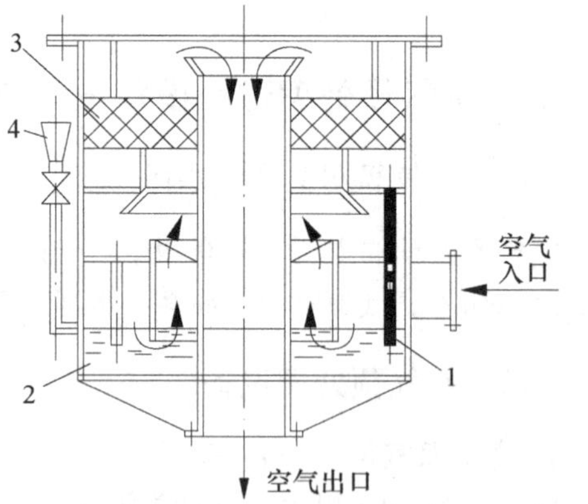

图 4-14　油浴洗涤器

1. 挡板；2. 油层；3. 滤网；4. 加油斗

水雾除尘器的结构如图 4-15 所示，空气从设备底部进口管吸入，经装置上部喷下的水雾洗涤，将空气中的灰尘、微生物颗粒黏附沉降，从装置底部排出，而带有水雾的洁净空气，经上部过滤网过滤后进入压缩机。洗涤室内的空气流速不能太大，一般为 1～2m/s，否则带出水雾太多，会影响压缩机运行，降低排气量。

3. 空气压缩机 由于供应生物加工过程用的空气在生产过程中要克服各种阻力，因此要求提供的空气有 0.2～0.3MPa 的压强，具有这种压强的空气属低压压缩空气。目前离心式空气压缩机和往复式空气压缩机的使用都较为广泛，但前者有逐步替代后者的趋势。

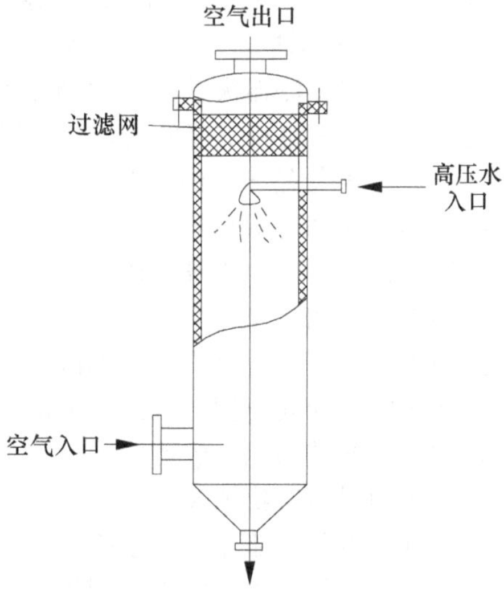

图 4-15 水雾除尘器

离心式空气压缩机一般由电机直接带动涡轮，靠涡轮高速旋转时所产生的“空穴”现象，吸入空气并使其获得较高的离心力，再通过固定的导轮和涡轮形成机壳，使部分动能转变为静压后输出。离心式空气压缩机具有体积和质量都小而流量很大、供气均匀、运转平稳、易损部件少、维护方便、获得的空气不带油雾等特点，是非常理想的生物加工过程供气设备。适用于生物加工过程的离心式空气压缩机是低压涡轮空气压缩机，出口压强一般为 0.25～0.50MPa。低压离心式空气压缩机有单级和多级，后者还可以分段。例如，两段涡轮空气压缩机每段中可有多级翼轮，段与段间有中间冷却设备。输气量一般在 100m^3/min 以上，最大的可达 12 000m^3/min。

往复式空气压缩机是靠活塞在汽缸内的往复运动而将空气抽吸和压出的，因此出口压力不够稳定，会产生空气的脉动。如果使用一般的油润滑空气压缩机，则汽缸内要加入润滑活塞用的润滑油，使空气中带入油雾，导致传热系数降低，给空气冷却带来困难，如果油雾的冷却分离不干净，带入过滤器会堵塞过滤介质的纤维空隙，增大空气压力损失。它黏附在纤维表面，可能成为微生物微粒穿透滤层的途径，降低过滤效率，严重时还会浸润介质而破坏过滤效果。因此，在选择空气压缩机时，最好采用无油润滑空气压缩机。往复式空气压缩机有单缸和多缸之分，多缸中又有 V 形、W 形、L 形、H 形对置式等汽缸排列形式。以出口压力分，往复式空气压缩机可分成高压（8～100MPa）、中压（1～8MPa）、低压（1MPa 以下）三种。目前国内生产的低压往复式空气压缩机除小型（1m^3/min）是单缸之外，大多数是双缸二级压缩的。所谓二级压缩，是指空气先进入第一级（低压）汽缸经压缩和冷却后，再进入第二级（高压）汽缸进行压缩，然后排出。双缸二级压缩又以 L 形的设计最为普遍。低压二级压缩的额定出口压强为 0.8MPa，但可在 0.4～0.8MPa 进行调节。

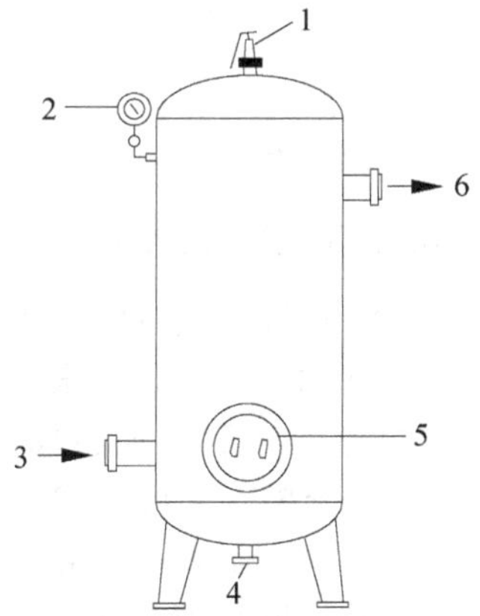

图 4-16 贮气罐示意图

1. 安全阀；2. 压力表；3. 空气入口；4. 排污阀；5. 人孔；6. 空气出口

4. 贮气罐 由空气压缩机特别是往复式空气压缩机出来的空气是脉动的，在过滤器前要安装一个贮气罐来消除脉动以维持罐压的稳定。贮气罐的作用除使压力稳定外，还可以使部分液滴在罐内沉降。其结构如图 4-16 所示，体积可按式（4-9）计算。

$$V = 0.1 \sim 0.2 V_c \tag{4-9}$$

式中，V 为贮气罐的体积，m^3；V_c 为压缩空气流量，m^3/min。

贮气罐圆筒部分的高径比通常为2～2.5。贮气罐上应装安全阀，底部应装排污口，空气在贮罐中的流向应自下而上比较好，如能在罐内放置铁丝网除雾器则更为理想。

5. 气液分离器 空气压缩后，经过冷却会有大量水蒸气及油分凝结下来，使过滤介质受潮，从而使过滤器失效，因此尚需用气液分离器进行油水分离。所用设备一般有两类：一类是利用离心力进行沉降的旋风分离器，另一类是利用惯性进行拦截的介质过滤器。

数字资源 4-1

旋风分离器是一种结构简单、阻力小、分离效果较好的气-固或气-液分离设备。如图4-17所示，旋风分离器器体上部为圆筒形，下部为圆锥形。含雾沫的气体从圆筒上侧的进气管以切线方向进入，获得旋转运动，分离出雾沫后从圆筒顶的排气管排出（数字资源4-1）。油水滴自锥底落入集液斗。气体通过进气口的速度为10～25m/s，一般采用15～20m/s，所产生的离心力可以分离出小到5μm的颗粒及雾沫。排气口气流速度为4～8m/s，油水滴在旋风分离器中的径向速度与气流速度的平方成正比，但随回转半径的增加而减小，因此旋风分离器的进口管截面积一般比较小，分离器的管径也比较小。但进口空气的流速越大，筒径越小，空气的阻力也就越大。

旋风分离器各部分的尺寸都有一定的比例，如图4-18为一种类型的尺寸比例，只要规定出其中一个主要尺寸（直径D或进气口宽度B），则其他各部分的尺寸也随之确定。由于气体通过进气口的速度变动不大，故每个尺寸已规定好的旋风分离器，所处理的气体体积流量，即其生产能力，可变动的范围较窄。

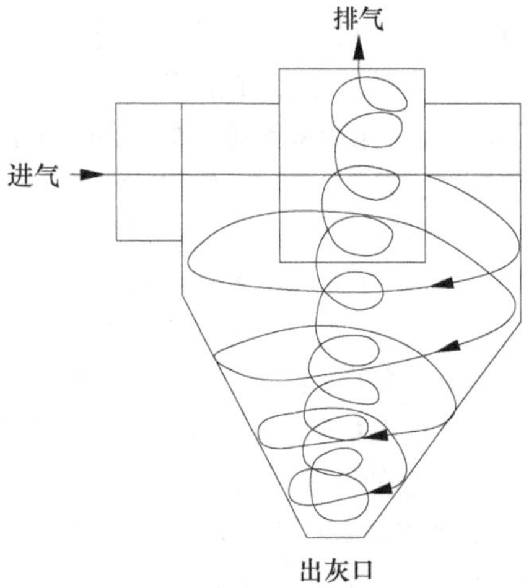

图4-17 旋风分离器

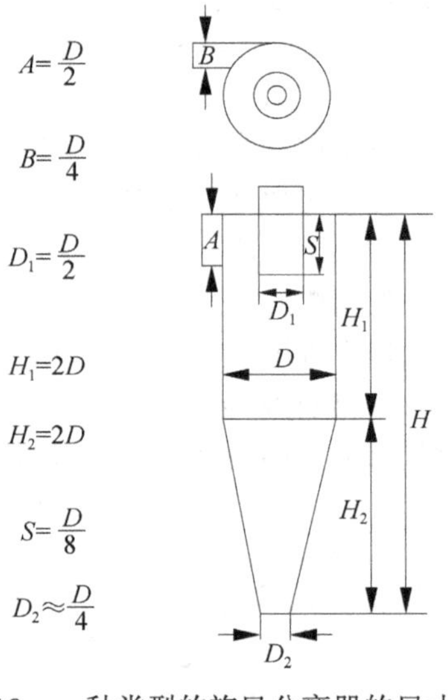

图4-18 一种类型的旋风分离器的尺寸比例

丝网（填料）过滤器的结构如图4-19所示。该过滤器是利用块状介质、颗粒状介质、网状介质或高分子材料丝网的惯性拦截作用来分离空气中的水滴或油滴的方法。目前采用的填料主要有焦炭、活性炭、瓷环、金属切车屑、金属丝网和塑料丝网等。在各种填料过滤器中，丝网过滤器具有较高的分离效率，它对于直径大于5μm的颗粒的分离效果可达99%，大于10μm的更可高达99.5%，且能部分除去较细的颗粒，加上结构简单、阻力不大等，已被广泛应用于生产中，其缺点主要是在雾沫浓度很大的场合，会因雾沫堵塞空隙而增大阻力损失。

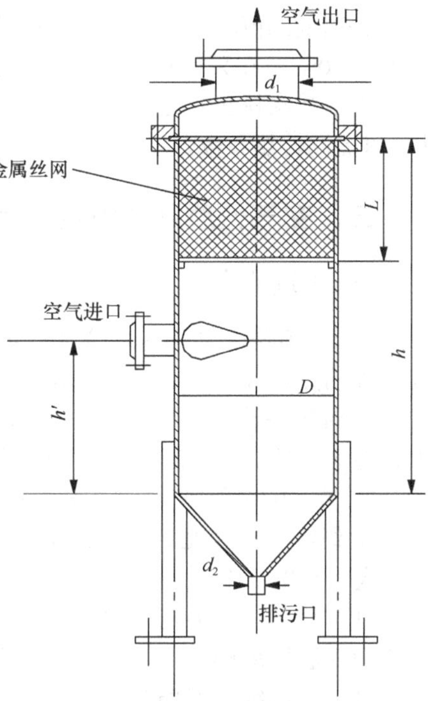

图 4-19　丝网过滤器结构示意图

D. 丝网分离筒内径，mm；d_1. 排污口内径，mm；d_2. 净化空气出口，mm；*h*. 分离筒身高度，mm；*h'*. 进空气口距筒身底部高度，mm；*L*. 金属丝网填料的厚度，mm

丝网介质层高度最少为 100mm，常用的是 150mm，分离细雾时可用 200～300mm。过滤器圆筒直径按容器的空容器截面气速进行计算：

$$D=\sqrt{\frac{4V}{\pi v_s}} \tag{4-10}$$

式中，D 为丝网过滤器的直径，m；V 为通过过滤器的空气体积流量，m^3/s；v_s 为空容器截面空气流速，m/s。

空容器截面空气流速约为丝网间隙中空气实际流速 v_{max} 的 75%。

$$v_s = 0.75\,v_{max} \tag{4-11}$$

6. 空气冷却器　常用的空气冷却器有立式列管式热交换器、喷淋式热交换器等。由于空气的给热系数很低，一般只有 420kJ/（m^2 • h • ℃），设计时应采用恰当的措施来提高它的给热系数，否则将需要很大的传热面积。

使用立式列管式热交换器时，冷却水（或低温水、冷盐水）在管内流动，流速为 0.5～3.0m/s；空气在壳内流动，流速为 2～15m/s。为增加冷却水的流速，可采用多程（一般为 2～4 程）热交换器；同时为增加空气在壳体内的湍动，热交换器壳体内装有若干与管束垂直的圆缺型挡板或盘状挡板。若水质条件较好，如杂质少不易形成积垢时，为提高空气给热系数，可安排空气走管内，造成多程流动以提高空气流速。采用新型的板翅式热交换器以强制流动的冷空气作为冷却介质，传热系数最大可达 1260kJ/（m^2 • h • ℃）。

7. 空气加热器　为了降低进入总过滤器的空气的相对湿度，使总过滤器保持干燥，需要在除雾器后加一个加热器（一般使用列管式热交换器，也可用夹套加热器），但空气出口温度不能太高，不然会引起总过滤器的棉花介质自燃，失去过滤器效果。一般使经过加热器加热后的温度控制在比培养温度高 10～30℃。在采用列管式热交换器时，一般采用蒸汽为热源，蒸汽由顶封头进入管束，冷凝水由下封头排出；空气走壳程，从壳层的下部进入，从上部排出，加热蒸汽与空气逆流换热，以提高传热系数。空气加热器如图 4-20 所示。

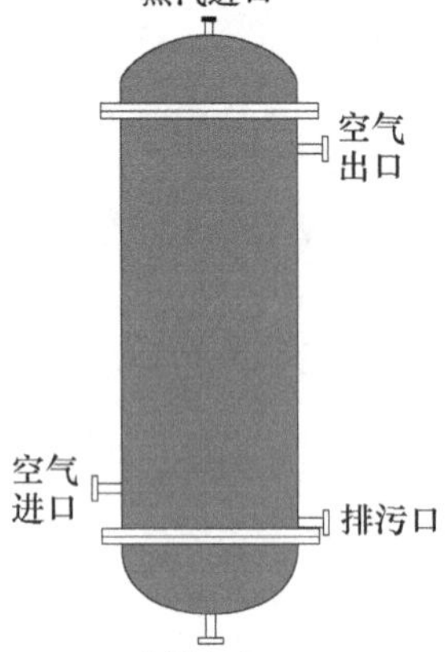

图 4-20　空气加热器

三、空气介质除菌设备设计与选型

（一）过滤介质

过滤介质是过滤除菌的关键，直接关系到介质的消耗量、过滤过程动力消耗、设备的结构和尺寸，更是关系到运转过程的稳定性。对过滤介质的总的要求是吸附性强、阻力小、空气流量大、能耐干热。可将常用的过滤介质分为纤维状或颗粒状过滤介质、过滤纸类介质、非织造布和微孔膜类过滤介质四大类。

1. 纤维状或颗粒状过滤介质　这类过滤介质主要有棉花、活性炭、玻璃纤维、烧结金属、多孔陶瓷和多孔塑料等。

（1）棉花　棉花是常用的过滤介质，最好选用纤维细长、疏松的未脱脂新鲜产品，因为脱脂棉花易吸水而使体积变小，而贮藏过久，纤维会发脆甚至断裂，增大阻力。棉花的纤维直径一般为 16～21μm。使用时要分层均匀铺砌，最后要压紧，一般填充密度为 130～150kg/m³，填充率为 8.5%～10%。如果不压紧或是填装不均匀，会造成空气走短路，甚至介质翻动而丧失过滤效果。其主要缺点是阻力大，遇油水易结团，过滤效率不稳定，拆装劳动强度大，不能再生。可用蒸汽灭菌，但不宜每批发酵都进行灭菌，因为棉花层经多次蒸汽加热后易板结，增大空气阻力，降低过滤效果。

（2）活性炭　活性炭有非常大的表面积，通过表面的吸附作用而吸附微生物。常用的活性炭是小圆柱体，其大小（φ）为 3mm（内径）×10mm（外径）×5mm（高），实重度为 1140kg/m³。一般填充密度为（500±30）kg/m³，故填充率为 44%。要求活性炭质地坚硬，不易压碎，颗粒均匀。填装时要筛去粉末。活性炭常与纤维状过滤介质联合使用。

（3）玻璃纤维　通常使用的玻璃纤维，其纤维直径为 5～19μm，实重度约为 2600kg/m³，填充密度为 130～280kg/m³，填充率为 5%～11%。其优点是纤维直径小，不易折断，阻力损失一般比棉花小，过滤效果好；主要缺点是更换介质时造成碎末飞扬，黏附人的皮肤，易出现过敏现象。为减少玻璃纤维的粉碎，可用酚醛树脂、呋喃树脂等合成纤维黏合成一定填充率和形状的过滤垫后放入过滤器。表 4-5 为空气流速为 0.4m/s 时，不同纤维直径、不同填充密度和厚度的玻璃纤维的过滤效率。

表 4-5　玻璃纤维的过滤效率

纤维直径/μm	填充密度/（kg/m³）	填充厚度/mm	过滤效率/%	纤维直径/μm	填充密度/（kg/m³）	填充厚度/m	过滤效率/%
20	72	5.08	22	18.5	224	10.16	99.3
18.5	224	5.08	97	18.5	224	15.24	99.7

由此可以看出玻璃纤维的过滤效率随纤维直径的减小、填充密度和滤层厚度的增大而提高。

（4）烧结金属　金属粉末与金属纤维经烧结而成的固体结构具有一定的空隙率，由此开辟了金属在过滤领域的新应用。通常根据用户的要求及用途选择烧结金属的金属粉末和纤维，一般选用的材料有青铜、不锈钢、镍质超合金和钛。烧结金属形状稳定，甚至在高温下能保持其结构；耐高温，特殊高温合金可在1000℃以上操作；精确孔径的分布范围广，孔隙尺寸为3～40μm；可采用逆流过饱和蒸汽、化学溶剂进行清洗再生。其价格较高，而且耐酸性能往往由于材料种类而受到一定限制。

（5）多孔陶瓷　多孔陶瓷包括普通多孔素瓷和刚玉两种，前者的主要原料是耐火黏土，后者是石英粉，将它们分别与热固性树脂及溶剂混合制成需要的形状，然后在1400℃的窑内煅烧而成。多孔陶瓷具有耐高温、抗火花性质，可在高达900℃的温度下操作，但通常将最高温度限制在450℃左右；能抵抗酸、碱的侵蚀。多孔陶瓷过滤元件在使用一段时间后，过滤效率会逐渐降低，这时可用逆流脉冲空气进行清洗再生，滤饼以碎片形式被去除。但是它容易在过滤过程中掉砂而影响空气质量，并且由于材质原因，较笨重，而且脆性大、强度低，安装不方便。

（6）多孔塑料　烧结粉末聚合物可以制成具有孔径5～150μm的多孔过滤材料，该工艺适合于聚氯乙烯，聚丙烯，高、低和超高分子量聚乙烯等聚合物。多孔塑料本体属蜂窝形结构，纵横都具有连续的孔隙，毛细孔道弯曲，比表面积大，捕捉固体颗粒能力强，过滤精度高而稳定。多孔塑料具有一定的刚性，在内外压力作用下，不会产生明显变形，可用气体反吹法卸除过滤管表面的滤渣。化学性能较理想，对各种酸、碱、盐等溶液非常稳定，能耐醇、醛与脂烃等溶剂的侵蚀。在70℃以下，基本不与任何溶液起反应，但不能用于芳香烃和氯化烃，因为这类溶剂能引起聚乙烯膨胀。可反复再生，再生方法可采用气体反吹、液体反吹及化学溶解等方法。尤其是气体反吹法的操作简单，再生效率高，使用寿命长，最长可达6年。

2. 过滤纸类介质　这类过滤介质主要是玻璃纤维纸。纤维间的孔隙为1.0～1.5μm，厚度为0.25～0.40mm，实重度为2600kg/m^3，虚重度为384kg/m^3，填充率为14.8%，一般需将3～6张滤纸叠在一起使用，属于深层过滤技术。这类过滤介质的过滤效率相当高，对于大于0.3μm的颗粒的去除率为99.99%以上，同时阻力也比较小，压力降较小；其缺点是强度不大，特别是受潮后强度更差。

3. 非织造布　机织滤布由于纤维定向排列，纱线本身过分紧密，加以经纬交叉结构，纱线间有较大孔隙，为了提高其过滤效率，一般要求织物组织紧密，但会使过滤阻力增大。非织造布尤其是滤布具有纤维细度低，结构蓬松，孔隙多且孔隙尺寸小，抗折皱能力好的优点，可收到滤效高、滤阻小、使用寿命长的效果，同时由于纤维间的容量大，即使积留一定量过滤物质后仍能保持较低的滤阻，其过滤性能优良，滤效可达99.9%以上。

德国Sandler非织造厂于2002年推出了一种新过滤介质Minipleat/Sawascreen，它既可折叠，又十分坚硬，可用于紧凑式过滤器中，其材料为聚丙烯（PP）。100%PP材质的特性是抗潮湿、刚度好、弹性高、操作性能优异，可以在110～140℃温度使用。压力降为8～200Pa，可过滤0.3～0.5μm级颗粒。

非织造布所用纤维的直径是影响过滤效果的一个重要因素。此外，根据过滤的颗粒与纤维之间的作用力形式可知，要想提高滤料的过滤效果，还需考虑的因素包括：①选择制成纤维的高聚物和被过滤的颗粒是否带有偶极。②纤维的比表面积能否起到增强过滤材料对被过滤颗粒的吸附作用。③非织造布的结构及孔隙能否使被过滤颗粒与纤维蓬松的孔隙广泛接触，扩大其电子活动中心，并具有良好的渗透效果。

4. 微孔膜类过滤介质　微孔膜类过滤介质的孔隙小于0.5μm，甚至小于0.1μm，能将空气中的细菌真正滤去，属于绝对过滤。绝对过滤易于控制过滤后空气质量，节约能量和时间，操作简便。常用的膜材料有混合纤维素酯微孔滤膜、醋酸纤维素微孔滤膜、硅酸硼纤维微孔滤膜、聚四氟乙烯微孔滤膜。中空纤维超滤膜是我国发展最早、应用最为广泛、国产化率最高的膜技术之一。它是以分子或粒子大小为基础，以压力作为推动力的动态错流过滤技术。目前我国生产的中空纤维超滤膜的直径为0.5～2.0mm，膜孔径为0.001～0.01μm，超滤膜截留分子质量基本上为6000～100 000Da。它为细菌分子质量的1/100，可将细菌、菌尸、病毒、微小悬浮物、微生物、胶体、热源等100%地截留。

（二）空气介质过滤器的构造

1. 纤维状或颗粒状介质过滤器 纤维状或颗粒状介质过滤器通常是立式圆筒形，内部填充过滤介质，空气由下而上通过过滤介质，以达到除菌的目的。其结构见图4-21。过滤器内有上下孔板，过滤介质置于上下孔板之间，被孔板压紧。介质主要为棉花、玻璃纤维、活性炭，也有的用矿渣棉。一般棉花置于上、下层，活性炭在中间，也可全部用纤维介质。填充物按下面的顺序安装：孔板→铁丝网→麻布→棉花→麻布→活性炭→麻布→棉花→麻布→铁丝网→孔板。

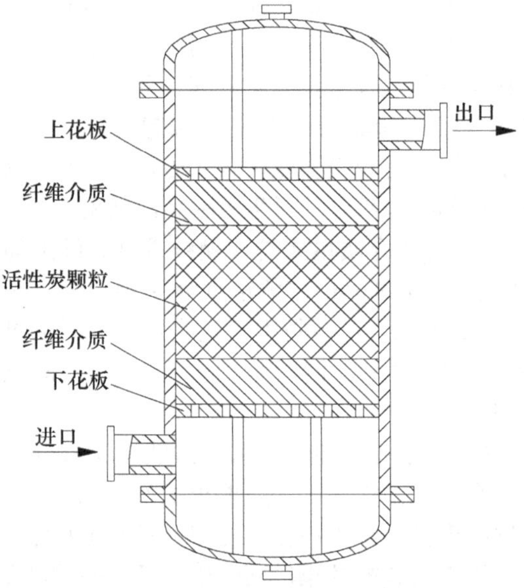

图4-21 棉花（玻璃纤维）-活性炭过滤器结构示意图

安装介质时要求紧密均匀，压紧要一致。压紧装置有多种形式，可以在周边固定螺栓压紧，也可以用中央螺栓压紧，也可以利用顶盖的密封螺栓压紧，其中顶盖压紧比较简便。在填充介质区间的过滤器圆筒外部通常装设夹套，其作用是在消毒时对过滤介质间接加热，但要十分小心控制，若温度过高，则容易使棉花局部焦化而丧失过滤效能，甚至有烧焦着火的危险。通常空气从圆筒下部切线方向进入，从上部排出，出口不宜安装在罐顶，以免检修时拆装管道困难。过滤器上方应装有安全阀、压力表，罐底装有排污孔。要经常检查空气冷却是否安全，过滤介质是否潮湿等情况。过滤器进行加热灭菌时，一般是自上而下通入0.2～0.4MPa（表压）的干燥蒸汽，维持45min，然后用压缩空气吹干备用。

其主要缺点是：体积大，操作困难，填装介质费时费力，介质填装的松紧程度不易掌握，空气压力降大，介质灭菌和吹干会耗用大量蒸汽和空气。

2. 过滤纸类过滤器　这种过滤器的型式有旋风式和套管式，见图 4-22。过滤介质为超细玻璃纤维纸，过滤层很薄，一般用 3～6 张滤纸叠在一起使用，属于深层过滤技术。其除菌效率相当高，对于大于 0.3μm 的颗粒的去除率为 99.99%以上，阻力小，压力降小；但强度不大，特别是受潮后强度更差，为了增加强度，常用酚醛树脂、甲基丙烯酸树脂或含氢硅油等增韧剂或疏水剂处理。安装时将滤纸夹在多孔法兰花板中间，花板上开小孔，开孔面积占 40%，在滤纸上、下分别铺上铜丝网和细麻布，外面各有一个橡胶垫圈。空气在过滤器中的流速为 0.2～1.5m/s。

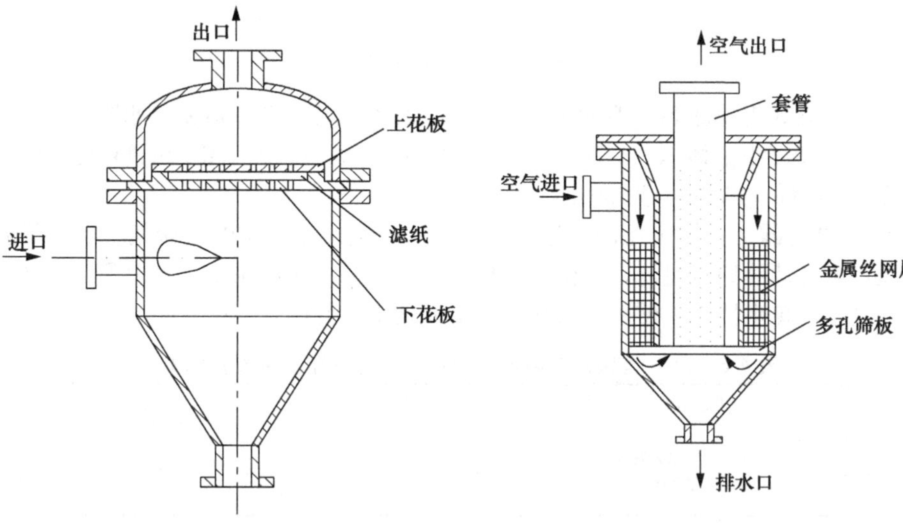

A 旋风式滤纸过滤器示意图　B 套管式空气过滤器示意图

图 4-22　过滤纸类过滤器

（三）无菌空气制备新设备

1. 聚乙烯醇过滤器　将聚乙烯醇（PVA）乙酰化并以耐热树脂（如硅氧树脂）涂敷，制成片式过滤器，有圆板型和圆筒型两种。PVA 过滤器的电镜摄影呈现致密的纤维结构，而不是单片式的微孔网络。PVA 过滤器能够经受蒸汽反复灭菌。如果发酵生产中所要求的 K 为 10^3～10^4，则有效孔径 D_e 为 20～30μm 的 PVA 过滤器，只需要 0.2～0.3cm 厚的一层就能满足空气除菌的需要。

PVA 过滤器的特点是除菌效率达 99.9999%以上，压力降在 0.015MPa 以下，使用可达一年以上，杀菌及干燥时间极短，更换方便，占地面积小。

2. Bio-x 过滤器　英国多明尼克汉德（Domnick Hunter）公司用直径为 0.5μm 的玻璃纤维制成 1mm 厚的滤材，卷成三卷，再以较粗的坚韧的玻璃无纺布作内外衬，再在内、外以不锈钢网固定，做成滤筒状，如图 4-23 所示。它能滤除 0.01μm 颗粒（噬菌体大小为 0.02μm），以油雾法（油雾直径为 0.01～1.3μm，平均为 0.3μm）测定，过滤效率为 99.9999%，填充率为 6%，空气流量大，压力降小，结构简单，体积小，安装方便。其缺点是强度不大，易损而失效，受潮也失效。

3. 高流量过滤器　这是 Domnick Hunter 公司开发的聚四氟乙烯（PTFE）材料为滤芯的以 High Flow Bio-x 和 High Flow TetporⅡ为代表的高流量过滤器，它结合了深层过滤技术和新的膜折叠技术。其过滤机制和过滤效率均同 Bio-x 过滤器，但所用材料 PTFE 是一种坚韧的疏

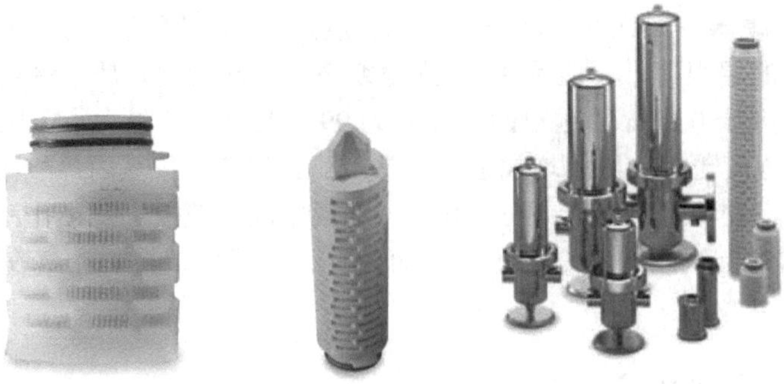

图 4-23 Bio-x 过滤器

水性材质，可以做成折叠滤芯，增加了过滤面积，使空气流量为 Bio-x 过滤器的 3 倍，延长了使用寿命，进一步缩小了体积。这种过滤器的空隙率达 94%，大于普通的膜过滤器［PTFE 为 75%，聚偏二氟乙烯（PVDF）为 66%］。

4. 其他膜过滤器 核工业净化过滤工程中心研制成功的 JPF 型聚偏二氟乙烯膜折叠式过滤器，通过微孔滤膜绝对过滤，过滤精度极高，滤膜采用折叠形式，通气量大，压力降小，介质材料耐高温，疏水性强，使用寿命长。其主要技术参数如表 4-6 所示。

表 4-6 JPF 型聚偏二氟乙烯膜折叠式过滤器的主要技术参数

滤膜材料	滤芯规格	过滤面积	过滤精度	工作温度	过滤效率	灭菌温度
聚偏二氟乙烯（PVDF）或聚四氟乙烯	10 英寸[a]、20 英寸（内径均为 37mm）	$0.65m^2$/英寸	0.01	80°C	99.9999%	120°C，30min/次，160 次

a. 1 英寸=2.54cm

折叠式膜过滤器滤芯的耐压强度较低，正向一般≤0.2MPa，反向更低。耐压强度限制了滤芯的使用寿命和反冲清洗。在悬浮物含量较高的使用场合，往往需要频繁更换滤芯。新型叠片式膜过滤器弥补了折叠式膜过滤器的不足。叠片式膜过滤器或称分节式过滤器，以不锈钢空心圆盘作骨架，将多片膜片堆叠安装成过滤器，如图 4-24 所示。

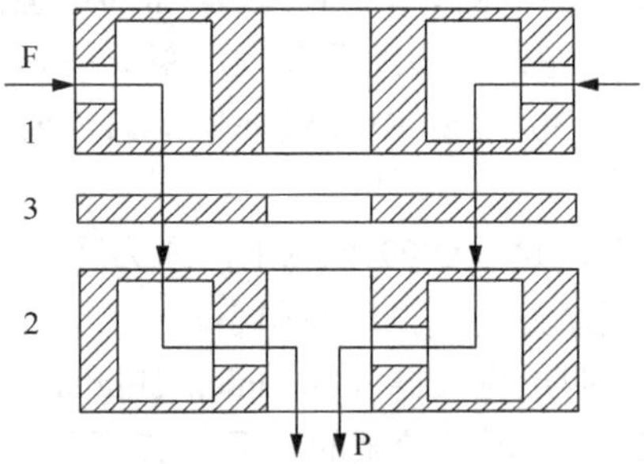

图 4-24 叠片式膜过滤器结构示意图

1. 外开孔空心圆盘；2. 内开孔空心圆盘；3. 滤膜片；F. 原气；P. 产气

在过滤器中，这两种空心圆盘交替放置，膜片夹在空心圆盘之间，形成机械密封。在进行过滤时，液体或气体从空心圆盘外开孔进入滤芯透过膜，再经空心圆盘内开孔进入中心收集管。反冲清洗时，清洗液从中心收集管经空心圆盘内开孔进入过滤器，经滤膜后再经空心圆盘外开孔流出。与折叠式膜过滤器相比，叠片式膜过滤器的运行费用大大降低了，这是因为：①只更换膜片，省去了一次性消费的滤芯骨架；②耐高温高压，使膜的性能得到了充分的发挥；③卓越的反冲清洗功能，提高了膜片的使用寿命。因此，叠片式膜过滤器具有低阻力、密封可靠、耐高温、耐压强度高且正反等效的特点。

（四）空气过滤器的设计计算举例

试设计一台通风量为10m³/min的棉花纤维过滤器，空气压强为392kPa（绝对压强），进入过滤器的空气含菌量是5000个/m³，发酵周期为100h，要求倒罐率为0.1%（即1000次发酵漏进一个杂菌，就是无菌程度为10^{-3}个），工作温度为30℃。

解：选用直径$d_f=16\mu m$的棉花纤维，填充系数$\alpha=8\%$，空气流速$v_s=0.1 m/s$，查表4-3得过滤常数$K'=13.5m^{-1}$。

（1）计算过滤层厚度　每批发酵通风过滤前含菌总数（N_0）为

$$N_0=5000\times10\times60\times100=3.0\times10^8\text{（个）}$$

过滤后含菌数$N=10^{-3}$个，代入对数穿越定律

$$\lg\frac{N_0}{N}=K'L \tag{4-12}$$

求得过滤层厚度（L）为

$$L=\frac{\lg(\frac{N_0}{N})}{K'}=\lg\left(\frac{3.0\times10^8}{10^{-3}}\right)/13.5=0.85\text{（m}^{-1}\text{）}$$

（2）计算过滤器直径（D）　外界空气由于经过粗过滤器过滤后，大气压强10 1325Pa略有降低，进口压强按P_1=98 070Pa处理。

过滤空气压强　$P_2=392\ 000$（Pa）

通气量　$V_1=10m^3/min=0.17$（m³/s）

过滤器空气流量（V_2）为

$$V_2=\frac{P_1V_1}{T_1}\cdot\frac{T_2}{P_2}=\frac{98\ 070\times0.17}{(273+20)}\times\frac{(273+30)}{392\ 000}=0.044\text{（m}^3\text{/s）}$$

$$D=\sqrt{\frac{4V}{\pi v_s}}=\sqrt{\frac{4\times0.044}{\pi\times0.1}}=0.75\text{（m）}$$

（3）计算过滤压力损失（ΔP）　滤层中空气流速为

$$v_0=\frac{v_s}{1-\alpha}=\frac{0.1}{1-0.08}=\frac{0.1}{0.92}=0.109\text{（m/s）}$$

$$\rho=\rho_0\frac{P_2}{P_0}\frac{T_0}{T_2}=1.293\times4\times\frac{273}{273+30}=4.66\text{（kg/m}^3\text{）}$$

$$\mu=18.6\times10^{-6}\text{（Pa·s）}$$

$$Re=\frac{d_f v_0\rho}{\mu}=\frac{16\times10^{-6}\times0.109\times4.67}{18.6\times10^{-6}}=0.438$$

以棉花为过滤介质时

$$c=100/Re=100/0.438=228.3$$

$$m=1.45$$

由　$\Delta P=cL\frac{2\rho {v_0}^2\alpha^m}{\pi d_f}$，便可求得过滤阻力损失：

$$\Delta P = cL\frac{2\rho v_0^2\alpha^m}{\pi d_f} = 0.85\times228.3\times\frac{2\times4.67\times0.109^2\times0.08^{1.45}}{\pi\times16\times10^{-6}} = 110\,041\text{（Pa）}$$

小　结

纯种培养时需氧微生物及动物细胞等的生长和代谢需要无菌空气，而空气中的微生物会导致染菌。空气预处理、除菌和空气调节是生物加工过程中的重要组成部分。空气质量指标包括空气洁净度、空气压强、空气流量、空气温度及空气相对湿度等指标。空气除（灭）菌方法包括辐射杀菌、热灭菌法、静电除菌及介质过滤除菌，而介质过滤除菌是最常采用的有效除菌方法。介质过滤除菌机制包括惯性冲击、拦截滞留、布朗扩散、静电吸附、重力沉降等作用。空气介质过滤除菌的穿透率遵循对数穿透定律，在过滤除菌过程中存在压力降的能量损失，应尽可能提高过滤效率并减少压力降。空气预处理及除菌流程包括两级冷却、适当加热除菌流程，冷热空气直接混合式空气除菌流程，高效前置过滤空气除菌流程及利用热空气加热冷空气除菌流程。空气预处理设备包括高空取气管、粗过滤器、空气压缩机、贮气罐、空气冷却器、气液分离器及空气加热器等。空气经预处理后以适合的压力、流量、空气温度和湿度进入空气过滤器进行除菌，发酵工厂的空气除菌系统一般采用三级除菌，即总过滤器、分过滤器及精过滤器。经三级过滤除菌系统严格处理后的无菌（洁净）空气，进入发酵罐供细胞所利用。

复习思考题

1. 什么是介质过滤除菌？在生物工程工厂中制备无菌空气为什么要用介质过滤除菌？
2. 什么是空气深层过滤的对数穿透定律？简述过滤效率的含义并分析提高过滤效率的措施。
3. 空气除菌采用热灭菌是否可行？对设备有何要求？
4. 在空气净化系统流程设计时，应如何考虑节省能量？
5. 空气质量指标包括哪些方面？空气预处理及除（灭）菌设备主要有哪些？
6. 简述介质过滤除菌的机制。

主要参考文献

陈必链. 2013. 生物工程设备. 北京：科学出版社.
陈国豪，俞俊棠. 2007. 生物工程设备. 北京：化学工业出版社.
黄儒强，黄继红. 2023. 生物工程设备. 北京：科学出版社.
梁世中，朱明军. 2011. 生物反应工程与设备. 广州：华南理工大学出版社.
陶兴无. 2017. 生物工程设备. 北京：化学工业出版社.
郑裕国，薛亚平. 2022. 生物工程设备. 2 版. 北京：化学工业出版社.
朱明军，梁世中. 2020. 生物工程设备. 3 版. 北京：中国轻工业出版社.

第五章　设备和管道的清洗与灭菌

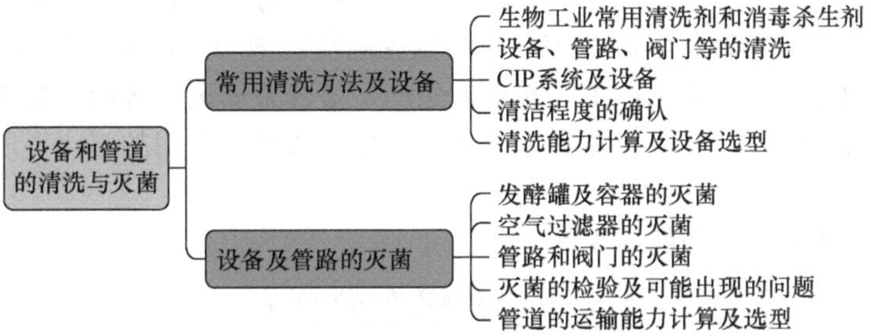

设备和管道的清洗与灭菌是生物工业生产和实验研究的基础性工作，也是提高产品质量最关键的技术措施。清洗和灭菌的目的就是要尽可能地去除生产过程中管道及设备内壁残留或形成的污物，消除环境微生物对生物工业生产和实验研究的威胁。因此，对设备、管道的卫生要求十分严格，做好清洗与灭菌工作非常必要。这是因为：①生物工业加工设备和管道的清洁无菌可使潜在的污染风险降到最低限度。例如，杂菌会利用培养基贮罐、发酵罐中的残留组分迅速繁殖，致使下一次使用时增加发酵染菌概率，使产品品质、质量难以保证。②保证一定的卫生要求。在许多行业，特别是与人的生命息息相关的一些产品（如食品、药品、饮料等），几乎各个国家都有相应的法规、标准来保证产品质量。

由此可见，设备和管道的彻底清洗与灭菌是十分重要的。除此之外，还应注意设备外部的清洗。通常，发酵培养液等往往易泄漏到设备外部，故必须保持设备外部和管路外壁的清洁。

第一节　常用清洗方法及设备

一、生物工业常用清洗剂和消毒杀生剂

（一）清洗剂

清洗剂的种类很多，如表面活性剂、吸附剂、酶制剂、酸碱清洗剂等，它们大多为水溶性的，因为用水作溶剂可使成本降到最低。对于生物工业、食品、制药、饮料等行业所用水应是饮用水质，甚至更高，如蒸馏水、重蒸馏水等。考虑到去离子水可提供较好的清洁效果，所以设备与管道的最后清洗多使用去离子水。清洗剂应具有润湿、渗透、溶解、皂化及消化等各种功能，具备腐蚀性低、安全性好、易冲洗、费用低、使用方便等特点，且对人体不产生危害，

对环境污染小。

理想的清洗剂应能溶解或分解有机物，并能分散固形物，具漂洗和多价螯合作用，清洗速度快，对生物与环境无毒或低毒，而且具有一定的杀菌作用。但是至今还没有一种单一的清洗剂具有上述所有的性质，因此目前所有的清洗剂都是由碱或酸、表面活性剂、磷酸盐或螯合剂等混合而成的。

设备与管道的清洗方法可以分为物理法和化学法两类。物理法是指在清洗过程中没有新物质生成，主要包括借助机械力、声波、热力、光等及单纯物理溶解的清洗方法。而化学法是指在清洗中有新物质生成，主要包括酸碱反应、还原反应、配位反应、电化学、酶及微生物等清洗方法。

生物工业常用的清洗剂主要是化学清洗剂。在工业清洗实践中，人们习惯将一切主要借助化学试剂的溶解、反应、分散、乳化、吸附而清洗污垢的方法统称为化学清洗法。将污垢清洗中所用到的化学试剂统称为化学清洗剂。将用以提高清洗效率、调节清洗液的 pH 和泡沫、改变或清除气味和颜色、抵制腐蚀产生与酸雾的生产、螯合金属离子等的添加剂，称为化学清洗的助剂。将机械力、热力、光、电能和声波等作为化学清洗剂作用的强化手段，也可单独作为物理清洗手段加以应用。

生物工业主要清洗剂的性能如表 5-1 所示。

表 5-1 主要清洗剂的性能

成分	水溶解性	有机物溶解性	湿润性	分散性	漂洗性	灭菌力	钙螯合力
氢氧化钠	++++	++++	+	+	+	++++	
磷酸钠	++++	++	++	++++	+++	++	
表面活性剂	++++	+++	+++	+++	+++	+++	
三聚磷酸钠	++++	++	+	+++	++		+++
硅酸钠	++++	+++	+++	++++	+++	+++	
碳酸钠	++++	++	+	+	+	+	

注：“+” 表示作用能力

从表 5-1 可以看出，生物工程设备需要溶解蛋白质和脂肪时，氢氧化钠（也称为烧碱）是一种较好的清洗剂；硅酸钠是一种良好的水溶液分散剂，它对于稠厚的积垢如细胞残渣的分散十分有效；表面活性剂同时因具备亲水、亲油两个基团，故具有润滑、增溶、乳化、分散、洗涤等用途。另外，磷酸钠使用也很普遍，因其有良好的分散性和乳化性，故具有良好的漂洗性能。

在生物工程设备的清洗中，酸的使用较少，只用于溶解碳酸盐积垢和某些金属盐积垢。螯合剂借助与污垢中的金属离子发生配位反应，使污垢转变成为易溶于清洗剂的螯合物，如乙二胺四乙酸（EDTA），它常被用在锈垢及无机盐垢的清洗中。

用于清洗罐或管道的典型清洗剂溶液配方如表 5-2 所示。其浓度控制在 0.2%～0.5%，各种有效成分的配比根据不同的使用场合而适当改变。

表 5-2 典型清洗剂溶液配方 （单位：g/L）

应用场合罐	CIP 系统	管道清洗	应用场合罐	CIP 系统	管道清洗
0.1mol/L NaOH	4.0	—	Na_2SiO_3	—	0.4
Na_3PO_4	0.2	—	Na_2CO_3	—	1.2
表面活性剂	—	0.1	Na_2SO_4	—	1.2
三聚磷酸钠	—	1.0			

注：CIP（clean in place）指在位清洗或原地清洗

此外，对于一些有机污垢，可选择酶制剂（蛋白酶、脂肪酶等）加入清洗液中，加快相应污垢的清除。

生物工程清洗中应根据清洗体系及清洗环境的要求，适当添加各种功能的助剂，如消泡剂、缓蚀剂、助洗剂等，使设备在有限的工期内较彻底地除去污垢。

各种常用工业污垢清洗方法的应用和特点见表 5-3。

表 5-3　各种常用工业污垢清洗方法的应用和特点

清洗方法	应用场合	主要特点
手工工具法	局部、小面积污垢	简便、劳动强度大、效率低、质量较差
风动电动工具法	可用于较大面积污垢的清除	效率高于手工工具法
胶球清洗法	清除管内污垢	
高压水喷射法	各种污垢清洗	不使用化学品，不污染环境，应考虑水的循环使用
干冰喷射法	各种污垢清洗	不使用化学品和水，不污染环境，金属表面不易返锈
吸引法	在设备表面的附着力较小的污垢	简便，但是需要其他使污垢松动的方法配合
热力法	主要清除蜡、旧有机物、无机盐等可燃烧或易变形的污垢	简便，成本低，不适用于易燃烧、易变形的材料清洗
溶剂法	油污及其他有机污垢，被清洗的设备材料应不溶解于溶剂	清洗效率高，但大多数溶剂易燃易爆，对环境有污染
表面活性剂法	主要清洗油溶性污垢	用量少，效率高，成本低，可清洗设备的死角
酸洗法	清洗能与酸作用的污垢，主要是锈垢、无机盐垢	效率高，成本低，除垢彻底，可清洗设备的死角，有操作人员和设备的安全与环境污染问题
酸熔融剂法	难溶于水的碱性或两性氧化物和氢氧化物垢	操作温度较高
碱熔融剂法	难溶于水或酸中的酸性污垢	操作温度较高

注：其他包括酶制剂、吸附剂、螯合剂、杀菌灭藻剂等也被应用于特定的污垢清除

（二）消毒杀生剂

通常，生物工程设备和管道多采用加热蒸汽杀菌，而化学消毒杀生剂用得很少，只有当设备或管道不能耐高温时，才使用化学消毒法。所谓化学杀生剂，是指用于控制或杀灭水中细菌、藻类和真菌等微生物的一类试剂。它主要可以分为两大类，即氧化性杀生剂和非氧化性杀生剂。另外，还有特殊杀生剂。

1. 氧化性杀生剂　包括氯基杀生剂、溴基杀生剂、二氧化氯、臭氧和过氧化物。

（1）氯基杀生剂　氯价廉、杀生速度快、杀菌谱广、效率高，被较早用于水的杀菌处理。氯基杀生剂目前仍是国内外使用较广的一种杀菌剂，常用的化学消毒剂是液氯或 5%～15%的 NaClO 水溶液。NaClO 水溶液能分解放出氯气，而氯气是细菌和藻类的强力杀生剂，也可作为油脂垢和蛋白质垢的清除剂等。近年来，国内氯代异氰尿酸类产品发展很快，它具有稳定性好、持效久、价格适宜等优点，已有一部分工业水系统采用氯代异氰尿酸代替液氯。

（2）溴基杀生剂　溴基杀生剂的杀菌机制与氯基杀生剂相似，但杀生效果快速，在应用条件及环保因素等方面均优于氯基杀生剂。但由于溴比氯贵，至今氯基杀生剂还是使用最广的杀生剂。

（3）二氧化氯　近年来，被世界卫生组织列为 A1 级[①]高效、安全灭菌消毒剂的二氧化氯，因其优越的性能正在逐步取代 NaClO（NaClO 溶液对许多金属包括不锈钢都有腐蚀作

① 世界卫生组织将消毒剂分为 A 级和 A1 级。A 级消毒剂被认为是安全高效的灭菌消毒剂，广泛应用于食品保鲜、饮用水消毒等方面。A1 级消毒剂则是广谱安全高效的消毒剂，被推荐用于食品、食品加工、制药、医院、公共环境等的消毒、防霉和食品的防腐保鲜等。

用，但在较低的温度下，在 pH 8～10.5 的溶液中，用 50～200mg/L 的氯浓度并尽量缩短与设备的接触时间，可使腐蚀作用降到最小）。通常用无机盐作为稳定剂，将 ClO_2 气体配成浓度为 2%～5%（*m/V*）的稳定性溶液使用比较广泛。稳定性二氧化氯溶液具有高效、安全、广谱、低毒、氧化性更强等优点，其杀菌能力是氯的 2.5 倍左右，能杀灭各种细菌、真菌、病毒等微生物及原生动物（如孢子虫、阿米巴），不与氨或大多数胺反应，用量小（0.5～2.0mg/L），适用 pH 为 6～10，现已被广泛应用在循环冷却水杀菌灭藻及发酵罐的清洗中。

（4）臭氧和过氧化物　近年来应用较少。

2. 非氧化性杀生剂　非氧化性杀生剂包括氯酚类、有机胺类、有机硫化合物、季铵盐类和戊二醛等。氯酚类的毒性较大，易污染水体，渐渐被弃之不用；有机胺类也使用极少。下面仅介绍应用较多的几类杀生剂。

（1）有机硫化合物　有机硫化合物具有低毒、水溶和易于使用等优点。有机硫化合物种类较多，其中异噻唑啉酮是一类较新的、广谱高效、作用时间较长、低毒、pH 使用范围广的杀生剂，国内正在逐步应用。

（2）季铵盐类　季铵盐类除具有广谱、高效的杀菌性能外，还有对菌藻污泥的剥离作用。目前，国内最常用的季铵盐类杀生剂是洁尔灭和新洁尔灭。它的不足之处主要是药剂持续时间短、细菌易于对其产生抗药性、使用剂量大、费用高，且使用泡沫多、不易清除等。为了克服上述缺点，国内外又先后开发出了有代表性的一些季铵盐新品种，如双烷季铵盐、双季铵盐、聚集铵盐等。

（3）戊二醛　国内已开始使用，其特点是几乎无毒、使用范围广、较耐高温，但因价格昂贵，其应用受到限制。

3. 特殊杀生剂　在某些场合，需要将与有机物表面紧密结合的蛋白质分离洗脱出来。例如，色谱分离柱树脂的处理，这类树脂较易被碱等强力洗涤剂破坏。在此场合下可使用高浓度（约 6mol/L）尿素和氯化胍等化合物洗脱蛋白质，而不损坏分离介质。例如，用 6mol/L 的氯化胍溶液清洗蛋白质 A 亲和色谱柱，结合在填充柱介质上的免疫球蛋白就容易被清洗而不损坏分离介质。

二、设备、管路、阀门等的清洗

清洗设备传统的方法是将设备拆卸下来用人工或半机械法清洗，这样的结果是劳动强度大，费工耗时，对操作人员的安全性不易保障，花费在清洗与拆装的时间长，且对产品的质量也容易造成影响，生产效率低。现在大规模生产普遍采用高效而又方便的 CIP（clean in place）系统，即在位清洗或原地清洗系统。它是指无须拆卸和安装，就能用清洗剂和消毒剂对生产设备的内表面如发酵罐、热交换器、泵、阀门、管道和其他相关的容器内表面等进行周期清洗与消毒的系统。随着企业生产规模的日益扩大和自动化程度的进一步加强，以及 HACCP（危害分析与关键控制点）或者 GMP（良好操作规范）被推到中心位置后，CIP 系统将具有更重要的意义。

CIP 系统具有降低劳动强度，缩短设备清洗时间，提高产品的卫生质量等优点。经 CIP 后，通过采样（采设备死角、管道弯接处）经微生物培养，微生物指标符合标准。当然，个别特殊设备还需要人工清洗。

（一）管件和阀门的清洗

数字资源 5-1

典型的管件 CIP（数字资源 5-1）的操作程序见表 5-4。

表 5-4　典型的管件 CIP 的操作程序

操作步骤	清洗时间/min	温度	操作步骤	清洗时间/min	温度
1. 清水清洗	5～10	常温	4. 杀菌剂清洗	15～20	常温
2. 洗涤剂清洗	15～20	常温至 75℃	5. 去离子水清洗	5～10	常温
3. 清水清洗	5～10	常温			

通常清洗过程中液体流速在 1.5m/s 时可获得满意的清洗效果。实验结果证明，洗涤剂湍动程度越好，其洗涤效果越好。但洗涤剂流速高于 1.5m/s 时，会产生副作用；清洗时间也无需太长，过长（超过 20min）也不会明显提高清洗效果。另外，洗涤剂清洗时不可使用太高的温度，因在较高的温度下易导致残留糖分的焦化、蛋白质的变性及酯的聚合反应等，这些产物难以除去。实践证明，75℃左右的温度应是操作的最高温度，在生物反应过程完毕或结束后应马上对设备、管路、管件进行清洗，否则残留物干涸后会增加清洗难度。

设备清洗结束后，应及时将洗涤水排干净并使之干燥后备用，这样可避免在设备内某处积水而导致微生物繁殖。

（二）罐的清洗

1. 清洗机制　生物工业生产过程中，与物料接触的设备表面由于各种原因会沉积一些污物。对于发酵罐来说，其积垢成分主要有酵母和蛋白质类杂质等。这些污物与发酵罐内壁表面之间具有一定的吸附能量，为了驱使污物脱离罐壁，必须付出一定的能量，此能量可以是机械能，即采用一定冲击强度的水流洗刷的办法；也可以采用化学能，如使用酸性（或碱性）清洗剂，使污物疏松、崩裂或溶解，从而脱离附着表面；还可以是热能，即通过提高清洗的温度，加快化学反应速度及加速清洗过程的进行。事实上，清洗过程往往是机械作用、化学作用和温度效应共同作用的结果。

2. 影响清洗效果的因素

1）污物和金属表面间吸附能力的大小，与金属表面粗糙度有关。金属表面越粗糙，污物与表面间吸附力越强，清洗就越困难。设备表面材料的特性也影响污物与设备表面之间的吸附力。例如，合成材料的清洗较之不锈钢的清洗尤为困难。

2）污物的特性也与清洗效果有一定的关系。要除去已干结的陈旧污物比除去新的污物要困难得多，所以，在一个生产循环完成之后，一定要尽快对发酵罐进行清洗，不能等下次使用前再清洗灭菌。

3）冲刷强度是影响清洗效果的又一主要因素。无论冲洗管道还是罐壁，只有当洗液处于湍流状态时，其清洗效果才最佳。因此，需对冲洗强度和流量进行有效控制，以使设备表面充分湿润，保证最佳的清洗效果。

4）清洗剂本身产生的效果取决于它的类型（酸或碱）活性及浓度。

5）多数情况下，清洗效果随温度的升高而增加。大量的实验表明，当清洗剂种类和浓度确定时，50℃清洗 5min 和 20℃清洗 30min 的效果是一样的。

3. 清洗的方法及其对罐清洗效果的影响　小型罐常用的方法是用一定浓度的清洗剂充满浸泡，常用于去除金属表面的油污、锈垢或水垢。而大型罐常用的方法是在罐顶喷洒清洗剂，借助清洗剂对罐壁上固形物的冲击力使污垢解离分散，达到清洗效果，现代化生物工业采用最普遍的清洗方式是 CIP（数字资源 5-2），这不但可节约大量的清洗剂，而且使用较低浓度的清洗剂便可达到良好的清洗效果。其形式有球形静止喷洒器（图 5-1）和旋转式喷射器两

数字资源 5-2

类。前者结构较简单，设备费用也较低，没有传动部件，可提供连续的表面喷射，即使有一两个喷孔被堵塞，对喷洗操作的影响也不大，还可自我清洗；但因喷射压力不高，所达到的喷射距离有限，对器壁的清洗主要依靠冲洗作用而非喷射冲击作用。而旋转式喷射器可在180°的回转中进行喷射清洗，故在较低的喷洗流速下即可获得较大的有效喷射半径，且冲击洗涤速度也比球形静止喷洒器快得多；但其喷嘴易堵塞，操作稳定性不及球形静止喷洒器，也不能自我清洗，因有传动部件，故设备投资大，制造、维修技术要求高。

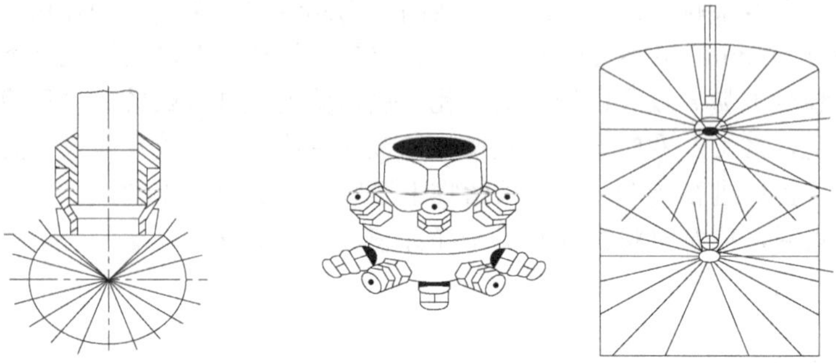

A　　　　B

图 5-1　球形静止喷洒器

A. 固定式喷射球；B. 固定式带嘴洗球

典型的罐清洗流程与管件的清洗类似。当罐内设有pH和溶氧电极等传感器对清洗剂敏感时，应先将这些传感器拆卸下来进行单独清洗，然后待罐清洗好后重新安装。

近年来，随着高压水射流清洗技术的日益成熟，其清洗范围、被清洗的设备和所清洗垢层等方面也日益广泛。在生物工程领域，高压水射流已被应用于各类热交换器、蒸发器、反应塔、反应釜、管道等的清洗。根据附着物形态选用不同的压力，对黏着性污垢一般选用20～30MPa的压强，对硬质垢选用30～70MPa的压强，对于特殊硬垢或近乎堵塞管道的可采用150MPa或更高压强。对于某些较硬附着物，也可先用化学试剂溶解或者软化，再用高压水射流清洗去除。

在罐或管路洗涤过程中，必须按规程小心操作，避免把有腐蚀性的洗涤剂淋洒到头或者手等身体部位上，更应注意的是必须考虑设备的热胀冷缩是否会产生真空（当加热洗涤后转为冷洗涤时会产生真空作用）。为避免损坏设备，应在罐内装设真空泄压装置，为安全起见，所有水泵都应设有紧急停止按钮。

4. 发酵罐清洗应注意的问题

1）大型发酵罐的清洗以冷清洗为宜。因为热清洗对设备本身不利。容器设计时没有考虑忽冷忽热时引起的温差应力，从而缩短容器的使用寿命。建议清洗温度不超过40℃。

2）清洗液回流泵的流量应当比清洗泵高约25%，这样可避免大量液体在锥形罐停留；否则，罐就会被“淹没”。如果洗罐的同时清洗管路，就要把清洗管路的清洗液用量也考虑进去。

3）含氯的清洗剂和灭菌剂都能对不锈钢产生侵蚀，使用不锈钢材质的发酵罐时，要特别注意。常用的奥氏体不锈钢，如304（$0Cr_{19}Ni_9$），对氯离子浓度的安全使用界限为≤25μL/L，所以选择清洗剂或杀菌剂时，一定要考虑氯离子的浓度。

4）目前，绝大多数的CIP系统没有连接发酵罐的取样阀（管），无法对取样管路进行有效的清洗，这样对样品的真实性有很大影响，尤其对微生物的检验和控制影响更大。因此，必须打开取样阀，使清洗液也能流过取样阀，使之得到清洗。

5）安装固定式洗球时，必须能够使之刷洗到洗球上部的区域，在洗球的最低部位（图 5-1）应当留一个小孔，使洗涤器内不留残液。采用旋转喷射型洗涤器时应能自动监视自转情况。

6）经常检查清洗剂、灭菌剂的温度和浓度等参数是非常重要的。如果在高温下清洗大的发酵罐，必须考虑当大罐罐身还很冷时，会抵消清洗液的热量，使洗涤无法保持预定的温度。因此，在循环清洗时，应在回路进行温度测量，以确定所清洗部位是否都达到了同样的温度。由于清洗过程中酸和碱会被稀释，需定期检测和调节其浓度。

7）由于大罐的清洗和灭菌耗费很大，有必要将这笔费用降到最低限度。因此，大罐清洗时最好能够简化清洗程序，如选用具有清洗和灭菌双重作用的洗涤灭菌剂，使清洗和灭菌两个过程一次完成。也可以使用免冲洗杀菌剂，节省制备无菌水的费用和最后一次冲洗的时间。

8）对于清洗过的发酵罐，要进行彻底的微生物检查，以防止感染杂菌。当发现微生物超标时，必须通过广泛深入地清洗和灭菌来确保发酵的安全性。

5. 生物加工下游过程设备的清洗　在回收细胞或对于液体除渣、澄清等常采用的碟式离心机，若细胞质不太黏时，设备的清洗较为简便，否则就较难，往往采用人工清洗的方法，才能获得较好的清洗效果。

对错流微滤或超滤系统，常采用 CIP 系统。但长时间使用之后，一层硬实的胶体层将在膜表面形成，且有些胶体分子能进入膜孔中，影响过滤效率。此时应用清水和清洗剂轮换清洗。必要时，最好能对膜分离系统进行反向流动洗涤（视膜能否承受反洗压力而定），以便在泵输送的作用下用清洗剂将残留在膜孔中的胶体分子洗脱出来。

色谱柱的清洗有其特殊性。一般情况下，柱内填充的 HPLC 介质对高 pH 比较敏感，所以不能用 NaOH 等强碱性清洗剂洗涤，而用弱碱性代替。若色谱系统使用的是软性介质时，只能在较低的压力和流速下进行清洗，并可适当地延长清洗时间。

6. 辅助设备的清洗　辅助设备如泵、热交换器、空气过滤器的清洗比较简单。但需注意以下两个辅助设备。

（1）热交换器的清洗　无论何种类型的热交换器设备，若是用于培养基的加热或者冷却，不可避免地在热交换器的器壁上产生结垢或者焦化，不易清洗。为了尽量避免此现象可选择培养基走管内，适当提高培养基的流速，强化传热。需清洗时，可根据设备的材质分别选用盐酸、硝酸、氨基磺酸或者有机酸进行清洗，同时配合相应的缓蚀剂。

（2）空气过滤器的清洗　常被发酵罐冒出的泡沫污染，不易清洗干净，必要时需用人工拆洗。同样也适用于液体过滤的装置。

7. 去致热物质、微生物污泥的清洗　在生物工程药物生产中，从产物中去除致热物质和内毒素十分重要。实践表明，确保设备的清洗和不被杂菌污染是除去致热物质和内毒素的有效方法。通常清洗过程用 0.1mol/L 浓度的 NaOH 浸洗比较有效。

生产设备器壁上有时会附着一些微生物污泥，通常用氯气去除，但有时效果不好，此时可采用酸洗或者结合剥离剂的方法去除。

三、CIP 系统及设备

由于生物制品工厂的生产线必须保持无菌状态，因此常常采用 CIP 系统灭菌的生产方式。CIP 系统具有减轻工人劳动强度、防止操作失误、提高清洗效率、安全可靠、易于操作等优点，极大地提高了生产管理水平。CIP 系统与其他清洗方法的比较见表 5-5。

表 5-5 CIP 系统与其他清洗方法的比较

清洗方式	优点	缺点
手工清洗	设备价格便宜，化学作用充分，化学安全性好，具备良好的物理搅动作用	局限于很少的区域使用，只可用稳定的化学试剂，劳动效率低，强度大，完成清洗后不能保证质量，有错误处理的危险，再现性不好
浸泡清洗	劳动强度最低，脏物渗透效果好	不搅动则低效，清洗剂选择有限
机械喷淋	可冲洗设备内部，与其他方法相比费用低	喷射时有热量损失，上、下及有些死角喷射不到，压力太大，损坏设备，耗水量大，浪费时间，劳动效率低
CIP	劳动效率高，清洗强度大，效果好，可持续清洗，程序合理先进，易于操作控制，适合大罐清洗	死角无法清洗，系统坏后即无法运行，问题的原因难以断定，清洗效果无法通过物理作用调整

CIP 按清洗液使用方式，分一次、重复多次使用 CIP 系统。一次性 CIP 通常分为预洗、碱洗、水洗和灭菌 4 个阶段。对于高温下运转的设备有时还加酸清洗和中和水清洗。一次性 CIP 适用于那些贮存寿命短、易变质的消毒剂，或者是设备中有较高水平的残留固形物致使消毒剂不宜重复使用。一次性 CIP 是较小型的固定的单元装置（图 5-2）。

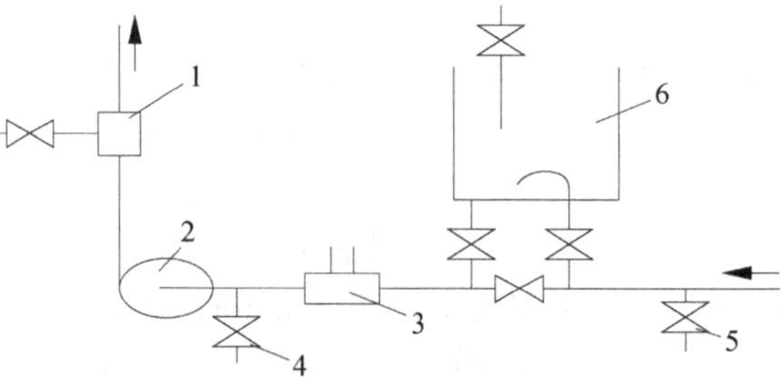

图 5-2 一次使用的 CIP 系统

1. 过滤器；2. 循环泵；3. 喷射器；4. 蒸汽进口；5. 排污阀；6. 洗涤剂贮罐

若某生产设备只用于生产单一产品，那么清洗液可重复利用，不仅可节省清洗剂用量，还可减少排污对环境的污染。随着科学技术的发展进步，一次使用的 CIP 系统已被重复使用的 CIP 系统所代替（以保证不发生交叉感染为前提），且被广泛应用于各个行业。图 5-3 是一个典型的重复使用的 CIP 系统，它具有以下特点。

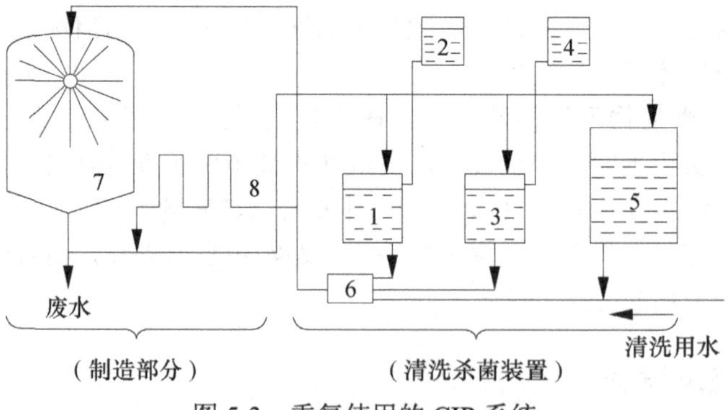

图 5-3 重复使用的 CIP 系统

1. 稀释洗涤剂罐；2. 浓洗涤剂罐；3. 稀释杀菌剂罐；4. 浓杀菌剂罐；5. 清洗用水罐；6. 程序控制装置；7. 生产部分缸体；8. 生产部分传输管线

1）在同一装置中同时进行清洗灭菌，适合对生产罐体和配管同时进行清洗、消毒杀菌。

在罐体中采用洗液喷射方式清洗，而在配管中洗液形成紊流效果的清洗。

2）操作程序控制完全自动化，只需把必要的控制程序输入控制器便可随时开启，是一种耗时短、省力、可靠性高的清洗灭菌装置。

3）经济效率高。这套装置在设计时均考虑将清洗用水、洗涤剂、杀菌剂及蒸汽的消耗都保持最小，尽量减少清洗操作费用。

清洗发酵罐常用的方法：按采用的清洗剂种类不同，可分为酸性清洗和碱性清洗。碱性清洗特别适合去除系统内生成的有机污物，如酵母、蛋白质等；酸性清洗主要是去除系统内生成的无机污物，如钙盐、镁盐等。按清洗操作温度来分，可分为冷清洗（常温）与热清洗（加热）。为了节省时间和洗液，往往在温度较高的情况下进行清洗，而为大罐操作安全考虑，冷清洗则常被用于大罐的清洗。冷清洗总的作业时间为110min，热清洗时间为55min。整个程序如表5-6及表5-7所示。

表 5-6　冷清洗程序

步骤	清洗介质	清洗时间/min	作用	操作温度
预洗	回收水	10	去除表面疏松物	常温
主洗	清洗剂（酸性）	30	去除沉积物	常温
中间清洗	清水	10	去除清洗剂	常温
杀菌	杀菌剂	40	杀死微生物	常温
终洗	无菌水	20	去除杀菌剂	常温

表 5-7　热清洗程序

步骤	清洗介质	清洗时间/min	作用	操作温度
预洗	回收水	5	去除表面疏松物	40℃
主洗	清洗剂（碱性）	15	去除沉积物	40℃
中间清洗	清水	10	去除清洗剂	常温
杀菌	杀菌剂	10	杀死微生物	40℃
终洗	无菌水	15	去除杀菌剂	常温

近年来还研究开发了集一次性和循环使用于一体的混合系统。这种单元设备是为罐和管道的CIP系统而设计的，由设计的程序实行控制，实现整个系统的自动化控制。不同清洗剂配比混合组成的清洗液对设备的清洗时间和温度有所不同，图5-4是一个简单的混合清洗系统。

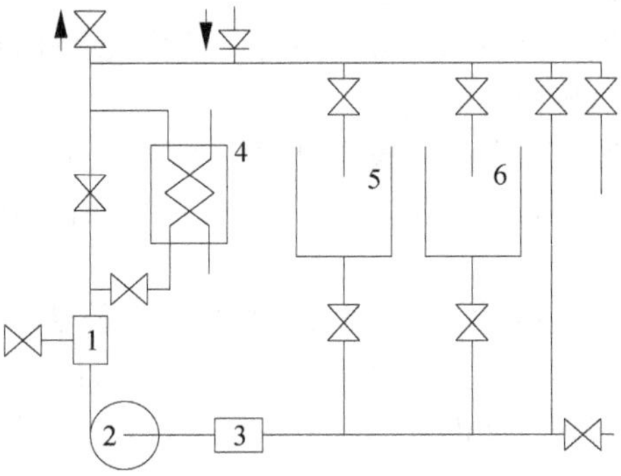

图 5-4　多次使用的 CIP 系统

1. 过滤器；2. 循环泵；3. 喷射器；4. 混合加热罐；5. 清洗剂罐；6. 回收罐

该系统包含清洗剂及水的回收罐、循环泵、过滤器等。预洗用水可使用回收水，用完后可直接排放掉或贮留一段时间以进行中间洗涤后再排放。控制一定循环时间，确保清洗温度在预定范围内。清洗剂及漂洗用水循环使用一定次数，当其所含的污脏物达到一定浓度后，就不宜回收而需排放废弃。

四、清洁程度的确认

在清洗作业完成之后，经常需要对被清洁表面的清洁度进行检验、评价。一般利用表面的各种性质作为检验、评价的依据，以确保设备的卫生程度符合要求，防止交叉感染。同时还需检查清洗结果，常在清洗过的样本表面滴一滴酚酞试剂看其是否变为粉红色确定是否残留碱性清洗剂。检验系统和方法包括设备检验、操作检验和成效检验。

（一）清洁程度的检验

正确地测定清洁对象的清洁程度有一定的难度。由于形状复杂或多种材料构成的清洗对象，其污垢分布常是不均匀的，因此局部表面测定的结果不一定能完全代表整体的污垢及清洁程度。例如，测定物体表面附着的微生物数目，多是用清洁的布擦拭一定面积的清洗对象表面，并将此布拿去进行微生物培养，根据它上面的细菌数目确定微生物污染的程度。但如果培养结果的细菌个数为零，并不能绝对保证整个对象物上微生物也是零。

在工业清洗工艺的现场要采用一些能提高测定准确性的方法，以污染最严重的部位为标准进行测定，试验通常进行三次，且每次均要求设备处于正常的操作状态，并符合要求。如果该部位在清洗后达到了所要求的洁净度，其他部位肯定已达到更好的洁净度。在清洗工厂大型设备时往往都采用这种方法。

（二）简易定性评价洁净度的方法

在清洗现场除用视觉、触觉进行定性评价之外，还经常使用以下定性方法。

1. 擦拭法 用干燥洁净不起毛的布（如纱布）擦拭物体表面，根据布脏的程度进行判断，本法简便但不精确。

2. 水滴法 在一定的条件下，滴在表面的水滴（一定体积）直径越大，洁净度越高，即将表面形成的水滴直径大小和形状作为比较洁净度的依据。

3. 水雾法 用喷雾器将均匀的微粒状的水滴喷射到清洗后的干燥表面上，通过形成水滴的情况可以判断它的洁净度。当表面十分洁净时，微粒状水滴会在表面均匀地润湿铺层，而且干燥后凝聚水膜周边形状呈规则的圆形。

4. 呼气法 对着干燥的清洁对象表面呼气，水蒸气在表面冷凝时，会形成混浊的雾斑。表面洁净时产生的雾斑是均匀的；反之则不均匀。当表面十分平滑洁净时，雾斑会在很短的时间内消失。

5. 肉眼观察法 用放大镜和检测管等仪器观察表面的油脂、铁锈等污垢，也可用照射在物体表面的反射光的强度了解污染情况，事先应对不同洁净度的样品定出标准，然后把待测样品与已知样品进行比较。这种方法的优点是测定速度快，对于颗粒状的污垢效果较好，但对薄膜状污垢的判断准确性较差。

（三）定量检验

1. 清洗后蛋白质残留量的检验　将标准浓度的蛋白质润湿某表面后再干燥，置于某管路或容器中作为试验表面；按操作流程对上述试验的表面的管路或容器进行洗涤；取出试验表面并把水甩干；用硝化纤维纸压在表面上检查蛋白质残留状况；将此硝化纤维纸浸入考马斯亮蓝液后置于乙酸溶液中过夜，根据蓝色的深浅就可判断出蛋白质残留的量。

2. 清洗后残留细胞的检查　取一试验表面，在其上涂布已知的微生物细胞再干燥，置于某管路或容器中；按操作流程对上述试验的表面的管路或容器进行洗涤；取出试验表面并把水甩干；将试验表面通过影印法在固体培养基上培养；对平面上的残留活菌计数。除上述的方法外，还可以将已知数量（浓度）的试验微生物细胞与蛋白质污脏物混合涂布在某一试验表面，然后进行清洗，表面上涂培养基，培养后通过计数，比较清洗前后微生物的数量即可达到清洗效果。近年来，腺苷三磷酸（ATP）生物荧光法及荧光测定法因操作快捷简便，已开始被应用。

五、清洗能力计算及设备选型

管道和被清洗设备的选型是依据管道运输和设备基本功能来决定的。这里讨论的清洗能力计算和设备选型针对的是 CIP 系统中的相关内容。

（一）管道清洗计算

清洗液流速大，清洗效果好，但是流速太大，清洗液用量高，成本大。因此，最佳流速取决于清洗液从层流变为湍流的临界值，其中雷诺数是重要指标，雷诺数小于 2000 的流动是层流，雷诺数等于 2300～4000 时为过渡状态，雷诺数大于 4000 时是湍流。基于生物发酵液黏性特点、产品密度与雷诺数达到湍流条件的综合因素，雷诺数取 2300，管道清洗流速需达到 1～3m/s，才能达到较好的机械冲刷力，管路清洗流量计算可参考公式：

$$Q_{管}=3.6\times10^{-3}\pi R^2V \tag{5-1}$$

式中，$Q_{管}$为管路清洗所需流量，t/h；R 为管路半径，mm；V 为不同管径达到湍流状态的流速，m/s。

（二）罐体清洗计算

罐体内壁的清洗，依靠喷淋装置来实现。因污垢程度、罐体尺寸的不同，所需的清洗液流量也不同，罐体清洗流量计算可参考公式：

$$Q_{罐}=60\pi DI \tag{5-2}$$

式中，$Q_{罐}$为罐体清洗所需流量，L/h；D 为罐体直径，m；I 为清洗难度系数［轻度为 25～27L/（min・m 罐周长），中度为 27～30L/（min・m 罐周长），重度为 30～32L/（min・m 罐周长）］。

（三）清洗液罐容量计算

清洗液容量首先必须满足 CIP 系统最大循环量，并保证循环清洗时，罐内清洗液在 1/3 以上，确定清洗液罐的容量可取经验数据：满足清洗泵 10～20min 工作流量（体积计）的要求。若使用无菌水这样的一次性清洗液，清洗液罐需要具有能满足作业时间所需的容量，才能保证 CIP 系统正常运行。

以清洗发酵罐的碱液贮罐为例：最远端的发酵罐距离碱液罐 200m，管径 80mm，管内液体循环量=管路截面积×长度=3.14×0.04×0.04×200×2=2m³，假设发酵罐内液体最大积存为2～3m³，在清洗发酵罐的过程中，清洗液最大循环量为4～5m³，循环清洗时罐内清洗液保证在1/3以上，清洗发酵罐系统的清洗液罐容积为6～7.5m³。

（四）CIP系统设备

CIP系统一般由清洗液贮罐、清洗管路、送液回液泵、洗罐器和各种阀门构成。

1. 清洗液贮罐 根据生物发酵工艺的特点通常有酸罐、碱罐、热水罐和清水罐4种，前3种罐装有0～100℃温度传感器和蒸汽加热装置，酸罐和碱罐还有清洗液补给装置。

2. 清洗管路 可分为送液管路和回液管路，用于连接CIP系统与待清洗设备，组成清洗回路。

3. 送液回液泵 一般选用离心泵，泵的扬程计算参考化工原理相关内容。

4. 洗罐器 直径5m内的发酵罐选用固定洗球；直径大于5m的发酵罐选用多向旋转式洗罐器；直径更大的选用万向式自动洗罐器。

第二节 设备及管路的灭菌

在生物工业生产中，常采用经济、操作控制方便的加热蒸汽灭菌方法。该方法就是利用水产生高温蒸汽穿透微生物（包括细菌的芽孢、真菌的孢子或休眠体等耐高温的个体）细胞，使其凝固、变性、肿胀、破裂，达到杀菌的目的。由于灭菌设备的种类、规格不同，所采用加热蒸汽的温度和时间也不同。

一、发酵罐及容器的灭菌

发酵罐是生物工业生产最重要的设备，发酵罐和容器在使用前必须经耐压和气密性试验。通常在设备安装完毕或每次检修后必须进行24h的气密性试验。检查方法是维持温度不变，检查压强是否稳定。实际上，每次灭菌前这样检查太费时，通常可用30min检查罐的压强是否改变来确定气密性。检测气压的压力表必须方便灭菌，故压力表和罐体连接管应尽量短，同时尽可能装设小蒸汽阀以确保灭菌彻底。

发酵罐和容器包括空罐、管道的加热蒸汽灭菌过程如下：①发酵罐进行气密性试验确认无渗漏后，把所有的冷凝水排除阀打开后开启进蒸汽阀，通入饱和蒸汽；②待有一定压强后，打开排空气阀，以便把容器中原有的空气排除干净，现代化的发酵罐排空气阀上还连有过滤器以防止内外环境污染；③当管内蒸汽压强达到0.174MPa即129℃时，维持45min，对罐内和罐上连接的阀门进行灭菌，对于大型或者结构复杂的罐和容器，也可采用抽真空法排除空气，并使蒸汽通过，达到死角灭菌，注意在保压过程中，应不断排出蒸汽管路及罐内的蒸汽冷凝水；④当达到工艺灭菌要求后，就结束灭菌操作。关闭蒸汽阀，待罐内压力低于空气过滤压力时，打开无菌空气进口阀，通入无菌空气保持罐压0.098MPa，以确保罐内蒸汽冷凝后不致形成真空而导致二次污染，待用。

发酵罐及其他容器上灭菌蒸汽管路的安排比较简单，通常蒸汽进口装在罐顶，冷凝水排出阀在罐底，无菌空气分布器从罐底进入（图5-5）。

二、空气过滤器的灭菌

通气发酵罐需通入大量的无菌空气，这就需要空气管路过滤器过滤以除去空气中的微生物，故过滤器本身必须经蒸汽加热灭菌后才能起除菌过滤以提供无菌空气的作用。

空气过滤器有两大类：一是纤维介质或微孔的金属、塑料等；二是膜式空气过滤器，膜式空气过滤器的应用越来越普遍。过滤器的灭菌主要是采用饱和蒸汽。过滤器滤芯每周更换一次，用蒸汽灭菌 30min 以上。为了避免过滤介质被冷凝水堵塞而造成蒸汽通过困难，进入空气过滤器的蒸汽应尽量采用饱和干蒸汽，因此，要特别注意冷凝水的排放。

较为理想的空气过滤器加热灭菌流程如图 5-6 所示。在进空气管道上加装蒸汽进口管，可使蒸汽顺利通过管路和过滤介质，彻底加热灭菌，同时蒸汽冷凝水不会积聚于过滤器或管路中，可保证灭菌彻底。

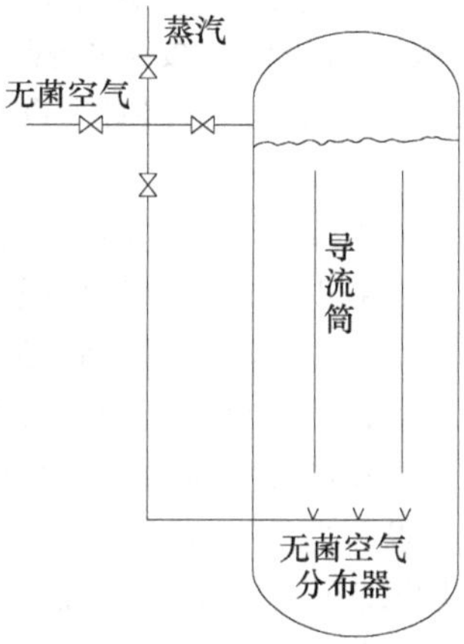

图 5-5　发酵罐空气分布器的蒸汽灭菌

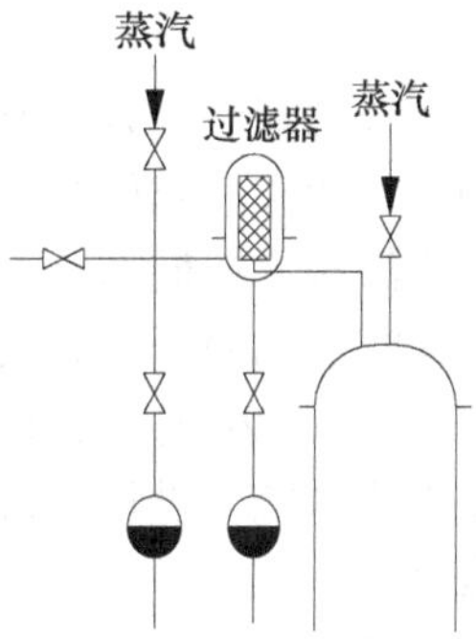

图 5-6　理想的空气过滤器

空气过滤器和分过滤器灭菌操作：排出过滤器中的空气，从过滤器上部通入蒸汽，并从上、下排气口排气，维持压强约 0.174MPa，灭菌 2h。灭菌完毕，即可通入压缩空气进入空气过滤器。

三、管路和阀门的灭菌

管路及阀门本身的彻底灭菌是确保生物工程生产高效率的重要一环。生物工程工厂所选择的阀门均应利于清洗、维护和灭菌。由于隔膜阀具有严密可靠、阀杆不与物料接触的优点，工厂多用隔膜阀（图 5-7）。隔膜阀的特点有：①仅有阀体和隔膜与物流接触，其他部分全部隔离，可用蒸汽对阀门进行彻底灭菌；②具有自身排净能力；③可在线维修；④管径范围大，基本满足生物工程领域的需要。但隔膜间仍有缝隙是其缺点。

对隔膜阀进行加热蒸汽灭菌主要有以下三种形式：第一种是蒸汽直接通过阀门，故阀门与管路均可充满蒸汽，可保证灭菌彻底，这是最佳的形式；第二种是利用隔膜阀上面附加取样用的或排污用的小阀，通过此小阀通入蒸汽或放出蒸汽冷凝水，也可使隔膜两边均充分灭菌；第三种是确保阀门接管的盲端管长与管径之比不大于 6，且需保证管内不积存冷凝水（图 5-8）。最后一种方法容易灭菌不彻底，故生产中很少采用。隔膜阀需定期检查和更换。

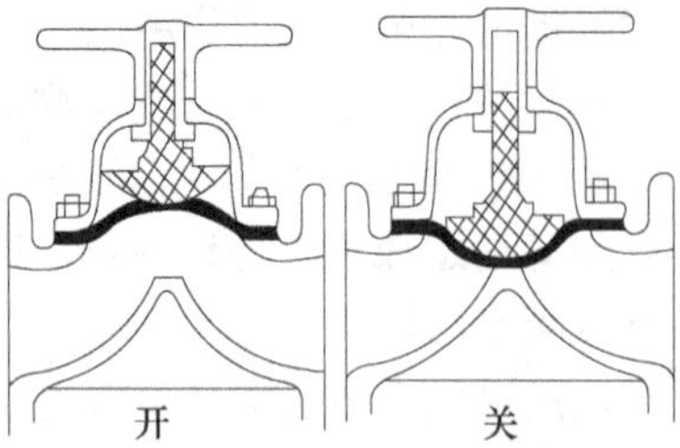

图 5-7 隔膜阀的结构简图

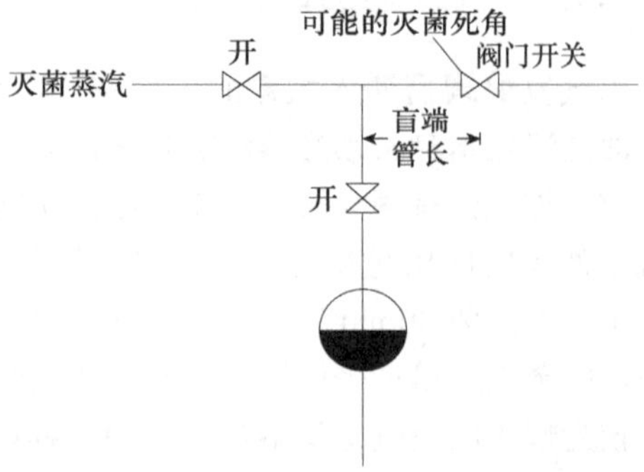

图 5-8 阀门接管的盲端管长与管径示意图

为保证设备与管路的彻底灭菌，管路系统在设计安装时，应具有一定的斜度，通常取1/100或更大。其主要目的是确保蒸汽冷凝水排净或不积聚；对于水平安装的管道，一般在最低点安装排污阀，同时，为避免管路较长时中间下垂而形成凹陷点，管路必须设有足够的支撑点。

对于输送较长的管路，为方便清洗和加热灭菌，应尽量减少管路并使之简化，有些尽可能合并后与罐相连，弯头、阀门等管件尽可能减少，同时尽可能减少其最高点和最低点，且应在每个最低点设排污阀，在最高点设加热蒸汽进气管，这样才能保证蒸汽杀菌的彻底性。

当有多个罐时（如种子罐和发酵罐上连接的管路有接种管、空气管、流加管、进出料管和取样管等），在使用前必须分段进行灭菌（共同阀控制），保证蒸汽能够到达所有需要灭菌的地方。于是，在管路系统的设计中就应该考虑如何满足灭菌要求和尽量减少死角，并确保在灭菌之后保持无菌状态。当培养基贮罐1（图5-9）的已灭菌并冷却至所需温度的培养基要送往灭菌后的空发酵罐2中时，先须对管路进行灭菌（阀均关闭）。先依次打开E、D、C、B，然后开启蒸汽阀，通入蒸汽进行杀菌。杀菌结束，先关闭阀E，后关闭阀B，并开启阀F，以免管路因蒸汽冷凝而产生真空后引入二次污染。最后打开阀A，将培养基贮罐1中的培养基送至发酵罐2（图5-9）。

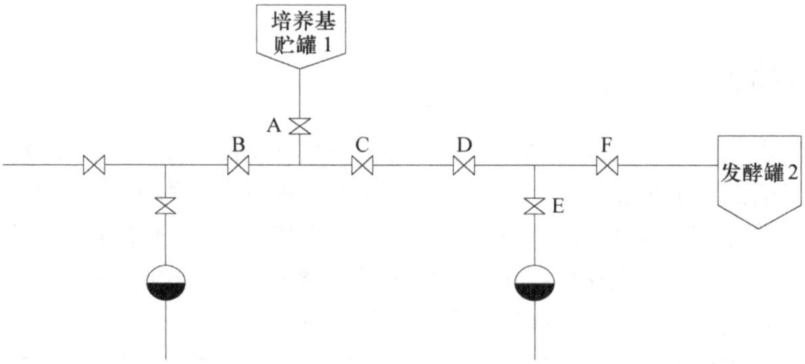

图 5-9 两个罐的蒸汽灭菌

对于某些蒸汽达不到的死角（如阀）要装设与大气相通的旁路（排气口）。在灭菌操作时，将旁路阀门打开，使蒸汽流畅通过。对于接种、取样、补料等操作管路要配置单独的灭菌系统，使其能在发酵罐灭菌后或发酵过程中单独进行灭菌。

前面已介绍了设备的清洗、管道与罐的加热蒸汽灭菌的设置及灭菌的操作等有关内容。图

5-10 为典型的气升环流式发酵罐的清洗与灭菌管路图。

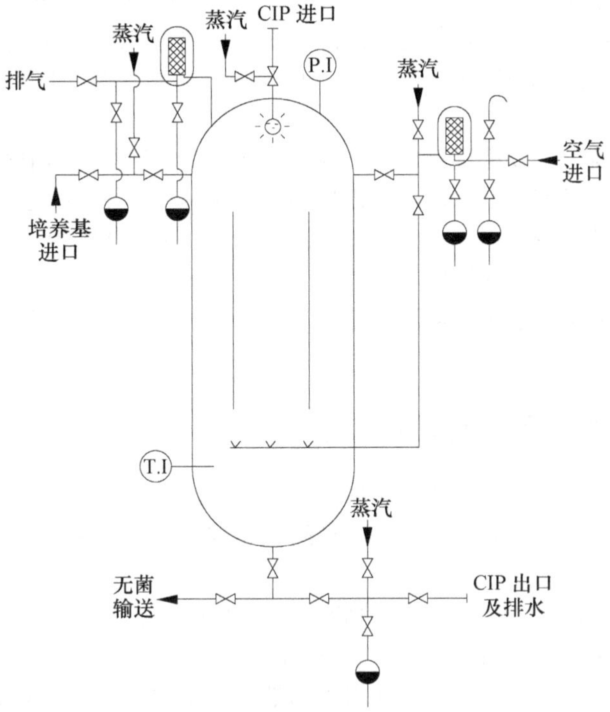

图 5-10 气升环流式发酵罐的清洗与灭菌管路图

P.I. 压力表；T.I. 温度表

管路中的死角是指灭菌时因某些原因，灭菌温度达不到或不易达到的局部位置。管路中如有死角存在，必然会因死角内潜伏的杂菌没有杀死而引起连续染菌，会影响正常生产。管道中常发现的死角有下列三种。

（1）种子罐放料管的死角　　种子罐放料管的死角及改进见图 5-11。图 5-11A 表示有一小段管道因灭菌时罐内有料液，阀 3 不能打开，存在蒸汽不流通的一个小的放气阀；如图 5-11B 所示，此死角即可得到蒸汽的充分灭菌。类似这种管的死角还有其他，解决的办法是在阀腔的一边或另一边装上一个小阀，死角往往出现于球心阀阀座两面的端角，可以在接种管、尿素管、消泡管与发酵罐连接的阀门两面均装有小排气阀，以利灭菌。

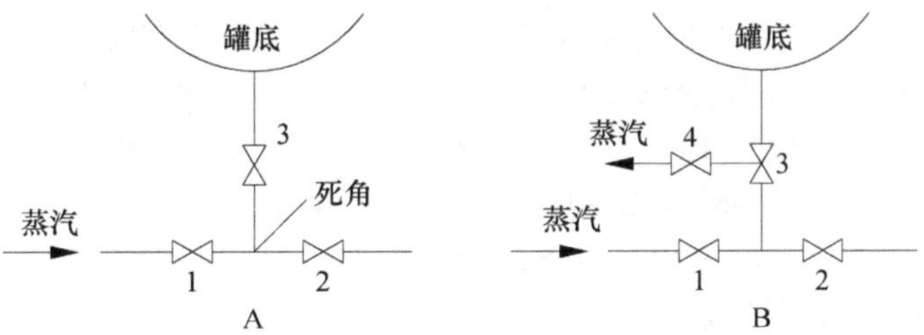

图 5-11 种子罐放料管的死角（A）及改进（B）

（2）管道连接的死角　　管道连接有螺纹连接、法兰连接和焊接等。生物工程工厂一般不采用螺纹连接和法兰连接，原因是螺纹连接容易产生松动而有缝隙，是微生物隐藏的死角；法兰连接处也易造成死角。其一般多采用焊接（氩弧焊打底）连接，加工安装时要保持连接处管道内壁畅通、光滑、密封性能好，以避免和减少管道染菌的机会。例如，法兰和管子焊接时受热不匀，使法兰翘曲密封面发生凹凸不平现象而造成渗漏与死角；垫片的孔径要和管内径一致，过大或过小均易积存物料，形成死角；法兰安装时没有对准中心，也会造成死角。目前消灭管道死角较好的方法是利用焊缝连接法，但焊缝一定要光滑，焊缝有凹凸现象也会产生死角。

（3）排气管的死角　发酵罐罐顶排气管弯头处如有堆积物，其中隐藏的杂质不容易彻底消灭。如当发酵罐内的发酵液发酵时，受搅拌的振动或排气的冲击就会一点点地剥落下来造成污染。另外，排气管的直径太大，灭菌时蒸汽流速过小，也会使管中的耐热菌不能全部杀死。故排气管要与罐的尺寸有一定的比例，如啤酒厂中糊化锅和糖化锅上的排气管。

为了便于设备及管道的清洗、蒸汽杀菌，对设备的制造、材料的选用、管道的安装及焊缝光洁度也有严格要求。

四、灭菌的检验及可能出现的问题

设备及管道经蒸汽灭菌后，灭菌效果如何，是否已彻底灭菌，必须进行检验。若发现灭菌不彻底或发酵过程有染菌现象，应及时针对问题查找原因，这些都是生物工程工厂的关键问题。

1. 灭菌效果的检验　灭菌效果的检验通常有两种方法：一种是直接微生物培养法；另一种是间接法，即灭菌蒸汽的温度和压强监控法。

（1）直接微生物培养法　就是利用无菌的标准培养基（肉汤培养基：牛肉膏 0.5%，NaCl 0.5%，蛋白胨 1‰）进行培养检验，培养 7～10d，若培养基仍保持无菌，则设备的灭菌是十分成功和可靠的。这种检验方法十分接近实际，可检验灭菌是否彻底，同时也检验了空气过滤系统及设备、管路的严密性和维持无菌度的效能。但是，此法前后需十多天，且测试费用高。当然，也可应用生产所用的发酵培养基进行检验，但有时此发酵所用的培养基对某些微生物并非良好的营养，故这些微生物生长十分迟缓，这的确会给检测是否染菌带来困难。

（2）灭菌蒸汽的温度和压强监控法　这是间接检验灭菌程度的方法，就是设法确证所有被灭菌的设备、管路的每处均有足够的蒸汽压强（温度）和必需的灭菌时间。现有两种测量温度的方法，即应用插入设备内的温度传感器或玻璃温度计，也可应用固定于设备或管路壁面上的热电偶进行测温。

经验表明，所需的热电偶（测设备或管路外壁面用）数目视被灭菌系统的大小及形状复杂程度而定。其数量有最佳值，用得多则不仅投资大，操作工作量也大，因每次使用前需要校准温度计；使用得太少，则某些部位的温度未测量到而存在灭菌不彻底的危险。设备外表面的温度与内部温度的关系如何，应达到多少温度才能保证杀菌的可靠性呢？一般情况下，外壁面达到 123℃时则内部可达 129℃。但因设备或管路的厚度及热传导的特性不同，最好能进行实验测定。同时，加装压力表，要求其指示压强稍高于 0.147MPa。总之，为了确保蒸汽灭菌的效果，必须保证在规定的灭菌时间内，设备或管道内部温度在 129℃以上，故外壁温度要高于 123℃，而压强稍高于 0.147MPa。

2. 蒸汽灭菌可能出现的问题及对策　发酵设备的蒸汽灭菌出现的不正常现象分为两大类：一是灭菌设备或管路在灭菌过程未达设定的温度（129℃），二是发酵过程发现杂菌感染。

对于第一类问题，可能有两种情况，或是整个被加热灭菌系统均未能达到所要求的温度，或是局部范围达不到规定的温度。若发现是全系统均未达到 129℃，则须进行下列的检查：

①加热蒸汽压强是否达 0.147MPa 以上？②蒸汽调节器或蒸汽过滤器是否堵塞？③若只有一个温度计，则应检测此温度计是否正常和准确？④蒸汽总阀是否已全开启？

若只发现系统的某部分达不到所要求的灭菌温度，则可能存在的问题有：①蒸汽阀门开启失灵或损坏；②汽水阀失灵或损坏；③温度计（热电偶）失效，故温度指示不准；④过滤器安装不当，导致冷凝水堵塞；⑤没有绝热层的管路因靠近空调机或风扇等而降温太多，此时应加设绝热保温层。

对于以上有关蒸汽灭菌问题的解决，保证管路有 1/100 以上的斜率是十分重要的，同时应科学地设置阀门和管件，以保证冷凝水的正常排放。

发酵过程中一旦发现杂菌污染，应马上取样进行分析鉴别所污染的杂菌有多少种，是气体中的菌还是水溶液中的细菌，同时进行以下有关研究：①发酵系统的蒸汽灭菌处理是否正常，有否出现灭菌温度不足或时间不够长？②上批发酵放罐排料后，空置时间是否延长，若空置太久，则下一批的灭菌时间必须适当延长，以保证生长繁殖的杂菌被彻底杀灭；③再进行气密性测试，最好能进行 24h 的检漏测试，以查出渗漏的所在，并进行维修，维修后再检测直至无渗漏为止；④重点检验阀门的隔膜、阀座等是否符合质量要求，检测所有 O 形密封圈等密封件。

五、管道的运输能力计算及选型

1. 管径的计算和确定 在常规的工厂设计中，可以根据物料的流量及密度、黏度等特性，确定较为经济的管径。在生物发酵工程中，问题却不这么简单，过高的流速不仅会加快管道的腐蚀，缩短管道的使用寿命，而且有可能导致管道中金属离子的渗出，进而污染输送的物料。过低的流速虽可避免腐蚀问题，但却有可能致使细菌在管壁停留。当管道内的流体呈层流状态时，细菌驻留的可能性要远远大于湍流状态。

管道直径（d）与流量之间的关系可以用以下公式计算：

$$d=\sqrt{\frac{4v_s}{\pi\mu}} \tag{5-3}$$

式中，v_s 为流体的流量，m^3/s；μ 为流体的流速，m/s。

确定了流速就可以求出管道的直径。表 5-8 列出了不同灭菌场合下流体的流速范围。

表 5-8 流体的流速范围 （单位：m/s）

流体类型及情况	μ	流体类型及情况	μ
自来水 4.05×10^5Pa	1～1.5	饱和水蒸气 9.0×10^5Pa 以下	40～60
工业供水 8.1×10^5Pa 以下	1.5～3	饱和水蒸气 3.0×10^6Pa 以下	80
过热水	2	蛇管入口饱和水蒸气	30～40
饱和水蒸气 4.05×10^5Pa 以下	20～40		

蒸汽管管径的计算。蒸汽是一种可压缩性的气体，其管径计算较为复杂，为了便于使用，通常将计算的结构做成表格或算图。做表格及算图时，从两方面进行考虑：一是选用适宜的压力降，二是选取一定的流速。根据表 5-8，过热蒸汽的流速，主管取 40～60m/s，支管取 35～40m/s；饱和蒸汽的流速，主管取 30～40m/s，支管取 20～30m/s。或按蒸汽压力选择，如 4.05×10^5Pa 以下取 20～40m/s；9.0×10^5Pa 以下取 40～60m/s；3.0×10^6Pa 以下取 80m/s。表 5-9 为蒸汽管径流量表，供参考。

表 5-9　蒸汽管径流量表（节选）

流量/（kg/h）	压强/Pa							
	1.0135×10^5	1.084×10^5	1.165×10^5	1.419×10^5	4.56×10^5	8.1×10^5	11.15×10^5	15.2×10^5
45.4	$2\frac{1}{2}$”	2”	2”	$1\frac{1}{2}$”	1”	1”	1”	1”
68	3”	$2\frac{1}{2}$”	$2\frac{1}{2}$”	2”	$1\frac{1}{4}$”	1”	1”	1”
90	3”	3”	$2\frac{1}{2}$”	2”	$1\frac{1}{4}$”	$1\frac{1}{4}$”	1”	1”
136	$3\frac{1}{2}$”	3”	3”	$2\frac{1}{2}$”	$1\frac{1}{2}$”	$1\frac{1}{4}$”	$1\frac{1}{4}$”	$1\frac{1}{4}$”
180	4”	$3\frac{1}{2}$”	3”	3”	2”	$1\frac{1}{2}$”	$1\frac{1}{4}$”	$1\frac{1}{4}$”
225	5”	4”	$3\frac{1}{2}$”	3”	2”	$1\frac{1}{2}$”	$1\frac{1}{2}$”	$1\frac{1}{4}$”
340	5”	5”	4”	$3\frac{1}{2}$”	$2\frac{1}{2}$”	2”	2”	$1\frac{1}{2}$”
454	6”	5”	5”	$3\frac{1}{2}$”	$2\frac{1}{2}$”	2”	2”	2”
570	6”	6”	5”	4”	3”	$2\frac{1}{2}$”	2”	2”
680	8”	6”	5”	5”	3”	$2\frac{1}{2}$”	$2\frac{1}{2}$”	2”
900	8”	8”	6”	5”	$3\frac{1}{2}$”	3”	$2\frac{1}{2}$”	$2\frac{1}{2}$”

注：1”=25.4mm

2. 管道、阀门和管件的选择

（1）管道　管道的选择主要根据输送介质的温度、压力、腐蚀情况、供应来源和价格等因素综合考虑而选定。生物发酵工业常用的管道有金属和非金属管，常用于灭菌的金属管的规格、材料及适用温度范围见表 5-10；非金属管一般不能用于输送高温蒸汽。

表 5-10　金属管常用规格、材料及适用温度

序号	管子名称	标准号	常用规格/mm	材料	适用温度/℃
1	中、低压用无缝钢管	GB/T 8162—2008	8×1.5，10×1.5，14×2，14×3，18×3，22×3，25×3，32×3，32×3.5，38×3，38×3.5，45×3，45×3.5，57×3.5，76×4，76×5，89×4，89×5，108×4，108×6，133×4，133×6，159×4.5，159×6，219×6，273×8，325×8，377×9	20、10 16Mn 09Mn2V	−20～475 −40～475 −70～200
2	裂化用钢管	YB/T 1365—2015	18×2，19×2.5，25×2.5，38×3，89×6，102×3，114×8，127×9，152×8，219×10，275×16	12CrMo 15CrMo Cr2Mo Cr5Mo	≤540 ≤560 ≤580 ≤600
3	中、低压锅炉用无缝钢管	GB 3087—2022	22×3，25×3，32×3.5，38×3.5，42×3.5，51×3.5，57×3.5，60×3.5，76×4，108×4，108×6	20、10	≤450

续表

序号	管子名称	标准号	常用规格/mm	材料	适用温度/℃
4	高压无缝钢管	GB/T 5310—2023	15×4，21×5，25×5.5，35×6.5，42×7，57×9，70×20，89×l3，108×14，133×17，159×20，194×24，219×27，273×34	20 15MnV 0Crl8Nil2Mo2Ti 10MoWVNb	−40～200 −40～200 −196～700 −196～700
5	不锈钢无缝钢管	GB/T 14975—2012 和 GB/T 14976—2012	6×1，10×1.5，14×2，18×2，22 × 1.5，22 × 3，25 × 2，29 × 2.5，32×2，38×2.5，45×2.5，50×2.5，57×3，65×3，76×4，89×4，108×4.5，133×5，159×5	0Cr13，1Cr13 1Crl8Ni9Ti 0Crl8Ni12Mo2Ti 0Crl8Nil2Mo3Ti	0～400 −196～700 −196～700 −196～700

（2）阀门和管件　　阀门用于控制流体的流动，按表 5-11 选择；管件用于连接管道与管道、管道与设备、改变流向等，如弯头、三通、活接头等，参考相关产品目录选用即可。

表 5-11　高温灭菌阀门的选择

流体名称	管道材料	操作压强/MPa	垫圈材料	连接方式	阀门形式		阀门型号	保温方式
					支管	主管		
热水	焊接钢管	0.1～0.3	夹布橡胶	法兰、焊接、螺纹	截止阀	闸阀	JllT-16 Z45T-10	膨胀珍珠岩、硅藻土、硅石、岩棉
蒸馏水	硬聚氯乙烯管、丙烯腈-苯乙烯-丁二烯共聚物管、玻璃管、不锈钢管（有保温要求）	0.1～0.3	橡胶、橡胶石棉板	法兰	球阀		Q41F-16	
蒸汽（1 表压）	3”以下焊接钢管；3”以上无缝钢管	0.1～0.2	橡胶石棉板	法兰、焊接	截止阀	闸阀	JllT-16	
蒸汽（3 表压）	3”以下焊接钢管；3”以上无缝钢管	0.1～0.4	橡胶石棉板	法兰、焊接	截止阀	闸阀	Z45T-10	
蒸汽（5 表压）	3”以下焊接钢管；3”以上无缝钢管	0.1～0.6	橡胶石棉板	法兰、焊接	截止阀	闸阀	JllT-16	

注：“焊接钢管”为“低压流体输送用焊接钢管”（GB/T 3091—2015）的简称

小　结

设备、管道若清洗消毒不严格，则富含营养物质的发酵液的残留易导致杂菌感染，进而产生以下问题：①杂菌大量消耗营养基质和产物，使生产效率和收率下降；②杂菌及其代谢产物会改变发酵液的物化及流变特性，妨碍产物的分离纯化；③杂菌可能会直接以产物为基质，因而造成产物生成量锐减而导致发酵失败。

复习思考题

1. 简述生物工业常用清洗剂的分类。

2. 生物工业对污垢的清洗方法各有何特点?

3. 简述管件清洗操作要点。

4. 影响发酵罐清洗效果的因素有哪些?

5. CIP 系统与其他清洗方法比较各有何特点?

6. 试述 CIP 清洁过程。

7. 简单定性评价洁净度有哪些方法?

8. 在生物工业中，设备及管路的灭菌多采用哪种方法，为什么？杀菌过程中应注意什么问题?

9. 管道中常发现的死角有哪几种？应如何解决?

10. 灭菌检验常用的方法各有什么特点?

主要参考文献

段开红. 2017. 生物工程设备. 2 版. 北京：科学出版社.

黄儒强，黄继红. 2023. 生物工程设备. 北京：科学出版社.

刘晓明. 2004. 啤酒厂发酵车间 CIP 系统的设计. 无锡：江南大学硕士学位论文.

陶兴无. 2017. 生物工程设备. 北京：化学工业出版社.

姚志敏. 2021. 流体食品 CIP 清洗设计原则与改进分析探讨. 中国洗涤用品工业，(5): 53-58.

朱明军，梁世中. 2020. 生物工程设备. 3 版. 北京：中国轻工业出版社.

第六章　通风发酵设备

- 通风发酵设备
  - 机械搅拌通风密闭发酵罐
    - 概述
      - 机械搅拌通风密闭发酵罐的特点
      - 机械搅拌通风密闭发酵罐搅拌提高溶氧系数的机制
      - 机械搅拌通风密闭发酵罐的基本条件和几何尺寸
    - 机械搅拌通风密闭发酵罐的结构及计算
      - 罐体
      - 搅拌器
        - 搅拌器的类型
        - 搅拌器轴功率的计算
      - 挡板
      - 热交换器
        - 热交换器的类型
        - 发酵过程的热量计算
        - 热交换器换热面积的计算
      - 空气分布器
      - 消泡装置（消泡器）
        - 耙式消泡器
        - 旋转圆盘式消泡器
        - 液体吹入式消泡器
        - 吸引式消泡器
        - 冲击反射板式消泡器
        - 超声波消泡器
        - 碟片式消泡器
      - 联轴器及轴承
      - 变速装置
      - 轴封
        - 填料函轴封
        - 端面轴封（机械轴封）
    - 改良的机械搅拌通风密闭发酵罐
      - 瓦尔德霍夫发酵罐
      - 一种带有上下两个分离搅拌器的发酵罐
      - 完全填充反应器
    - 通气发酵罐中溶氧速率与通气搅拌的关系
      - 氧的传递途径
      - 氧气溶解过程的双膜理论
  - 通风固相发酵设备
    - 通风固体浅层发酵设备
      - 传统式通风固体浅层发酵设施与设备
        - 种曲室
        - 曲盘或竹匾及种曲培养工具
      - 现代通风固体浅层发酵设备
    - 通风固体深层发酵设备
      - 传统式通风固体深层发酵设施与设备
        - 制曲室
        - 机械搅拌通风制曲池
      - 现代通风固体深层发酵生物反应器
        - 固定床生物反应器
        - 流化床生物反应器
        - 转鼓式生物反应器
        - 挂盘式生物反应器
        - 搅拌生物反应器
  - 其他类型的通风发酵罐
    - 自吸式发酵罐
      - 机械自吸式发酵罐
      - 喷射自吸式发酵罐
    - 伍氏发酵罐
    - 气升式发酵罐
    - 液提式发酵罐
    - 膜生物反应器
    - 基因工程菌生物反应器
  - 发酵罐空气净化系统
    - 辐射灭菌
    - 热灭菌
    - 过滤除菌

生物工程中的发酵生产设备主要是指发酵罐，发酵罐又称生物反应器，通风发酵设备又称好氧发酵设备，它在发酵过程中占据中心地位，是现代生物技术产业化的关键设备。新的发酵产品不断涌现，对发酵设备的要求越来越高。一些交叉学科逐渐形成，如化学工程和生物学交叉形成了生化工程学科，生物学、化学和工程学交叉形成了生物技术学科，它们对发酵设备的放大、发酵罐的研制及发酵过程的控制起着非常大的推动作用。

20 世纪初，出现了 $200m^3$ 的钢质发酵罐，在面包酵母发酵中开始使用空气分布器和机械搅拌装置；1944 年，第一个大规模工业化生产青霉素的工厂投产，发酵罐体积 $54m^3$，标志着工业发酵进入一个新阶段；随后，机械搅拌、通气、无菌操作、纯种培养等一系列技术逐渐完善起来，并出现了耐高温在线连续测定的 pH 电极和溶氧电极，开始利用计算机进行发酵过程控制；1960～1979 年，机械搅拌通气发酵罐的容积增大到 80～$150m^3$，由于大规模生产单细胞蛋白的需要，出现了压力循环和压力喷射型发酵罐，计算机开始在发酵工业中得到广泛应用；1979 年后，随着生物工程技术的迅猛发展，大规模细胞培养发酵罐应运而生，胰岛素、干扰素等基因工程的产品商品化；对发酵罐的严密性、运行可靠性的要求越来越高；发酵过程的计算机控制和自动化应用已十分普遍；pH 电极、溶氧电极、溶解 CO_2 电极等在线检测在国外已相当成熟；同时发酵罐更加趋于大型化（废水处理 $2700m^3$，单细胞蛋白 $1500m^3$，啤酒 $600m^3$，柠檬酸 $200m^3$）。

按照不同的划分标准，发酵生产设备的类型也不同。根据菌种生理特性，有好氧发酵设备和厌氧发酵设备；根据发酵培养基性质，有固体发酵设备和液体发酵设备；根据酿造与发酵培养基厚度，有浅层发酵设备和深层发酵设备；根据工艺操作，有分批式发酵设备和连续式发酵设备。其中，好氧液体深层发酵设备在发酵工业中应用最多、最广泛。在好氧液体深层发酵设备中，又有机械搅拌通风发酵设备（包括循环式的伍氏发酵罐和文氏管发酵罐、非循环式的通风式发酵罐和自吸式发酵罐）和非机械搅拌通风发酵设备（包括循环式的气升式发酵罐和液提式发酵罐、非循环式的排管式发酵罐和喷射式发酵罐）。目前，最新型的超滤式发酵罐已开始在发酵工业中崭露头角，即成熟的发酵液通过一个超滤膜，使产物通过膜系统进行分离提取，酶可以通过管道返回发酵罐继续发酵，新鲜培养基可以连续加入罐内。

第一节　机械搅拌通风密闭发酵罐

一、概述

机械搅拌通风密闭发酵罐是在生产抗生素、酵母、氨基酸、有机酸、酶制剂等发酵产品中应用最多、最广泛的液体深层好氧发酵设备。据不完全统计，它占据了发酵罐总数的 70%～80%，故又常称为通用式发酵罐。通用式发酵罐设备的改革与进步，在一定程度上可以代表我国生物工程的进步，尤其是党的十九大以来提出了新时代中国特色社会主义基本方略，要坚持新发展理念。发展是解决我国一切问题的基础和关键，发展必须是科学发展，必须坚定不移贯彻创新、协调、绿色、开放、共享的新发展理念；坚持人与自然和谐共生，建设生态文明是中华民族永续发展的千年大计，必须树立和践行绿水青山就是金山银山的理念，坚持节约资源和保护环境的基本国策，这两条“坚持”指导了生物工程设备的发展。机械搅拌通风密闭发酵罐的容积为 20～$500m^3$，目前我国珠海市益力集团有限公司味精厂拥有单体公称容积 $660m^3$，位居亚洲第一、世界第二的特大型机械搅拌通风发酵罐。

机械搅拌通风密闭发酵罐是利用机械搅拌器的作用，使无菌空气和发酵醪液充分混合，促使氧在发酵醪液中溶解，为好氧性微生物的生长、繁殖、代谢及发酵过程提供所需要的氧气。气泡越小，气泡的比表面积越大，氧的溶解速率越快，氧的利用率也越高，产品的产率也越高。当发酵罐容积相同时，罐的径高比、液层深度、有无挡板、搅拌叶类型及长短和挡数、搅拌速率、通风管位置、通风量大小、搅拌功率等因素均影响氧的溶解。

（一）机械搅拌通风密闭发酵罐的特点

它在工业生产中使用最为广泛，以实用性能好、适应性强、放大相对容易著称，因此又称为通用式发酵罐。机械搅拌通风密闭发酵罐是好氧生物反应器的典型代表，其主要特点是：第一，利用机械搅拌的作用使无菌空气与发酵醪液充分混合，提高了发酵醪液的溶氧量，特别适合于发热量大、需要气体含量比较高的发酵反应。第二，发酵过程容易控制，操作简便，适应范围广泛。第三，发酵罐内部结构较为复杂，操作不当时容易染菌。第四，机械搅拌动力消耗大，对于丝状细胞的培养与发酵不利（数字资源 6-1）。

数字资源 6-1

（二）机械搅拌通风密闭发酵罐搅拌提高溶氧系数的机制

机械搅拌通风密闭发酵罐搅拌提高溶氧系数的机制：①搅拌能将大的空气气泡打成微小气泡，增加了接触面积，而且小气泡的上升速度要比大气泡慢，因此接触时间也较长。②搅拌使液体做涡流运动，使气泡不是直线上升而是做螺旋运动上升，延长了气泡的运动路线，即增加了气液的接触时间。③搅拌使发酵液呈湍流运动，从而减小了气泡周围液膜的厚度，减小了液膜阻力，因而提高了溶氧系数。④搅拌使菌体分散，避免结团，有利于固液传递过程中接触面积的增加，使推动力均一。

（三）机械搅拌通风密闭发酵罐的基本条件和几何尺寸

机械搅拌通风密闭发酵罐的基本条件是：第一，发酵罐应具有适宜的径高比。径高比适宜，罐身较长，氧的利用率较高。第二，有一定的刚度和强度，能够承受消毒灭菌及发酵过程中的一定压力，发酵罐水压试验应为工作压力的 1.5 倍。第三，发酵罐的搅拌通风装置能使气液充分混合，以提高氧的利用率。第四，具有足够的冷却面积，这是因为微生物生长代谢过程放出大量的热量，必须通过冷却来调节不同发酵阶段所需的温度。第五，罐内抛光以减少死角，避免藏垢积污，灭菌能彻底，避免杂菌污染。第六，具有严密的轴封，防止发酵液泄漏。第七，维修操作方便。

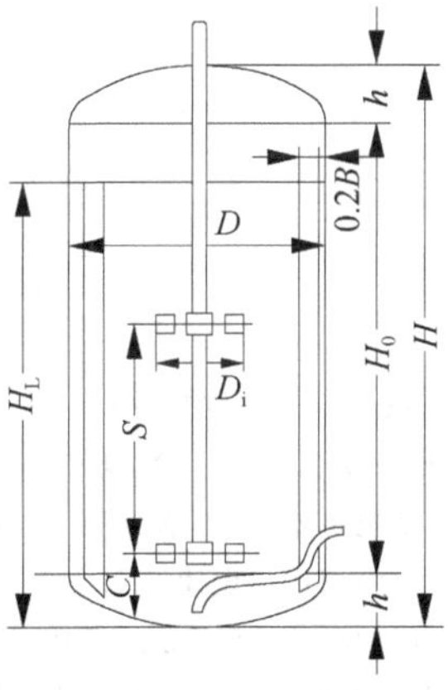

图 6-1　机械搅拌通风密闭发酵罐的几何尺寸（田洪涛，2007）

H. 罐身高；H_0. 罐高；*D*. 罐径；D_i. 搅拌叶轮直径；*S*. 相邻搅拌叶轮间距；*B*. 挡板宽；*C*. 下搅拌叶轮与罐底距离；*h*. 顶罐高度；H_L. 液位高度

机械搅拌通风密闭发酵罐的几何尺寸见图 6-1。发酵罐常见的几何尺寸是：$H:D=$（2.5～4.0）∶1，$H_0:D=2:1$，$S:D_i=$（2～5）∶1（一般为 3∶1），$D:D_i=$（2～3）∶1，$C:D_i=$（0.8～1.0）∶1，$D:B=$（8～12）∶1。

二、机械搅拌通风密闭发酵罐的结构及计算

机械搅拌通风密闭发酵罐靠通入压缩空气和搅拌叶轮实现发酵醪液的混合、溶氧传质，同时强化热量传递，在生物工程工厂中得到广泛的应用。其具有良好的传质和传热性能，结构严密，防止杂菌污染，培养基流动与混合良好，控制方便，方便维护检修。机械搅拌通风密闭发酵罐的结构如图 6-2 和图 6-3 所示，其主要结构部件包括罐体、搅拌器、挡板、热交换器（冷却器）、空气分布器（通风管）、消泡装置（消泡器）、联轴器、中间轴承、轴封、变速装置、人孔、视镜等。下面作简要介绍。

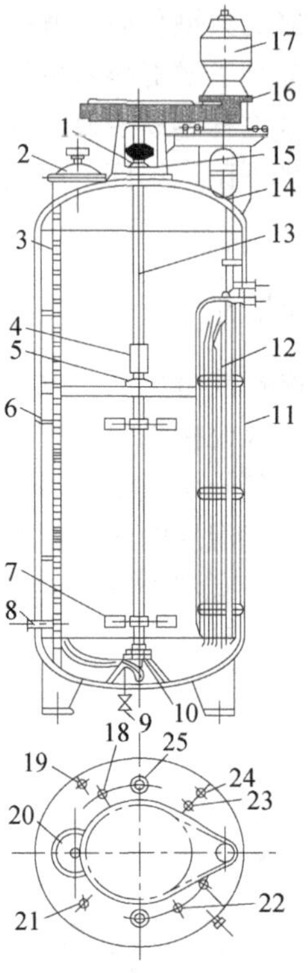

图 6-2　大型发酵罐（田洪涛，2007）

1. 轴封；2，20. 人孔；3. 梯子；4. 联轴器；5. 中间轴承；6. 热电偶接口；7. 搅拌器；8. 通风管；9. 放料口；10. 底轴承；11. 温度计；12. 冷却管；13. 轴；14. 取样口；15. 轴承柱；16. 三角皮带传动；17. 电动机；18. 压力表；19. 取样口；21. 进料口；22. 补料口；23. 排气口；24. 回流口；25. 窥镜

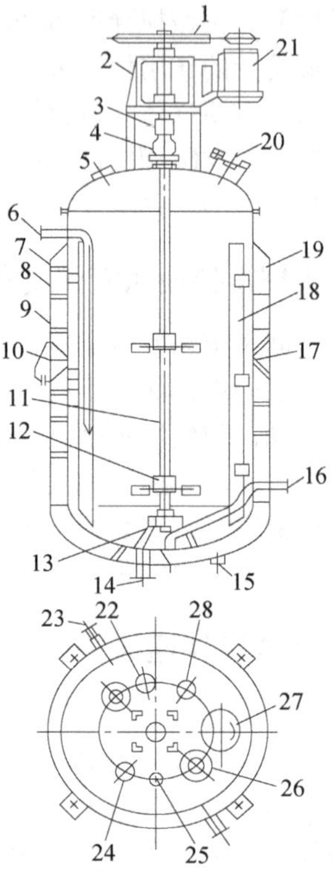

图 6-3　小型发酵罐（田洪涛，2007）

1. 三角皮带转轴；2. 轴承支柱；3. 联轴器；4. 轴封；5，26. 窥镜；6，23. 取样口；7. 冷却水出口；8. 夹套；9. 螺旋片；10. 温度计；11. 轴；12. 搅拌器；13. 底轴承；14. 放料口；15. 冷水进口；16. 通风管；17. 热电偶接口；18. 挡板；19. 接压力表；20，27. 人孔；21. 电动机；22. 排气口；24. 进料口；25. 压力表接口；28. 补料口

（一）罐体

发酵罐的罐体由圆柱体和两端椭圆形封头焊接而成，材料要根据发酵液对钢材腐蚀的程度而选择采用碳钢或不锈钢制造。对于大型发酵罐，可采用衬里不锈钢板或复合钢板的办法（衬里厚度为 2～3mm）以节约不锈钢材。为防止杂菌潜伏在罐内缝隙当中，以及清洗时的不便，罐体的罐内焊缝要磨光。一般发酵罐容量在 50m^3 左右为小型，100m^3 左右为中型，500m^3 左右及其以上为大型。

小型发酵罐罐顶和罐身用法兰连接，罐顶设有清洗用的手孔。大中型发酵罐设有快开人孔，罐顶装有视镜、灯镜、进料管、补料管、接种管、排气管和压力表等。排气管尽量靠近罐顶中心位置，进料管、补料管、接种管可合二为一。罐身装有冷却水进出口、通气管、温度计和检测仪表。取样管可以装在罐顶或罐身。罐身上的管路越少越好。放料可以通过通风管压出。

罐体必须能够承受 0.25MPa 的灭菌压强，所以需要一定的罐壁厚度来维持。当受内压时，发酵罐的壁厚及封头厚度的计算公式如下。

管壁厚（mm）：
$$\delta_1=\frac{PD}{230[\sigma]\varphi-P}+C \quad (6\text{-}1)$$

封头壁厚（mm）：
$$\delta_2=\frac{PDy}{200[\sigma]\varphi}+C \quad (6\text{-}2)$$

式中，P 为耐受压强（表压），MPa；D 为罐径，mm；φ 为焊缝系数，双面对焊 $\varphi=0.8$，无焊缝 $\varphi=1.0$；C 为腐蚀裕度，当 $\delta-C<10$mm 时，$C=3$mm；$[\sigma]$ 为许用应力；y 为开孔系数，对发酵罐可取 2.3。

（二）搅拌器

搅拌器的主要作用是：打碎气泡，延长气液接触时间，加速和提高溶氧，有利于传质和传热。搅拌器由一对或者几对固定在轴上的桨叶构成。根据桨叶的形状和结构，常用的搅拌器有平桨式、螺旋桨式和涡轮式，其中以涡轮式使用最为广泛。涡轮式搅拌器叶片分为平叶式、弯叶式和箭叶式三种，叶片数量一般为 6 个，尤以箭叶式消耗功率最小，翻动液体能力最强；而在相同功率下，平叶式粉碎气泡能力最大。为了防止无菌空气气泡沿着轴部的叶片空隙上升而降低溶氧系数，在涡轮式搅拌器的中央常带有圆盘。工业生产中常使用两组以上的搅拌器叶片，其材料使用不锈钢，且选择叶片类型必须通过试验确定。

1. 搅拌器的类型

（1）平桨式搅拌器（图 6-4A）　平桨式搅拌器的桨叶平直，借助轴套固定在轴上，产生径向液流，不产生轴向液流。若桨叶的倾角达到 45°～60°，可形成径向液流和轴向液流。其适用于固形物的缓慢溶解和保持均匀的悬浮状态。

（2）螺旋桨式搅拌器（图 6-4B）　螺旋桨式搅拌器的桨叶由 2 或 3 片沿叶片全长逐渐倾斜的螺旋桨叶构成。由于桨叶倾斜角度的改变，产生轴向液流，液体上下翻腾，混合效果较好，但对液体的剪切力较小，对气泡的分散效果不好。其适用于黏性低的液体和悬浮液的混合。

（3）六平叶涡轮式搅拌器（图 6-4C）和六弯叶涡轮式搅拌器（图 6-4D）　六平叶或六弯叶涡轮式搅拌器是在一个水平圆盘上装置 6 片直平或弯曲的桨叶。其主要产生径向液流，若罐的四壁安装挡板，可产生轴向液流。通入罐底的空气受圆盘的阻挡，保证了气泡更好地分散，提高了搅拌效率。它们适用于各种牛顿和非牛顿流体及黏度大的流体的混合。六平叶涡轮式搅拌器和六弯叶涡轮式搅拌器相比，前者的输出功率大于后者，而后者形成的径向液流强于前者，后者的混合效果也优于前者。因此，流体的混合效果要求较高时，可选用后者。

（4）六箭叶涡轮式搅拌器（图 6-4E）　六箭叶涡轮式搅拌器是在一个水平圆盘上装置 6 片两面弯曲的桨叶。其搅拌流型与六平叶或六弯叶涡轮式搅拌器相似，但产生的轴向液流较六平叶或六弯叶涡轮式搅拌器剧烈，输出功率和剪切力均低于六平叶或六弯叶涡轮式搅拌器。

目前，机械搅拌通风密闭发酵罐均采用六弯叶或六箭叶涡轮式搅拌器，这两种搅拌器均为高效率搅拌器，适用于高度湍流的搅拌，便于发酵醪液混合均匀。而选择桨叶的类型必须通过试验确定。例如，柠檬酸发酵多采用六箭叶涡轮式搅拌器，而谷氨酸发酵和酶制剂发酵多采用六弯叶涡轮式搅拌器。

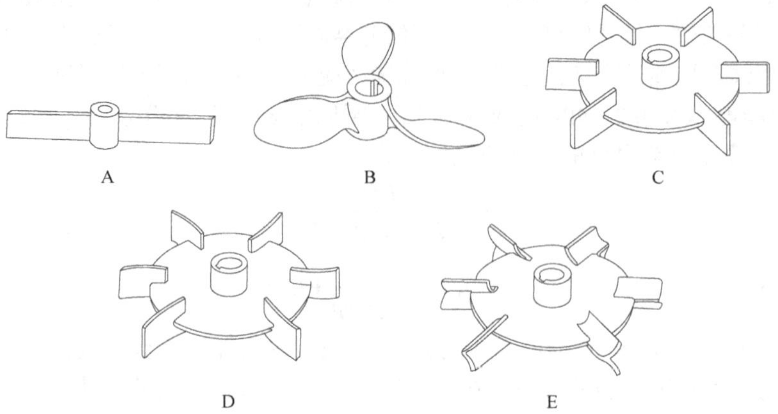

图 6-4　搅拌器的类型（袁庆辉和刘雁然，1985）

A. 平桨式搅拌器；B. 螺旋桨式搅拌器；C. 六平叶涡轮式搅拌器；D. 六弯叶涡轮式搅拌器；E. 六箭叶涡轮式搅拌器

2. 搅拌器轴功率的计算　轴功率是指搅拌器输入搅拌液体的功率，是指搅拌器以既定的速度运转时，用以克服介质的阻力所需的功率。它包括机械传动的摩擦所消耗的功率，因此它不是电动机的轴功率或耗用功率。

（1）*搅拌功率计算的基本方程式*　在不通气条件下，搅拌轴功率的计算公式如下：

$$P_0 = N_P D_i^5 N^3 \rho \tag{6-3}$$

式中，P_0 为不通气功率，kW；N_P 为功率准数（六平叶、六弯叶、六箭叶涡轮式搅拌器的 N_P 分别取 6、4.7、3.7）；D_i 为搅拌器直径，m；N 为搅拌转速，r/min；ρ 为液体密度，kg/m^3。

在通气条件下，非牛顿流体搅拌功率的计算常用 Michel-Miller 公式表示如下：

$$P_g = Q_1\left(\frac{P_0^2 N D_i^3}{Q^{0.56}}\right)Q_2 \tag{6-4}$$

式中，Q_1、Q_2 为与流体黏度有关的系数；P_g 为通气功率，kW；P_0 为不通气功率，kW；N 为搅拌转速，r/min；D_i 为搅拌器直径，m；Q 为通气量，L/min。

（2）*发酵罐搅拌功率的确定*　应按不通气时所需搅拌功率来确定，这是因为灭菌及发酵前期不进行通气或通气量很少，若按照正常情况下的功率消耗配备搅拌器的旋动电机，势必使电机长期处在超负载情况下，甚至根本无法启动电机或使电机损坏。在搅拌器刚启动时，往往需要比运动功率大得多的启动功率，但因发酵罐所选用的电机一般属于三相电动机，此种电动机允许在短时间内有较大的超负荷，加上合理采用启动装置，故不必考虑启动时的功率消耗。

考虑到电动机系列中的额定功率的规格相隔很大，如 40kW 再大一些的规格就是 55kW、75kW、100kW，因此在实际选用电动机时可考虑采用介于通气与不通气之间的功率。过去发酵罐所配备电动机的功率为 1～1.5kW/m^3 培养液，而目前发酵罐所配备电动机容量，特别是如青霉素等由霉菌发酵的发酵罐，其电动机容量可达 3～4kW/m^3 培养液，同时将通气量压缩在较低水平上，即采用高功率消耗、低通气量的方法来加强搅拌过程中的剪应力和翻动量。

用水解糖液、糖蜜等原料作为培养液的细菌醪、酵母醪均属于非牛顿型流体；直接用淀粉、豆饼粉原料的低浓度细菌醪或酵母醪接近于牛顿型流体；至于霉菌醪、放线菌醪，不管用什么原料作为培养液，均属于非牛顿型流体。提高氧的传递速度和液固的混合程度对高黏度的发酵液来说是十分必要的。同时可避免高通气量引起的搅拌功率下降过多、泡沫严重、装料量少、液体蒸发量大等缺点。适当选用较大容量的电动机，可在设备改装和工艺条件改变时具有一定的灵活性。当然也要避免盲目采用大功率电机而导致的电机运转时功率因数过低。

（三）挡板

罐内安装挡板的作用是：阻止因液体的水平流动而在液面中心产生的旋涡，促使液体上下翻腾，增加氧的溶解率，提高搅拌效率。罐内一般装有4～6块挡板，挡板一般为长方形，宽度为罐直径（D）的1/12～1/8，垂直向下，接近罐底，上部与液面相平。为了避免挡板与罐壁之间形成死角，挡板与罐壁保持的距离为罐直径的1/8～1/5，用支架固定在罐壁上。发酵罐热交换用的竖立的列管、排管或蛇管也可起相应的挡板作用。

（四）热交换器

热交换器用于发酵培养基的加热、消毒、灭菌、冷却，并且能够调节发酵过程中的温度。

1. 热交换器的类型

（1）夹套式热交换器　夹套式热交换器主要用于小型发酵罐或种子罐，夹套高度稍高于静止液面。其优点是结构简单，容易加工，罐内无冷却设备，罐内死角少，便于消毒和灭菌；缺点是传热壁厚，冷却水流速低，降温效果差，传热系数较小，一般为4.186×（150～250）kJ/（m^2·h·℃）。

（2）立式蛇管热交换器　立式蛇管热交换器（数字资源6-2）主要用于大中型发酵罐。一般分为4～8组安装在罐内托架上，上端不超过液面，下端距罐底100mm左右，每组蛇管4～5圈，每圈蛇管两直立管的中心距离为240～300mm，相邻两圈管的中心距离为管径的1.8～2.1倍，每圈蛇管距管壁100mm。其优点是管壁薄，冷却水流速大，传热系数高达4.186×（800～1000）kJ/（m^2·h·℃）；缺点是所需冷却水温度较低，管的弯曲部分也容易被腐蚀而穿透，从而导致培养液中金属离子浓度增加，引起污染。

数字资源6-2

（3）立式排管热交换器　立式排管热交换器是以排管形式分组对称安装在管内。其优点是加工方便，适用于气温较高、水源充足的地区，管内冷却水流速快，降温也快；缺点是传热系数比蛇管热交换器低，用水量大。

（4）水平螺旋环管换热装置　水平螺旋环管换热装置（数字资源6-3）是以多组同心圆环构成的换热管盘旋结构安装于发酵罐内，内通冷却水。其优点是：在体积一定的发酵罐内安装水平螺旋管可得到更大的换热面积，传热系数更高；可在设备灭菌时排净管内冷媒，提高灭菌效率，节约蒸汽；环管可上下分组布置，据罐内物料体积灵活使用。其缺点是：增加一定的设备投资成本。

数字资源6-3

2. 发酵过程的热量计算　机械搅拌通风密闭发酵罐除了产生生物合成热，还有机械搅拌热。在发酵过程中，为了维持工艺所要求的最佳温度，就必须从系统中将产生的热去掉。发酵过程中所释放热量的多少与产品、原料、工艺有关，一般按热量生成的高峰时期和一年中气温最高的半个月为基准进行热量衡算，以及设计所需要的换热面积。

热量的计算方法主要有以下几种。

（1）生物合成热计算法　发酵过程中产生的净热量称为“发酵热”，通气发酵过程中的总热量（Q_t）计算公式如下：

$$Q_t = Q_1 + Q_2 - Q_3 - Q_4 \tag{6-5}$$

式中，Q_1为生物合成热，kJ/h，包括生物细胞呼吸放热和发酵热两部分，以葡萄糖为基质时，细胞呼吸放热量为15 659kJ/kg糖，合成发酵产物放热量近似为4857kJ/kg糖；Q_2为机械搅拌热，kJ/h，$Q_2 = 3600P_g\eta$（η 为功热转化率，经验值 $\eta = 0.92$；P_g 为通气条件下的搅拌功率，kW）；Q_3 为汽化热，kJ/h，$Q_3 = G(I_{出} - I_{进})\rho$（通常可近似计算 $Q_3 \approx 20\%Q_1$；G 为通入发酵罐中空气的流速，m³/h；$I_{进}$、$I_{出}$ 分别为进口和出口空气的热焓，kJ/kg 干空气；ρ 为空气密度，kg/m³）；Q_4 为辐射热，可忽略不计。

（2）*冷却水带出热量计算法*　选择主发酵期产生热量最大时刻，测定发酵冷却水进出口的温度及冷却水用量，则发酵过程中放出的最大热量（Q_t）为

$$Q_t = \frac{4.186Wc(T_2 - T_1)}{V} \tag{6-6}$$

式中，W 为冷却水流量，kg/h；c 为冷却水的比热容，kJ/（kg・℃）；T_1 为冷却水进口温度，℃；T_2 为冷取水出口温度，℃；V 为发酵罐内发酵液总体积，m³。

（3）*发酵液温度升高计算法*　在主发酵最旺盛期，即发酵放热最高时期，先使罐温恒定，关闭冷却水，测定发酵液在 30min 液温的上升值，则发酵过程中放出的最大热量（Q_t）为

$$Q_t = \frac{4.186(m_1c_1 + m_2c_2)\cdot\Delta T}{V} \tag{6-7}$$

式中，m_1、m_2 分别为发酵液和发酵罐质量，kg；c_1、c_2 分别为发酵液和罐体材料的比热容，kJ/（kg・℃）；ΔT 为 1h 内发酵液的温度升高的度数，℃；V 为发酵罐内发酵液总体积，m³。

除以上三种方法外，还可利用燃烧热进行计算。但所有方法的计算结果为近似值，选取实际生产过程中测定的数据比较准确可靠。

3. 热交换器换热面积的计算

（1）*对数平均温度差的计算*　假设主发酵时醪液温度为 T（℃），冷却水进、出口温度分别为 T_1（℃）、T_2（℃），则对数平均温度差（Δt_m）为

$$\Delta t_m = \frac{(T - T_1) - (T - T_2)}{\ln\dfrac{T - T_1}{T - T_2}} \tag{6-8}$$

（2）*换热面积的计算*　换热面积的计算公式为

$$F = \frac{Q_t}{K\cdot\Delta t_m} \tag{6-9}$$

式中，F 为换热面积，m²；K 为热交换器的传热系数，kJ/（m²・h・℃）。

根据经验，夹套的 K 值为 627.9～1046.5kJ/（m²・h・℃）；蛇管的 K 值为 1255.8～1883.7kJ/（m²・h・℃）。如果管壁较薄，对冷却水进行强制循环时，K 值为 3348.8～4186kJ/（m²・h・℃）。气温高的地区，冷却水温高，传热效果差，冷却面积较大，1m³ 发酵液的冷却面积超过 2m²；但在气温较低的地区，采用地下水冷却，冷却面积较小，1m³ 发酵液的冷却面积约为 1m²。另外，发酵产品不同，冷却面积会略有差别。

（五）空气分布器

空气分布器又叫通风管，是将无菌空气引入到发酵液中的装置。小型发酵罐常采用多孔环状管（图 6-5）或多孔十字形管，大型发酵罐采用单孔管。单孔管结构简单，多孔环状管结构较为复杂。多孔环状管或多孔十字形管安装在搅拌器圆盘之下，其直径为搅拌器直径的 0.8 倍左右，通风管上开有许多向下的小孔，小孔直径为 5～8mm，小孔总面积约等于通风管截面积。单孔管安装在搅拌器下面，正对圆盘中心，管口向下，与罐底距离约 40mm，通风时，空气沿管口四周上升，被搅拌器桨叶打碎成小气泡而与醪液充分混合，增加了气液传质效果。一

般通风管入口空气压强为0.1～0.2MPa，空气流速为20m/s。在罐底中央衬上不锈钢圆板，防止空气喷击，延长罐底寿命。强烈机械搅拌时，多孔分布器对氧的传递效果并不比单孔管好，会造成不必要的压力损失，且易使物料堵塞小孔。

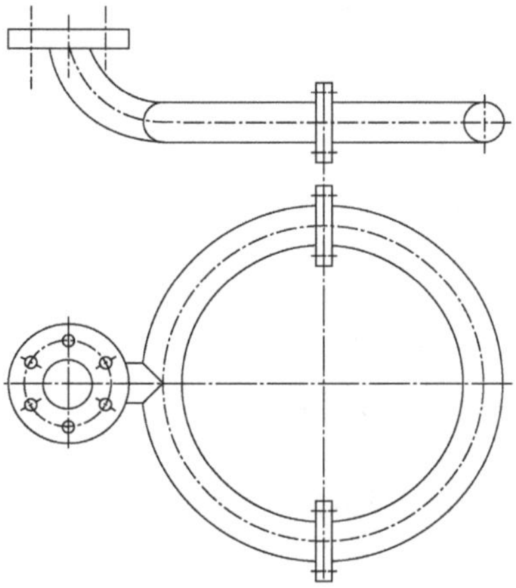

图6-5　环形空气分布管（王平诸等，2005）

（六）消泡装置（消泡器）

某些发酵生产（如谷氨酸、蛋白酶、淀粉酶等）在发酵过程中会产生大量的蛋白质，在强烈的通气搅拌下会产生大量的泡沫，如泡沫溢出会使发酵液损失且增加杂菌污染机会。除添加消泡剂外，在罐内液面之上安装消泡装置（消泡器）同样能起到很好的消泡效果。消泡器常用类型有耙式消泡器、旋转圆盘式消泡器、液体吹入式消泡器、吸引式消泡器、冲击反射板式消泡器、超声波消泡器和碟片式消泡器等。

1. 耙式消泡器（图6-6）　安装在内搅拌轴上，齿面略高于液面。产生少量泡沫时，耙齿随时将泡沫打碎；产生大量泡沫并且超过耙桨，就会失去消泡作用，此时仍需要添加消泡剂。所以，这种消泡器只是一种简单的消泡装置。桨的直径为罐直径的0.8～0.9倍，以不妨碍旋转为原则。

2. 旋转圆盘式消泡器（图6-7）　设置在发酵罐内的气相部分与液相部分之间。圆盘旋转时，将罐内发酵液注入圆盘中央，通过离心力将发酵液破碎成微小泡沫的微粒并散落向罐底，从而达到消泡的目的。提高圆盘旋转及发酵液的供给率，可提高消泡效果。

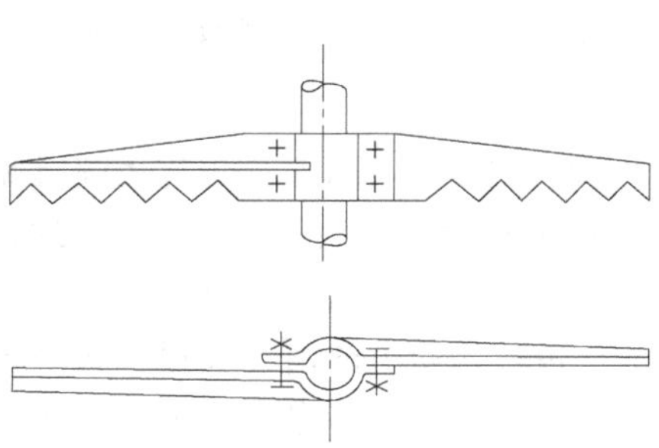

图6-6　耙式消泡器（姚汝华，2013）

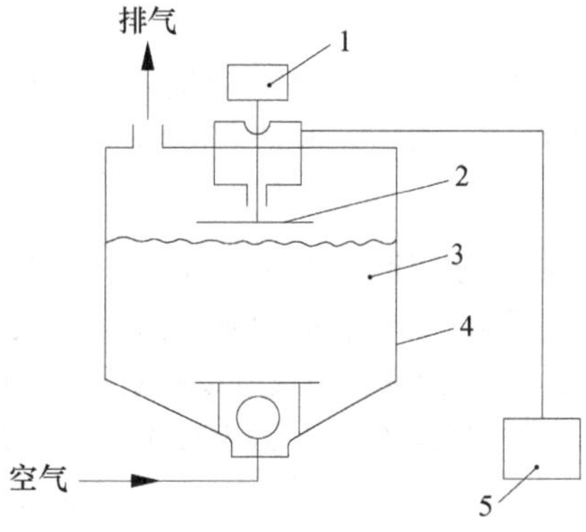

图6-7　旋转圆盘式消泡器（姚汝华，2013）

1. 马达；2. 旋转圆盘；3. 槽内液；4. 发酵罐；5. 供液泵

3. 液体吹入式消泡器（图 6-8） 这是一种将空气与培养液以切线方向吹入发酵罐中的消泡方法。气体或液体吹入管中是以切线方向与罐内侧相连的。

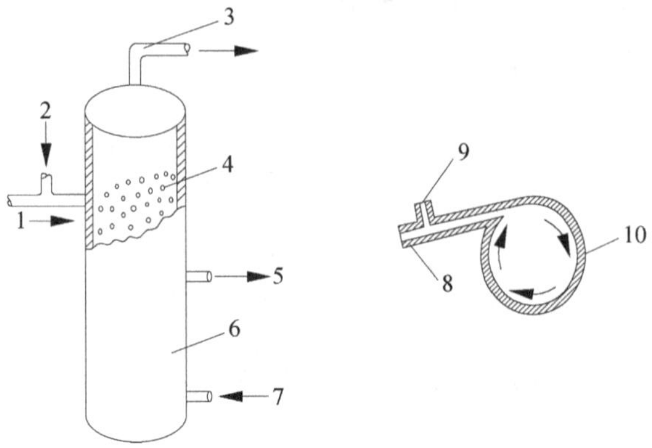

图 6-8 液体吹入式消泡器（姚汝华，2013）

1，8. 供液管；2，9. 供气管；3. 排气管；4. 泡沫；5. 排液管；6，10. 发酵罐；7. 空气吸入管

4. 吸引式消泡器（图 6-9） 将发酵罐内形成的气泡群通过吸入管吸引到气体吹入管，再利用气体吹入管吸入无菌气体的流速进行消泡。在靠近吸入口附近的气体吸入管内形成增速用的喷头，吸入管用来连接液面上部与增速喷头的负压部位。

5. 冲击反射板式消泡器（图 6-10） 这是一种将气体吹入液面上部，然后通过液面上部设置的冲击板反射，吹到液面上，将液面上产生的泡沫击碎的方法。冲击板为圆锥状，与罐内之间的间隙很小。

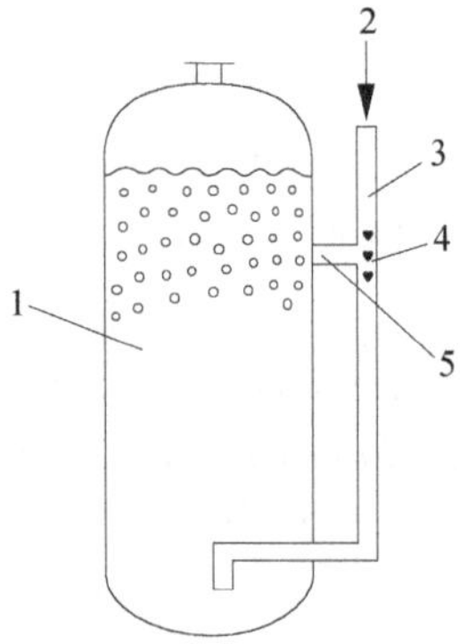

图 6-9 吸引式消泡器（姚汝华，2013）

1. 发酵罐；2. 无菌空气；3. 空气吹入管；4. 增速喷头；5. 吸入管

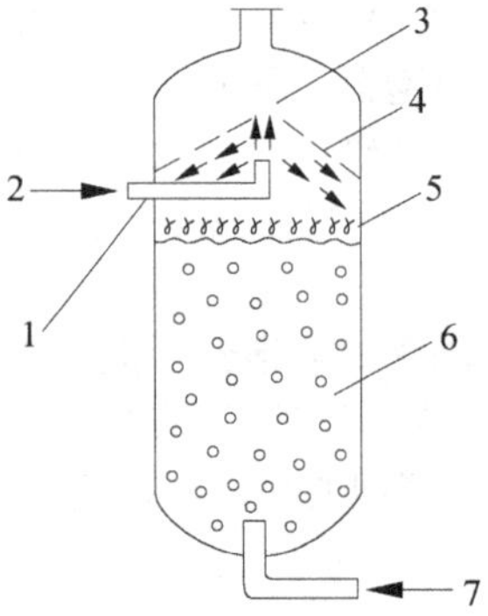

图 6-10 冲击反射板式消泡器（姚汝华，2013）

1. 喷嘴；2. 气体；3. 小孔；4. 冲击板；5. 气泡；6. 发酵罐；7. 空气

6. 超声波消泡器（图 6-11） 将空气在 1.5～3.0MPa 下以 1～2L/s 的速度由喷嘴喷入共振室而达到消泡的目的。喷嘴与共振室之间的间隙可以根据振动次数的需要而调整。这种消泡法只适用于实验室小型发酵罐的消泡，当发酵罐直径大于 0.3m 时，消泡效率明显降低。

7. 碟片式消泡器（图 6-12） 碟片式消泡器是一种较为新型的消泡装置。它是将圆锥形碟片像碟片离心机一样叠合在一起，装在空心轴上。碟片上具有径向筋条，两碟片之间的空隙为空气通道，与空心轴相连。传动皮带轮位于两滚动轴承之间，空心轴两端装有端面轴封，以防泄漏。将消泡器装在发酵罐顶部，碟片位于罐顶的空间内，用固定法兰与排气口相连接，当其高速旋转时，进入碟片间空气中的气泡被打碎，同时将液滴甩出，返回发酵液中。被分离后的气体由空心轴排气口排出。与上述各种消泡器比较，这种消泡器的消泡效果较好。其缺点是结构复杂，加工麻烦，功率消耗大。

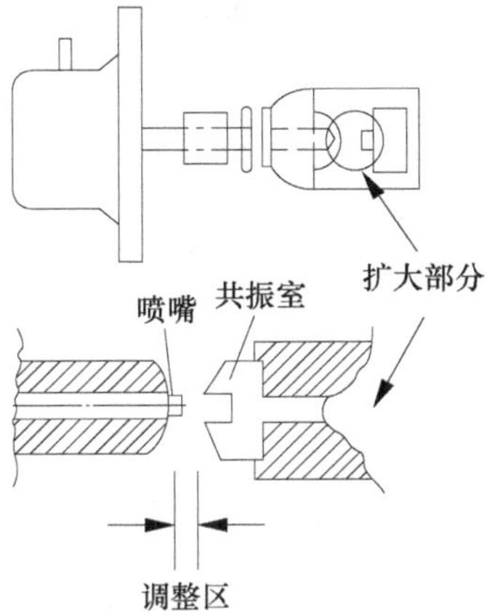

图 6-11　超声波消泡器（姚汝华，2013）

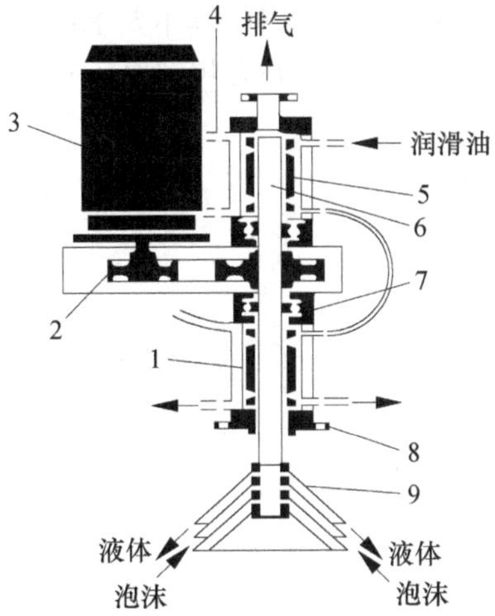

图 6-12　碟片式消泡器（姚汝华，2013）

1. 夹套；2. 传动皮带轮；3. 马达；4. 冷却水；5. 轴封；6. 空心轴；7. 滚动轴承；8. 固定法兰；9. 碟片

（七）联轴器及轴承

在搅拌轴较长时，常分为两段或三段，用联轴器使上下搅拌轴成牢固的刚性连接。联轴器分为鼓型和夹壳型两种。小型的发酵罐可采用法兰将搅拌轴连接，轴的连接应垂直，中心线对正，以免与轴相连的轴封不均匀而发生泄漏。为了使搅拌轴安装垂直，发酵罐体的安装首先要垂直。

为了减少振动，中型发酵罐一般在罐内装有底轴承，而大型发酵罐不仅装有底轴承，还要装有中间轴承。底轴承和中间轴承的水平位置应能适当调节。罐内轴承不能添加润滑油，应采用液体润滑的塑料轴瓦（如石棉酚醛塑料或聚四氟乙烯等），轴瓦与轴之间的间隙一般为轴径的 0.4%～0.7%。

大型发酵罐往往将搅拌轴从罐底伸出，称为下伸式搅拌轴。而小型发酵罐的搅拌轴常常安装在罐顶，称为上悬式搅拌轴。下伸式搅拌轴能缩短轴的长度，减少转动噪声，振动小，罐顶负重小，重心低，可以减少罐壁厚度，但密封要求高，以防渗漏。

（八）变速装置

实验室的发酵罐常采用无级变速装置。中试和工业发酵罐常用三角皮带传动、圆柱或圆锥齿轮减速装置两种类型，其中以三角皮带传动减速装置较为简单常用，而且噪声小。搅拌器动力电机常用六级电机（转速 1000r/min）、八级电机（转速 750r/min）、十级电机（转速 500r/min）。皮带传动减速装置的主从动轮直径比要小于 7，以增加主动轮吃带面积；另外，加大主从动轮间距，也可加大主动轮吃带面积，以减少皮带打滑、起热和烧带。

（九）轴封

搅拌轴的密封称为动密封。因为在发酵罐的密封除静密封外，还要考虑搅拌轴与罐盖之间的密封。由于搅拌轴是转动的和运动的，而顶盖是固定静止的，对这种运动与静止之间的密封称为动密封。对动密封的基本要求：①密封要可靠；②结构要简单；③使用寿命要长。发酵罐中使用最普遍的动密封有填料函轴封（填料函密封圈）（图 6-13）和端面轴封（机械轴封）（图 6-14）两种密封装置。

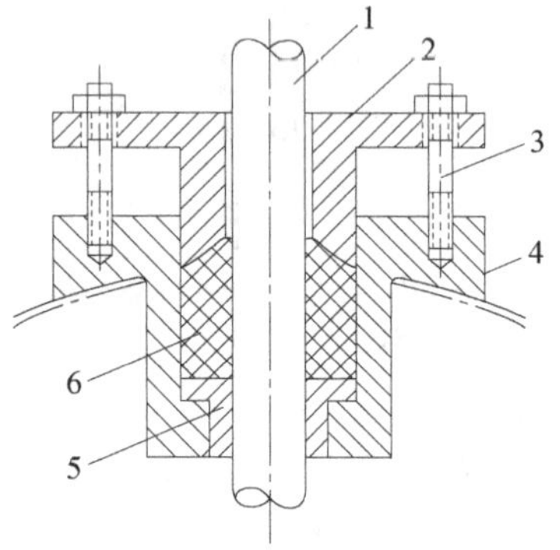

图 6-13 填料函轴封（朱明军和梁世中，2020）

1. 转轴；2. 填料压盖；3. 压紧螺栓；4. 填料箱体；5. 铜环；6. 填料

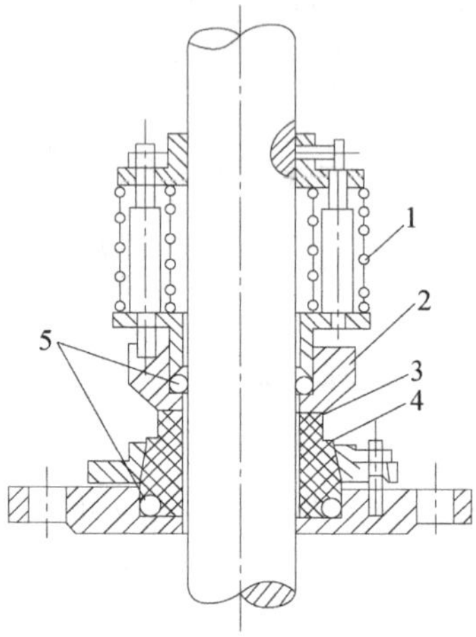

图 6-14 单端面轴封（朱明军和梁世中，2020）

1. 弹簧；2. 动环；3. 堆焊硬质合金；4. 静环；5. O 形密封圈

1. 填料函轴封 填料箱体固定在发酵罐顶盖的开口法兰上，将转轴通过填料函，然后放置有弹性的密封填料，再放上填料压盖，拧紧压紧螺栓，填料受压后，产生的弹性变形堵塞了填料和轴之间的间隙，转轴周围产生一定的径向压紧力，从而起到密封介质压力的作用。

填料室的宽度（S）：

$$S = (1.4 \sim 2.0) \cdot \sqrt{d}$$

式中，d 为转轴直径，mm。

填料室的高度（H）：

$$H = (4 \sim 6) \cdot S$$

填料函轴封的优点是：结构简单、填料拆装方便。其主要缺点是：死角多，很难灭菌彻底，容易渗漏和染菌；轴的磨损情况严重；填料压紧后摩擦功率消耗大；寿命较短，需要经常更换填料；维修工时较多。因此，目前已不大采用填料函轴封，而多采用端面轴封。

2. 端面轴封 端面轴封又称机械轴封，由静环、动环、弹簧、辅助密封圈等元件构成。它是靠弹簧和液体的压力，在做相对运动的动环和静环的接触面（端面）产生适当的压紧力，使这两个光洁平直的端面紧密贴合，端面间维持一层极薄的液体膜而达到密封的目的。在动环和静环之间及动环与轴之间还有辅助密封圈，防止流体从缝隙中露出。

端面轴封的优点是：①泄漏量极少，约为填料函密封的 1%，动、静环密封圈与转轴或压盖是相对静止而几乎不受磨损，端面材料是由具有高度平直、滑动性、耐磨性好的适当材料构成的，即使是无润滑性流体进行润滑，密封端面的泄漏量也是极少的。②使用工作寿命长，机械密封的磨损部分只限于密封端面，当选用适当的耐磨材料时，它的磨损量极小，一般条件下可工作半年至一年，质量好的端面密封寿命可达 2～5 年甚至以上。③不需要调整，动环由于密封流体压力和弹簧力等推向静环方向，密封面自动保持紧密接触，因此不需要调整。④摩擦功率损耗小，由于密封端面的面积小，摩擦系数小，故摩擦阻力小，功率消耗少。其损耗功率仅为填料函密封的 10%～15%。⑤轴与轴套不受磨损。⑥结构紧凑，安装长度较短。由于不需要调整使用的间隙，因而结构紧凑。其缺点是：结构复杂，密封加工精度要求高，安装技术要求高，拆装不便，初次安装成本高等。

制造摩擦环的材料，动环一般采用硬质合金（也可用青铜或不锈钢），如碳化钨钢或高硅铸铁；静环需采用软质耐磨材料制作，如不透性石墨或聚四氟乙烯。动环及静环与轴封所用的辅助密封圈一般为 O 形密封圈。

动环和静环两接触面密封需要一定的压力，完全由弹簧来保证这种压力的叫作不平衡型；利用罐内压力来抵消本身的压力而仅由弹簧产生密封压力的叫作平衡型。由于发酵罐的操作压力一般≤0.25MPa，而平衡型断面轴封使用的压力比不平衡型大，所以一般采用不平衡型。

端面轴封有单端面轴封（图 6-14）和双端面轴封（图 6-15）之分。单端面轴封是在密封机构中仅有一对摩擦环；双端面轴封是在密封机构中有两对摩擦环。中小型发酵罐的搅拌轴安装在罐顶，一般采用单端面轴封即可；而大型发酵罐的搅拌轴安装在罐底，密封要求高，应使用双端面轴封安装在罐底。双端面轴封由冷却（或杀菌）夹套、密封油框、动环、静环、O 形密封圈、弹簧和弹簧座等元件构成。

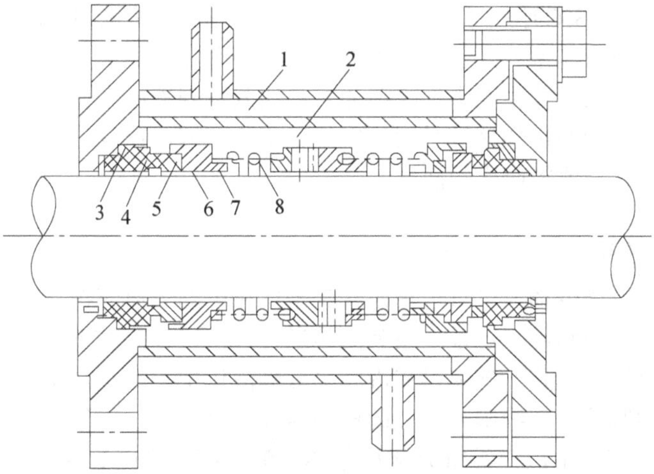

图 6-15　双端面轴封（朱明军和梁世中，2020）

1. 冷却（或杀菌）夹套；2. 密封油框；3. O 形密封圈；4. 静环；5. 动环；6. O 形密封圈；7. 动环座；8. 弹簧座

由于轴封动环和静环之间摩擦会产生大量的热量，不论是单端面轴封还是双端面轴封，其外部都要设置夹套进行冷却。

三、改良的机械搅拌通风密闭发酵罐

1. 瓦尔德霍夫发酵罐　瓦尔德霍夫发酵罐装有一种独特的消泡装置，内部装有旋转轴、通风器、导流筒和溢流管等。其工作原理为无菌空气由空心轴进入通风轮的空心管，当旋转轴由马达驱动旋转时，使空气呈放射状喷出，迫使液体由导流筒外侧上升，再进入导流筒而下降，形成反复的循环翻动。营养液、糖液等从上部加入罐内，细胞培养液以泡沫形式从上部溢流管排出。其主要优点是：①由于空气在培养液中分散均匀，与菌体接触时间较长，氧的传递与吸收良好，因而可提高菌体产率；②由于自动机械消泡，不需加消泡剂。其缺点是结构较复杂，清洗较困难。瓦尔德霍夫发酵罐适用于以废糖蜜、木材水解液和亚硫酸废液等为原料的酵母或其他单细胞蛋白的生产。

2. 一种带有上下两个分离搅拌器的发酵罐 近些年来，国外已开始将轴向流型搅拌器应用到发酵罐上。径向型涡轮搅拌器由于圆盘的存在，罐内的流动分成上、下两个循环区。虽然区域内能充分混合，但两个区域间则混合不匀，相反轴向流型搅拌器则不存在分区循环等一系列欠缺，能使全罐达到良好的循环状态，改良后的通风搅拌发酵罐，上搅拌采用螺旋桨，用以加强轴向流动；下搅拌采用涡轮桨分散气体，可以提高氧传递效率。这种设计方法充分发挥了这两种搅拌桨的各自特长。

3. 完全填充反应器 它是一种比通气搅拌罐能更有效地提高氧传递效率的发酵罐。其气液混合时间短，即使对十分黏稠的液体也有同样的效果；还消除了罐顶的空间，空气在罐内的滞留时间比通气搅拌罐长。

四、通气发酵罐中溶氧速率与通气搅拌的关系

通气发酵罐的通风是供给好氧发酵微生物呼吸和代谢活动所需的氧。微生物只能利用溶氧。供氧与耗氧不断地进行。若能设法提高溶氧速率和氧的利用率，则能提高发酵生产率。氧是难溶于水的气体，在23℃时，每升水中只能溶解5.44mL，而氧的溶解所能达到的限度，取决于气液平衡关系和传质速率。为了加速氧的溶解，必须尽可能加大气液两相间的接触面和流体动力学条件。因此，在工业生产中把除菌的空气通入培养液中，使之分散成细小的气泡，尽可能增大气液两相的接触面积和接触时间，以促进氧的溶解。在设计通气发酵罐时如何提高溶氧速率和氧的利用率，是值得研究的问题。

（一）氧的传递途径

在好氧发酵中，对微生物的供氧过程，首先是气相中的氧溶解在培养液中，然后传递到细胞内的呼吸酶位置上面被利用。这是一系列的传递过程，可分为供氧和好氧两个方面。供氧是指空气中的氧从空气通过气膜、气膜界和液膜扩散到液体中。好氧是指氧分子自液体主流通过液膜、菌体丝、细胞膜扩散到细胞内。氧的传递途径可分三步：①气泡中的氧分子经过气膜、气液界面、液膜进入液体主流；②氧分子从液体主流向细胞周围界面的液膜扩散到液体-细胞界面；③氧分子从液体-细胞界面向细胞内部扩散。

（二）氧气溶解过程的双膜理论

氧气溶解过程的双膜理论：①在气泡与包围着气泡的液体之间存在着界面，在界面的气流一侧存在一层气膜，在界面的液体一侧存在着一层液膜。气膜内的气体分子和液膜中的液体分子都处于层流状态，分子间无对流运动，因此氧分子只能以扩散方式，即浓度差而透过双膜。②在双膜之间的界面上，氧气的分压强与溶于液体中氧的浓度存在平衡关系。③传质过程处于稳定状态，传质途径上各点的氧的浓度不随时间而变。

第二节 通风固相发酵设备

通风固相发酵最早起源于我国，具有几千年的历史，被广泛应用于酿酒和酱油生产、腌菜、烟草发酵、茶叶发酵、青贮、堆肥等。与通风液态发酵相比，通风固相发酵具有设备简单、投资少等优点，但也存在许多不足之处。特别是传统自然通风固体发酵通常被认为是发酵工业中古老而又落后工艺的代名词，随着科学发展观的影响，推动经济持续健康发展成为人们的共识。推动经济持续健康发展，必须坚持以科学发展为主题，以加快转变经济发展方式为主线。实施创新驱动发展战略，是转变经济发展方式的重大战略决策，国内外逐步重视对固态发酵的研究开发，已取得了很大进展。党的十六大以来的实践昭示我们，科学发展观不仅是指导经济建设的理论，也是指导各方面建设的理论，因此通风固相发酵设备的创新和改革必须与国家的战略政策相结合。

通风固态发酵不同于液态发酵，反应基质以固态形式存在，反应体系内的传递过程极其复杂，包括气-固、气-液、液-固等形式，气相是其最主要的流动介质，因此通风固相发酵设备与液体发酵设备有着显著的区别。限制通风固态发酵技术用于现代生物反应工程的一个重要因素就是缺少适用的通风固相发酵设备。国内在这方面主要还是传统的开放式较多，部分厂家研制的固态发酵反应器虽性能有所提高，易实现机械化操作和部分参数自动控制，但反应器体积小，不适合于现代酿造技术向规模化、高效及实现产品高质量的发展要求，而且设备投资大，使生产成本相对较高，对工艺参数未进行最优化设计。

通风固体发酵设备有浅层发酵设备和深层发酵设备之分。传统的通风固体浅层发酵设施与设备也可称固体自然通风浅层发酵设施与设备，是传统发酵工业中制备种曲的设施与设备；现代通风固体浅层发酵设备是密闭箱式浅盘发酵设备。传统的通风固体深层发酵设备是传统发酵工业中制备生产用曲的设施与设备；现代通风固体深层发酵设备有固定床反应器、流化床生物反应器、转鼓式生物反应器、挂盘式生物反应器和搅拌生物反应器等。

一、通风固体浅层发酵设备

（一）传统式通风固体浅层发酵设施与设备

传统式通风固体浅层发酵设施与设备也可称固体自然通风浅层发酵设施与设备，是传统发酵工业中制备种曲的设施与设备，包括种曲室、曲盘或竹匾及种曲培养工具等设施与设备。采用这种传统式自然通风固体浅层发酵设备进行生产，劳动强度高，易污染杂菌，发酵过程不易控制，占用面积大。

1. 种曲室 培养曲盘或竹匾固体种曲的场所称为种曲室，要求保温、保湿、防潮、密闭性好，而且便于清洗灭菌。一般开有门、窗、天窗各一个及排风扇，以利通风降温。墙壁是夹墙，中间填充保温材料或者利用厚建筑。房顶为圆弧形，向两边倾斜，防止冷凝水下滴而影响种曲质量。水泥地面，四周有排水沟和暖气片，用于保温。曲室的大小视制曲量而定，最好一批种曲设置一个种曲室，一般为长 4m、宽 3.5m、高 3m。曲室内安放曲架，曲架为木质或铁制，其大小根据竹匾和曲盘的大小而定，一般高约 2m，能放置 6～8 层竹匾或曲盘，每层高 0.15～0.25m，最底层距地面 0.5m。

种曲室每次使用前要冲洗，曲盘或竹匾用后洗净晒干，放入种曲室，同时将其他种曲工具全部投入种曲室内，密封门窗，采用硫黄（$25g/m^3$）或甲醛（$10mL/m^3$）进行熏蒸24h后，可达到杀菌目的。草帘或纱布须用水洗净后，采用高压蒸汽灭菌（121℃，20～30min）。接种拌料前，将手用肥皂洗净，再用75%乙醇消毒。

2. 曲盘或竹匾及种曲培养工具 种曲培养是利用固体表面自然通风培养法，要求空气与固体培养基密切接触，以供霉菌繁殖和散热。所用设备为曲盘（木盘或铝盘）或竹匾，木盘大小为0.45m×0.40m×0.05m，铝盘大小为0.85m×0.50m×0.04m，两端各有三个直径为3mm的泄水小孔，竹匾的直径为0.90m左右。种曲培养工具还包括蒸料锅、接种拌料台、振荡筛、木铲、草帘和纱布等。

（二）现代通风固体浅层发酵设备

现代通风固体浅层发酵设备是密闭箱式浅盘发酵设备（图6-16），已应用于生产，可较大规模生产如酶制剂、酒曲、酱油、食用菌、饲料添加剂等，其优点是料层薄，发酵过程通入调温调湿的空气，温湿度易控制，不易污染杂菌；其缺点是占用面积大。

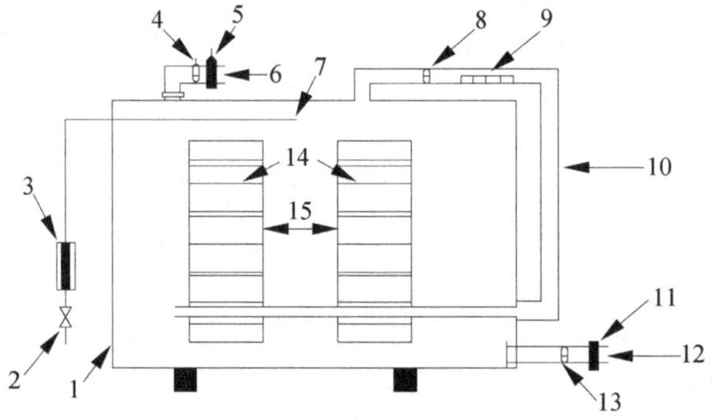

图6-16 密闭箱式浅盘发酵设备简图（廖春燕和郑裕国，2005）

1. 反应室；2. 水压阀；3. 紫外光管；4，8，13. 空气吹风机；5，11. 空气过滤器；6. 空气出口；7. 湿度调节器；9. 加热器；10. 外循环管；12. 空气入口；14. 盘子；15. 盘子支持架

二、通风固体深层发酵设备

（一）传统式通风固体深层发酵设施与设备

传统式通风固体深层发酵设备是传统发酵工业中制备生产用曲的设施与设备，包括制曲室、机械搅拌通风制曲池等设施与设备。

1. 制曲室 制曲室的要求：①室内地面应平坦光滑、有适当坡度，以利排水、清洗；并要求用无毒、无吸水性、不透水的材料建造，如用混凝土地面应磨平或涂以耐磨树脂。②墙壁表面应光滑、不透水、耐腐蚀、利于清洗。③制曲室中与物料直接接触的部位应无毒、耐腐蚀、利于清洗。④曲箱中与物料直接接触的部位应由不锈钢制造，支架应采用不锈钢材料或经防腐处理，以便于清洗及避免杂菌滋生。

2. 机械搅拌通风制曲池 机械搅拌通风制曲池（图6-17）设在制曲室内，由池体、通风装置（空调室或风机）、搅拌装置（翻曲机）三部分构成。池体一般用砖砌成，上抹水泥，呈长方形，上方敞开，长8～10m，宽2m，高1m。池壁距池底0.2m处还有0.1m的宽边，上铺筛板，下置假底，假底为通风道，底部向上倾斜，倾斜度为8°～10°，以便通风均匀。池体两侧壁上设有齿轮导轨，供翻曲机移动，翻曲机依靠螺旋式叶片深入曲料中转动，并可前后左右移动，避免曲料结块，消除曲料中的裂缝，使曲料均匀疏松，利于通风。池体一端（倾斜较低的一端）设有通风口，与风道相连，通风口配有空调室和风机，空调室用砖和水泥砌成，外装人孔、进风阀、回风阀、出风口等，内装有蒸汽加热喷嘴、进水管、溢水管、进水喷嘴等。空调室的作用是把通入曲池风道的空气调节到一定的温、湿度，同时对空气进行净化，空调室的进风口与风机相连，出风口与风道相连。风机一般选用离心式鼓风机，0.3m 左右厚的曲料易选用 130～140kPa 的中压风机，风量（m^3/h）为原料质量的 4～5 倍，风速为 10～15m/s。通过曲料后的空气含有 CO_2，且具有一定的温、湿度，可以利用。所以曲室内装有回风管，把通过曲料后的废气掺入新鲜空气中，这样既调节了空气的温、湿度，还可以利用空气中的 CO_2 减少霉菌由于剧烈呼吸而引起的淀粉过度分解。但 CO_2 含量最高不超过 10%，否则将导致霉菌窒息，故回风管要求安装阀门。

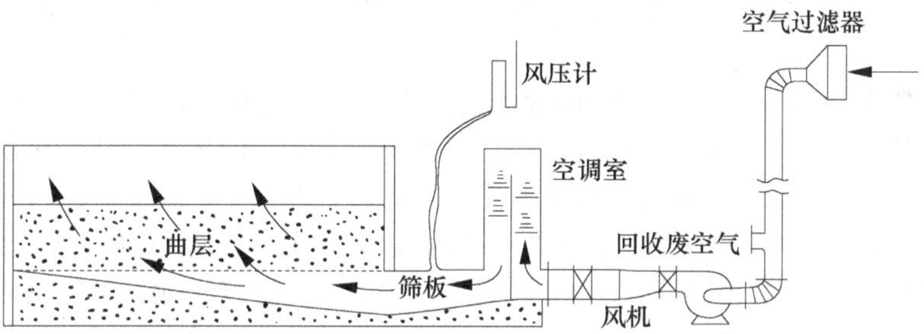

图 6-17 机械搅拌通风制曲池（田洪涛，2007）

（二）现代通风固体深层发酵生物反应器

传统式通风固相发酵设备的简陋限制了通风固相发酵的规模和质量。迄今为止，已有许多类型的通风固相发酵设备问世。B. Lonsane 曾经归纳出了 9 种不同型式的工业规模的固态发酵设备：转鼓式、木盒式、加盖盘式、垂直培养盒式、倾斜接种盒式、浅盘式、传送带式、圆柱式和混合式等。K. E. Aidou 也提出了 10 种不同型式的固态发酵设备。一般认为，用于现代通风固相发酵的反应器主要有 5 种型式：固定床生物反应器（fixed-bed bioreactor）、流化床生物反应器（fluidized-bed bioreactor）、转鼓式生物反应器（rotary drum bioreactor）、挂盘式生物反应器（hanging-dish bioreactor）和搅拌生物反应器（stirred bioreactor）。

1. 固定床生物反应器 固定床生物反应器是静置式反应器，结构简单，操作风险小，目前仍是固相发酵中常用的生物反应器。固定床生物反应器在底部有通风装置，反应器壁有夹套，由于轴向温度梯度的影响大于径向温度梯度，而径向温度梯度促进水分的蒸发，可以借助蒸发作用带走微生物的代谢热，与此同时也带走了大量水分，因此这类反应器在设计上必须使床层的干燥最小化，因为床层的干燥会导致床层的湿度变化，进而影响微生物的生长。因此，可采用其他途径来增加湿度或改善热传递，如在空气入口必须通入水饱和的空气，或在床层中间加间隔冷凝板。

2. 流化床生物反应器 通过流体的上升运动使固体颗粒维持在悬浮状态进行反应的装置称为流化床生物反应器。进行固相通风发酵时，流化床生物反应器比较容易控制，这是因为在流化床生物反应器中，液体从设备底部的一个穿孔的分布器流入，其流速足以使固体颗粒流态化，流出物从设备的顶部连续地流出。空气（好氧）可以直接从反应器的底部或者通风槽引入。在流化床生物反应器中，固体颗粒可以和气相充分接触，因此床层温度比较均匀，供氧和传热好，在培养基内不会存在局部过热的问题。在流化床中，操作的难易主要取决于颗粒的大小和粒径分布。

3. 转鼓式生物反应器 转鼓式生物反应器是一个包括基质床层、气相流动空间和转鼓壁等结构的多相反应系统。与传统固态发酵生物反应器不同的是，转鼓式生物反应器的基质床层不是铺成平面，而是由处于滚动状态的固体培养基颗粒构成，菌体生长在固体颗粒表面，转鼓以较低的转速转动，就如同设置了搅拌轴那样加速传质和传热过程。与固定床生物反应器相比较，转鼓式生物反应器利于供氧、传热；自动化程度较高；微生物生长均一，可有效防止菌丝体与反应器粘连。为了防止剪切力过大造成菌体受损，通常转鼓的转速很低，但菌丝生长早期易遭损伤，易结块；而且由于其结构较为复杂，如若控制不当，易造成污染。

4. 挂盘式生物反应器 挂盘式生物反应器也可称为传送带式生物反应器，一般是将接种后的固态底物装于无菌的底部具多孔的金属盘中，悬挂在可移动的梁上，随之在通道中缓慢移动，通道中有鼓风机鼓入空气。由于盘中的物料可轮流处于新鲜空气中，菌丝不会受到损伤。

5. 搅拌生物反应器 搅拌生物反应器与液态反应器类似，有立式和卧式之分，卧式反应器根据搅拌方式又可分为转轴式和转筒式，但由于固态基质的搅拌特性，对搅拌桨的设计有特殊要求。此类搅拌器已在工业上用来生产单细胞蛋白、啤酒生产中的麦芽培养、生产酶和生物杀虫剂。图 6-18 是荷兰一所大学研究的一套连续混合的水平搅拌生物反应器，这种无菌的反应器可以用于不同的生产目的，并且可以同时控制温度和湿度。搅拌生物反应器利用机械搅拌作用，有效促进供氧和传热，易于保持固体培养基物性的均一性，但同时对菌丝体的损伤也较大，容易导致固体培养基成团，出现死角。

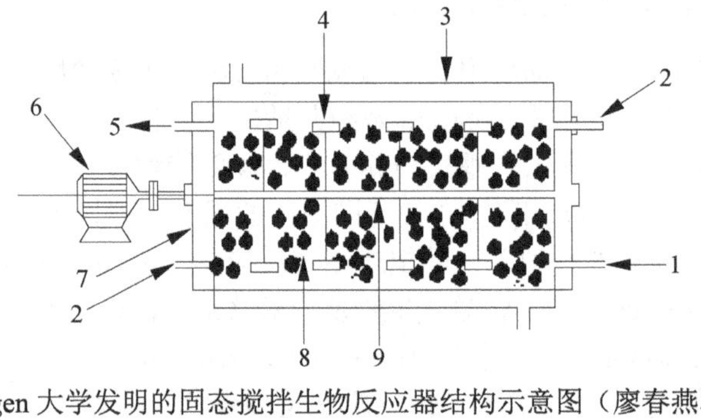

图 6-18 Wageningen 大学发明的固态搅拌生物反应器结构示意图（廖春燕和郑裕国，2005）

1. 空气进口；2. 温度探针；3. 水夹套；4. 桨；5. 空气出口；6. 搅拌发动机；7. 反应器；8. 固体培养基；9. 搅拌轴

第三节 其他类型的通风发酵罐

在通风发酵设备中，好氧液体深层发酵设备在发酵工业中应用最多、最广泛。在好氧液体深层发酵设备中，根据发酵设备的特点可分为机械搅拌通风发酵设备（包括循环式的伍氏发酵罐和文氏管发酵罐、非循环式的通风式发酵罐和自吸式发酵罐）和非机械搅拌通风发酵设备（包括循环式的气升式发酵罐和液提式发酵罐、非循环式的排管式发酵罐和喷射式发酵罐）。

一、自吸式发酵罐

自吸式发酵罐是一种不需要空气压缩机提供加压空气，而是依靠特设的机械搅拌吸气装置或液体喷射吸气装置吸入无菌空气并同时实现混合搅拌与溶氧传质的发酵罐。这种设备的耗电量小，能保证发酵所需的空气，并能使气液细小、均匀地接触。我国自 20 世纪 60 年代开始研制自吸式发酵罐，已应用到乙酸、酵母、蛋白酶、维生素 C 和力复霉素等发酵产品上。

自吸式发酵罐的优点：①节约空气净化系统中的空气压缩机、冷却器、油水分离器、空气贮存器、总过滤器等设备，减少厂房占地面积；②设备便于自动化、连续化，降低劳动强度、减少劳动力、节约成本；③设备结构简单、溶氧效率高、操作方便。

根据搅拌器的不同及相应装置，自吸式发酵罐可分为机械自吸式、喷射自吸式、溢流喷射自吸式、溢流单层自吸式、溢流双层自吸式等发酵罐。下面重点介绍机械自吸式和喷射自吸式发酵罐。

（一）机械自吸式发酵罐

机械自吸式发酵罐罐体的结构大致上与通用式发酵罐相同，主要区别在于搅拌器的形状和结构不同。该发酵罐的特点是：节省了空气压缩系统，减少了设备投资；溶氧系数高；应用范围广；便于实现自动化和连续化。但是，进罐空气处于负压状态，容易增加杂菌侵入的机会，不适合无菌要求较高的发酵过程；装料系数较低，约为 40%；搅拌容易导致转速提高，有可能使某些微生物的菌丝被切断，影响细胞的正常生长。

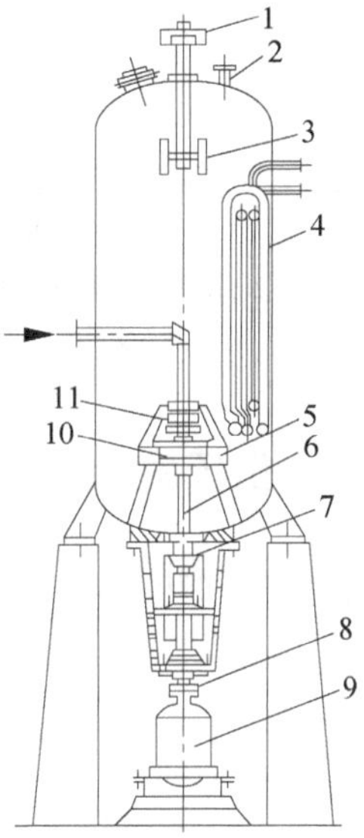

图 6-19　机械搅拌自吸式发酵罐
（田洪涛，2007）

1. 皮带轮；2. 排气管；3. 消泡器；4. 冷却排管；5. 定子；6. 轴；7. 双端面轴封；8. 联轴节；9. 马达；10. 转子；11. 端面轴封

图 6-19 所示为机械搅拌自吸式发酵罐的结构。其主要构件是自吸式搅拌器和导轮，简称转子和定子。转子由底轴或上主轴带动而旋转，空气则由导气管吸入。其吸气原理是：浸在发酵液中的转子迅速旋转，液体和空气在离心力的作用下被甩向叶轮外缘。这时，转子中心处形成负压，从而将罐外的空气通过过滤器吸到罐内。转子转速越大，转子中心处形成的负压也越大，吸气量也越大。同时，转子的搅拌在液体中产生的剪切力又使吸入的空气粉碎成细小的气泡，均匀分散在液体之中。

（二）喷射自吸式发酵罐

文氏管发酵罐（图 6-20）是喷射自吸式发酵罐中典型的一种，其工作原理是用泵将发酵液压入文氏管，由于文氏管（图 6-21）的收缩段中液体的流速增加，形成负压将无菌空气吸入，并被高速流动的液体打碎，与液体均匀混合，提高发酵液中的溶解氧，同时由于上升管中发酵液与气体混合后，密度较罐内发酵液轻，再加上泵的提升作用，发酵液在上升管内上升。当发酵液从上升管进入发酵罐后，微生物耗氧，同时将代谢产生的二氧化碳和其他气体不断地从发酵液中分离并排出，发酵液的密度变大向发酵罐底部循环，待发酵液中的溶解氧即将耗竭时，发酵液又从发酵罐底部被泵打入上升管，开始下一个循环。

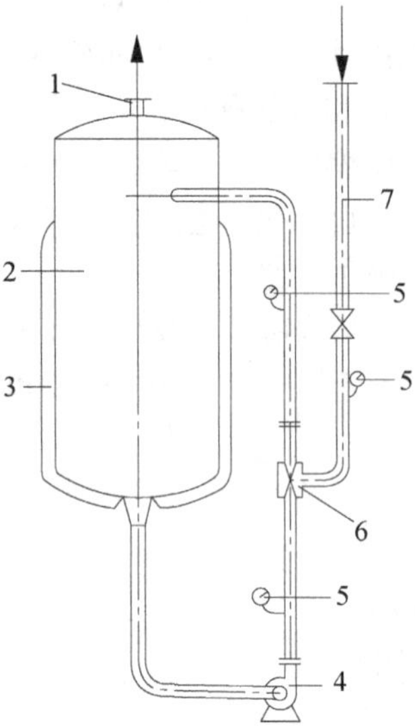

图 6-20 文氏管发酵罐结构示意图（朱明军和梁世中，2020）

1. 排气管；2. 罐体；3. 换热夹套；4. 循环泵；5. 压力表；6. 文氏管；7. 吸气管

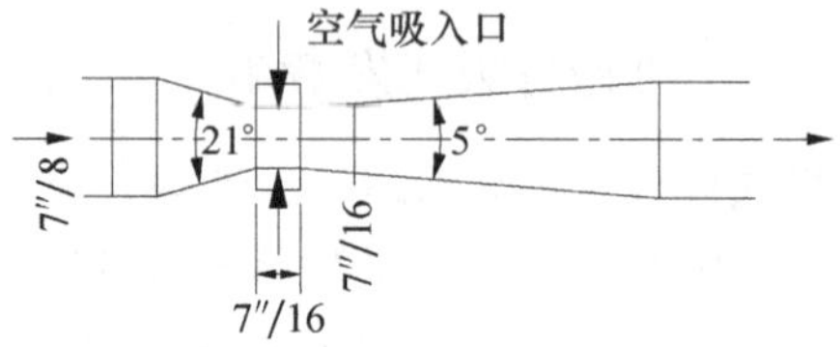

图 6-21 文氏管结构（朱明军和梁世中，2020）

二、伍氏发酵罐

伍氏发酵罐的主要部件是套筒和搅拌器（图 6-22）。

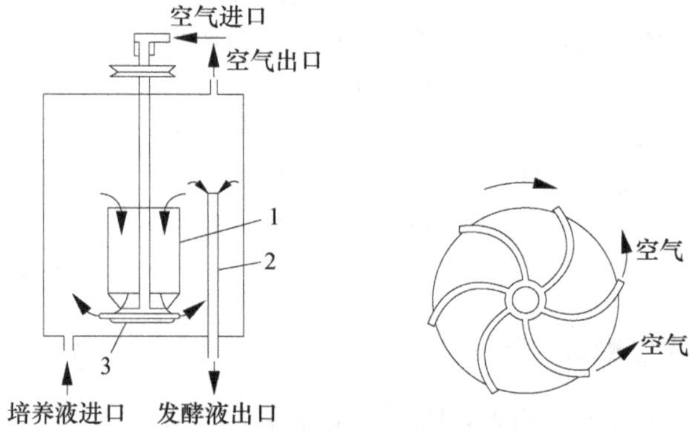

图 6-22 伍氏发酵罐（田洪涛，2007）

1. 套筒；2. 溢流管；3. 搅拌器

数字资源 6-4

搅拌时液体沿着套筒外向上升至液面，然后由套筒内返回罐底，搅拌器是用 6 根弯曲的空气管子焊于圆盘上（数字资源 6-4），兼作空气分配器。空气由空心轴导入，经过搅拌器的空心管吹出，与被搅拌器甩出的液体相混合，发酵液在套筒外侧上升，由套筒内部下降，形成循环。这种发酵罐多应用于纸浆废液发酵生产酵母。该设备的缺点是结构复杂，清洗套筒较困难，消耗功率较高。对于 0.76m^3 的发酵罐，K_La 为 220～312h^{-1}（关于 K_La 的解释见第八章第二节“植物细胞培养反应器系统的设计与控制”），传递每千克氧电耗约 6kW・h。

三、气升式发酵罐

气升式发酵罐属于非机械搅拌发酵罐，是除机械搅拌通风密闭发酵罐外应用最广泛的生物反应器。该发酵罐内分为上升管和下降管，含气量高的发酵液密度小而向上升，而含气量低的发酵液密度高而向下降；由于在管内外发酵液密度不同，产生压力差，推动发酵液在罐内循环。根据发酵液的流动形式，气升环流式发酵罐可分为内循环和外循环两种形式。罐内反应液在环流管内循环一次所需的时间称为循环周期。反应液的环流量与通风量之比称为气液比。反应液在环流管内的流速称为环流速度。喷嘴前后压差和反应器罐压与环流量有一定的关系，当喷嘴直径一定，反应器内液柱高度也不变时，压差越大，通风量也越大，相应地增加了液体的循环量。

与机械搅拌通风密闭发酵罐相比较，气升式发酵罐采用空气搅拌代替机械搅拌，具有结构简单，节省动力，操作方便，杂菌污染机会少，装料系数高（80%～90%），氧的传质速率高，特别是避免了机械轴封所造成的渗漏、染菌现象，可用于高密度培养等诸多优点。

其工作原理（图 6-23）是：将无菌空气通过喷嘴或喷孔喷射进环流管，通过气液混合物的湍流作用而使空气泡分割细碎，同时由于上升管内形成的气液混合物密度减小，故向上运动，而含气率小的发酵液则下沉，形成循环流动，实现混合与溶氧传质。气升式发酵罐内安装有导流管，增强了罐内流体的轴向循环，并使发酵罐内的剪切力分布更加均匀。

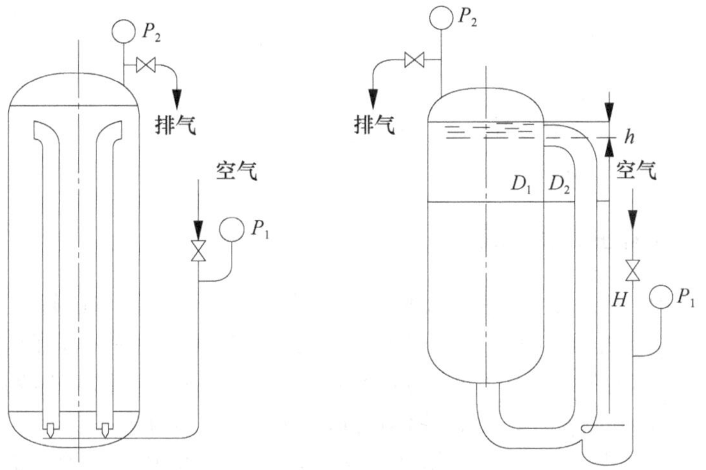

图 6-23 气升式发酵罐（田洪涛，2007）

A. 内循环气升式发酵罐；B. 外循环气升式发酵罐。P_1，P_2. 压强；D_1. 发酵罐罐径；D_2. 发酵罐外壁与外循环上升管外壁之间的距离；H. 外循环上升管高度；h. 外循环上升管上部连接发酵罐处与发酵液面之间的距离

根据上升管和下降管的位置及相应装置的改进，气升式发酵罐又有带升式发酵罐、气升外循环发酵罐、气升环流发酵罐、空气搅拌高位发酵罐（塔式发酵罐）。

四、液提式发酵罐

液提式发酵罐是液体借助液体泵进行输送，同时气体在液体的喷嘴处被吸入的发酵罐。液提式发酵罐的常见形式有喷嘴塔式、喷嘴塔循环式、喷嘴循环式、喷射通道式、滴流式、六级塔循环式、管道循环式、下流塔式和液体流化床式。

五、膜生物反应器

膜生物反应器是将细胞或微生物等截留或存放在海绵体内，以实现生物催化剂和反应溶液即时分离的膜反应器。其主要特点是：由于采用了膜分离技术与发酵过程的结合，实现了发酵过程中生物催化剂和反应溶液的即时分离，解除了代谢产物对细胞生长的抑制作用，可进行细胞高密度培养和提高代谢产物产率；生物催化剂能够重复使用，可采用固定化技术进行发酵；生化条件温和，也适用高分子膜；可用于微生物发酵和动植物细胞的培养；是实现连续发酵的有效途径。随着研究的不断深入，膜生物反应器将成为最有发展前途的一种生物反应器。

如图 6-24 所示，用于发酵过程的膜生物反应器可分为两类，一类是中空纤维固定化细胞反应器，另一类是发酵罐与膜分离组件相结合的细胞循环膜发酵系统。

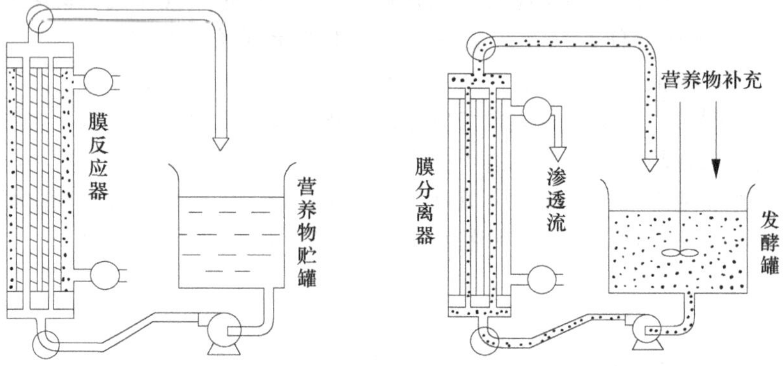

图 6-24 膜生物反应器（田洪涛，2007）

A. 中空纤维固定化细胞反应器；B. 发酵罐与膜分离组件相结合的细胞循环膜发酵系统

六、基因工程菌生物反应器

基因工程菌生物反应器与一般生物反应器的最大不同是必须能防止菌体的泄漏。造成基因工程菌生物反应器内微生物泄漏的主要原因是：第一，在排气过程中，菌体随废气排入大气中。所以，必须经加热灭菌或经微孔过滤器除菌后，才能将基因工程菌生物反应器中的气体排放到大气中去。第二，轴封不严，导致菌体泄漏，即所谓的轴封渗漏现象。因此，基因工程菌生物反应器应采用双端面密封，而且作为润滑剂的无菌水的压力应高于反应器内液体的静压力。

第四节 发酵罐空气净化系统

微生物在繁殖和好氧发酵过程中都需要氧气，通常以空气作为氧源。空气中含有各式各样的微生物，这些微生物随着空气进入培养液，在适宜的条件下，它们会大量繁殖，消耗大量的营养物质，以及产生各种代谢产物，干扰甚至破坏预定发酵的正常进行，使发酵产品的效价降低，产量下降，甚至造成发酵彻底失败等严重事故。因此，空气的除菌就成为好氧发酵过程中的一个重要环节。除菌的方法很多，如过滤除菌、热灭菌、辐射灭菌等，但各种方法的除菌效果、设备条件、经济条件各不相同。所需的除菌程度根据发酵工艺要求而定，既要避免杂菌，又要尽量简化除菌流程，以减少设备投资和正常运转的动力消耗。

工业发酵所需的无菌空气要求高，用量大，故要选择运行可靠、操作方便、设备简单、节省材料和减少动力消耗的有效除菌方法。现对各种除菌方法简述如下。

一、辐射灭菌

从理论上来说，高能阴极射线、X 射线、γ 射线、紫外线等都能破坏蛋白质活性而起到杀菌作用。但具体的杀菌机制研究比较少，了解较多的是紫外线，它通常用于无菌室、医院手术室等空气对流不大的环境中杀菌。但其杀菌效率较低，杀菌时间较长，一般要结合甲醛蒸汽消毒或苯酚的喷雾来保证无菌室的无菌程度。

二、热灭菌

热灭菌是有效、可靠的杀菌方法，但是如果采用蒸汽或电热来加热大量的空气，以达到杀菌目的，则需要消耗大量的能源和增设大量的换热设备，这是十分不经济的。利用空气压缩时放出的热量进行热灭菌，从压缩机出口到空气储罐一段管道加保温层进行保温，使空气达到高温后保持一段时间，保证微生物的死亡。为了延长空气的高温时间，防止空气在储罐中走短路，最好在储罐内加装导流筒。采用热灭菌装置时，还应装有空气冷却器，并排出冷凝水，以防止在管道设备死角积聚而造成杂菌繁殖的场所。在进入发酵罐前应加装分过滤器以保证安全。但采用这样的系统，压缩机能量和消耗会相应增大，压缩机耐热性能增加，它的零部件也要选用耐热材料加工。

三、过滤除菌

过滤除菌是目前发酵工业中经济实用的空气除菌方法，它是采用定期灭菌的介质来阻截流过的空气中所含有的微生物，而取得无菌空气，常用的过滤介质有棉花、活性炭或玻璃纤维、有机合成纤维、有机或无机烧结材料等。由于被过滤的气溶胶中微生物的粒子很小，而过滤介质的材料一般孔径都大于微粒直径的几倍到几十倍，因此过滤机制比较复杂。同时，由于空气在压缩过程中带入的油雾和水蒸气冷凝的水雾影响，过滤的因素变化更多。当过滤介质孔隙小于甚至大大小于被过滤的微滤直径时，通常被称为绝对过滤。目前，在许多发酵工厂运用膜材质进行空气除菌，获得了较好的效果。

小　结

在好氧液体深层发酵设备中，分为机械搅拌通风密闭发酵设备（包括循环式的伍氏发酵罐和文氏管发酵罐、非循环式的通风式发酵罐和自吸式发酵罐）和非机械搅拌通风发酵设备（包括循环式的气升式发酵罐和液提式发酵罐、非循环式的排管式发酵罐和喷射式发酵罐）。本章详细介绍了机械搅拌通风密闭发酵罐的结构与特点，机械搅拌通风密闭发酵罐是利用机械搅拌器的作用，使无菌空气和发酵醪液充分混合，促使氧在发酵醪液中溶解，为好氧性微生物的生长、繁殖、代谢及发酵过程提供所需要的氧气。阐述了通风固相发酵设备的结构与特点，通风固相发酵设备在日常生活中运用较多，工业上主要还是以通用式发酵罐为主。简述了一些常见的通风发酵设备，如自吸式发酵罐、气升式发酵罐等。简单讲述了发酵罐中的空气净化系统，为全面了解通风发酵设备提供了参考资料。

复习思考题

1. 为什么说机械搅拌通风密闭发酵罐也称通用式发酵罐？
2. 通用式发酵罐的特点是什么？应满足哪些基本条件？
3. 绘出机械搅拌通风密闭发酵罐的几何尺寸示意图，并说明发酵罐几何尺寸的比例。
4. 机械搅拌通风密闭发酵罐主要包括哪些结构部件？
5. 机械搅拌通风密闭发酵罐的罐体上装有哪些结构部件？
6. 机械搅拌通风密闭发酵罐的搅拌器有哪些类型？各有什么特点和应用？
7. 机械搅拌通风密闭发酵罐内安装挡板的作用是什么？其大小和位置如何？
8. 机械搅拌通风密闭发酵罐的热交换器的类型有哪些？如何计算发酵过程中的热量和换热面积？
9. 机械搅拌通风密闭发酵罐中通风管的类型有哪些？安装在什么位置？通风管中无菌空气的压力和流速如何控制？
10. 机械搅拌通风密闭发酵罐的消泡器有哪些类型？各有什么特点和应用？
11. 在发酵罐中安装联轴器应注意什么问题？大中型发酵罐最常用的减速装置是什么？
12. 发酵罐的轴封有哪些类型？并简述其结构和特点。
13. 通风固体浅层发酵的设施与设备有哪些？各有什么特点？
14. 试述机械搅拌通风制曲池的结构和工作原理。
15. 现代通风固体深层发酵生物反应器主要有哪些类型？各有什么结构特点？
16. 试比较机械搅拌通风密闭发酵罐、自吸式发酵罐、伍氏发酵罐、气升式发酵罐、液提式发酵罐、膜生物反应器的结构及特点。

主要参考文献

曹卫军，马文辉. 2002. 微生物工程. 北京：科学出版社.
陈洪章. 2004. 生物过程工程与设备. 北京：化学工业出版社.
陈洪章，李佐虎. 2002. 固态发酵新技术及其反应器研制. 化工进展，21（1）：37-39.
高孔荣. 1991. 发酵设备. 北京：中国轻工业出版社.
焦瑞身. 2003. 微生物工程. 北京：化学工业出版社.
黎润钟. 1991. 发酵设备. 北京：中国轻工业出版社.
廖春燕，郑裕国. 2005. 固态发酵生物反应器. 微生物学通报，32（1）：99-103.
伦世仪. 1993. 生化工程. 北京：中国轻工业出版社.
田洪涛. 2007. 现代发酵工艺原理与技术. 北京：化学工业出版社.
王平诸. 2005. 生物工程设备（课件）. http://www2.haut.edu.cn/d/d/t/index.htm[2024-05-20].
王岁楼. 2000. 生化工程. 北京：中国医药科技出版社.

吴松刚. 2004. 微生物工程. 北京：科学出版社.
徐清华. 2004. 生物工程设备. 北京：科学出版社.
姚汝华. 2013. 微生物工程工艺原理. 3 版. 广州：华南理工大学出版社.
袁庆辉，刘雁然. 1985. 发酵生产设备. 北京：中国轻工业出版社.
郑裕国. 2004. 生物加工过程与设备. 北京：化学工业出版社.
朱明军，梁世中. 2020. 生物工程设备. 3 版. 北京：中国轻工业出版社.
Stanbury P F，Whitaker A，Hall S J. 1995. Principle of Fermentation Technology. 2nd ed. Oxford：Butterworth-Heinemann.

第七章　厌氧发酵设备

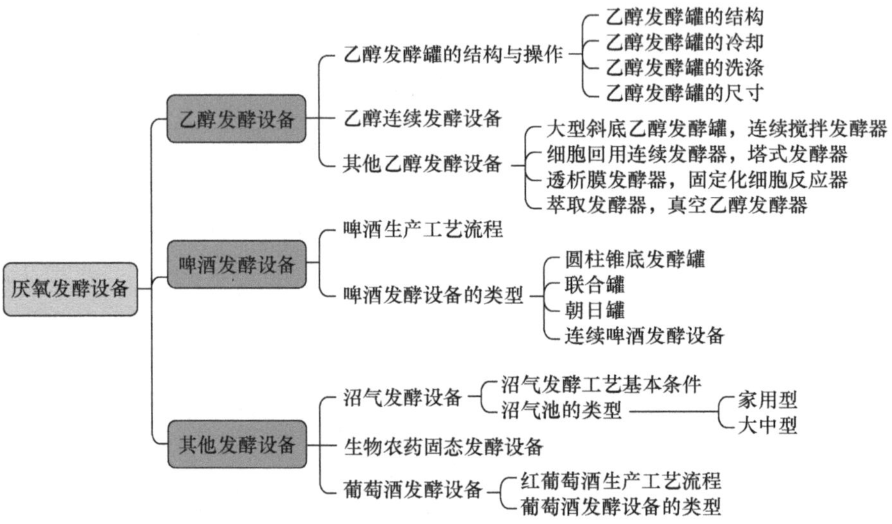

发酵设备是发酵工厂的核心，是生物反应过程发生的主要场所，其作用是通过人为的调节控制，或是预先编写程序来控制发酵过程中的各项参数，使微生物的生长、代谢按照人类的意愿进行。

发酵的目的是在现有的条件下，获得尽可能高的投入产出比，为了达到这个目标，生化工程技术人员研究发酵动力学，揭示发酵的内在本质；对发酵过程进行优化，使发酵生产科学化；改进设备的结构，增大发酵罐的容积，使发酵生产规模化；运用计算机技术、引进先进的控制理论及方法、应用各种生物传感器，使发酵生产自动化、标准化。

由于微生物主要分为好氧和厌氧两类，因此发酵设备也分为两类：抗生素、酶制剂、谷氨酸等的发酵为好氧发酵，在发酵过程中要向发酵罐内通入无菌空气；而乙醇、啤酒、甲烷、氢气等的发酵为厌氧发酵，在反应过程中，无须通入无菌空气。

第一节　乙醇发酵设备

一、乙醇发酵罐的结构与操作

1. 乙醇发酵罐的结构　乙醇发酵罐通常可分为开放式和密闭式，密闭式乙醇发酵罐的优点是：可以防止杂菌的污染，便于各项发酵参数的调控，发酵率高，利于实现自动化生产。目前大多数工厂都采用密闭式发酵罐生产。

酵母将糖转化为乙醇，欲获得较高的转化率，除满足酵母生产和代谢的必要工艺条件外，还需要一定的生化反应时间，在生化反应过程中将释放出一定数量的生物热，若该热量不及时移走，必将直接影响酵母的生长和代谢产物的转化率。因此，乙醇发酵罐的结构必须首先满足上述工艺要求。此外，从结构上，还应考虑有利于发酵液的排出，设备清洗、维修及设备制造安装方便等问题。

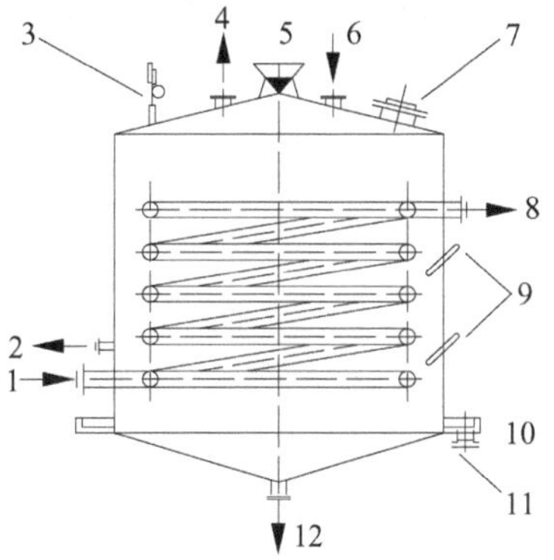

图 7-1　乙醇发酵罐

1. 冷却水入口；2. 取样口；3. 压力表；4. CO_2 气体出口；5. 喷淋水；6. 料液及酒母入口；7. 人孔；8. 冷却水出口；9. 温度计；10. 喷淋水收集器；11. 喷淋水出口；12. 发酵液及污水排出口

乙醇发酵罐筒体为圆柱形，底盖和顶盖均为碟形或锥形。如图 7-1 所示，在乙醇发酵过程中，为了回收二氧化碳气体及其所带出的部分乙醇，发酵罐宜采用密闭式，罐顶有人孔、视镜、进料管、接种管、压力表、测量仪表接口管及二氧化碳回收管。罐底装有排料口和污水排出口。罐身上下装有取样口和温度计接口。对于大型发酵罐，为了便于维修和清洗，往往在近罐底也装有人孔。

2. 乙醇发酵罐的冷却　对于中小型发酵罐，多采用罐顶喷水淋于罐外表面进行膜状冷却；对于大型发酵罐，罐内装有冷却蛇管或罐内蛇管和罐外壁喷洒联合冷却装置。为避免发酵车间的潮湿和积水，要求在罐体底部沿罐体四周装有集水池。采用罐外列管式喷淋冷却的方法，具有发酵液冷却均匀、冷却效率高等优点。

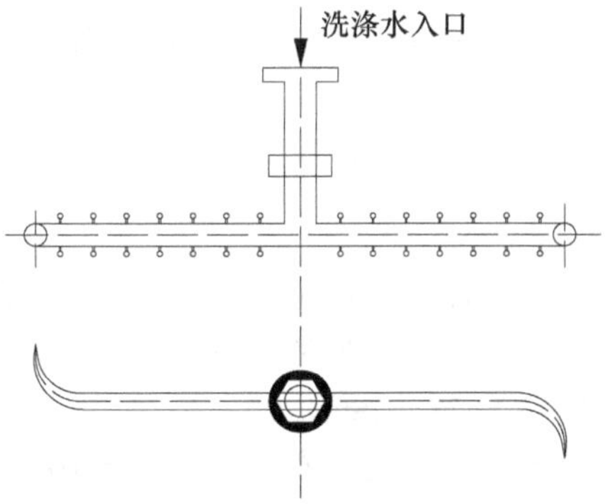

图 7-2　水力喷射洗涤示意图

3. 乙醇发酵罐的洗涤　乙醇发酵罐的洗涤过去均由人工操作，不但劳动强度大，而且二氧化碳气体一旦未彻底排除，工人入罐清洗会发生中毒事故。近年来，乙醇发酵罐已逐步采用水力喷射洗涤装置（图 7-2），也称为 CIP（clean in place）系统，从而改善了工人的劳动环境和提高了操作效率。大型发酵罐采用这种水力喷射洗涤装置尤其重要。

它是由一根两头装有喷嘴的洒水管组成的，两头喷水管弯有一定的弧度，喷水管上均匀地钻有一定数量的小孔，喷水管安装时呈水平，喷水管借活接头和固定供水管连接，它是借喷水管两头喷嘴以一定喷出速度而形成的反作用力使喷水管自动旋转，在旋转过程中，喷水管内的洗涤剂水由喷水孔均匀喷洒在罐壁、罐顶和罐底上，从而达到水力洗涤的目的。

大型发酵罐采用高压强的水力喷射洗涤装置（图 7-3）。它是一根直立的喷水管，沿轴向安装于罐的中央，在垂直喷水管上按一定的间距均匀地钻有 4～6mm 的小孔，孔与水平呈 20°角，水平喷水管接活接头，上端和供水总管、下端和垂直分配管相连接，洗涤水压为 0.6～0.8MPa。水流在较高压力下，由水平喷水管出口处喷出，使其以 48～56r/min 自动旋转，并以极大的速度喷射到罐壁各处。而垂直的喷水管也以同样的水流速度喷射到罐体四壁和罐底，因此，约 5min 时间就可完成洗涤作业。洗涤水若用废热水，还可增强洗涤效果。

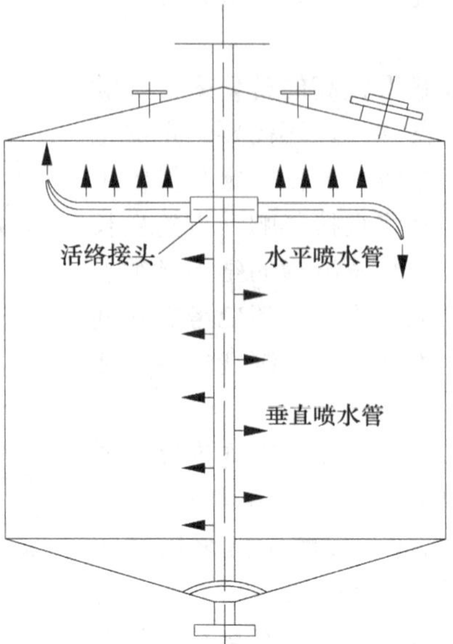

图 7-3　水力喷射洗涤装置

4. 乙醇发酵罐的尺寸　乙醇发酵罐罐体的高度、罐底高度、罐盖高度和罐径的尺寸比例推荐如下：

$$H=(1.1\sim1.5)D \tag{7-1}$$

$$H_1=(0.1\sim0.14)D \tag{7-2}$$

$$H_2=(0.05\sim0.1)D \tag{7-3}$$

式中，H 为罐的圆柱部分高度，m；D 为罐的主体直径，m；H_1 为罐底高度，m；H_2 为罐盖高度，m。

二、乙醇连续发酵设备

间歇发酵就是微生物在一个罐内完成 4 个阶段的培养过程，而微生物在其前后两个非旺盛的阶段生长时间相当长，因此，必然导致发酵周期长，发酵罐数多，设备利用率低。例如，以淀粉质为原料，日产 1t 96%（容量）的乙醇，需要发酵罐容量为 38～48m^3。

假如在发酵罐内连续不断地流加培养液，同时又连续不断地排出发酵液，使发酵罐中的微生物一直维持在生长加速期，同时又降低了代谢产物的积累，这样就缩短了发酵周期，提高了设备利用率，这就是 20 世纪 50 年代后发展起来的一种新型发酵技术，即连续发酵。连续发酵具有培养液浓度和代谢产物含量相对稳定，从而保证产品质量和产量稳定的优点，同时又具有发酵周期短，设备利用率和产量较高，节省人力和物力，以及生产管理稳定，便于自动化生产等优点。

尽管连续发酵具有上述优点，但是在实际发酵工业中，连续发酵还未能全部代替传统的间歇发酵。这是由于在连续发酵试验和生产中，遇到了在长期连续发酵过程中，微生物的突变和杂菌污染的问题，欲保持长期的无菌状态，在技术上尚有一定的困难。此外，发酵液在连续流动过程中的不均匀性和丝状菌在管道中流动的困难，以及对微生物动态方面的活动规律还缺乏足够的认识。目前还不能根据连续发酵的理论来完全控制和指导生产。

虽然如此，连续发酵的优越性依旧不可忽视，特别是在连续发酵稳定状态条件下，根据微生物生长和代谢之间某些数学关系来采用它作为过程运转和控制的基础，从而来选定过程控制的参数。运用目前连续发酵的基本理论，人们可以人为地控制微生物的定向培养，进而来研究微生物的生理及代谢作用。这些均是控制发酵过程中极为重要的问题。

连续发酵的优点是，微生物在整个发酵过程中始终维持在稳定状态，细胞处于均质状态。在此前提下，可用数学方式和实验公式来表达连续发酵在稳定状态条件下，微生物生长速度、代谢产物、底物浓度和流加速度之间的关系。借以选定过程控制的参数，如稀释速率、串联罐数、停留时间等，这对于研究微生物生理变化及其应用将起到一定的促进作用。

图 7-4 所示为淀粉质原料制乙醇连续发酵工艺流程。该流程由 11 个发酵罐组成，借连接管将各罐连通，糖化醪和曲液混合液同时平行流入前 3 个罐。在发酵过程中，发酵液由罐底流出，经连通管进入下一个罐的上部，后面的罐依次类推，最后流入最后的两计量罐，并轮流用泵送入蒸馏工段。发酵过程中产生的 CO_2 气体由带有控制阀门的 U 形支管和总管连接，并引向泡沫捕集器经分离除去泡沫后，再通过一个鼓泡式水洗涤塔，经回收乙醇后才排入大气或 CO_2 综合利用车间。

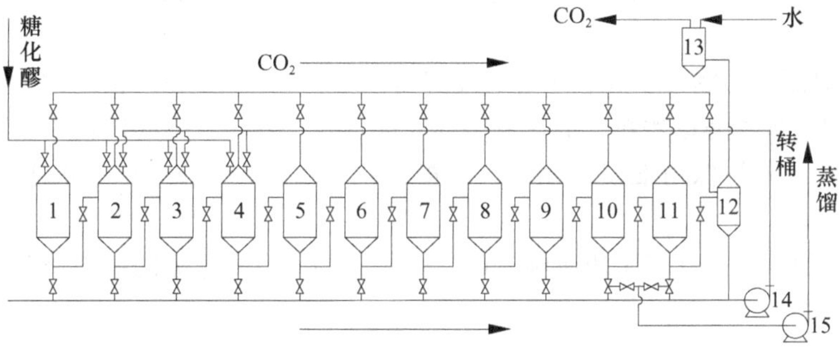

图 7-4 淀粉质原料制乙醇连续发酵工艺流程图

1. 酵母繁殖罐；2～9. 发酵罐；10，11. 计量罐；12. 泡沫捕集器；13. 二氧化碳洗涤塔；14. 转桶；15. 成熟醪泵

三、其他乙醇发酵设备

1. 大型斜底乙醇发酵罐 如图 7-5 所示，大型斜底乙醇发酵罐的主体结构是圆柱形，罐底斜面与水平面成 5°～20°的角，径高比约为 1∶1，容积可达 3000～4500m^3；罐外设有冷却水夹层、保温层及发酵醪液循环装置，罐内设有 CIP 系统；罐顶为碟形或锥形，上设醪液入口、视镜、CO_2 排出口、CIP 洗涤液入口；罐底设有醪液入口及侧搅拌装置。

大型斜底乙醇发酵罐与传统的锥底发酵罐相比，具有许多优点：容量大，最大可达 4500m^3；采用新型的换热方法和换热设备，如薄板冷却器或螺旋板热交换器通过外循环方式进行换热，以保证发酵温度正常；发酵罐无需高温蒸汽灭菌过程，只需碱洗、酸洗和清水洗涤，可节约大量能源；建设费用低。

2. 连续搅拌发酵器（CSTR） 如图 7-6 所示为单罐连续搅拌发酵器，发酵时酵母细胞密度可达 10～12g/L，乙醇产率可达 6g/（L・h），为间歇发酵的 3 倍，而投资可比间歇发酵工艺降低 50%，操作成本也降低 50%。

如用两只连续搅拌发酵罐串联组成发酵系统，进行乙醇发酵，则其产量是单罐的 1.3 倍。

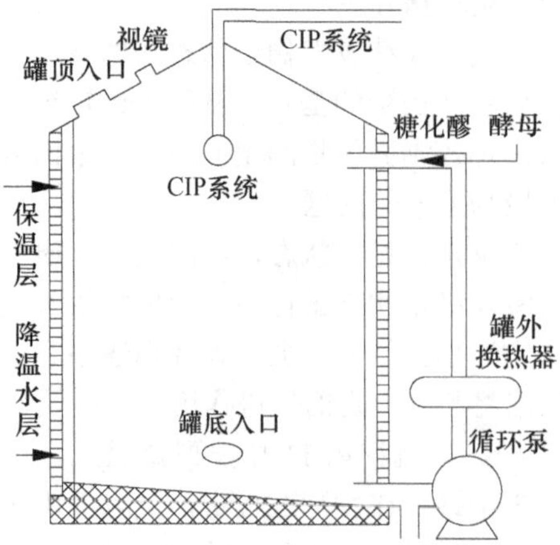

图 7-5 大型斜底乙醇发酵罐

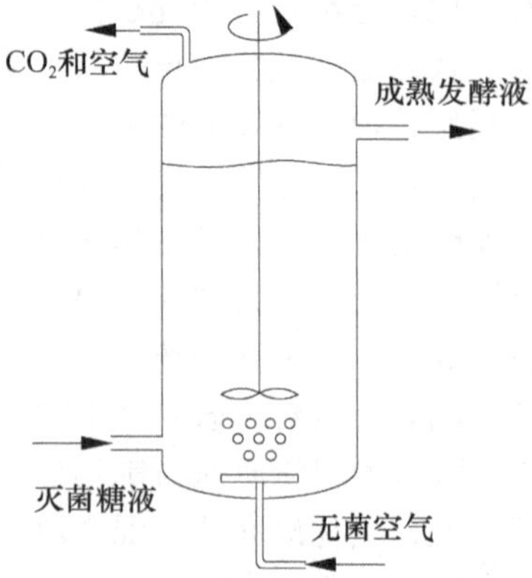

图 7-6 单罐连续搅拌发酵器

3. 细胞回用连续发酵器 细胞回用连续发酵器如图 7-7 所示。发酵时酵母细胞密度增加到 83g/L，乙醇产率达到 30～40g/（L・h），发酵成熟后，将乙醇与酵母分离，酵母通过回流管流回发酵罐继续使用。但是，该发酵系统的酵母回流设备投资和操作成本的增加是一个必须解决的问题。

4. 塔式发酵器 图 7-8 所示为塔式发酵器。塔径 0.9～2.0m，径高比为 1∶（7～10），两块筛孔板之间有絮凝酵母颗粒。糖液从塔的底部进入，并在上行的过程中被发酵，而酵母细胞颗粒逐渐下沉，并被保留在发酵器内，发酵器内的细胞密度为 50～80g/L，乙醇产率达到 60～150g/（L・h）。

塔式发酵器的缺点是开工阶段延续时间比较长，为了达到所需的细胞密度和稳定操作，需要 2～3 周的时间。

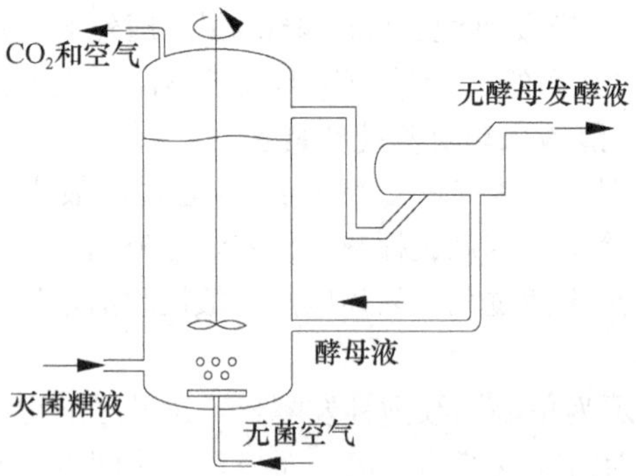

图 7-7 细胞回用连续发酵器

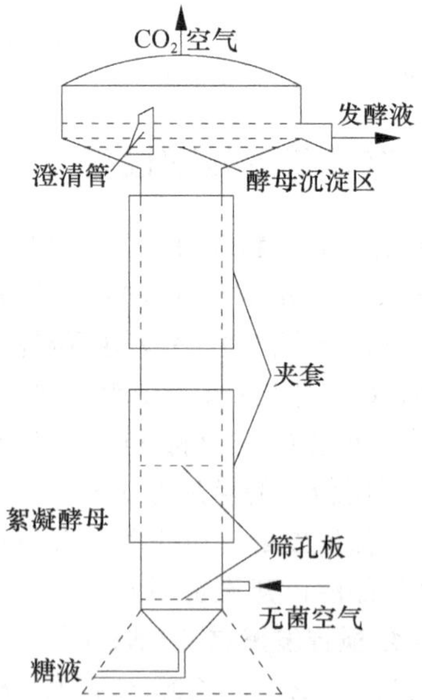

图 7-8 塔式发酵器

5. 透析膜发酵器 图 7-9 所示为透析膜发酵器，其中部装有透析膜，并将发酵器分为发酵区和进排料区两部分。糖液进入进料区，糖分通过透析膜进入发酵区，发酵区保持有高浓度的酵母，将糖迅速发酵，产生的乙醇反向通过膜进入到排料区，并离开发酵器。

6. 固定化细胞反应器 酵母细胞固定化的方法通常有吸附法、包埋法和共价键法等几种。图 7-10 为利用海藻酸钠包埋酵母进行乙醇发酵的反应过程。发酵液的乙醇浓度为 8.5%～9.0%，乙醇产率为 20g/（L • h），即每千升固定化酵母乙醇发酵反应器的容量可产乙醇 600L。

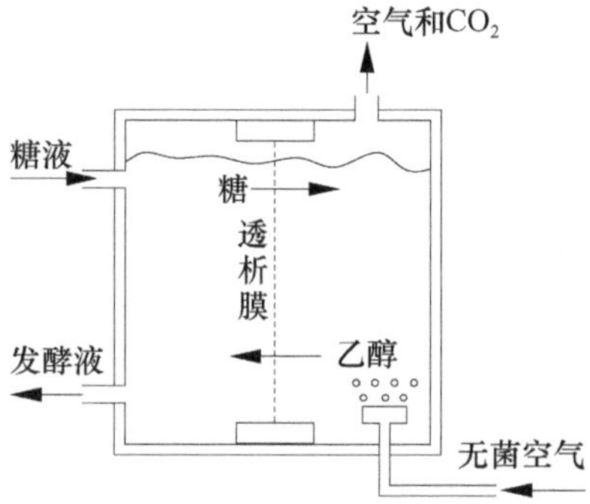

图 7-9 透析膜发酵器

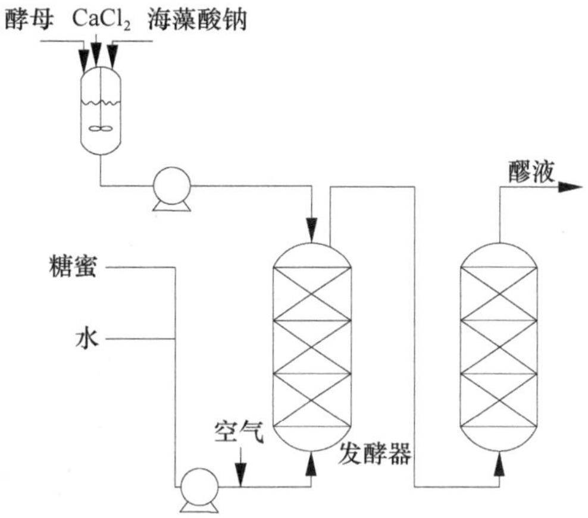

图 7-10 固定化酵母乙醇发酵反应器

7. 萃取发酵器 萃取发酵过程如图 7-11 所示，其实质是发酵醪液内的乙醇被溶剂所萃取，从而保持发酵液内的低乙醇浓度，将乙醇的抑制作用降低到最低限度。其流程为：将发酵液引出发酵罐，经离心后，酵母乳回流进入发酵罐，而离心液也溶剂混合，萃取了乙醇的溶剂与发酵清液分离，清液回发酵罐继续发酵，饱和乙醇溶剂送去蒸馏，得到乙醇后，降低溶剂的浓度，进行下一次萃取过程。

萃取用的溶剂必须对酵母无毒害作用，对乙醇具有高的分配系数，对乙醇的选择性高于对水和其他发酵产物，与发酵液不形成乳浊液。常用的萃取剂有十二烷醇和二丁酸苯二酸酯。

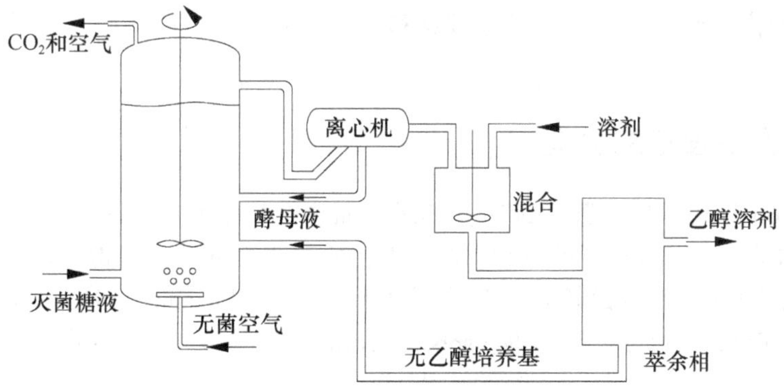

图 7-11 萃取乙醇发酵过程

8. 真空乙醇发酵器 连续真空发酵流程如图 7-12 所示。发酵罐内保持 6.8kPa 压强和 35℃的温度，浓糖液不断流加以维持一定的液位，乙醇在这样的真空度下处于沸腾状态，蒸发的乙醇水蒸气被抽走，并冷凝。发酵罐中乙醇含量保持在 35g/L，而冷凝液中达到 200g/L。细胞密度可达 120g/L，乙醇产率达 80g/（L • h）。

真空发酵时需要喷入一定的氧气，以保持酵母的活性，真空发酵容易污染杂菌，二氧化碳的排除也比较困难，还需要消耗一部分能量。

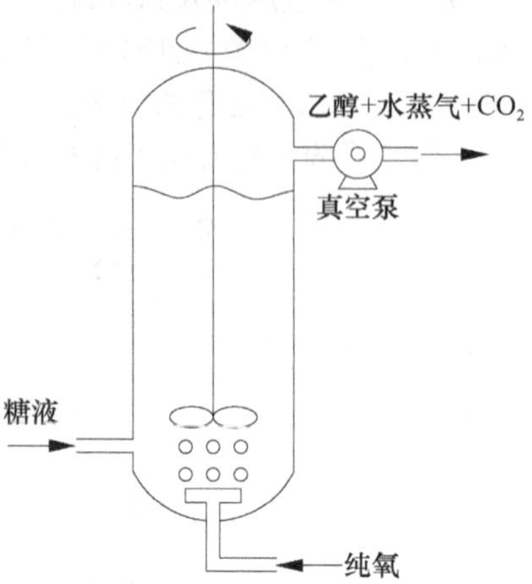

图 7-12 真空乙醇发酵器

第二节 啤酒发酵设备

一、啤酒生产工艺流程

啤酒的酿造过程，首先是制麦，首选是澳麦、加麦，根据不同的酿造要求对发芽的大麦进行干燥、焙焦，去根除杂，贮藏待用；然后是糖化，利用酸或是酶水解粉碎后的大麦芽（我国添加辅料大米）把大麦中的淀粉和蛋白质类物质变成酵母可利用的糖和氨基酸，过滤后添加酒花进行煮沸形成定型麦汁，麦汁呈金黄色，有甜味，最后再回旋沉淀除去麦汁中的固形物；利用薄板式冷却器冷却至发酵温度，麦芽汁输送至初级发酵罐中，在那里加入一定量的新鲜酵母，发酵过程要持续 5～10d，然后“清”啤酒被注入后熟罐，在那里需要进一步净化和老化 1～2 周。熟啤酒离开啤酒厂之前，经过过滤和罐装，并压入二氧化碳，最后成为我们见到的啤酒。

二、啤酒发酵设备的类型

自 20 世纪 60 年代以后，圆柱锥底发酵罐（简称圆柱锥底罐或锥形罐）开始引起各国注意，在纳旦罐的基础上，进行了改进和仿制，并由室内走向露天，取得成功。同时，也相继出现了其他类型的圆柱锥底发酵罐，如日本的朝日罐（Asaki tank，1965 年），美国的通用罐（uni-tank，1968 年）、西班牙的球形罐（sphero tank，1975 年），迄今为止，使用的大型发酵罐容量已达 1500t。

大型化的目的是：由于大型化，啤酒质量均一化；啤酒生产的罐数减少，使生产合理化，降低了主要设备的投资。由于发酵罐容量的增大，要求清洗设备也有很大的改进，大都采用 CIP 自动清洗系统。

我国在 20 世纪 70 年代末，开始采用室外锥形罐，逐步取代了传统的室内发酵。目前全国新建厂和改建的啤酒厂已全部采用了圆柱锥底发酵罐的发酵方式。

1. 圆柱锥底发酵罐　如图 7-13 所示，整个罐体承压，罐顶为碟形封头，罐底为锥形，可聚集和回收 CO_2；罐外壁设有冷却夹套或冷却盘管，可为三段式或者是两段式，罐体与环境之间设有保温层；罐内部安装 CIP 系统，可在短时间内完成整个罐的彻底清洗，降低了工人劳动强度，提高了效率；罐顶封头上安装压力表、安全阀，设置人孔以进行维修和清洁；罐底可完成麦汁进入、成熟啤酒排出、排酵母泥的工序。

该罐已被广泛用于上面或是下面发酵啤酒生产，锥形罐可单独用于前发酵或后发酵，也可以将前发酵和后发酵合并在一罐内完成。该罐的优点是发酵周期短；生产灵活；在室外进行密闭生产，不受外界环境的制约；可利用计算机在中央控制室内完成如温度、压力、电磁阀开闭、冷媒流量、CO_2 浓度等参数的控制。

2. 联合罐　联合罐，也称通用罐，结构如图 7-14 所示，在发酵生产上的用途与锥形罐相同，既可作发酵罐，又可作储酒罐，也能用一罐法或多罐法生产。其优点是生产周期短，建造费用及生产费用较低。

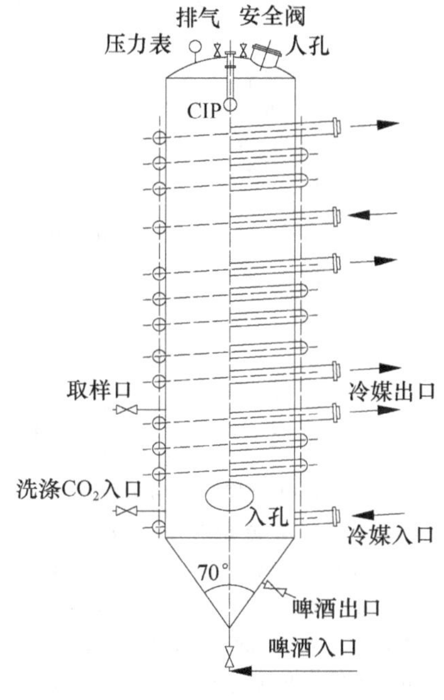

图 7-13　圆柱锥底发酵罐

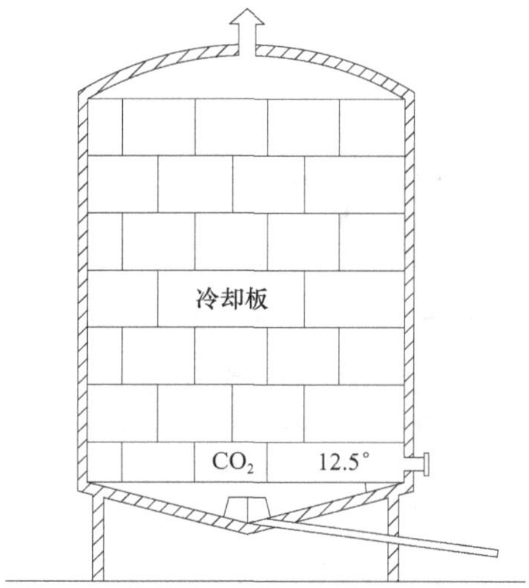

图 7-14　联合罐

联合罐为直立圆柱形罐，顶部为碟形封头，底部为锥形封头，便于排放沉淀物和杂质。因其表面积与容积之比较小，罐的造价较低。罐体的中上部设有一段双层的冷却板，采用乙二醇或液氨作为冷媒，传热面积要能使发酵液的开始温度为 13～14℃，在 24h 内降到 5～6℃。由于冷带在中上部，上部的酒液冷却后，密度增大，沿着罐壁下降，底部的酒液则从罐中心上升，形成对流，使罐内的温度均匀。为加强对流，在罐的底部、酵母层上方，设置一个 CO_2 喷射环，当 CO_2 喷射时，酒液运动的结果使得酵母向底部出口处聚集，便于回收。同时还能带走不良性的挥发性物质。罐顶部设有 CIP 系统，出酒管由一个浮球带动，滤酒时可使上部清液先流出。罐顶安装安全阀、真空阀。

3. 朝日罐　朝日罐是日本为适应一罐发酵法而制造的一种大容量发酵罐，并采用了一种新的生产工艺，大大缩短了贮藏啤酒的成熟时间。

如图 7-15 所示，朝日罐是用 4～6mm 的不锈钢板制成的斜底圆柱形发酵罐。其高度与直径之比为（1～2）：1，外部使用冷却夹套，冷却夹套包围罐身与罐底。外面用泡沫塑料保温。利用朝日罐进行一罐法生产啤酒的优点是：可加速啤酒的成熟；后发酵时罐的装量达 96%，提高了设备利用率。

4. 连续啤酒发酵设备 1906 年，van Rijn 在新加坡第一个申请了啤酒连续发酵专利，当时未获得推广应用。第二次世界大战后，由于啤酒需要量激增，生产满足不了市场需要，酿造家相继研制快速的连续发酵生产方法，直至 1957 年后，啤酒连续发酵才开始在少数国家的少数厂中应用于生产。当前在生产上采用的连续发酵方法主要有以下两类。

（1）塔式连续发酵　塔式连续发酵是英国 APV 公司（Aluminum Plant & Vessel Company）20 世纪 60 年代设计的，又称 APV 塔式连续发酵罐，塔式啤酒连续发酵流程见图 7-16。

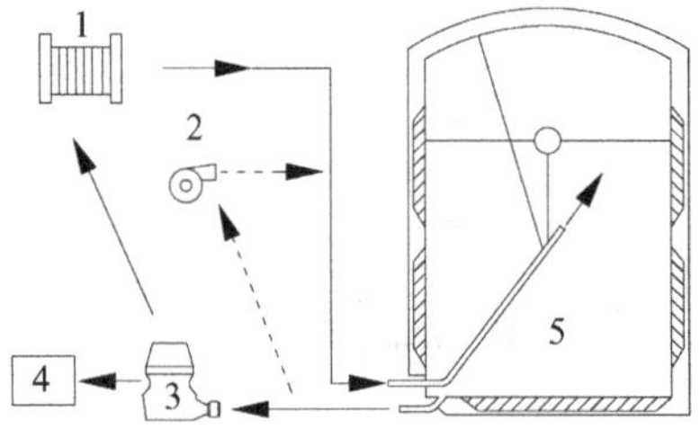

图 7-15　朝日罐生产系统

1. 薄板热交换器；2. 循环泵；3. 酵母离心机；4. 酵母；5. 朝日罐

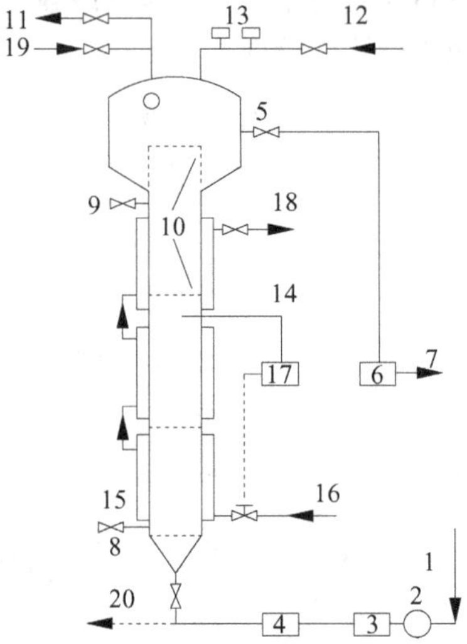

图 7-16　啤酒塔式连续发酵流程

1. 麦汁进口；2. 泵；3. 流量计；4. 薄板热交换器；5，7. 嫩啤酒出口；6. 酵母分离器；8，9. 取样点；10. 折流器；11. CO_2 出口；12. 蒸汽入口；13. 压力/真空装置；14. 温度计；15. 冷却套；16. 冷冻剂入口；17. 温度记录控制仪；18. 冷冻剂出口；19. 自动清洗设备；20. 洗涤剂出口

塔式连续发酵开始时，先分批加入经处理的无菌麦汁。无菌麦汁从塔底进入，经塔内多孔板折流，麦汁均匀地分布到塔内各截面。麦汁在塔内一边上升，一边发酵，直至满塔为止。培养并使其达到要求的酵母浓度梯度后，用泵连续泵入麦汁。必须控制好麦汁在塔内的流速，流速低，发酵度高，但产量少；流速过高，溢流的啤酒发酵度不足，并会将酵母带出（冲出），使发酵受阻。麦汁开始流速较慢，一周后可达全速操作。连续发酵过程中，须经常从塔底通入 CO_2，以保持酵母柱的疏松度。流出的嫩啤酒，经过酵母分离器后，再经薄板热交换器冷却至 −1℃，然后送入贮酒罐内，经过充 CO_2 后，贮存 4d，即可过滤包装出厂。

连续发酵到一定时间后，酵母会发生自溶，死亡率增高，啤酒内氨基氮含量上升，此时可在塔底排出部分老酵母，仍可继续进行发酵。

发酵温度是通过塔身周围三段夹套或盘管的冷却来控制的。塔顶的圆柱体部分是沉降酵母的离析器装置，用以减少酵母随啤酒溢流而损失的量，使酵母浓度在塔身形成稳定的梯度，以保持恒定的代谢状态。如麦汁流速过高时，酵母层会上移。

该流程的主要设备是塔式发酵罐。英国伯顿啤酒厂使用的塔式发酵罐的主要技术条件是：塔身直径 1.8m，高 15m；塔底锥角 60°；塔顶酵母离析器的直径 3.6m，高 1.8m，罐的容量为 $45m^3$。

（2）多罐式连续发酵　多罐式连续发酵的特点是发酵罐内装有搅拌器，由于搅拌作用，酵母悬浮酒液中，连续溢流的酒液将酵母带走，无法使发酵罐内保持较高的酵母浓度。

三罐式啤酒连续发酵流程见图 7-17。该流程是将经过冷却、杀菌并已加入酒花的麦芽汁，通过柱式供氧器，流向两个带有搅拌器发酵罐的第一罐中。每个发酵罐的容量为 $26m^3$，麦芽汁流加量为 2.0～$2.5m^3/h$，其稀释速率为 0.075～0.094L/h。大约控制 2/3 的麦汁糖在第一罐中进行发酵，发酵温度为 21℃。经第一罐发酵的啤酒和酵母混合液，借液位差溢流入第二罐，发酵温度为 24℃。最后流入第三个酵母分离罐，其容量为 $14m^3$。在罐内被冷却到 5℃，自然沉降的酵母则定期用泵抽出，而成熟啤酒则由罐上面溢流到贮酒罐中。每个发酵罐内停留时间为 10～13h。

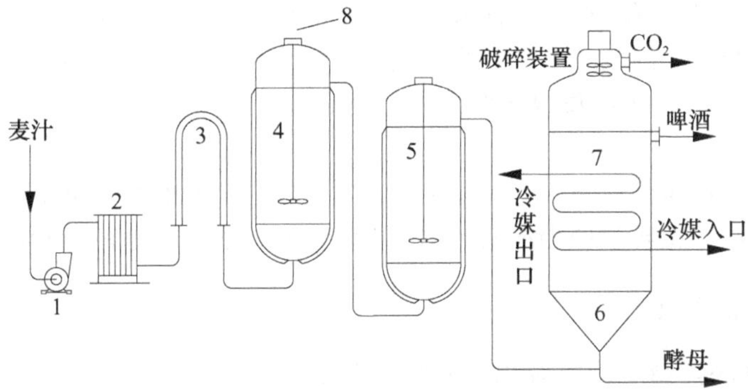

图 7-17　三罐式啤酒连续发酵流程

1. 泵；2. 板式杀菌器；3. 柱式供氧器；4. 一级发酵罐；5. 二级发酵罐；6. 酵母分离罐；7. 冷却蛇管；8. 传动装置

从分析数据看，连续发酵啤酒的质量与间歇啤酒接近；从风味品评看，两者有些区别。连续发酵啤酒的风味更适宜于制造上面啤酒，制造下面贮藏啤酒则需严格控制双乙酰含量和防止啤酒的氧化问题。此外，多罐式连续发酵因其发酵罐带有搅拌，所以动力消耗较大。

第三节　其他发酵设备

一、沼气发酵设备

沼气（marsh gas）是有机物质在厌氧环境中，在一定的温度、湿度、酸碱度的条件下，通过微生物发酵作用产生的一种可燃气体。由于这种气体最初是在沼泽、湖泊、池塘中发现的，所以人们叫它沼气。沼气含有多种气体，主要成分是甲烷（CH_4）。沼气细菌分解有机物，产生沼气的过程，叫作沼气发酵。根据沼气发酵过程中各类细菌的作用，沼气细菌可以分为两大类：第一类细菌叫作分解菌，它的作用是将复杂的有机物分解成简单的有机物和二氧化碳（CO_2）等。它们中有专门分解纤维素的，叫作纤维分解菌；有专门分解蛋白质的，叫作蛋白分解菌；有专门分解脂肪的，叫作脂肪分解菌。第二类细菌叫作含甲烷细菌，通常叫甲烷菌，它的作用是把简单的有机物及二氧化碳氧化或还原成甲烷。因此，有机物变成沼气的过程，就好比工厂里生产一种产品的两道工序：首先是分解细菌将粪便、秸秆、杂草等复杂的有机物加工成半成品——结构简单的化合物；其次是在甲烷细菌的作用下，将简单的化合物加工成产品，即生成甲烷。

（一）沼气发酵工艺基本条件

（1）严格的密闭条件（即厌氧环境） 我们建造的沼气池要严格密闭，不漏气，不漏水。

（2）适宜的温度 沼气发酵与温度有密切关系。10～30℃是沼气发酵的适宜温度。

（3）适当的酸碱度 沼气细菌生长发育要求一定的酸碱度，沼气发酵最适宜的酸碱度是 pH 6.8～7.2。pH 低，就会抑制发酵；pH 高，就会限制消化的进行。

（4）充足的发酵原料 沼气发酵原料是沼气细菌的营养物质，也是制取沼气的原料。在沼气发酵时，不仅原料要充足，还应适当搭配，保持一定的碳氮比。一般碳氮比在（25∶1）～（30∶1）时，产气效果较好。秸秆、青杂草属富碳原料，人畜粪便属富氮原料。

（5）适量的水分 沼气发酵中必须有适量水分才利于产气。目前农村家用沼气池沼气发酵的含水量以 90%左右、干物质以 10%左右较为适宜。夏季水可多一点，料可少些；冬季水可少一点，料可多点。

（6）加入优良菌种和接种物 一般接种物的质量应是发酵原料总质量的 15%以上，最多不超过 30%。在农村，接种物应为池塘污泥、粪坑污水、老沼气池沼液和沉渣等。

（二）沼气池的类型

1. 家用沼气池的类型 随着我国沼气科学技术的发展和农村家用沼气的推广，根据当地使用要求和气温、地质等条件，家用沼气池有固定拱盖的水压式池、大揭盖水压式池、吊管式水压式池、曲流布料水压式池、顶返水水压式池、分离浮罩式池、半塑式池、全塑式池和罐式池。形式虽然多种多样，但是归总起来大体由水压式沼气池、浮罩式沼气池、半塑式沼气池和罐式沼气池 4 种基本类型变化形成的。与四位一体生态型大棚模式配套的沼气池一般为水压式沼气池，它又有几种不同形式。

（1）固定拱盖水压式沼气池 固定拱盖水压式沼气池有圆筒形、球形和椭球形三种池型，如图 7-18～图 7-20 所示。这种池型的池体上部气室完全封闭，随着沼气的不断产生，沼气压力相应提高。这个不断增高的气压，迫使沼气池内的一部分料液进到与池体相通的水压间内，使得水压间内的液面升高。这样一来，水压间的液面跟沼气池体内的液面就产生了一个水位差，这个水位差就叫作“水压”（也就是 U 形管沼气压力表显示的数值）。用气时，沼气开关打开，沼气在水压作用下排出；当沼气减少时，水压间的料液又返回池体内，使得水位差不断下降，导致沼气压力也随之相应降低。这种利用部分料液来回窜动，引起水压反复变化来贮存和排放沼气的池型，就称为水压式沼气池。

（2）中心吊管式沼气池 中心吊管式沼气池见图 7-21，将活动盖改为钢丝网水泥进、出料吊管，使其有一管三用的功能（代替进料管、出料管和活动盖），简化了结构，降低了建池成本，又因料液使沼气池拱盖经常处于潮湿状态，有利于其气密性能的提高。而且出料方便，便于人工搅拌。但是新鲜的原料常和发酵后的旧料液混在一起，原料的利用率有所下降。

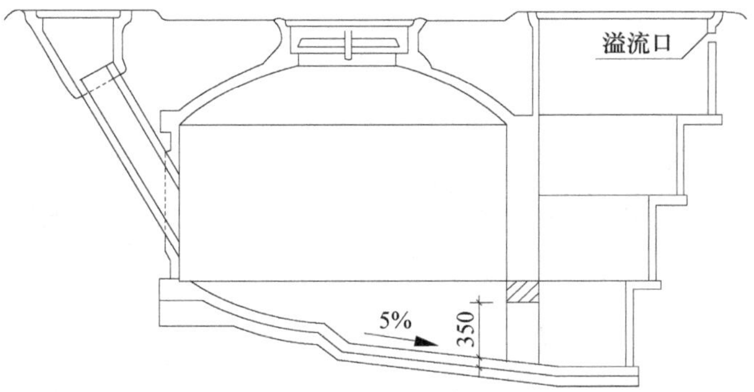

图 7-18 圆筒形水压式沼气池构造简图

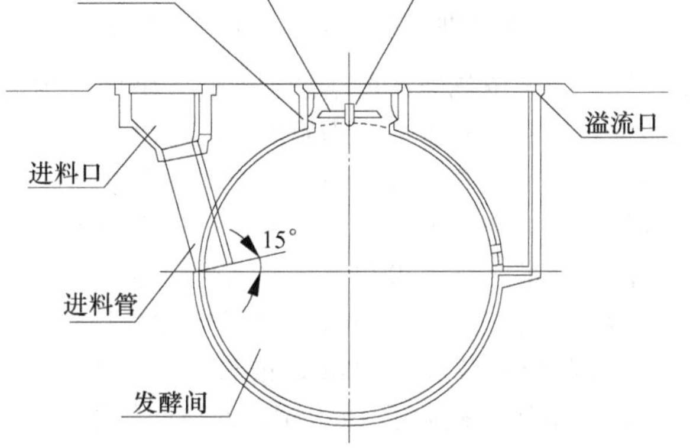

图 7-19 球形水压式沼气池构造简图

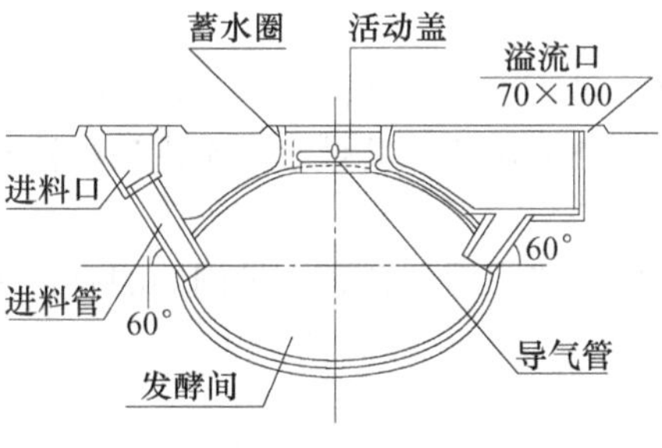

图 7-20 椭球形水压式沼气池构造简图

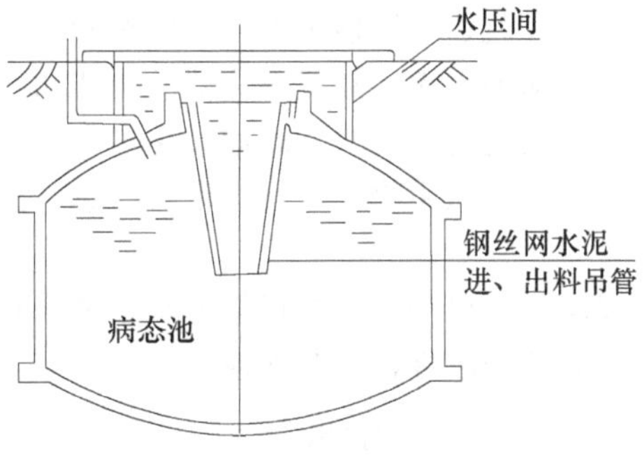

图 7-21 中心吊管式沼气池

（3）曲流布料水压式沼气池　该池型（图 7-22）是由昆明市农村能源环保办公室于 1984 年设计成功的一种新池型。它的发酵原料不用秸秆，全部采用人、畜、禽粪便。原料的含水量在 95%左右（不能过高）。该池型有如下特点：在进料口咽喉部位设滤料盘；原料进入池内由布料器进行半控或全控式布料，形成多路曲流，增加新料扩散面，充分发挥池容负载能力，提高了池容产气率；池底由进料口向出料口倾斜；扩大池墙出口，并在内部设隔板，塞流固菌；池拱中央、天窗盖下布吊笼，输送沼气入气箱。同时，利用内部气压、气流产生搅拌作用，缓解上部料液结壳；把池底最低点放在水压间底部。在倾斜池底的作用下，发酵液可形成一定的流动推力，实现进出料自流，可以不打开天窗盖把全部料液由水压间取出。

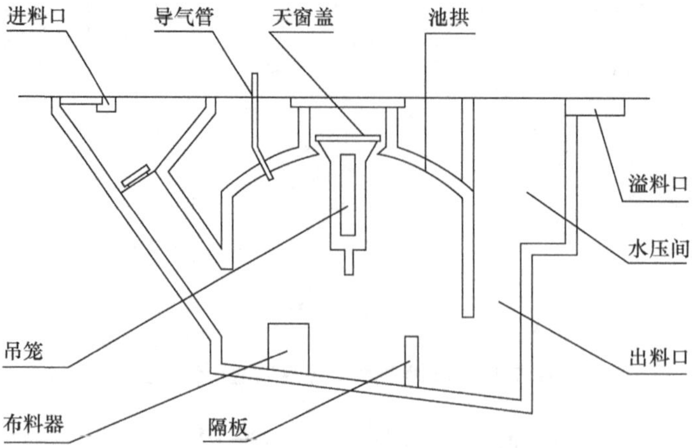

图 7-22 曲流布料水压式沼气池剖面图

（4）浮罩式沼气池　浮罩式沼气池（图 7-23）是将发酵间产生的沼气由沉浮式气罩（浮罩）储存起来，其结构由水封池和气罩组成。当发酵间内沼气的压力大于气罩自重和配重时，气罩便沿着水封池内壁的导向轨道上升，直至平衡为止；反之亦然。

浮罩式沼气池的特点是：罩内沼气的压力基本稳定，压力的大小取决于罩内的截面积与浮罩的自重和配重，易适应沼气发酵工艺要求和燃烧器具的性能；建池和出渣容易。

2. 大中型沼气池　大中型沼气工程是指沼气发酵装置或日产量具有一定规模，即单体容积大于 50m³ 或多个单体发酵容积各大于 50m³，或日产气量大于 50m³，其中某一项达到指标的称为中型沼气工程。如果单体容积大于 1000m³，或日产气量大于 1000m³ 的，其中某一项达到规定指标的称为大型沼气工程。

随着沼气工程建设发展，消化器不断更新，其最大特点是在消化器内部滞留大量的厌氧活性污泥，并且这些活性污泥在运转过程中会逐步形成颗粒状，这使污泥具有良好的沉降性和生物活性，从而大大提高了消化器的负荷和产气率。

（1）高速消化器　高速消化器（图 7-24）在全世界使用最广泛，其内部设有搅拌装置，使发酵原料和微生物处于完全混合状态，活性区遍布整个消化器，其效率比常规消化器有明显提高。

发酵工艺可采用连续投料或半连续投料，高速消化器被应用于含有大量固体的有机废水和废物，如乙醇废醪、禽畜粪便等。

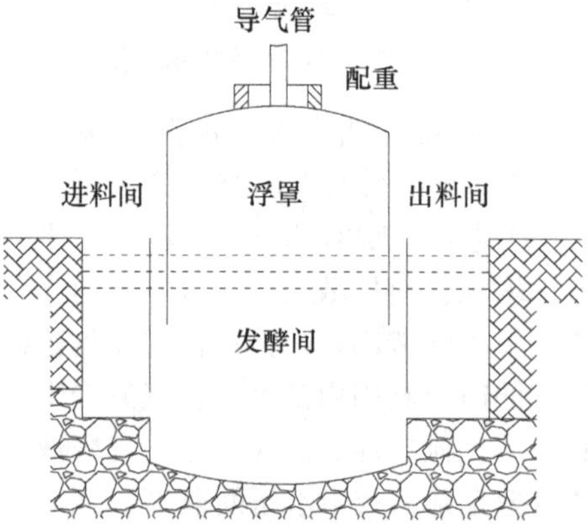

图 7-23 浮罩式沼气池

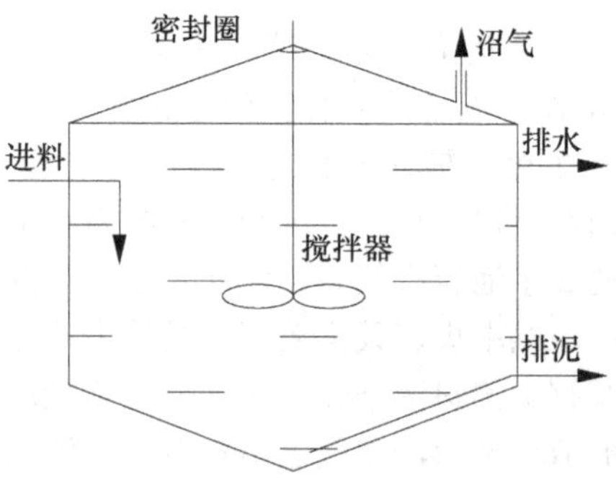

图 7-24 高速消化器

（2）升流式厌氧污泥床　升流式厌氧污泥床（UASB）是由 Lettinga 等于 1974～1978 年研究成功的一项新工艺，是世界上发展最快的消化器。由于该消化器结构简单，运行费用低，处理效率高而引起人们的普遍关注。该消化器适用于处理可溶性废水，要求较低的悬浮固体含量。该工艺将污泥的沉降与回流置于一个装置内（图 7-25），降低了造价。

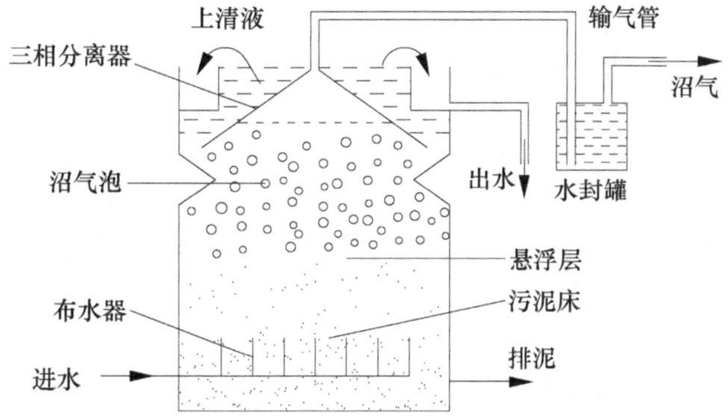

图 7-25　升流式厌氧污泥床

该工艺的优点为：①除三相分离器外，消化器结构简单，没有搅拌装置及供微生物附着的填料；②长的水利停留时间和有机负荷率使其达到了很高的负荷率；③颗粒污泥的形成，使微生物天然固定化，改善了微生物的环境条件，增加了工艺的稳定性；④出水的悬浮固体含量低。

该工艺的缺点为：①需要安装三相----分离器；②进水中只能含有低浓度的悬浮固体；③需要有效的布水器使其进料能均匀分布于消化器的底部；④当冲击负荷或进料中悬浮固体含量升高，以及遇到过量有毒物质时，会引起污泥流失，要求较高的管理水平。

UASB 是近年来在沼气发酵工程中应用最多的工艺，多用于工业废水和生活污水的厌氧消化。经过固液分离后的畜禽粪便污水也可以采用 UASB 进行厌氧消化处理。UASB 工艺在工厂废水处理中已得到广泛应用。

二、生物农药固态发酵设备

所谓生物农药（bio-pesticide），是指自然界有益的生物或从某些生物中取得的具有杀虫、防病等作用的生物活性物质，该活体或活性物质对人、牲畜无毒，与环境兼容性良好，进入生物体后易于降解。

固态发酵（solid state fermentation）的特征是几乎没有游离水分存在，能够得到液态发酵所不能产生的某些物质，加之后处理耗水量小，近来逐渐成为人们关注、研究的热点。

利用农副产品以固态发酵的方式生产生物农药，具有成本低、能耗低、污染低、效益高的优点。

如图 7-26 和图 7-27 所示，固态发酵罐的结构为：罐主体为圆柱形，罐内垂直排列浅盘若干，浅盘带 30°～75°的扇形缺口，焊接固定于发酵罐的内壁上，浅盘上有垂直穿透性的小孔若干，孔径为 5mm，孔间距为 10～15mm；中心轴位于罐体中心，并垂直穿过所有的浅盘，中心轴可通过液压装置在竖直方向上升降，也可通过电机齿轮带动在水平方向上旋转。刮板与中心轴通过螺栓固定连接。

固态发酵罐的发酵工艺为：先将中心轴提起一定的高度，使刮板底部与浅盘的距离为固态培养基的厚度，将混匀的固态基质由罐顶的加料口灌入，同时开动电机使中心轴旋转，中心轴

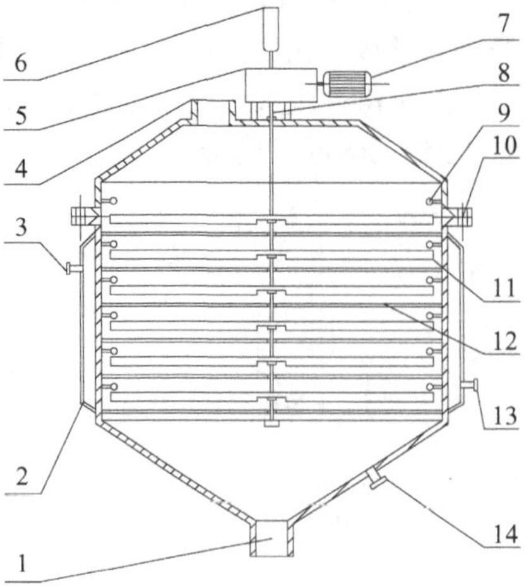

图 7-26　固态发酵罐

1. 排料口；2. 夹套；3. 夹套入口；4. 物料进口；5. 齿轮箱；6. 液压装置；7. 电机；8. 中心轴；9. 喷头；10. 法兰盘；11. 旋转刮板；12. 发酵浅盘；13. 夹套出口；14. 进气口

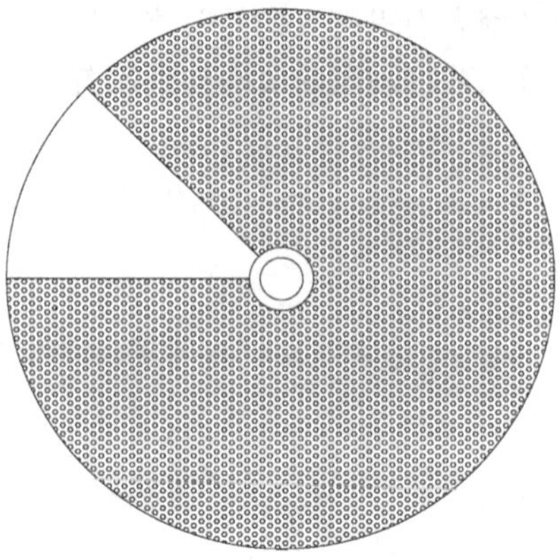

图 7-27　罐内带扇形缺口的浅盘图

带动刮板旋转，将基质平铺于浅盘上，多余的基质由扇形的缺口进入到下一块浅盘上，待第二块浅盘铺满后，多余的基质继续向下滑落，以此类推，直至最后一块浅盘铺满为止。向罐内引入高温高压水蒸气进行灭菌，冷却后，用无菌空气将孢子吹入罐内进行接菌种，发酵类型为浅盘静态发酵，发酵过程中再将刮板向上提 80～120mm，利用刮板旋转使气流流动，因此浅盘的基质上方无滞留的热量，基质下方的热量通过金属的浅盘向流动的空气中传递，同时也可利用夹套调节温度，利用高压泵将水压入喷头调节湿度。发酵结束后，中心轴边旋转边下降，将浅盘上的基质剔下，由扇形缺口向下流动，最后由罐底排料口排出。开启喷头冲洗浅盘、刮板、中心轴，预备下一批次的生产。

该固态发酵罐的优点是：可实现自动进料、排料，便于自动化控制，降低工人的劳动强度；整个罐体密封，利于原位灭菌及无菌生产；可实现整体控温、控湿；结构简单，容易制造。

三、葡萄酒发酵设备

1. 红葡萄酒生产工艺流程　酿制红葡萄酒（red wine）一般采用红皮白肉或皮、肉皆红的葡萄品种。我国酿造红葡萄酒主要以干红葡萄酒为原酒，然后按标准调配成半干、半甜、甜型葡萄酒。

红葡萄酒的生产工艺流程如图 7-28 所示。

2. 葡萄酒发酵设备的类型

（1）连续发酵设备　红葡萄酒连续发酵设备是指能够实现连续供给原料、连续产生产品并排出果渣的设备。该设备为立式金属罐形，容积为 80～400m^3。如图 7-29 所示，设备下半部有一个果浆进料口，每天进料必须与酒、果渣、籽的排放相适应。酒的出口管高度可以调节，固定在果渣下面，通过滤网使酒流出。罐底为倾斜面，容易使果渣聚集，果渣通过螺旋机自动排出，中下部设有醪液循环装置，既可充分浸提葡萄皮中的色素，又可防止醪液温度上升，罐顶部设有搅拌器，可以打碎上层皮盖。

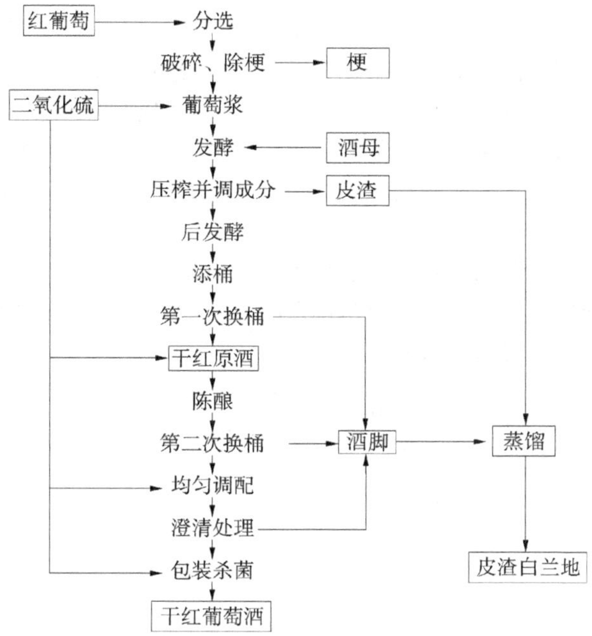

图 7-28　红葡萄酒的生产工艺流程图

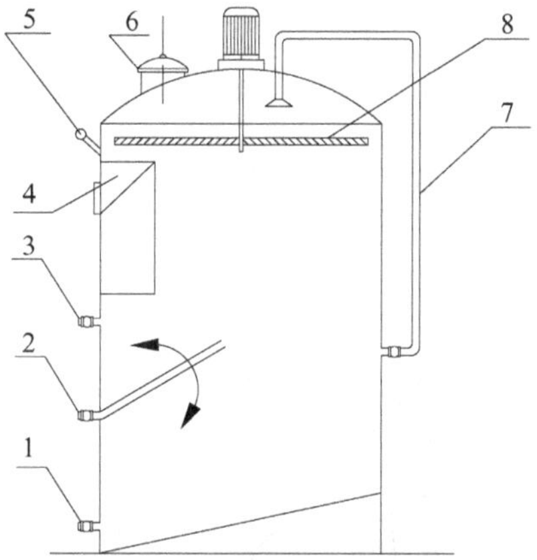

图 7-29　红葡萄酒连续发酵罐

1. 葡萄籽排出口；2. 浮动式葡萄酒排出口；3. 果浆进料口；4. 皮渣排出口；5. 调温喷淋器；6. 维修人孔；7. 果浆发酵液循环管；8. 皮盖表面搅拌器

（2）*嘉尼米德发酵罐*　嘉尼米德（Ganimede）发酵罐的结构如图 7-30 所示，为柱体锥底发酵罐，罐内设有漏斗形隔膜，将罐体分为上下两部分，隔膜两侧分别向罐外引出管道，并通过阀门连接，罐体下部通过管路将葡萄醪液引入罐顶部，并通过喷头完成喷淋作用，罐顶设置人孔，罐外壁为冷却夹套。

工作原理：液体温度差异导致密度的差异，进而发生液体的流动，温度高向上升起、温度低向下沉降；而二氧化碳气体在隔膜下方聚集到一定程度，也会穿过漏斗，对醪液起到搅拌的作用。

工作过程：被夹套冷却的发酵液沿罐壁下沉，遇到漏斗形隔膜，沿着隔膜朝罐中心处聚集。由于隔膜旁通阀关闭，隔膜下腔集满发酵产生的 CO_2 气体，并且在隔膜中心的脖颈处形成大气泡向上升起。在此处积聚的部分冷却的发酵液也随着气泡上浮。在隔膜中心的其余冷却发酵液继续下沉，通过隔膜脖颈，与隔膜下部中心部位的发酵液混合，隔膜下部的冷却夹套冷却罐壁处的发酵液，通过对流热交换作用也有助于下部温度的均衡，从而获得全面均衡的热量分布和温度控制。这种现象持续不断，实际上取得了均衡温度的作用。

嘉尼米德发酵罐可与一种蠕动式泵配合使用，这种蠕动式泵能快捷、方便地完成酒液和皮渣的一体化排放，不仅保证了需压榨皮渣的卫生和防止其受到氧化，还极大地减少了人力、能源和时间的消耗。

另外需要说明的是，不需任何改动，嘉尼米德发酵罐同时还是一个理想的储存罐，能够减少厂家对储酒罐的额外投资。目前，嘉尼米德发酵罐的最大容积可达 215t，这不仅提高了生产效率，单位发酵能力造价也降低了很多。

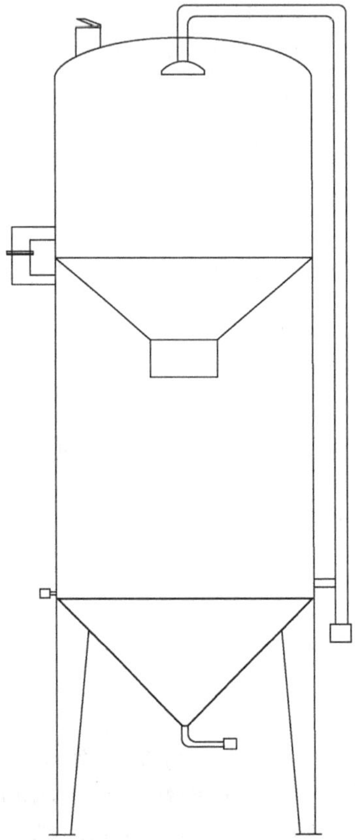

图 7-30　嘉尼米德发酵罐

小　结

厌氧发酵也称为无氧发酵，在发酵过程中，无须通入空气（O_2），因此，厌氧发酵设备与通风发酵设备的结构不同，无须设置通风管路，也不需要空气净化设备。乙醇、啤酒、红酒、沼气等的发酵都属于厌氧发酵，其发酵设备除了主体设备，还包括附属设备，包括 CIP 设备、搅拌设备和循环设备等。厌氧发酵过程中产生的气体如 CO_2、CH_4，可以通过管路收集，以获得有用气体。

复习思考题

1. 何为厌氧发酵？其与通风发酵有何区别？
2. 何为 CIP，在发酵过程中起什么作用？
3. 请叙述乙醇发酵设备的种类及特点。
4. 红葡萄酒发酵为何不需搅拌设备？
5. 请描述嘉尼米德发酵罐的工作过程。
6. 沼气发酵装置有何特点？

主要参考文献

陈洪章. 2003. 生物过程工程与设备. 北京：化学工业出版社.
陈洪章. 2004. 现代固态发酵原理及应用. 北京：化学工业出版社.
堵国成. 2021. 生物工艺学. 上海：华东理工大学出版社.
甘登岱. 2004. AutoCAD 中文版机械制图使用教程. 北京：人民邮电出版社.
高平，刘书志. 2005. 生物工程设备. 北京：化学工业出版社.
顾国贤. 2018. 酿造酒工艺学. 2 版. 北京：中国轻工业出版社.
李燕. 2011. 发酵工业概论. 2 版. 北京：中国轻工业出版社.
贾树彪. 2004. 新编酒精工艺学. 北京：化学工业出版社.
邱立友. 2015. 发酵工程与设备. 北京：中国农业出版社.
王传荣. 2004. 酒精生产技术. 北京：科学出版社.
吴思芳. 2003. 发酵工程工艺设计概论. 北京：中国轻工业出版社.
袁振宏. 2005. 生物质能利用原理与技术. 北京：化学工业出版社.
朱明军，梁世中. 2020. 生物工程设备. 3 版. 北京：中国轻工业出版社.

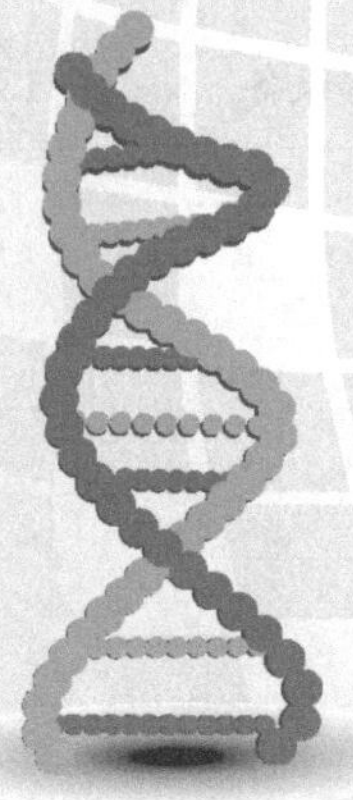

第八章　动植物细胞培养反应器及酶反应器

- 动植物细胞培养反应器及酶反应器
  - 动物细胞培养反应器
    - 动物细胞体外培养的特点及其培养方法
      - 贴壁培养
      - 悬浮培养
      - 微载体培养
      - 包埋培养
    - 动物细胞培养反应器的类型与特点
      - 机械搅拌式生物反应器
      - 气升式生物反应器
      - 中空纤维生物反应器
    - 动物细胞生物反应器系统的设计与控制
      - 搅拌桨设计
      - 加设导流管
      - 减小气泡尺寸
      - 供氧方式的改变
  - 植物细胞培养反应器
    - 植物细胞规模化培养过程的特点
      - 细胞培养液的性质
      - 植物细胞培养过程中的主要影响因素
        - 剪切力的影响
        - 气体成分的影响
        - 泡沫的影响
        - 光照的影响
        - 结团的影响
    - 植物细胞培养反应器的类型与特点
      - 机械搅拌式生物反应器
      - 非机械搅拌式生物反应器
        - 鼓泡式与气升式生物反应器
        - 转鼓式生物反应器
      - 固定式生物反应器
        - 凝胶固定细胞反应器
        - 膜反应器
    - 植物细胞培养反应器系统的设计与控制
      - 氧气供应
      - 光照系统的增设
      - 培养控制
  - 酶生物反应器
    - 酶生物反应器的要求
    - 各种酶生物反应器的类型和特点
      - 均相酶反应器
      - 非均相酶反应器
        - 连续搅拌釜式反应器
        - 堆积柱式反应器
        - 流化床反应器
    - 酶反应器的设计、选择和使用
      - 酶反应器的设计
        - 反应器类型的确定
        - 反应器制造材料的确定
        - 物料衡算
        - 热量衡算
      - 酶反应器的选择
        - 酶的形式
        - 固定化酶的形状
        - 底物的物理性质
        - 酶反应动力学性质
        - 酶的稳定性
        - 操作上的要求
        - 反应器制造和运行成本
      - 酶反应器的使用

生物反应器是生物工程的核心设备，人类在微生物大规模培养方面积累了大量的理论和丰富的经验，动植物细胞培养借鉴了微生物大规模培养技术，但动植物细胞在细胞结构上与微生物细胞存在着较大的差异，体外培养时对剪切作用十分敏感。因此，微生物细胞发酵罐不适合用于动植物细胞培养，设计和选择适宜的反应器是动植物细胞培养过程中的重要环节。本章主要介绍了各类动植物细胞培养反应器的结构、特点和设计的特殊要求。以酶作为生物催化剂进行的生物转化，具有显著的优越性，已被广泛应用于医药、食品、轻工、农业、能源及环保等行业。而酶反应器正是用于完成酶促反应的核心装置。本章对酶反应器的类型、特点及设计操作上的要求也进行了阐述。

第一节　动物细胞培养反应器

20 世纪 70 年代后期，基因工程的发展使得外源基因在微生物中得以成功表达，由于其简单快速、生产效率高，逐渐形成了以原核细胞为培养对象的基因工程技术和大规模微生物培养技术，且有取代动物细胞培养的趋势。但许多生物活性蛋白不能在微生物工程菌中表达，而只能在动物细胞中产生，即使能够表达也不能将蛋白质产物自动分泌到胞外，给产物分离带来了麻烦。进入 80 年代以后，随着基因工程技术和细胞融合技术的迅速发展，人们已经能够把特定的外源基因通过 PCR 技术扩增几千倍，并转染到动物细胞内，使其高效表达。通过动物细胞培养可以获得各类病毒疫苗、基因工程蛋白质药物、单克隆抗体等治疗与诊断的生物制品，可以实现临床细胞治疗体细胞、基因治疗病毒载体与体细胞的大量培养及农林作物病毒杀虫剂的工业化生产。可以说，动物细胞培养生产的各种产品是其他植物、微生物细胞培养所无法比拟的，显示出了巨大的工业发展前景。

由于动物细胞外层没有细胞壁，大规模培养动物细胞的反应器与微生物、植物细胞的不同。具备低的剪切效应、较好的传递效果和力学性质是这类反应器设计或改进所必须遵循的原则。

一、动物细胞体外培养的特点及其培养方法

离体培养的动物细胞可分为三种类型：贴壁依赖型（anchorage-dependent）、非贴壁依赖型（anchorage-independent）和兼性贴壁型。贴壁依赖型细胞在体外培养时，必须使细胞贴附在某种基质上进行增殖，大多数动物细胞都属于贴壁依赖型细胞。动物细胞分裂周期较长，一般为 12～48h。由于动物细胞只有细胞膜，而没有细胞壁的保护，对培养环境十分敏感，一切影响细胞膜变形的因素都会影响动物细胞的存活。

根据体外培养的特点，通常有 4 种培养方法，即贴壁培养（adherent culture）、悬浮培养（suspension culture）、微载体培养（microcarrier culture）和包埋培养（entrapped culture）。

1. 贴壁培养　贴壁培养是让细胞贴附于适当基质上进行增殖培养的方法（数字资源 8-1）。它适用于一切贴壁依赖型细胞及兼性贴壁型细胞。原来是圆形的细胞一经贴壁就迅速在培养表面上扩展，然后开始有丝分裂，并很快进入对数生长期。一般在数天后铺满生长表面，形成致密的细胞单层。其优点是可以采用灌流式操作方式使细胞浓度大大提高。贴壁的介质包括各种玻璃器皿及塑料制品，如培养瓶、滚瓶、多孔板及塑料载体等，其结构简单、投资少、技术成熟、重复性好。但单位体积细胞产率低，监测和控制受到限制，规模放大也比较困难，

数字资源
8-1

且继代时需要采用适当的方法将细胞从基质上剥离下来，操作较麻烦。

数字资源 8-2

2. 悬浮培养 悬浮培养是细胞在培养器中自由悬浮生长的过程（数字资源 8-2）。它主要适用于非贴壁依赖型细胞，也可用于兼性贴壁型细胞。该方法的优点在于操作简便，可简化生物反应器系统的设计、放大和操作；培养条件比较均一，传质效果较好，易检测、控制及优化；培养体系中不需任何载体和细胞贴壁因子，培养成本较低。其不足之处是难以采用灌注方式，因此细胞密度较小，目的产物产量不高。

3. 微载体培养 微载体培养是充分利用悬浮培养优势的细胞贴壁培养。操作时将细胞贴附于微载体（微小颗粒）上，使之悬浮于培养基中，并逐渐生长成一单层。这种培养方法突出的优点是提供了相当大的细胞贴附表面积，而且微载体体积小、密度轻，轻度搅拌即可实现悬浮。微载体一般呈直径为 50～300μm 的小球状。目前，国际市场上出售的微载体商品的类型已达十几种以上，包括液体微载体、大孔明胶微载体、聚苯乙烯微载体、聚甲基丙烯酸羟乙酯（PHEMA）微载体、甲壳质微载体、聚氨酯泡沫微载体、藻酸盐凝胶微载体及磁性微载体等。

4. 包埋培养 包埋培养是将细胞和多聚体或单体混合，随着凝胶的形成，细胞嵌入多聚物网络中。如果包埋的凝胶载体较大，有时也称为巨载体或大载体（macrocarrier）培养。常用的包埋材料包括人工合成材料（如聚丙烯酰胺、环氧树脂、聚丙烯甲酸酯、聚乙烯醇等）、糖类（如纤维素、琼脂、海藻酸钙等）及蛋白质类（如胶原、明胶、纤维蛋白等）。包埋培养一般适用于某些细胞的三维培养，其负荷量大，细胞泄漏较少。

二、动物细胞培养反应器的类型与特点

目前，动物细胞培养反应器的常用类型有机械搅拌式生物反应器、气升式生物反应器和中空纤维生物反应器等。反应器容积也已经达到 20t 以上。

1. 机械搅拌式生物反应器 该生物反应器的主要优点是结构相对简单，既可用于悬浮培养，也适用于微载体培养，细胞培养工艺放大相对容易，产品质量稳定，非常适合于工业化生产生物制品。目前，超过 70%的动物细胞培养反应器是机械搅拌式生物反应器。其主要由培养罐、管道、阀门、泵、电机及电子控制器等组成。实验室研究用的罐体一般是玻璃的，而疫苗或抗体等工业化应用的罐体则由不锈钢制造。搅拌由顶端或底部的电机来驱动，可以获得良好的混合和传质效果。罐体培养液的温度、pH、溶氧等参数进行在线检测和控制，安置在罐体的顶端或侧面。

各种机械搅拌式生物反应器的主要区别在于搅拌器的结构。根据动物细胞培养的特点，要求搅拌器转动时产生的剪切力小，混合性能好。围绕这个要求，已开发出不少型式的搅拌器。使用较多的反应器有两种：①贝朗公司的 BIOSTAT B 反应器，使用双桨叶无气泡通气搅拌系统；②NBS 公司（New Brunswick Scientific Co., Inc.）的 CelliGen（图 8-1）、CelliGenPlus™和 Biofo 3000 反应器，使用 Cell-lift 双筛网搅拌系统。两种系统都能实现培养细胞和收获产物的有效分离。

自 20 世纪 80 年代初起，华东理工大学、中国科学院等有关科研院所就开始动物细胞培养反应器的研究及应用，但都停留在实验室研究阶段。2008 年起，北京天和瑞博生物科技有限公司连续推出 CLAVORUS™ 系列动物细胞培养反应器，在疫苗行业得到了成功应用，真正实现了动物细胞生物反应器的国产化。该系列反应器的特点是采用先进的磁力搅拌器装置代替传统的机械搅拌装置，去除了机械密封，增加了系统密封性，保证了反应器长时间无菌运行的安全性；通气系统采用微泡发生器，气泡更小、更均匀。

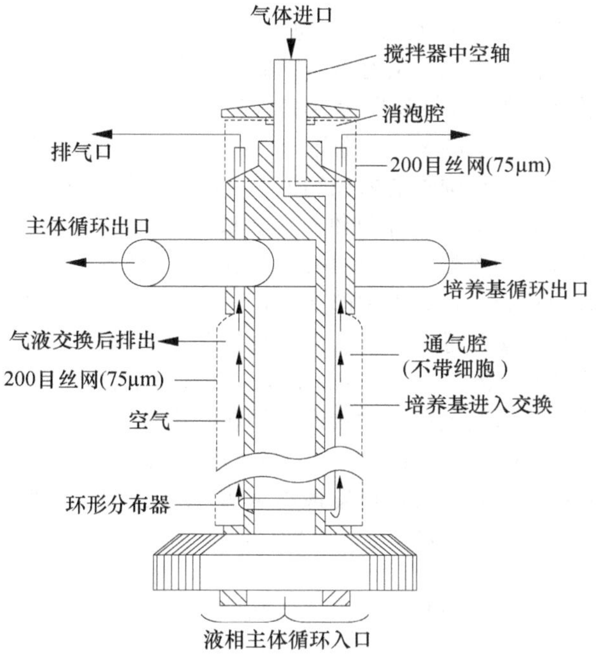

图 8-1　CelliGen 笼式通气搅拌器

2. 气升式生物反应器　其基本原理与第六章气升式发酵罐相同。动物细胞培养一般采用内循环式，也有少数采用外循环式。反应器内装有环形管作为气体喷射器，在控制的气速范围内，孔的设计要保证产生的气泡直径为 1～20mm，流速一般控制在 0.01～0.06VVM①，反应器高径比一般为（3～12）∶1。

与机械搅拌式生物反应器相比，气升式生物反应器的剪切力小，湍动温和而均匀；反应器内无机械运动配件，细胞损伤率低；通过喷射空气供氧，氧传递率高；反应器内循环量大，细胞和营养成分能均匀分布于培养基中。

在气升式生物反应器中，可以通过调节进入空气的速率来控制溶氧。可通过在进气中加入二氧化碳或加入氢氧化钠溶液来控制 pH。在低血清培养和小通气量下，一般产生的泡沫不多；若产生泡沫多时，可采用专门消泡剂控制。细胞数量可通过无菌取样用血细胞计数器检测或通过溶氧曲线间接估计。

抗体的合成大多数处于平稳期和衰退期，在持续 300h 培养中产生了 200g 抗体。根据细胞系的不同，生产周期为 140～400h，倍增时间和最大细胞密度分别为 11～36h 和（1.0～46）× 10^6 个/mL，抗体浓度为 40～500mg/L。

全自动气升式深层培养系统为全部密闭结构。混合气体自通气管道输入，气体沿着培养器中央的内管上升。一部分气体从培养器的顶部逸出，另一部分气体被引导沿培养器的内缘下降，循环后与新通入的气体混合后进入下一轮循环。这样借助气体的上下不断循环搅动培养器内的细胞，使之不贴壁。该系统的优点有：①没有移动配件；②完全密封；③便于无菌操作；④不易污染；⑤设计简单；⑥便于放大生产；⑦氧的转换率高等。这些优点使该培养系统能较好地满足细胞生长时所需的要求。

由于放大上的困难，目前大规模的气升式生物反应器很少，瑞士的 Lonza 公司有 2 台达到 5000L 的气升式生物反应器，其他公司很少采用气升式生物反应器。

---

① VVM 表示单位时间（min）、单位体积内通入的空气体积。

3. 中空纤维生物反应器 中空纤维生物反应器是开发较早且正在不断改进的一类生物反应器，既可培养悬浮生长的细胞，又可培养贴壁依赖型细胞，细胞密度高达 10^9 个/mL 数量级。如果能控制系统不受污染，保持长期运转，则具有很高的工业应用价值。

这类反应器由中空纤维管（图 8-2）组成，一个培养筒内由数千根中空纤维组成，然后封存在特制的圆筒里。每根中空纤维管的内径约为 200μm，壁厚为 50～70μm。管壁是多孔膜，O_2 和 CO_2 等小分子可以自由透过。每根纤维管内构成“内室”，可灌流无血清培养液供细胞生长。管与管之间的间隙就成为“外室”，动物细胞贴附于“外室”的管壁上，可以很方便地获取从“内室”渗透出来的养分。培养液中的血清也可输入“外室”，由于血清和细胞分泌产物（如单克隆抗体）的分子质量大而无法穿透到“内室”去，只能留在“外室”并且不断被浓缩，因而简化了后续的提纯工艺。收集产物时，只要把管与管之间的“外室”总出口打开，产物就能流出来。而细胞生长繁殖过程中的代谢废物属于小分子物质，可从管壁渗进“内室”，最后从“内室”总出口排出，不会对“外室”细胞产生毒害作用。一般细胞在接种 1～3 周后，就可以完全充满管壁的空隙。细胞厚度最终可达 10 层之多。细胞停止增殖后，仍可维持其高水平代谢和分泌功能，长达几周甚至几个月。

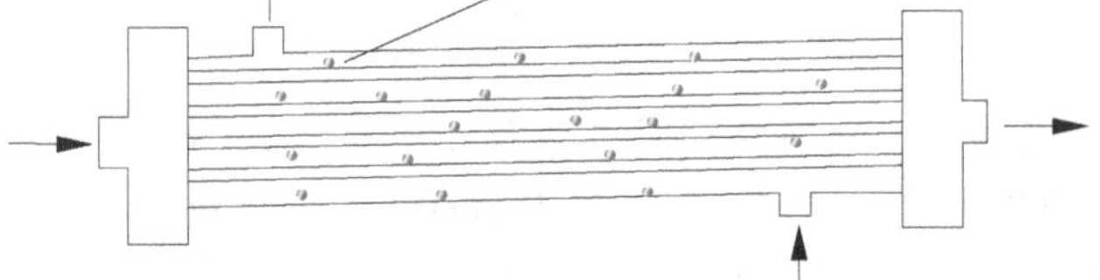

图 8-2 中空纤维生物反应器示意图

在探究和改善中空纤维生物反应器的传质效果方面，研究者都进行了不同方面的尝试。其中将不同细胞高密度填充于中空纤维灌注体系，开发一种平床中空纤维生物反应器，比较成功。该反应器运行时由空气和 CO_2 通过纤维，培养基流经纤维床，使附着其中的细胞获得营养。经过两个月的培养，SV3T3 细胞系增殖形成直径小于 1mm 的细胞团。而利用一个含有中间进料器和外部透过层的中空纤维环形床灌注系统，可以培养不同细胞，在 12d 时细胞浓度可以增加一倍。当然，动物细胞培养的一个趋势是治疗性，细胞是主要培养目标。例如，肝细胞的培养可用于肝病患者的治疗；造血干细胞可用于骨髓移植；等等。虽然中空纤维生物反应器的优点多，但其显然的缺点是反应器中存在着氧气和营养成分的浓度梯度。

三、动物细胞生物反应器系统的设计与控制

成功的动物细胞培养过程也需要质量和热量的传递。因此，搅拌和通气成为动物细胞培养反应器控制的关键因素。但是，缺乏细胞壁的保护，搅拌和通气往往会对动物细胞造成损害。这种损伤的物理作用主要包括两方面：一是剪切力，二是起泡能量。如何将搅拌和通气相结合，如何使反应器中的损害减到最小呢？这在动物细胞培养反应器设计中显得尤为重要。

1. 搅拌桨设计 搅拌桨的设计及其运作方式在动物细胞大规模培养中是至关重要的。螺旋桨式搅拌器（图 6-4B）会使每单位输入能量产生更快的流动，由此产生的剪切作用也较小，适合于动物细胞的培养。这种叶轮的另一个优点是将细胞从反应器底部提升的效率更高。因此，采用轴向流叶轮以较低的转速运行，在动物细胞培养中已得到广泛使用。这种叶轮运作

时，可优化液-液传质速率和传热速率，但并不能增大氧气传递的表面积。虽然这种叶轮的设计不是为了提高剪切作用以便消泡，但却能阻碍泡沫直接上升到表面，于是增加了泡沫滞留的时间，因而提高了氧气传递的效率。

2. 加设导流管　导流管的一个重要功能就是补偿剪切作用。气升式生物反应器之所以能成功地用于哺乳动物和昆虫细胞大规模培养，主要是这个过程没有涉及泡沫损伤等相关的潜在问题。由于这种反应器产生的剪切作用比较弱，再结合使用适宜的培养基和剪切保护剂，可以补偿可能增加的泡沫损伤。在机械搅拌式生物反应器中加设导流管也可以获得类似的效果（图 8-3）。

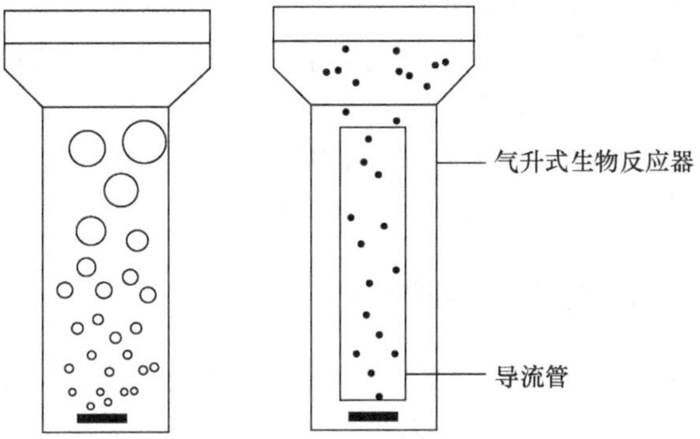

图 8-3　加设导流管的作用

3. 减小气泡尺寸　在气泡破裂过程中，细胞受损程度随着释放能量的增加而增加。大气泡破裂时释放的能量往往比小气泡多，因此大气泡更具破坏性，需要对尺寸加以调整。喷嘴则充当了减小气泡尺寸的重要角色。在设计气体喷射式反应器时，选用形成小气泡的喷嘴。

4. 供氧方式的改变　供氧方式在反应器设计中是非常重要的因素之一，目前的供氧方式主要有顶部供氧、外部供氧和无泡供氧三种。顶部供氧也就是将富氧气体通入反应器顶部，让氧气扩散到液体中。在顶部也可施加压力，以增大气相中氧气的分压。这是最简单的供氧方法，已被广泛使用于小规模培养体系，如 T 形瓶、转瓶等。在大规模体系中，以纯氧代替空气也已得到了尝试。更常用且有效的方式是外部供氧，即采用一个单独的供氧室，培养基在其中充氧后泵入反应器中供给细胞营养，当氧气耗尽时再泵回供氧室。无泡供氧可采用多种不同的工艺，包括气体透过。常用的材料为硅胶管、膜和筛网等。富氧气体通过固定的管或膜，再经孔隙扩散到液体培养基中。同时，CO_2 从培养基反扩散到气相中。管或膜一般是憎水性材料，也极大地减小了细胞堵塞孔隙的概率。

当前，动物细胞培养反应器的主要目的是高密度培养动物细胞生产生物制品。随着人类需求的发展，诞生了新兴的组织工程领域。利用动物细胞培养反应器大规模扩增干细胞种子，或进行三维培养动物细胞（主要是人类细胞），以满足组织工程或器官再生的需要，将具有良好的发展前景。因此，针对不同组织细胞培养及培养的不同目的，在细胞生物学、细胞力学等领域研究的基础上，不断地开发出有针对性的专用型生物反应器，是动物细胞培养反应器的基本发展方向。

第二节　植物细胞培养反应器

据不完全统计，植物能产 10 多万种化合物且每年有数千种新化合物被发现，远超过微生物所产种类。李时珍于1578年撰写完成的《本草纲目》中所列的1892种药物绝大多数是植物药物，目前仍有约25%的法定药品来自植物，其药物的有效成分均为次生产物。植物来源的天然药物越来越受到世界各国的关注。此外，许多次生产物还是优良的食品添加剂和名贵化妆品原料。有些是生物毒素的主要来源，可以用于杀虫、杀菌，而对环境和人畜无害，是理想的环保产品。总之，植物次生代谢产物在医药、食品、轻化工业等领域具有重要意义。应用细胞培养系统合成有用的植物次生产物，不受气候、土壤、病虫害侵袭等自然条件限制，培养过程易优化，产品质量易控制，而且培养周期短，生产效率高，很可能发展成为广义化学工业的一个组成部分，有望解决天然产物的长期供应问题。1983年，日本三井石油化学工业公司在世界上首次成功地采用紫草细胞培养工业化生产紫草宁。此后，人参细胞培养生产人参皂苷，黄连细胞培养生产小檗碱，长春花细胞培养生产长春碱，红豆杉细胞培养生产紫杉醇等相继取得成功。迄今为止，已经从400多种植物中分离出细胞，并通过细胞培养，获得600多种化合物。在这个发展过程中，研究合适的反应器对于植物细胞大规模培养是非常重要的。

一、植物细胞规模化培养过程的特点

植物细胞规模化培养技术是在微生物生物反应器技术的基础上发展起来的，但植物细胞培养过程与微生物具有很大的区别，如细胞大小和形状、培养液黏度等。因此，对植物细胞培养反应器进行选型，首先需要了解植物细胞的有关性质。

（一）细胞培养液的性质

培养不同细胞需要不同的细胞培养液，由于植物细胞与微生物不同，因此微生物培养模式不能直接用于培养植物细胞。表8-1是植物细胞、动物细胞与微生物细胞在不同性质方面的比较。

表8-1　植物细胞、动物细胞与微生物细胞的比较（黄儒强和黄继红，2023）

性质	植物细胞	动物细胞	微生物细胞
直径/μm	100～200	10～100	<10
代谢调节方式	内部和激素	内部和激素	内部
营养要求	苛刻	很苛刻	宽松，可利用多种底物
生长速率	—	倍增时间一般为12～60h	倍增时间一般为0.5～2h
机械强度	差，抗剪能力弱	最差，缺乏保护性细胞壁	较好
环境适应性	差	很差	好
黏附性	细胞团形式	贴壁生长	悬浮生长

植物细胞要比微生物细胞大得多，在普通低倍光学显微镜下就能够观察微观形态。以烟草细胞为例，其细胞直径要比微生物细胞大50～100倍，体积要大10^5～10^6倍。在细胞培养过程中，细胞形态有明显的变化。在初期，多半是比较大的游离细胞；接着，细胞开始分裂，分裂成一个一个较小的细胞；与此同时，较小的细胞聚集成细胞块。在生长停止后，细胞便伸长、长大，块状细胞游离分散。细胞液黏度随着细胞浓度的增加显著上升。烟草细胞对数生长期的培养液黏度约为培养初期的30倍。

（二）植物细胞培养过程中的主要影响因素

由表8-1可以看出，植物细胞特性比动物细胞更接近微生物细胞，植物细胞培养反应器的研制主要借鉴了微生物培养反应器的成功经验，但它们又存在着巨大的差异。因此，植物细胞培养反应器的设计和放大必须考虑更多的因素。

1. 剪切力的影响　植物细胞壁主要成分为纤维素，虽然具有较大的抗张强度，但细胞内的液泡占据了95%甚至更多的细胞体积，这些特性决定了植物细胞对水动力学剪切力十分敏感，因此其抗剪切的能力相当弱。在一定程度的剪切力作用下，细胞易受损害，发生培养活性下降、细胞自溶、酚类物质外泄等现象。此外，剪切速率上升时，细胞扩增系数（湿重或干重）下降，表明细胞体积在高剪切力作用下不能扩增较大，对细胞生长速率的影响也相似，还往往导致目的代谢产物相对含量下降。

因此，植物细胞培养反应器在使用类似微生物培养中的通用式反应器时，其搅拌装置需要进行改造，以降低剪切力的作用。流体剪切力对植物细胞的影响包括正反两个方面：一方面，适当的剪切力可增加培养系统的通气性，保持体系良好的混合状态和分散性，从而提高细胞的生物量和增加次生产物的产量。另一方面，剪切力对植物细胞的损伤，往往会造成细胞内含物释放，从而改变体系的物理性质，进而影响整个培养系统的细胞生长和产物合成。处理好混合均匀与低剪切作用之间的关系，是植物细胞培养反应器设计中的关键内容。

2. 气体成分的影响　所有的植物细胞都是好气性的，因此培养过程中需要持续供氧。由于其代谢速度慢，故对氧的需求较微生物低，最大氧摄入速率为1～3.5mmol/h，而微生物细胞是5～90mmol/h。但是由于植物细胞培养的高密度及高黏度等特性，氧的传输会受到阻碍。过高或过低的溶氧都会对培养过程不利。通常情况下，氧气的传递与通气速率、培养液的流变学特性及气液界面面积有关。氧从气相到细胞的传输速率用K_La（单位体积传质系数）表示，K_La反映了通气与搅拌的综合影响。许多研究表明，K_La显著地影响着植物细胞的生长。有人分别用15L和60L的反应器在通气搅拌的条件下研究K_La对烟草细胞生长的影响。当K_La在$10h^{-1}$以下时，细胞量和K_La成正比。在每一个培养系统中，K_La都有一个利于细胞生长及代谢产物合成的适宜范围。要想获得最佳的生物量和次生产物产率，就必须满足其供氧要求。

与供氧相似，CO_2的浓度对于细胞的生长也相当重要。植物细胞可非光合地利用CO_2，如在通气调节过程中，混入2%～4%的CO_2能消除高通气速率对长春花细胞生长和次生产物生产的不良影响。在大规模培养过程中，必须使氧气和CO_2的浓度达到一种平衡状态，让细胞生长在各种气体成分相协调的环境中。

3. 泡沫的影响　植物细胞培养时一般向胞外分泌多糖等物质，而这些分泌物中蛋白质含量常高达36%。这使得植物细胞培养反应器中泡沫产生现象特别严重，由于植物细胞的表面特性，许多细胞趋向于在气-液界面聚集，并被泡沫夹带脱离发酵液主体，被夹带的细胞大量黏附在壁上形成一层厚厚的壳，阻碍了培养液的正常循环流动，并造成发酵液中细胞浓度急剧下降，不利于细胞的正常生长。

4. 光照的影响　光照对植物细胞代谢有重要影响，在不同的植物组织或细胞中，许多次级代谢产物（包括黄酮类、蒽醌类、多酚类、萜类和挥发油等）的合成会受光照的调节，部分研究显示，光照对于胡萝卜素、黄酮、花青素、多酚类、质体醌等的合成有促进作用，而对烟碱和紫草宁的合成却有抑制作用。这就要求在大规模培养植物细胞时能够有效地控制光照的参与，但实际上在大规模反应器上提供光照是相当困难的，到目前为止，尚无较好的办法。植物细胞培养液的透光性不好，发光设备置于罐体外，光线很难照射到培养液内；置于罐体内，光照强度不易均匀。

5. 结团的影响　仅有少数几种植物细胞悬浮系是以单细胞形式存在的，绝大多数在悬浮培养时结成小团，直径小至100μm，大至几毫米。过大的细胞团不但使发酵液混合困难，而且细胞团沉至罐底，会影响传质，使中心营养和氧水平不足，影响产物的合成能力。但一般认为植物细胞培养没有形成组织分化是某些次级代谢产物合成能力下降或消失的原因，一定的结团使颗粒中心至表面形成一个传质梯度，起到了一个类似细胞分化的作用，往往一定程度上有利于目的产物的形成。细胞团的大小取决于培养系统的剪切力及其他环境因素，因此通过改变这些操作条件，使细胞团保持合适的大小也是反应器设计时要考虑的一个问题。

二、植物细胞培养反应器的类型与特点

1959 年，Tulecke 和 Nickell 首次将微生物培养的发酵工艺用到高等植物的悬浮培养中。此后研究利用生物反应器进行植物细胞的大规模培养工作便逐步展开。目前使用的植物细胞培养反应器主要有传统的机械搅拌式、非机械搅拌式及固定式等几种。

（一）机械搅拌式生物反应器

由于机械搅拌式生物反应器在微生物发酵工业中已被大量采用，避免了在新型生物反应器设计上的投资，对于植物细胞培养的工业生产来说是极有价值的。搅拌混合可维持悬浮液中的细胞处于一个相对均相的环境。叶轮搅拌速度为 30～100r/min 时适合于植物细胞的培养。搅拌转速越高，产生的剪切力越大，对植物细胞的伤害也越大。而对剪切力敏感的植物细胞，传统的机械搅拌罐（机械搅拌通风密闭发酵罐，见图 6-2 和图 6-3）不适用。需要对搅拌罐进行改进，包括改变搅拌形式、搅拌桨的类型与结构和气体分布器等，力求减少剪切力，同时满足供氧与混合的要求。

将涡轮状叶轮、方框形叶轮（如平叶轮）、螺旋状叶轮等不同形式的搅拌桨用于植物细胞培养，剪切力大小不一样，涡轮状叶轮优于平叶轮，而平叶轮又优于螺旋状叶轮。因此，采用适宜的搅拌桨类型和结构可使植物细胞的生长不受损害，最常用的是标准 Rushton 涡轮机（图 8-4A）。这种辐射流式涡轮提供了良好的氧气运输和较小的剪切力。但在高黏度的培养基中，其抽吸能力不强，悬浮液的一致性较差，因而需要使用其他类型直径较大的叶轮，如大的搅拌桨及螺旋式叶轮（图 8-4B）。另一种是带有倾斜叶片的涡轮（图 8-4C），该结构提供了混合的轴向流和辐射流（轴向流产生抽吸作用，辐射流产生剪切作用），这样生物反应器的混合效果得到了改进。

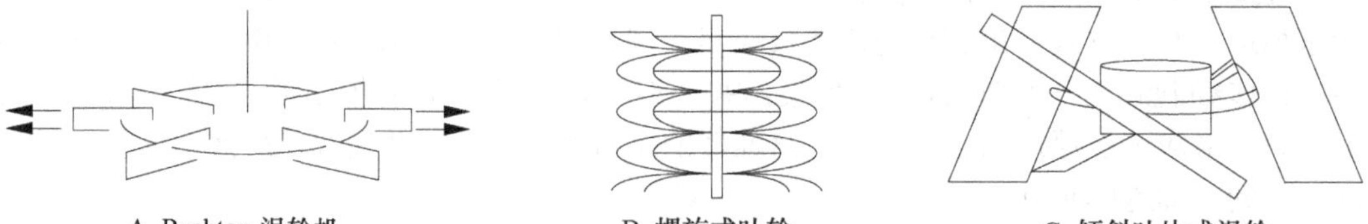

A Rushton 涡轮机　　B 螺旋式叶轮　　C 倾斜叶片式涡轮

图 8-4　涡轮的类型

（二）非机械搅拌式生物反应器

相对于传统的机械搅拌式生物反应器，非机械搅拌式生物反应器所产生的剪切力较小，结构简单，因此较适于植物细胞培养，其主要类型有鼓泡式生物反应器、气升式生物反应器和转鼓式生物反应器。

1. 鼓泡式与气升式生物反应器　20 世纪 70 年代开始，许多研究者开始致力于研究一种空气能在其中同时提供通风和搅拌的生物反应器。较为简单的设计是由一个高与直径比较大的

圆柱组成的鼓泡式生物反应器（图 8-5）。鼓泡式生物反应器通过反应器底部的喷嘴及多孔板实现气体分散，促进液体流动。这种方式所提供的搅拌力要比机械搅拌式生物反应器柔和得多，混合可以在很低的剪切力条件下实现。气升式生物反应器（气升式发酵罐，见图 6-23）是在鼓泡式生物反应器基础上发展起来的。它通过在鼓泡式生物反应器内部增加一个通气管来提高混合效率。

2. 转鼓式生物反应器　转鼓式生物反应器（图 8-6）是一种新型的反应器，它利用转子的转动来促进液体中溶氧与营养物的混合。通过应用不同反应器对烟草细胞悬浮培养的研究发现，相同条件下转鼓式生物反应器中细胞生长速率高，其氧的传递及细胞所受剪切损伤均优于气升式生物反应器。

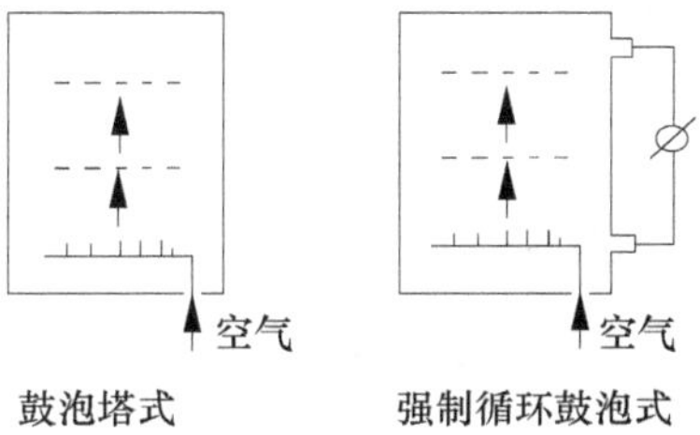

图 8-5　鼓泡式生物反应器结构示意图

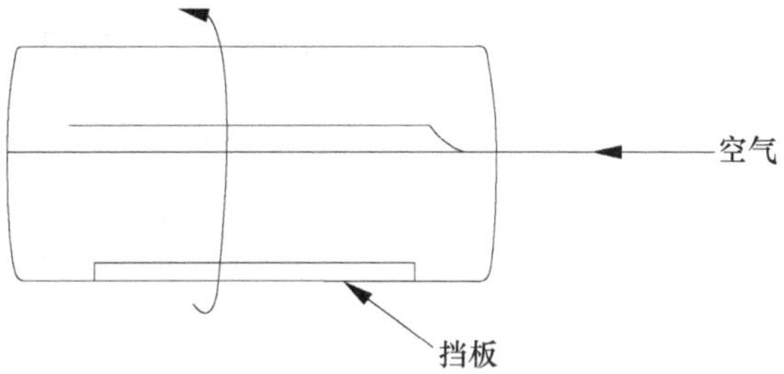

图 8-6　转鼓式生物反应器结构示意图

由于转鼓式生物反应器具有悬浮系统均一、低剪切环境、供氧效率高及防止细胞贴壁的优点，适合于高密度植物悬浮细胞的培养。在某些植物细胞如长春花（*Catharanthus roseus*）、紫草（*Lithospermum erythrorhizon*）的培养上取得了令人满意的效果。

（三）固定式生物反应器

植物细胞培养的最大问题是培养细胞的遗传和生理的高度不稳定性。为了避免细胞间的不一致性导致的产率降低或产生其他代谢物的情况，人们建立了植物细胞固定化培养技术，并设计了相应的生物反应器。

这种培养方式下，细胞位置固定，所处环境类似于自然植物体上所处状态，细胞间相互接触，形成一定的理化梯度，有利于次生产物的生产。因此，固定化细胞系统比悬浮系统更适合于植物细胞团的培养。另外，固定化细胞包埋于支持物内，可以消除或极大地减弱剪切力的影响。固定化细胞系统还可实现连续操作，一方面培养基不断流入反应器，另一方面带有代谢产物的培养液也不断流出。这对于胞外代谢产物的生产是十分适宜的。

根据细胞固定的介质不同，可将固定式生物反应器分为两种类型：凝胶固定细胞反应器和膜反应器。

1. 凝胶固定细胞反应器　在凝胶固定细胞反应器（gel-entrapped cell reactor）中，植物细胞被固定于藻酸盐、琼脂糖、角叉胶、聚丙烯酰胺等聚合体形成的颗粒中（图 8-7）。其中，褐藻酸盐是最常用且易于操作的一种。将植物细胞悬浮液的浓缩液与无菌的藻酸盐溶液混合成含细胞质量浓度为 1%～3%的溶液，再向该溶液中逐滴加入 $CaCl_2$ 溶液，于是便聚集成直径只有几毫米的小颗粒。洗涤后，藻酸盐颗粒被加入反应器中与培养基混合。由于培

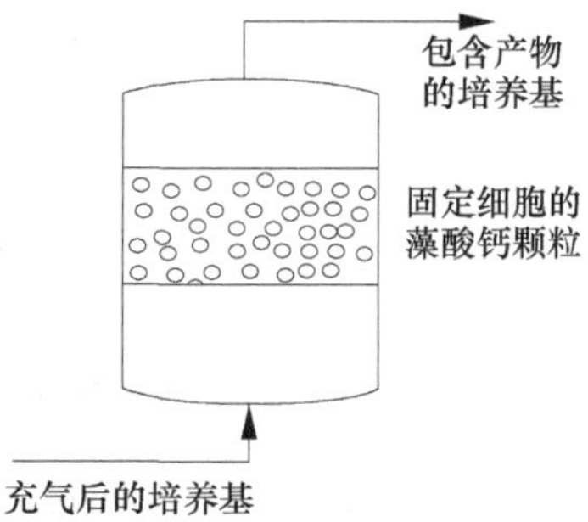

图 8-7　凝胶固定细胞反应器示意图

养基在流入反应器之前已冲入了气体，因此，藻酸盐颗粒在反应器中便像是在翻腾。

2. 膜反应器 膜是另一种可供细胞固定化的载体。膜反应器（membrane reactor）（图 8-8）将细胞固定在膜上形成细胞层，培养基平行于细胞层流动，营养透过膜扩散至细胞层，次级代谢物分泌透过膜扩散至培养基。Shuler 首次报道了利用中空纤维固定烟草细胞生产酚类物质。接着，Jones 等（1983）利用中空纤维生物反应器进行胡萝卜和碧冬茄（*Petunia hybrida*）细胞的固定化培养，4d 后酚类物质的含量从开始的 0.31mg/L 增至 0.90mg/L，并维持此水平达 20d。另外，Humphrey 对植物细胞培养微孔膜通气反应器进行了研究，结果说明，植物细胞膜反应器的剪切力与管的长度、直径和膜厚度，进气的组成和压力，细胞生长培养阶段等诸多因素相关，为膜反应器设计提供了合理的依据。

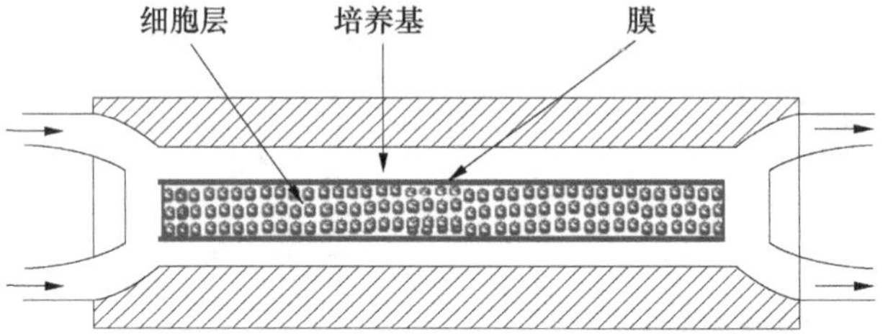

图 8-8 膜反应器示意图

随着研究的不断深入，一些新型的复合膜反应器也相继出现。而限制膜反应器操作的主要因素是气体的传递和产物抑制。多膜系统对此有所缓解。与单膜反应器相比，多膜反应器可使代谢产物有选择性地与反应体系相分离，便于产物的回收，消除产物抑制，提高反应器的生产效率。另外，反应器构型也有不同的形式，除了常见的平板膜反应器，还有管式膜反应器。

三、植物细胞培养反应器系统的设计与控制

（一）氧气供应

悬浮培养的植物细胞不能利用气态氧，而只能吸收溶解氧。由于氧气在水中的溶解度要远小于其他营养成分（如 25～30℃条件下溶解氧的浓度为 8mg/L），要维持所需的氧气运输水平必须持续地通气，通过气泡实现反应器中的氧气运输。扩散边界层往往会妨碍氧气分子由气泡向细胞的扩散，其中最主要的阻力因素是气泡周围的液膜（图 8-9）。氧气的扩散速率与阻力成一定的比例关系，可以用扩散系数（K_L）及气泡总面积（a）来衡量。

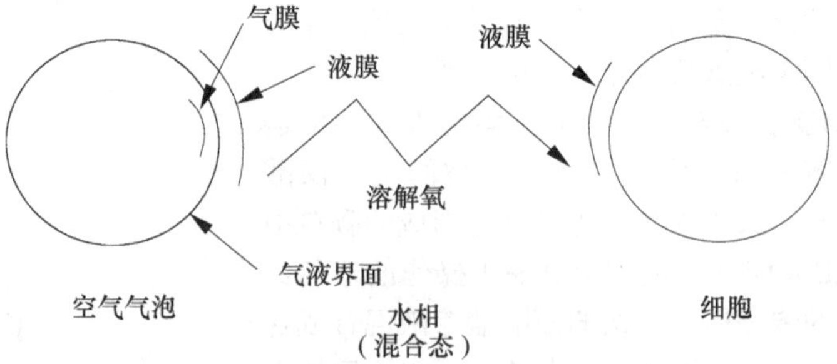

图 8-9 氧气的运输过程及反应器中运输的界限

氧气的运输速率（ORT）由式（8-1）计算：

$$\text{ORT}[\text{g}/(\text{L}\cdot\text{h})]=\frac{\text{d}C_\text{L}}{\text{d}t}=K_\text{L}a\left(C^*-C_\text{L}\right) \tag{8-1}$$

式中，K_L为液相扩散系数，cm/h；a为气泡总面积，cm^2/cm^3；C^*为溶解氧的理论饱和浓度，g/L；C_L为任何情况下液相中实际测量的溶解氧浓度，g/L；dC_L/dt为在 t时刻，再过 dt时间段内溶解氧浓度的变化值为dC_L。

C^*-C_L的值代表了氧气运输的浓度驱动力，K_La是经常要测量的单位体积氧的传递系数。事实上，K_L与a的值很难单独确定。K_La主要表示培养系统的物理属性，包括反应器中流体的流变学特性及生物反应器的类型。为了加快氧气的运输速率，可增加气泡的数量或减小气泡的半径来扩大表面积a。这些因素与空气流动速度和搅拌也有关。搅拌的基本作用是驱散喷入的空气。此外，具有足够大孔径的多孔喷雾器要优于简单的单孔喷雾器。搅拌还可使气泡周围的液膜厚度变薄，使扩散系数K_L增大。但植物细胞所需的氧气远低于微生物，通常维持气体的流动速率为0.1～0.3min^{-1}（每分钟充入生物反应器细胞培养基中的空气体积比率）。

对培养过程进行动力学研究时，用极谱氧电极可以在生物反应器中测得C_L。通入N_2排出气体之后，正常空气流再次被利用。由C_L的值可得到$dC_L/dt=f(C^*-C_L)$，根据斜率即可得到K_La的值。

（二）光照系统的增设

由于大多数植物细胞对光照的依赖性，在设计反应器时往往要考虑增加光照系统。但是如果只是简单地在普通反应器中增加该系统，则存在很多问题，如光源的安装、光的传递、反应器供气混合的影响等。小规模实验中可采用外部光照的方法，但对于大规模生产却并不适用。因此，研究者开始着手研究内部光源反应器。

Mori 等（1990）发明了一种光反应器，将多个透明圆柱体平行安装在反应器罐内，光源放置在透明圆柱体中，CO_2供给的气体交换器在罐内两个圆柱之间。Ogbonna 等（1996）研制了一种用于大规模培养光合细胞的新型内部光照搅拌式光生物反应器，由多个单元组成，每个单元中心固定一个玻璃管，光源就插入其中。考虑到搅拌混合的需要，该反应器搅拌桨设计为旋转时不接触玻璃管；同时，玻璃管也可作为挡板，因此在低转速下仍有较高的混合程度，而且达到低剪切的目的。由于发光体并非机械地固定在反应器上，因此反应器可高压灭菌，待冷却后再将发光体插入玻璃管中。

（三）培养控制

培养过程中对有用参量的连续记录是非常重要的，它可以实时跟踪细胞培养全过程。依据植物细胞复杂的调控机制及代谢途径，前期设定温度、pH、搅拌速度、O_2量等重要参数的目标值，培养过程中利用计算机加以控制以获得理想的细胞生物量或次生产物产率。此外，还应有规律地抽样检查，以跟踪生长过程及次生产物的产生。然而，由于研究者未能在实际中将生物学知识和工程技术（包括生化工程、控制工程和机械工程等）领域的知识紧密结合，目前细胞培养过程中的自动化程度尚不理想。

总之，植物细胞培养反应器技术在过去的几十年中已取得了飞速的发展，出现了形形色色的反应器。但由于植物细胞的特殊性，这些技术工业化或商业化生产的条件尚不成熟，有待进一步深入研究。

第三节 酶生物反应器

酶是由活细胞产生的具有特殊催化功能的一类蛋白质。作为一种生物催化剂，酶显示出了显著的优越性，因而已被广泛应用于医药、食品、轻工、农业、能源及环境等诸多方面的生产，产生了巨大的经济效益和社会效益。

酶的反应通常是在一定的反应容器中进行的，以便控制酶催化反应的各种条件和催化反应的速度。这种用于酶进行催化反应的容器及其附属设备称为酶生物反应器，简称酶反应器。它是用于完成酶促反应的核心装置，为酶催化反应提供合适的场所和最佳的反应条件，以保证在酶的作用下，底物原料最大限度地转化成产物，在整个酶促反应过程中承担着连接原料和产物的桥梁的作用。

一、酶生物反应器的要求

酶生物反应器在设计时应满足几个主要要求：①反应体系应具有良好的传质和混合性能，使生物催化剂——酶颗粒能够在反应器中均匀分布，反应器内任意点之间变量的差异可忽略不计。由于酶促反应发生在溶液中，因而存在着传质阻力，这是反应限速的主要因素，会降低酶生物反应器的生产能力，在反应器设计时必须要加以考虑。②所用酶应具有较高的比活及浓度，才能得到较大的产品转化率。③能够利用计算机实现自动检测和调控，以获得最佳的反应条件，如最适反应温度、最适pH、最适底物浓度等，并且能够在生产过程中控制这些参数保持恒定。

二、各种酶生物反应器的类型和特点

酶促反应主要存在着两种类型：一类是在溶液中直接利用游离酶进行酶促反应，由于这种体系只有一个液体相，故称为均相酶反应，相应的反应器称为均相酶反应器；另一类是应用固定化技术对酶进行固定化（如吸附、共价结合、交联、包埋等），再利用固定化颗粒进行酶促反应，此时体系中存在着液相及固相的不同相，因此称为非均相酶反应，相应的反应器就是非均相酶反应器。常见的酶反应器的型式归纳于表8-2中。

表8-2 酶反应器的型式及其特点

类别	型式	操作方式	特点
均相酶反应器	搅拌罐	间歇式或半连续式	利用机械搅拌实现混合，酶和底物直接在溶液中反应
	膜反应器	连续式	采用的膜多为超滤膜
	喷射式酶反应器	连续式	利用高压气体喷射，实现混合
非均相酶反应器	搅拌罐	间歇式、半连续式或连续式	机械搅拌，固定化酶颗粒悬浮于底物溶液中
	填充床	连续式	固定化酶颗粒填充于床层中，底物溶液通过此床层时由酶催化发生反应
	流化床	间歇式或连续式	通过液体的流动使固定化酶颗粒悬浮
	膜反应器	连续式	利用膜分离装置，将酶保留在反应器中，只有产物或未发生反应的底物才能透过膜
	鼓泡塔	间歇式、半连续式或连续式	通入气体使固定化酶颗粒悬浮

（一）均相酶反应器

工业生产中许多场合使用的是游离酶，如淀粉酶和蛋白酶等。相应的均相酶反应器有间歇式搅拌罐、酶膜反应器及喷射式酶反应器等几种。

间歇式搅拌罐的结构与前面动植物细胞培养用的机械搅拌式生物反应器基本类似，也具有灭菌、进料、搅拌、控温、调 pH、取样及出料等一系列相关配件，在此不再赘述。酶膜反应器是将酶催化反应与半透膜的分离作用组合在一起而成的反应器。用于游离酶催化反应的膜反应器为单相式，即超滤式。酶以游离态存在，均匀地分布于反应物相中，酶促反应在接近本征动力学的状态下进行，但酶易发生剪切失活或泡沫变性，装置性能受浓差极化和膜污染的显著影响。这种反应器多用于底物分子质量比产物大得多，产物和底物能够溶于同一种溶剂的场合。膜反应器的具体情况在固定化酶反应器中再详细述及。而喷射式酶反应器也可用于均相酶反应，操作时，需要通入高压喷射蒸汽，以实现酶与底物的混合，进行高温短时催化反应。这种反应器可进行连续化操作，但只适用于某些耐高温酶的反应。近年来，由于特殊工业的生产需要，新酶资源的不断开发，出现了一些耐高温酶，如植酸酶、淀粉酶、糖化酶等，喷射式酶反应器可望在这些特殊酶的生产中发挥一定的作用。

（二）非均相酶反应器

限制或固定于特定空间位置的酶就是固定化酶，具体来说，就是经物理或化学方法处理，使酶变成不易随水流失（即运动受到限制），而又能发挥催化作用的酶制剂。这种酶可反复多次使用，利用率高，反应条件容易控制；并且，反应后混合体系易分开，产物中无酶残留，易纯化，产品质量高，比水溶性酶更适合于多酶反应。由于上述种种优点，固定化酶已得到了广泛的应用，如氨基酰化酶、青霉素酰胺酶、葡萄糖异构酶及乳糖酶等都已实现了固定化酶工业化应用。这里简要介绍连续搅拌釜式反应器（continuous stirred tank reactor，CSTR）（图 8-10）、堆积柱式反应器（packed column reactor，PCR）（图 8-11）和流化床反应器（fluidized bed reactor，FBR）（图 8-12）等非均相酶反应器。

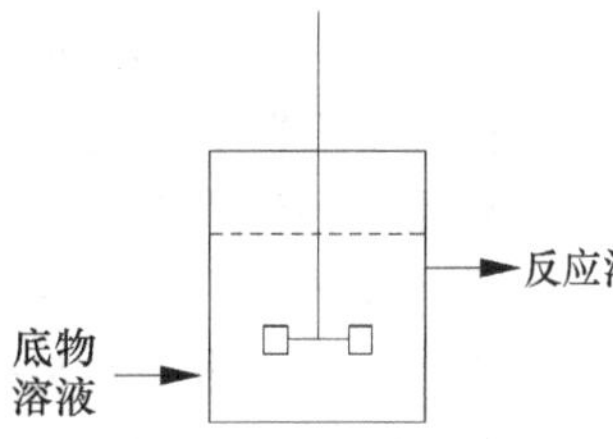

图 8-10　CSTR 示意图

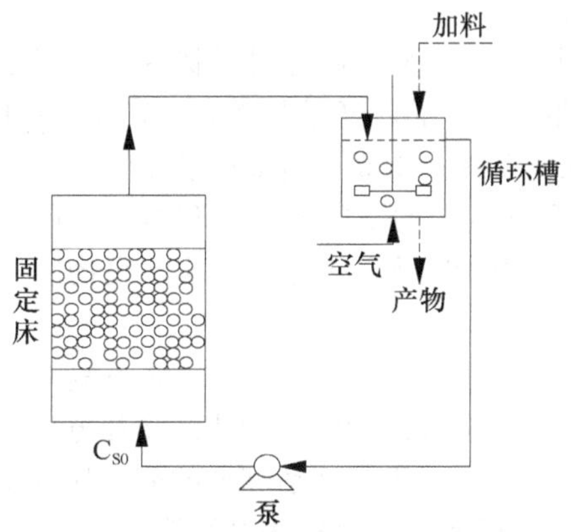

图 8-11　PCR 示意图

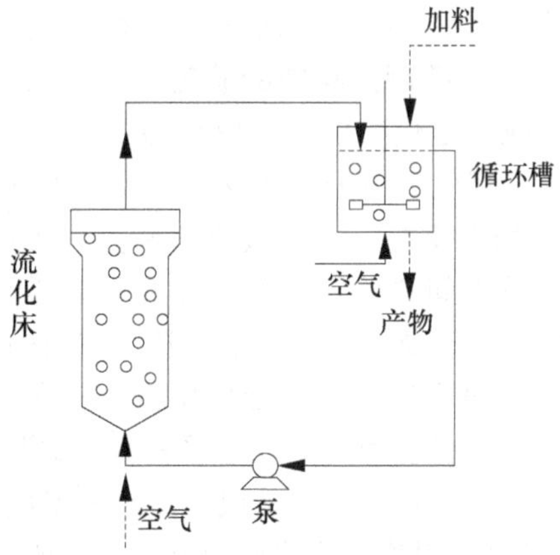

图 8-12　FBR 示意图

1. 连续搅拌釜式反应器　该反应器与控制微生物培养的恒浊器或恒化器类似，操作时，向反应器中投入固定化酶和底物溶液，不断搅拌，反应达到平衡之后，再以恒定的流速连续流入底物溶液，同时，以相同流速输出反应液（含产物）。这种反应器可在理想状况下，混合良好，保持各部分组成相同，并与输出成分一致。但缺点是搅拌桨剪切力大，易打碎或磨损固定化酶颗粒。

2. 堆积柱式反应器 该反应器又称固定床反应器，是将固定化酶填充于反应器内，制成稳定的柱状床，然后通入底物溶液，在一定的反应条件下实现酶催化反应，以一定的流速收集输出的转化液（含产物）。其优点是效率高、易操作、结构简单等，因而是目前工业生产及研究中应用最为普遍的反应器，适用于各种形状的固定化酶和不含固体颗粒、黏度不大的底物溶液，以及有产物抑制的转化反应。其缺点是传质系数和传热系数相对较低。当底物溶液含固体颗粒或黏度很大时，不宜采用。该反应器内的流体流动形态为平推流型，底物以恒定流速通过反应床。

3. 流化床反应器 底物溶液以足够大的流速，从反应器底部向上通过固定化酶柱床时，便能使固定化酶颗粒始终处于流化状态。其流动方式使反应液的混合程度介于 CSTR 的全混型和 PCR 的平推流型之间。FBR 可用于处理黏度较大和含有固体颗粒的底物溶液，同时也可用于需要提供气体或排放气体的酶反应（即固、液、气三相反应）。但因 FBR 混合均匀，故不适用于有产物抑制的酶反应。

鼓泡式生物反应器、膜反应器等，近年来已在生物、医药、食品、化工、环境等领域得到日益广泛的应用，在植物细胞培养反应器部分已作简要介绍，这里就不再赘述了。

随着膜反应器研究的深入，近年来还出现了反应与分离相耦合的模式，如连续搅拌罐-超滤膜反应器。该装置是在 CSTR 出口处设置一个超滤器，将小分子产物与大分子酶和底物分开，以便回收产物。底物溶液连续地进入反应器，固定化酶颗粒在反应容器的溶液中与底物反应，反应后，反应体系进入膜分离器进行分离，小分子的产物透过超滤膜排出，而大分子的酶分子和未反应完全的底物分子被截留，可以再循环使用。

三、酶反应器的设计、选择和使用

（一）酶反应器的设计

1. 反应器类型的确定 酶反应器的类型很多，到底该采用哪一种呢？这必须根据反应体系的特性来选择，包括酶、底物及产物各自的性质。

2. 反应器制造材料的确定 通常，玻璃、不锈钢等多种材料可用于制造生物反应器。游离酶或固定化酶催化的反应都是在非常温和的条件下进行的，通常是常温、常压、pH 适中的环境。因此，用于酶促反应的容器也没有什么特殊的要求，常规材料都可以使用。

3. 物料衡算 通过物料衡算，可以得知参与酶促反应的底物的质量和组成与产物的质量和组成之间的关系。在设计酶反应器时，主要应考虑酶促反应动力学参数、底物用量、酶量、反应体积及反应器数量等几个方面的因素。

4. 热量衡算 酶催化反应一般在 30～70℃条件下进行，所以热量衡算并不复杂。温度的调节控制也较为简单，通常采用一定温度的热水通过夹套（或列管）加热或冷却方式，进行温度的调节控制，热量是根据热水的温度和使用量衡算的。对于某些耐高温的酶（如高温淀粉酶），可以采用喷射式酶反应器，根据所使用的水蒸气热焓和用量进行热量衡算。

（二）酶反应器的选择

影响酶反应器选择的因素很多，一般可从以下几个方面来考虑。

1. 酶的形式　由前面已知，在应用游离酶进行催化反应时，酶与底物均溶解在反应溶液中，通过互相作用，进行催化反应。可以选用搅拌罐式反应器、膜反应器、喷射式酶反应器等。而固定化酶的选择性就更大了，搅拌罐式反应器、填充床反应器、流化床反应器、鼓泡式生物反应器及膜反应器等均可选用。

2. 固定化酶的形状　固定化酶的形状有颗粒状、粉末状、膜状、片状和纤维状等几种类型。其中以颗粒状最为多见。不同形状的固定化酶应采用不同的反应器。通常颗粒状、片状、膜状或纤维状固定化酶均可采用填充床反应器；而颗粒状、粉末状及片状固定化酶均可使用连续式搅拌罐；小颗粒的固定化酶可选用流化床反应器；膜状固定化酶则要用螺旋卷膜式反应器。

3. 底物的物理性质　可溶性底物适用于所有的反应器。难溶底物或者底物溶液呈胶体状者，易堵塞柱床，可选用流化床反应器。颗粒状底物可适用于连续式搅拌罐。

4. 酶反应动力学性质　一般来说，接近活塞流特性的反应器在固定化反应器中占主导地位，而存在底物抑制的反应系统中，搅拌式反应器的性能又优于填充床反应器。

5. 酶的稳定性　CSTR 在操作过程中，由于搅拌或液流的剪切作用，常会使酶从载体上脱落下来，或者磨损而使粒度变细，从而影响了固定化酶的操作稳定性。

6. 操作上的要求　如 pH 的控制、供氧及防止杂菌污染等。当反应过程需要控制温度、调节 pH 时，选用 CSTR 更为方便。

7. 反应器制造和运行成本　不同材料及工艺制作的反应器成本不同，安装及运行时的费用也有差异。另外，由于酶的失活是不可避免的，因此要保持恒定的酶活力，就必须进行催化剂的再生、新催化剂的补充或更换。因此，在讨论反应器价格时，也不能忽略酶本身的价格。

（三）酶反应器的使用

酶反应器在使用过程中应注意以下问题：①酶的稳定性对酶反应器的功效是很重要的。在操作过程中，有时需要用酸或碱来调节反应液 pH。如果局部的 pH 过高或过低，就会引起酶的失活，或者使底物和产物发生水解反应。这时可加快搅拌以促使混合均匀。②如果底物和产物在反应器中不够稳定的话，可以采用高浓度的酶，以减少底物和产物在反应器中的停留时间，从而减少损失。③防止微生物污染。④酶反应器操作中，生产能力逐渐降低，主要原因是固定化酶活性降低或损失。造成固定化酶活性损失的原因包括：①酶本身的失活；②酶从载体上脱落；③载体的破碎或溶解。

小　结

本章简要描述了动植物细胞培养的特点和方法，着重介绍了培养动植物细胞的常规反应器，并对反应器系统设计与控制方面进行了简要介绍。然后根据酶的特点引出酶生物反应器的要求和类型，最后介绍了酶生物反应器在设计、选择和使用中要考虑的内容。

复习思考题

1. 动植物细胞培养的操作方式有哪几种?
2. 传统的机械搅拌式生物反应器用于动植物细胞培养时需要做哪些改进?
3. 气升式反应器的基本原理是什么?
4. 中空纤维生物反应器的基本原理是什么?
5. 植物细胞培养过程中的主要影响因素有哪些?
6. 何谓固定式生物反应器? 凝胶固定细胞反应器与膜反应器在结构上有何异同?
7. 植物细胞光反应器是如何实现光照的?
8. 酶生物反应器在设计时应满足哪些要求?
9. 均相酶反应器与非均相酶反应器各指什么? 具体包括哪些类别?
10. 酶生物反应器设计的内容包括哪些?
11. 如何合理地选择酶生物反应器?
12. 在酶生物反应器使用过程中应注意哪些问题?

主要参考文献

段开红. 2017. 生物工程设备. 2 版. 北京：科学出版社.
黄儒强，黄继红. 2023. 生物工程设备. 北京：科学出版社.
陶兴无. 2017. 生物工程设备. 北京：化学工业出版社.
袁建琴，高斌战. 2010. 动物细胞与微生物发酵工程制药. 北京：中国农业科学技术出版社.
朱明军，梁世中. 2020. 生物工程设备. 3 版. 北京：中国轻工业出版社.

第九章　产物分离与提取

- 产物分离与提取
  - 过滤设备
    - 过滤原理与方法
    - 压滤机
      - 板框式压滤机
      - 箱式（凹板）压滤机
      - 全自动板框式压滤机
    - 转鼓式真空过滤机
    - 过滤设备的选择与使用
  - 离心分离设备
    - 离心分离设备的分类与特点
    - 过滤式离心机
      - 三足式离心机
        - 三足式人工上卸料离心机
        - 三足式人工下卸料离心机
      - 卧式离心机
        - 卧式刮刀卸料离心机
        - 卧式离心卸料离心机
      - 单级活塞推料离心机
    - 沉降式离心机
      - 三足式人工上卸料沉降式离心机
      - 螺旋卸料离心机
    - 分离式离心机
      - 管式离心机
      - 碟式离心机
    - 离心机的选型
  - 膜分离设备
    - 膜分离装置
      - 板框式膜组件
      - 圆管式膜组件
      - 中空纤维式膜组件
      - 螺旋卷式膜组件
    - 膜组件的比较与选择
  - 萃取设备
    - 混合设备
      - 混合管
      - 喷射式混合器
    - 萃取机
      - 多级离心萃取机
      - 立式连续逆流离心萃取机
      - 倾析式离心机
    - 萃取设备的设计计算
      - 单级萃取
      - 多级错流萃取
  - 蒸发浓缩设备
    - 蒸发设备
      - 循环型蒸发器
        - 中央循环管式蒸发器
        - 外热式蒸发器
        - 强制循环蒸发器
      - 单程型蒸发器
        - 升膜式蒸发器
        - 降膜式蒸发器
        - 刮板式蒸发器
    - 蒸发器的选型
    - 蒸发浓缩设备的设计计算
      - 蒸发量的计算
      - 加热蒸汽消耗量的计算
      - 蒸发器传热面积的计算
    - 除沫器、冷凝器和真空装置

生物反应产物分离纯化作为生物工程的下游技术，主要是利用发酵产物及所含杂质物理、化学性质的不同，从反应体系中提取、分离、纯化和精制所需产品的操作，是生物技术转化为生产力不可或缺的重要环节。发酵产物常见的单元操作主要包括固液分离、分离纯化、蒸发浓缩三部分。本章重点介绍上述单元操作所需设备的结构组成、工作原理、设备设计计算等内容。

第一节 过滤设备

数字资源 9-1

在生物工业生产中，为提取和精制目标产物，往往需要将发酵液中的多种物质进行分离。由于生物反应培养物具有组成复杂、产物浓度低等特点，因此需对培养体系进行多次处理加工（数字资源 9-1），然后采用物理、化学的方法从澄清的滤液中提取代谢产物或从细胞中经破碎、碎片分离后提取胞内产物。

目前，过滤和离心是处理菌体、固形物杂质和悬浮物等固体杂质主要的单元操作。故本节和第二节重点介绍过滤设备和离心分离设备。

一、过滤原理与方法

过滤是指在外力作用下，使混合物的连续相流体通过过滤介质的孔道时截留分散相颗粒，从而实现分离的操作。在过滤操作中，通常将原悬浮液称为滤浆或料浆；滤浆中的固体微粒称为滤渣；积聚在过滤介质上的滤渣层称为滤饼；透过滤饼和过滤介质的澄清液体称为滤液。

按过滤介质性质的不同，可将过滤设备分为粒状介质过滤机、滤布介质过滤机和多孔陶质过滤机；按过滤的操作方式不同，又可将过滤设备分为间歇式过滤机和连续式过滤机。

二、压滤机

压滤机属于比较老式的间歇式过滤设备，但在生物工程中仍被广泛采用。压滤机通常有两种形式，即板框式压滤机和箱式（凹板）压滤机。

（一）板框式压滤机

1. 板框式压滤机的特点 板框式压滤机的结构简单、紧凑；过滤推动力大，辅助设备少，耗能少；过滤、洗涤质量好；能够分离难以用其他过滤设备过滤的悬浮液；滤饼含水量较小；维修方便等。此设备也有其明显的缺点，如设备笨重，间歇操作，装拆板框及卸渣的劳动强度大，设备占地面积大，辅助时间长等。

2. 板框式压滤机的结构 板框式压滤机（图 9-1）是由固定端板、板框支座、可动端板、支撑横梁、紧压装置及许多交替排列并支持在横梁上的滤板、滤框和滤布组成的。两根横梁将固定端板、可动端板及紧压装置连在一起构成机架。

滤框、滤板和滤布是压滤机的关键部件。滤板分为过滤板和洗涤板（图 9-2），其结构基本相同，即左右上角均有小孔，左下方装有排液阀（明流有，暗流无），两面均制供滤液流动的沟槽，且沟槽与下方的排液阀孔道相通，不同点仅在于洗涤板的左上角小孔有一个与之相通的暗孔，专供洗液输入之用，而过滤板没有此暗孔。滤框的左右上角也有小孔，且其右上角小孔有一个与之相连通的暗孔，通过此暗孔可将滤浆导入框内。洗涤板在过滤时仍起过滤的作用。滤板和滤框的数目视过滤的生产能力及滤浆的情况而定。滤框的数目有 10～60 个。

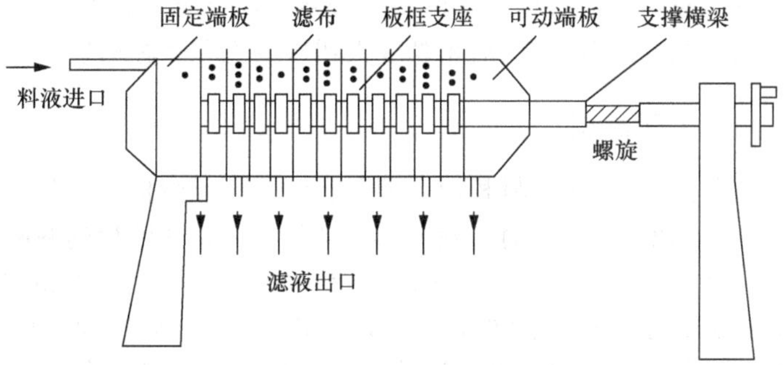

图 9-1　板框式压滤机简图（陶兴无，2017）

•过滤板；⁚滤框；⁝洗涤板

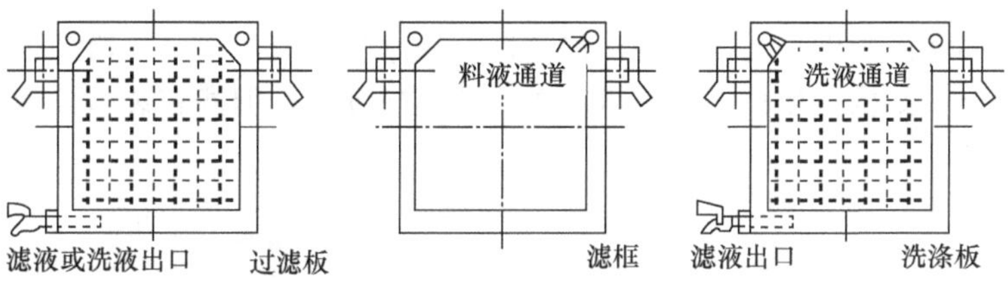

图 9-2　滤板与滤框（陶兴无，2017）

3. 板框式压滤机的操作流程（数字资源 9-2）　过滤时，滤浆在泵的作用下进入压滤机，并沿滤框上的滤浆通道（右侧孔道）进入滤框，滤液穿过滤框两侧的滤布进入滤板（包括过滤板和洗涤板），而滤渣则被截留于框内形成滤饼。进入滤板的滤液即沿板上的沟槽向下流动，并导出压滤机（图 9-3A）。

数字资源 9-2

过滤停止后，关闭洗涤板下方的排液阀，将洗涤水通过洗涤板上的暗道（左侧孔道）送入洗涤板。洗涤滤饼时，洗涤水穿过洗涤水通道进入滤板与滤布之间，由于洗涤板下方的排液阀关闭，洗涤水便穿过滤布和滤框的全部，向过滤板流动，并从非洗涤板下部排出（图 9-3B）。

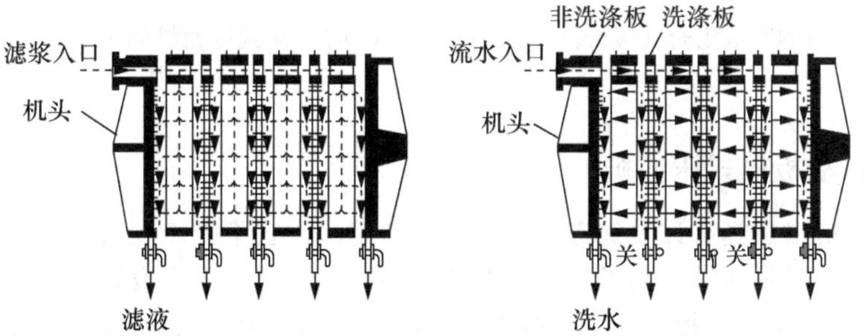

图 9-3　板框式压滤机操作示意图（朱明军和梁世中，2020）

洗涤完毕后，松开板框，取出滤框，卸去滤饼。然后将滤框和滤布洗净，重新组装，进行下一循环操作。

由上可见，板框式压滤机是一种间歇式操作的加压滤布介质过滤机，是由过滤、洗涤、卸渣和整理组装 4 步程序构成一个循环周期。

板框式压滤机的最大操作压强可达 10^6 Pa，通常使用压强为（3～5）×10^5Pa。发酵液过滤时，处理量为 15～25L/（m^2·h）。

4. 板框式压滤机的应用 板框式压滤机主要用于下述情况：液体的澄清；分离难以过滤的低浓度悬浮液或胶体悬浮液；分离液相黏度大或接近饱和状态的悬浮液。

（二）箱式（凹板）压滤机

箱式压滤机的外形与板框式压滤机相似，但只有滤板而无滤框，因其滤板呈凹面形，故又称为凹板（图 9-4）。当两块凹板并合时，板间形成滤箱。在每块凹板的两侧覆以滤布后，将滤布上的圆孔与凹板中间的圆孔对齐，利用螺旋活接头将滤布紧贴于板孔凸缘平面上。如此滤布将滤箱空间分隔成滤布与板面间的滤液空间及滤布外部的滤浆空间，后者即与中央通道连通。过滤时滤浆从凹板中央的大圆孔进入滤浆空间，滤液即穿过滤布进入滤液空间，沿板面上的沟槽流至凹板下部的小孔，并从与小孔连通的孔道排出，而滤渣沉积于滤布上形成滤饼（图 9-5）。

箱式压滤机的洗涤操作与过滤相同，仅是以洗涤水代替滤浆即可。箱式压滤机适于处理固体大颗粒的滤浆。其结构较板框式压滤机简单，费用较便宜，但滤布装卸较麻烦，且滤布易受扭曲而损伤和撕裂。

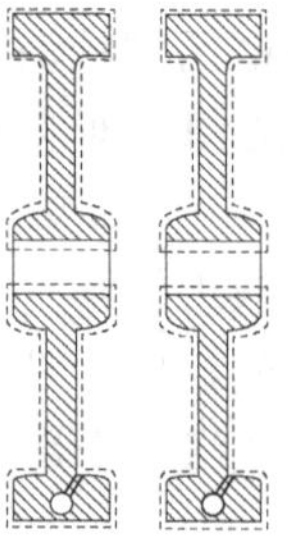

图 9-4 箱式压滤机的凹板组合（段开红，2016）

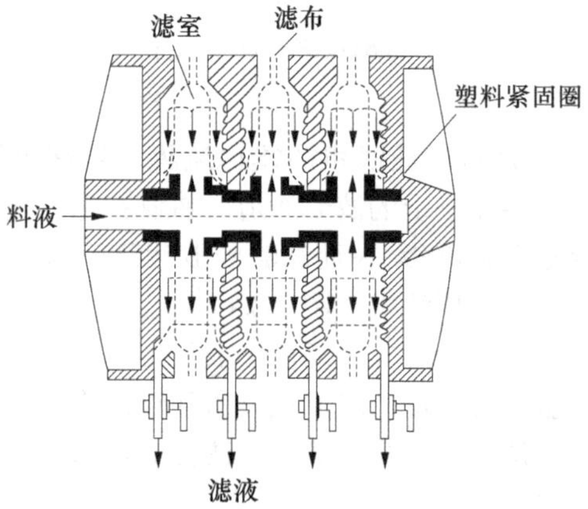

图 9-5 箱式压滤机的工作原理（朱明军和梁世中，2020）

（三）全自动板框式压滤机

板框式压滤机虽然具有许多优点，且被广泛使用，但它不能连续操作、劳动强度大、辅助操作时间长、滤布易损坏等。为了克服板框式压滤机的缺点，人们设计出了自动板框式压滤机（图 9-6）。它可以自动完成板框压紧、卸饼、清洗等操作，劳动强度小，辅助操作时间短。

过滤时（图 9-6A），悬浮液从板框上部两个角孔形成的通道并行压入滤框，滤液穿过滤框两侧的滤布（图 9-6A 箭头所示方向），沿滤板表面的沟槽流入下部角孔形成的通道，滤饼则在滤框内形成。洗涤滤饼的操作与过滤相同。

过滤和洗涤滤饼结束后，油压机拉开板框，使板框至既定的位置，用滤框升降架带着全部滤框下降至图 9-6B 所示位置，再启动滤饼推动板，将滤框内的滤饼沿水平方向推出落下。在拉开板框后，即可启动驱动装置牵引滤布绕一系列转轴旋转，以达到洗涤滤布的目的，有防止滤布歪行的装置自动整位，然后重新夹紧进入下一次操作周期。

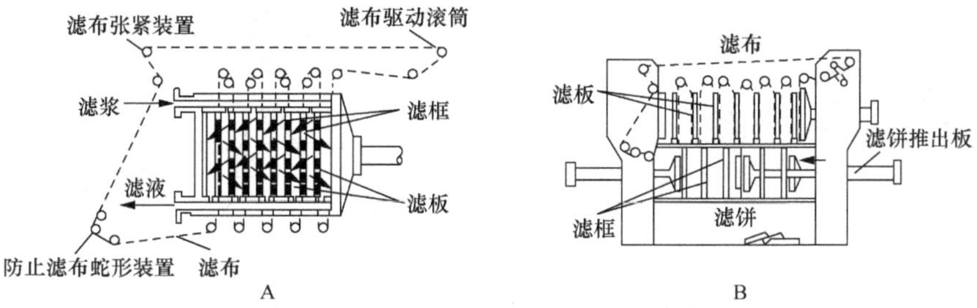

图 9-6 全自动板框式压滤机工作原理图（朱明军和梁世中，2020）

A. 过滤与洗饼；B. 降框、卸饼及洗刷滤布

三、转鼓式真空过滤机

转鼓式真空过滤机是生物工程中应用最多的连续操作的过滤设备（操作流程见图 9-7），它的主体设备是一个水平旋转的转鼓（图 9-8）。鼓的外表面镶有若干块长方形的筛板，在筛板上依次铺设金属丝网和滤布，即构成过滤面。圆筒内部沿径向被肋板分隔成若干个扇形格室，每个格室有单独的孔道与空心轴连通（图 9-9）。空心轴内的孔道沿轴向通往位于轴端并随轴旋转的转动盘上，转动盘与固定盘紧密配合构成一个特殊的旋转阀，称为分配头（图 9-10）。分配头的固定盘分成若干个弧形孔，分别与减压管、洗液贮槽和压缩空气管路相通。当转鼓回转时，在分配头的作用下，扇形格内就分别成为真空或加压，便可控制过滤操作循序进行。

按操作功能的不同，将转鼓划分为 6 个区（图 9-9）。转鼓的下部浸没在滤浆中，浸没角为 90°～130°。转鼓在缓慢旋转时（转速 0.5～2r/min），筒内各格室相继与分配盘的弧形孔相通，依次进行过滤、滤液吸干、洗涤、洗后吸干、吹松卸饼和滤布再生等操作。为了防止滤浆中的固体沉降，在料液槽中装置有摇摆式搅拌器。

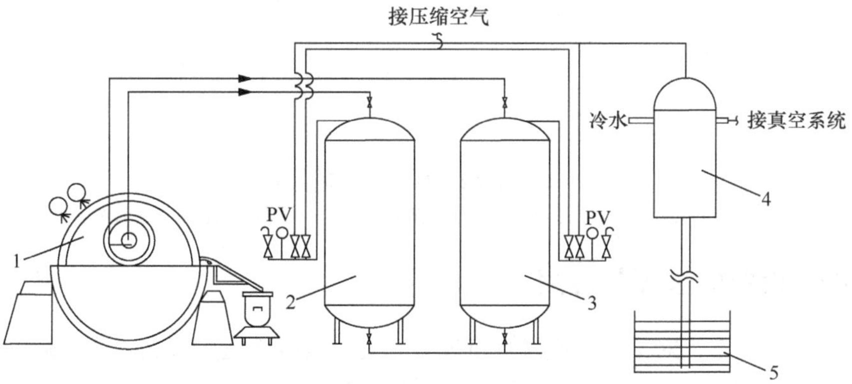

图 9-7 转鼓式真空过滤机工作示意图（陶兴无，2017）

1. 鼓式过滤机；2. 洗涤水储罐；3. 滤液储罐；4. 混合冷凝器；5. 水池；PV. 管压实测值

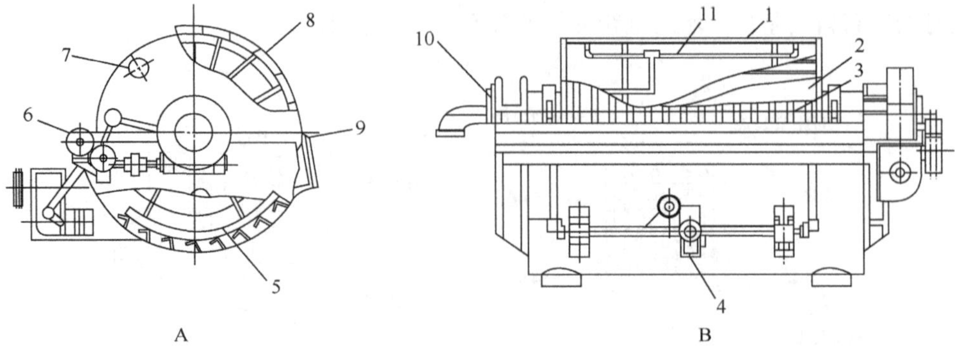

图 9-8　转鼓式真空过滤机结构示意图

A. 转鼓式真空过滤机侧视图；B. 转鼓式真空过滤机正视图；1. 转鼓；2. 滤布；3. 金属丝网；4. 搅拌器传动装置；5. 摇摆式搅拌器；6. 传动装置；7. 手孔；8. 过滤室；9. 刮刀；10. 分配阀；11. 滤渣管路

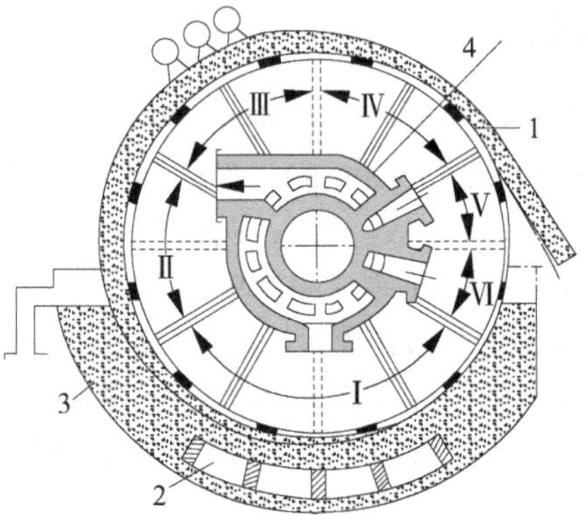

图 9-9　转鼓式真空过滤机操作原理

1. 转鼓；2. 搅拌器；3. 滤浆槽；4. 分配头；

Ⅰ. 过滤区；Ⅱ. 滤液吸干区；Ⅲ. 洗涤区；Ⅳ. 洗涤吸干区；Ⅴ. 吹松卸饼区；Ⅵ. 滤布再生区

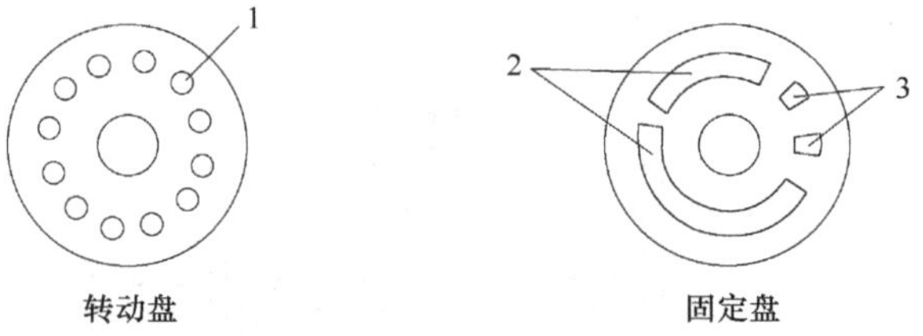

图 9-10　转鼓式真空过滤机分配头

1. 与筒壁各段相通的孔；2. 与真空管路相通的弧形孔；3. 与吹气管路相通的弧形孔

四、过滤设备的选择与使用

过滤设备种类繁多，对某一生产过程可能有好几种设备都适用，这就给准确选择一台合理的过滤设备带来了困难。以下是几条过滤机选用的基本原则。

1）根据物料的过滤性能，初步确定选择哪种推动力的设备。例如，当物料平均比阻力系数小于 1×10^{11}m/kg 时，常选用真空过滤设备；当平均比阻力系数为 1×10^{11}～1×10^{13}m/kg 时，常选用加压过滤设备。

2）根据物料的化学性质，检查所选择的过滤机类型是否正确。

3）根据工艺过程的特点和生产规模对选择的过滤设备进行筛选。

4）根据对滤饼的纯度或母液回收率等要求来确定过滤机类型。

5）根据对滤饼含混率的要求，决定是否选用带有机械挤压过程的设备。

6）根据所选择的设备、物料的基本特性数据进行设备生产能力和最佳操作条件的计算，以确定设备的大小、投资费用和操作费用。若有几种设备可供选择，则在此基础上可以进行技术经济评价，以确定一种最佳的选择。

第二节　离心分离设备

一、离心分离设备的分类与特点

离心分离是指在离心力场的作用下，将悬浮液中的固相与液相加以分离，多用于颗粒较细的悬浮液和乳浊液的分离。物体在离心机转鼓受到的离心力与重力（或离心加速度与重力加速度之比）的比值（f），称为该离心机的分离因数。$f = F/(mg) = mv^2/(r \cdot mg) = v^2/(gr) = r\omega^2/g = \pi^2 n^2 r/900g \approx n^2 r/900$（$f$ 为离心分离因素；F 为离心力；mg 为重力，其中 m 为物体的质量，g 为重力加速度；v 为线速度；ω 为角速度；r 为转鼓的半径；n 为转鼓的转速），由此可知，f 越大，离心沉降的速度越快，分离能力越强。根据离心分离因数，可将离心机分为：①常速离心机，$f \leqslant 3000$，转鼓直径大，转速低，用于分离 0.01～1mm 的固体颗粒；②高速离心机，$3000 < f \leqslant 50\,000$，转鼓直径小，用于乳浊液的分离；③超高速离心机，$f > 50\,000$，用于极不易分离的超微细粒的悬浮液、高分子的胶体悬浮液和乳浊液的分离。

二、过滤式离心机

（一）三足式离心机

三足式离心机的主要部件是安装在主轴上的转鼓。鼓壁上有许多小孔，内设滤布，鼓内加入悬浮液。转鼓由电动机带动而旋转，实现悬浮液的固-液分离。根据卸料方式的不同，离心机分为人工卸料和自动卸料，前者又分为人工上卸料和人工下卸料。

1. 三足式人工上卸料离心机　三足式人工上卸料离心机为人工上部卸料、电动机直连转鼓、间歇操作的过滤式离心机。三足式人工上卸料离心机的结构如图 9-11 所示。转鼓直接装在电动机主轴上，电动机带动转鼓高速旋转，物料由上部加料管加入转鼓，在离心力作用下趋向鼓壁，其中液相穿过滤布和鼓壁滤孔排出，固相截留在转鼓内，停机后打开机盖，用人工卸出，改型后还可以吊袋卸料。适合于分离含固相颗粒≥0.01mm 的悬浮液，固相颗粒可为粒状、结晶状或纤维状等形态。其具有结构简单、操作方便、各操作工序可按要求任意调整、滤渣能得到充分洗涤、固相颗粒不易破损、适应性强等优点。由于其由专用电动机将动力直接传递给转鼓，没有离合器和 V 带等摩擦传动件，因此特别适用于无菌、防爆场合。

2. 三足式人工下卸料离心机　三足式人工下卸料离心机为人工下部卸料、间歇操作的过滤式离心机，适用于分离含固相（粒状、结晶状或短纤维状）、浓度 5%～60%、粒度 0.5～1.5mm 的悬浮液。其具有结构简单、性能可靠、操作维修方便、固相颗粒不易破损、适应性强等优点，被广泛用于化工、轻工、制药、食品、冶金等行业。

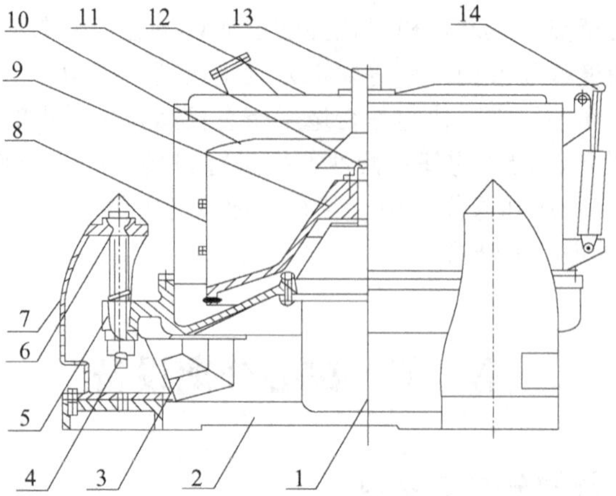

图 9-11 三足式人工上卸料离心机结构示意图

1. 电动机；2. 机座；3. 出水管；4. 摆杆；5. 底盘；6. 缓冲弹簧；7. 柱脚；8. 转鼓筒体；9. 转鼓底；10. 拦液板；11. 锁紧螺母；12. 机盖；13. 进料管；14. 平衡支架

三足式人工下卸料离心机的结构见图 9-12。调速电动机带动转鼓旋转，调节转速至中速，物料由上部进入转鼓经布料盘均匀散布到转鼓壁，升至高速，在离心力作用下，液相穿过滤布和鼓壁滤孔排出，固相截留在转鼓内，停机后由人工铲除或抖动滤袋，使固相松散后从下部排出。

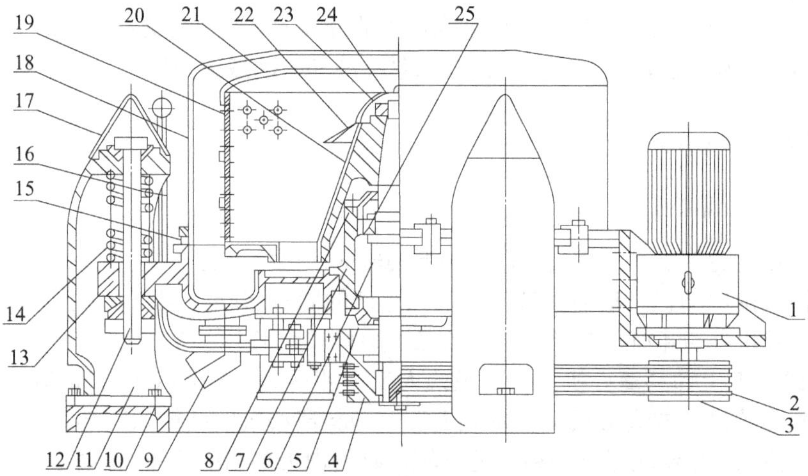

图 9-12 三足式人工下卸料离心机结构示意图

1. 电动机；2. 三角带；3. 主动轮；4. 被动轮；5. 下轴承盖；6. 主轴；7. 轴座；8. 上轴承盖；9. 出水管；10. 三角座；11. 柱脚；12. 摆杆；13. 底盘；14. 缓冲弹簧；15. 密封圈；16. 制动手柄；17. 柱脚罩；18. 外壳；19. 转鼓筒体；20. 转鼓底；21. 拦液板；22. 布料盘；23. 主轴螺母；24. 主轴罩；25. 主轴承包

（二）卧式离心机

1. 卧式刮刀卸料离心机 卧式刮刀卸料离心机是一种间歇式操作的过滤式离心机（图 9-13）。其可由人工操纵，在装有自动控制装置时，能按预定程序自动运转，依次完成进料、过滤、洗涤、脱水、卸料、洗网等操作。

在卧式刮刀卸料离心机的机壳内，由主轴以悬臂梁方式连接过滤式转鼓。在转鼓内，有进料管、冲洗管各一根，还有绕轴旋转一定角度的耙齿。固定的斜斗内装有一个可上下移动的长形刮刀。进料阀和冲洗阀的启闭用油压控制。操作时，进料阀自动定时开启，悬浮液进水全速运转到鼓内，液体经滤网和鼓壁小孔甩到鼓外，由机壳的排液口流出。留在鼓内的固体滤渣被耙齿的往复运动均匀分布在滤网表面。当滤饼达到指定厚度时，进料阀门自动关闭，停止进料。随后冲洗阀门自动开启，由洗涤管进水洗涤滤饼，再经甩干一定时间后，通过油压控制的刮刀进给器提升刮刀进行卸料，使滤饼沿倾斜的溜槽排出。刮刀升至极限位置后自动退下，同时冲洗阀又开启，对滤网进行冲洗，即完成一个操作循环，重新开始进料。卧式刮刀卸料离心机的产量高，可自动操作，操作简便，适于大规模生产，适用于粒度中等或粒度细小的悬浮液的脱水。但刮刀寿命短，设备振动较严重，晶体破损率较大（主要是由刮刀卸料时造成的），转鼓可能漏液到轴承箱，造成损失。

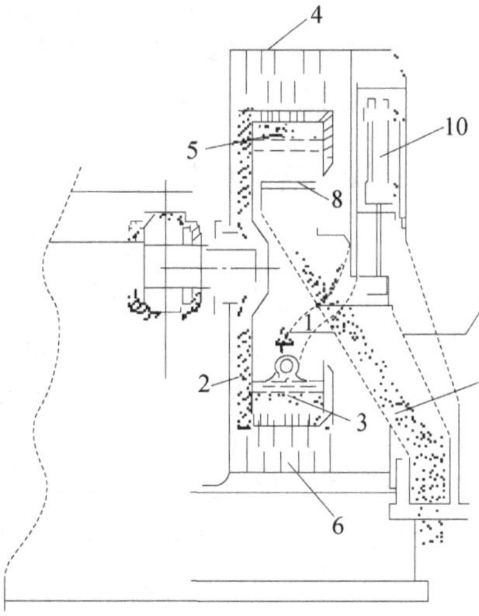

图 9-13　卧式刮刀卸料离心机结构示意图

1. 进料管；2. 转鼓；3. 滤网；4. 外壳；5. 滤饼；6. 滤液；7. 洗涤水进管；8. 刮刀；9. 滤渣；10. 液压装置

2. 卧式离心卸料离心机　卧式离心卸料离心机为连续操作、自动卸料的过滤式离心机（图 9-14）。加料、分离、卸料等工序均在全速运转下连续进行，故分离效率高，生产能力大，结构简单紧凑，安装、操作、维修方便。其适合分离含固相（结晶状、无定形或短纤维状）、浓度 40%～80%，粒度 0.25～10mm 的悬浮液。

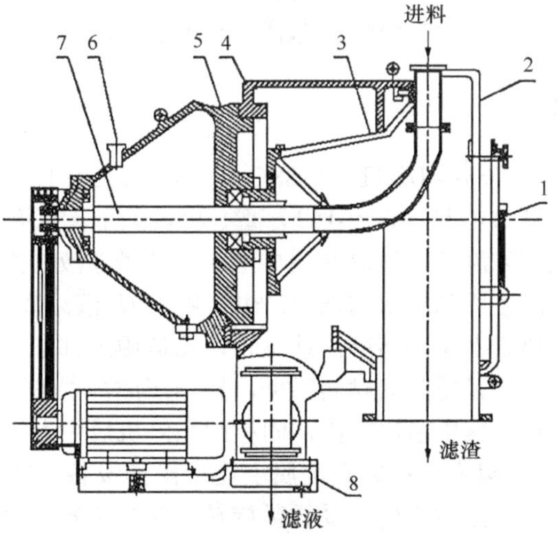

图 9-14　卧式离心卸料离心机结构示意图

1. 视镜；2. 前机壳；3. 转鼓；4. 中间机座；5. 轴承座；6. 注油孔；7. 主轴；8. 底座

操作时，电动机带动锥形转鼓高速旋转，悬浮液由进料管引入，在转鼓底经加速后均布于转鼓小端滤网上，液体经滤网和鼓壁滤孔排出，固体颗粒在滤网上形成滤渣，滤渣受离心力作用向转鼓大端滑动，最后排出转鼓。

（三）单级活塞推料离心机

单级活塞推料离心机（图 9-15）为连续操作的过滤式离心机。其在全速运转情况下，加料、分离、洗涤、卸料等工序可以自动连续进行。

悬浮液连续从进料管进入锥形布料漏斗内。布料漏斗随轴旋转并将滤浆逐渐加速至转鼓速度，而后进入鼓壁的筛网上。由于离心力的作用，滤浆被均匀分布在筛网四周，滤液穿过滤网经收集罩排出，滤渣截留在滤网上。等滤饼形成一定厚度后，被往复运动的推送器（由液压自动机构操纵）向转鼓开端前方推移，滤渣移至筛网中部时，可用从冲洗管出来的水进行喷洗，再推送至筛网前缘甩入固定机壳内，从卸渣口排出，冲洗水则由另一出口排出。在推送器每一返回行程中，随其做往复运动的布料漏斗将滤浆分布在刮清的滤网上。

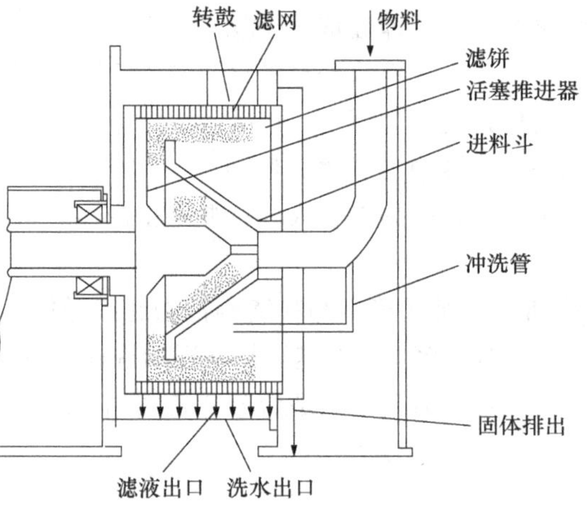

图 9-15 单级活塞推料离心机

三、沉降式离心机

1. 三足式人工上卸料沉降式离心机 SSC 型三足式人工上卸料沉降式离心机为人工上部卸料、间歇操作的沉降式离心机（图 9-16）。离心机转鼓壁无滤孔，操作时无需滤布。其适合含固相颗粒细、黏度大、浓度低、过滤介质再生困难的悬浮液的固液分离，所以常用于采用离心过滤难以分离或澄清液达不到要求的场合，也可用于液-液分离。

操作时，电动机通过离合器带动转鼓高速旋转，物料由上部加入无孔转鼓，在离心力作用下，物料中的轻重相开始分层，重相紧贴转鼓壁，轻相形成内层液环，该澄清液可翻过拦液板溢出转鼓，也可用撇液管在运转中引出转鼓，固相则在停机后由人工从转鼓中卸除。

2. 螺旋卸料离心机 螺旋卸料离心机属于连续操作设备，在全速运转下连续进料、分离和卸料。操作时，电动机通过皮带轮带动转鼓旋转，转鼓旋转通过行星齿轮减速带动螺旋推送器旋转，且使螺旋推送器的转速与转鼓转速有 1%的差值。物料由加料管进入转鼓中部，液体沿螺旋圆周移动到溢流口排出，再由螺旋推送器与转鼓的转速差将沉积在鼓壁上的滤渣推向卸料口卸出（数字资源 9-3）。本机适合于过滤布再生有困难、固体颗粒浓度及粒度变化范围较

数字资源
9-3

大、固液比例差较大的悬浮液的分离，具有连续操作、处理能力大、单位耗电量小、结构紧凑、维修方便等优点。

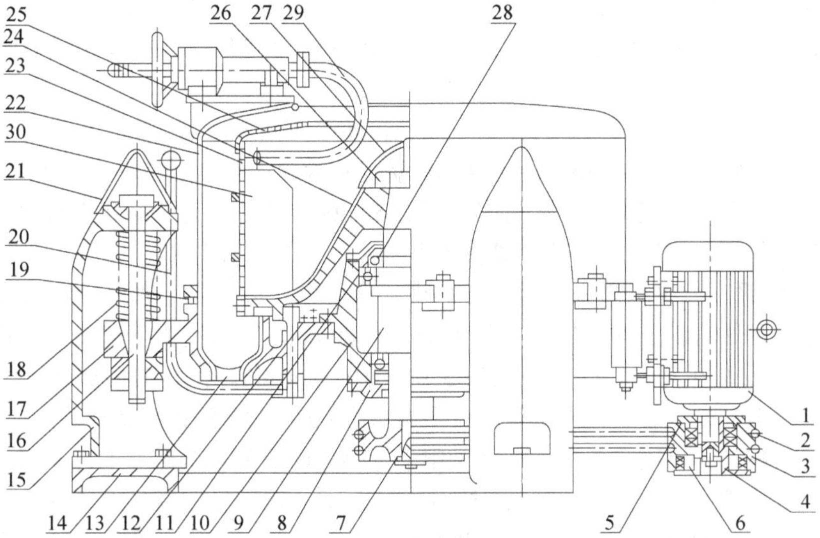

图 9-16 SSC 型三足式人工上卸料沉降式离心机的结构示意图

1. 电动机；2. 三角带；3. 主动轮；4. 起步轮；5. 闷盖；6. 离心块；7. 被动轮；8. 下轴承盖；9. 主轴；10. 轴承座；11. 上轴承盖；12. 制动环；13. 出水口；14. 三角底座；15. 柱脚；16. 摆杆；17. 底盘；18. 缓冲弹簧；19. 密封圈；20. 制动手柄；21. 柱脚罩；22. 外壳；23. 转鼓筒体；24. 转鼓底；25. 拦液板；26. 主轴螺母；27. 主轴罩；28. 轴承；29. 撇液装置；30. 筋板

四、分离式离心机

在分离液-液系统的乳浊液和含极细颗粒的固-液悬浮液时，需要极大的离心力。在这种情况下，宜采用高转速、小直径转鼓的超速离心机。目前普遍采用的超速离心机包括管式离心机和碟式离心机。

1. 管式离心机 管式离心机是一种在固定的机壳内装有高速旋转的狭长的管状转鼓的离心机，其结构如图 9-17 所示。其转鼓直径在 200mm 以下，一般为 70～160mm，转鼓的长度为直径的几倍。转鼓是由顶盖、带空心轴的底盖和管状转筒三部分组成。通常转鼓被悬挂于离心机上端的挠性驱动轴上，下部由底盖形成中空轴置于机壳底部的导向轴衬内。这种转鼓允许大幅度地增加转速，即在不过度增加鼓壁应力的情况下，获得很大的离心力。转鼓转速一般约为 15 000r/min。离心机的外壳既是转鼓的保护罩，又是机架的一部分，其下部有进料口，上部两侧有出料口。

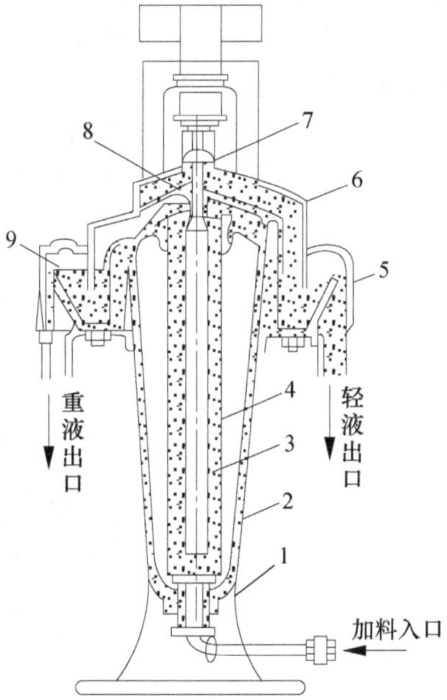

图 9-17 管式离心机结构

1. 折转器；2. 固定机壳；3. 十字形挡板；4. 转鼓；5. 轻液室；6. 排液罩；7. 驱动轴；8. 环状隔盘；9. 重液室

操作时，待处理物料在一定压强（3×10^4Pa 左右）

下由进料管进入底部空心轴，而后进入鼓底，借圆形折转器将物料分配到转鼓的四周。为使液体不脱离鼓壁，在鼓内设有十字形挡板。液体在鼓内由挡板被加速至转鼓速度，在离心力作用下，乳浊液（或悬浮液）在沿轴向上流动的过程中分成轻液与重液在鼓壁周围分层，并通过上方的环状溢流口排出。改变转鼓上端的环状隔盘的内径可起到调节重液和轻液的分层界面的作用。

在处理悬浮液时，固体在离心力作用下沉积在转鼓内壁上，当达到一定数量后，停机人工清除。其固体容量很少超过 4.5kg，为了操作经济，料液含固体量通常不大于 1%（质量）。

管式离心机的分离强度高，其分离因数可达 50 000，离心力为普通离心机的 8～24 倍，结构紧凑且密封性能好，可用于液-液分离和较小微粒的悬浮液的澄清。

2. 碟式离心机 碟式离心机又称为倒锥式离心机。这种离心机有一较浅而宽的转鼓以中等速度在固定的机壳内旋转。转鼓直径为 150～300mm，通常是由下部驱动。转鼓底部中央有轴座，驱动轴安装在其上，转速一般为 5500～10 000r/min。在转鼓内部有一中心套管，其终端有碟片夹持器，其上装有数十个至上百个锥角为 60°～120°的锥形碟片。

碟式离心机按结构不同有两种。一种是用于分离乳浊液的，其碟片上有一组（或几组）沿圆周分布的孔眼，碟片以一定的间隙（0.5～1.3mm）叠合时，孔眼就构成流动孔道。此孔道所在的位置相当于两相的分界面。混合液自进料管进入随轴旋转的中心套管后，向下降落。在下部，液体因离心力作用进入碟片间隙。此后，其流动路径随碟片的结构而异。如图 9-18 所示，每一碟片上有相隔 120°的三个孔眼，同时每片内面相隔 120°固定一突起，对分离牛奶的高度为 0.3～0.4mm，对分离酵母的为 0.8～1mm，以此形成碟片间隙。料液经孔眼通道向上流动，在碟片间隙内因离心力而被分离，重液向外周流动，轻液向中心流动，由此在间隙中产生两股方向相反的流动，见图 9-18C，即轻液沿下碟片的外表面向着转轴方向流动，重液沿上碟片的内表面向着周边方向流动。在流动中，分散相不断从一流层转入另一流层。可见两液层的浓度和厚度随流动均发生变化。在中心套管附近，轻液在分离碟片下面从间隙穿出而后沿中心套管与分离碟片之间所形成的沟道中流出。在碟片间流动的重液被抛向鼓壁而后向上升起，并进入分离碟片与锥形盖之间的空隙而排出。

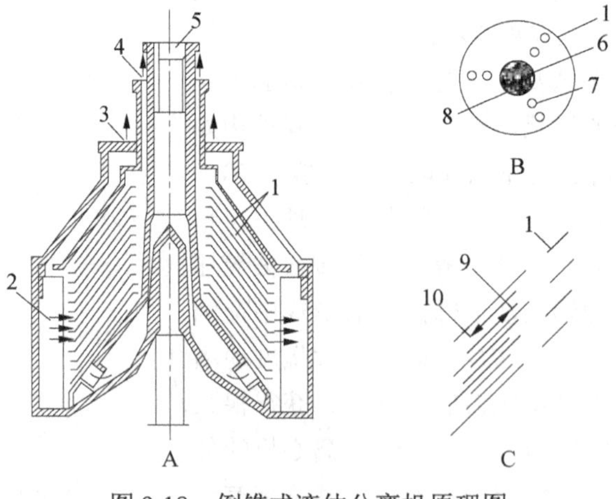

图 9-18 倒锥式液体分离机原理图

A. 分离机简图；B. 碟片俯视图；C. 碟片间两相流动；

1. 碟片；2. 隔板；3. 重液出口；4. 轻液出口；5. 进料口；6. 进料管；7. 进料孔；8. 轻液排出通道；9. 轻液流；10. 重液流

另一种是用于悬浮液固-液分离的澄清式离心机，其结构与上一种基本相似（图 9-19）。但其碟片上没有孔眼，碟片间的间隙为 0.5～2.5mm。当碟片间的悬浮液随碟片高速旋转时，固体颗粒向鼓壁沉降，澄清液则被迫反方向移动至转鼓中心的进液管周围，并连续排出。按排渣方式的不同，这种离心机又分为间隙式和连续式两种。

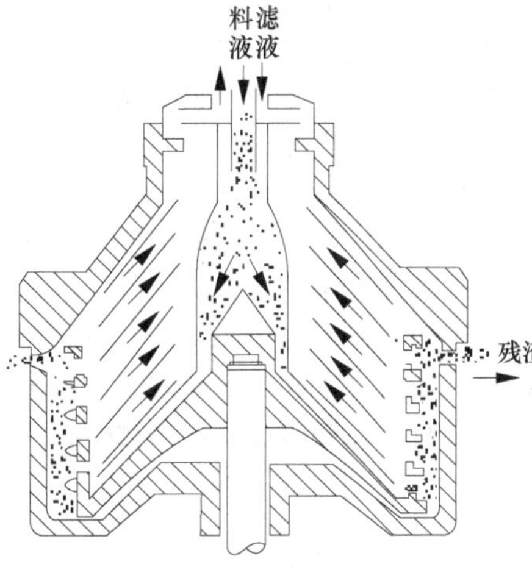

图 9-19 喷嘴连续排渣碟式离心机

五、离心机的选型

不同类型的离心机有不同的特点和适用范围。选择离心机时要从分离物料的性质及分离工艺的要求、经济效果等方面进行综合考虑。

处理的物料是悬浊液时，应首先选用分离机。根据处理量、是否需要分离固相、固相的含量等因素再进一步选择哪一种类型。

处理的物料是悬浮液时，若固相含量较多，固相粒子直径较大（大于 0.1mm），固相密度等于或低于液相的密度，工艺上要求获得含液量少的固相和需要对固相进行洗涤时，应先考虑选用过滤式离心机；若悬浮液中液相黏度较大，固体含量少，固相颗粒直径小（小于 0.1mm），固体具有可压缩性，工艺上要求获得较清的液相，滤网容易被固相物料堵塞又无法再生时，则应先考虑使用沉降式离心机。

管式、室式和人工排渣碟式分离机均需停机后拆开转鼓将固相取出，因而它们只适用于处理含固体量很少（小于 1%）的物料。环阀（活塞）排渣碟式分离机和喷嘴连续排渣碟式分离机在运转中可以排出固体，因而可以处理含固体量较多的物料（少于 10%），但排出的固相因含有大量的液相而呈糊状。螺旋卸料离心机可以得到含量较少的固相，且能进行洗涤，它能处理含固相多达 70%的物料。

第三节 膜分离设备

膜分离是在 20 世纪初出现，60 年代后迅速崛起的一门分离新技术。它是一种利用具有选择透过性能的薄膜对混合物进行分离纯化的方法。膜分离装置主要由膜组件、泵、过滤器、阀、仪表及管路等构成。其中，膜组件是将膜以某种形式组装在一个基本单元设备内，并在外界驱动力作用下能实现对混合物中各组分进行分离的器件。工业上常用的膜组件形式主要有板框式、圆管式、中空纤维式和螺旋卷式 4 种类型。

一、膜分离装置

（一）板框式膜组件

板框式膜组件是膜分离历史上最早问世的一种膜组件，也是目前最广泛使用的组件，由平面膜和支撑体组成。其原理和形式与常规的过滤设备类似。与圆管式、螺旋卷式及中空纤维式等膜组件相比，板框式膜组件具有膜装填密度高（400～600m^2/m^3）、结构紧凑牢固、能承受高压、性能稳定、工艺成熟和操作费用低等优点。但其在处理悬浮颗粒含量高的料液时，通常会被堵塞，安装、检修和换膜等操作不是很方便。为了提升板框式膜组件的湍流效果，有些厂家将原液导流板的表面设计成各式凹凸或波纹结构，或在膜面配置筛网。耐压容器式膜组件是常见的一种板框式膜组件（图 9-20），将多层过滤板堆积组装后，放入一个耐压容器中。过滤板被分成若干组，用不锈钢隔板隔开，各组之间液流的流向为串联的，每一组内过滤板间的液流流向为并联的。由于料液经过每一组过滤板透过部分液体，液流量不断地减少，因此每组板的数量从进口（左）到出口（右）依次减少，同时在膜面上装有导流板，且导流板上带有螺旋流道，其目的是增大操作料液的湍流程度和保持前后线速度变化不大，以减轻浓差极化现象。膜板中心带有小孔的透过液管与滤板的沟槽连通，滤液即由此管流出。

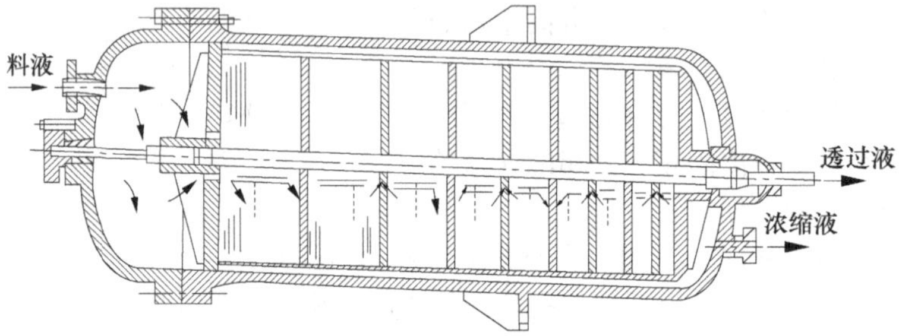

图 9-20 耐压容器式膜组件

（二）圆管式膜组件

圆管式膜组件最早被应用于 1961 年，其结构主要是把膜和支撑体均制成管状，将两者装在一起，或者将膜直接刮制在支撑管内（或管外），再将一定数量的这种膜管以一定方式连成一体而组成，其外形类似列管式热交换器。根据膜所处位置的不同，圆管式膜组件又分为内压型（图 9-21）和外压型（图 9-22）两大类。

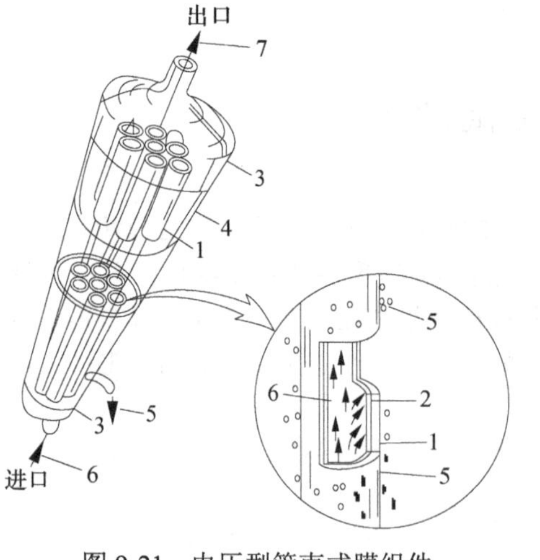

图 9-21 内压型管束式膜组件

1. 玻璃纤维管；2. 反渗透膜；3. 末端配件；4. PVC 透过液搜集外套；5. 透过液出口；6. 料液进口；7. 浓缩液

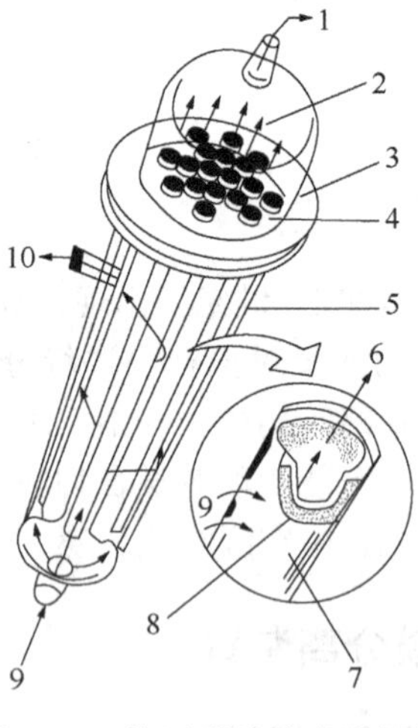

图 9-22 外压型单管式膜组件

1. 透过液出口；2，6. 透过液；3. 连接盘；4. 耐压板；5. 外装管；7. CA 膜；8. 多孔膜支持体；9. 料液进口；10. 浓缩液

（三）中空纤维式膜组件

中空纤维膜是一种极细的空心膜管，外径为 11～23μm，内径为 5～14μm。中空纤维式膜组件也有内压式和外压式之分。内压式即料液从空心纤维管内流动，而外压式的料液在空心纤维管外流动。图 9-23 为内压式中空纤维式膜组件，其结构类似于壳管式热交换器，料液从组件的一端流入中空纤维管内，残留液则从组件的另一端流出。当料液从中空纤维管内流动时，滤过液透过膜管壁，从组件外的排液口排出。

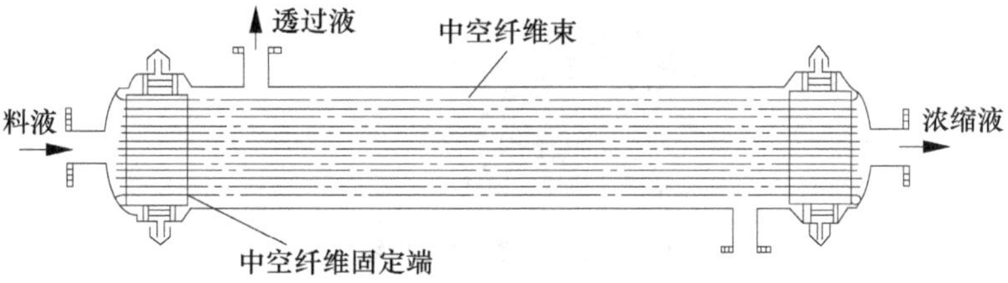

图 9-23 内压式中空纤维式膜组件

图 9-24 为外压式中空纤维式膜组件，它是将大量（几十万或更多）的中空纤维膜管弯成 U 形装入圆筒形耐压容器内，纤维束的开口端用环氧树脂浇成管板，纤维束的中心轴部安装一根料液分布管，使料液径向均匀流过纤维束，纤维束的外部包以网布使纤维束固定并促进料液的湍流状态，滤过液透过纤维的管壁后，沿纤维的中空内腔，经管板排出，残液则从容器的另一端排掉。

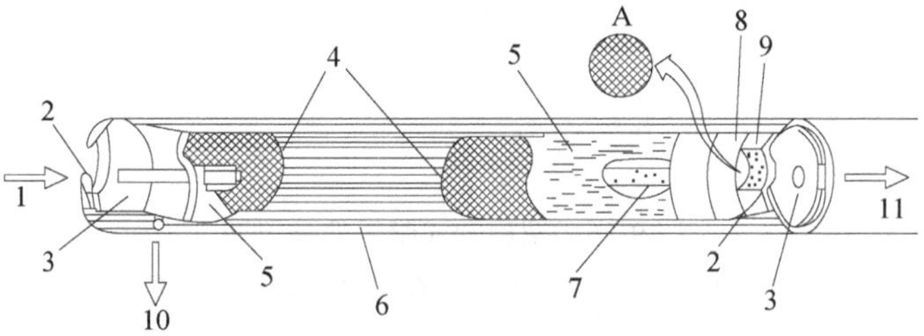

图 9-24 外压式中空纤维式膜组件

1. 料液进口；2. O 环密封；3. 端板；4. 流动网格；5. 中空纤维膜；6. 壳；7. 料液分布管；8. 环氧树脂管板；9. 支撑管；10. 浓缩液出口；11. 透过液出口；A. 中空纤维膜放大断面图

（四）螺旋卷式膜组件

它是先将膜、多孔性支撑材料、膜和隔离网依次叠合，绕中心集液管紧密地卷在一起，形成一个膜卷（或称膜元件），并将两个相邻膜的三个边沿密封黏结形成膜袋，另一个开放的边沿与中心集液管连接，然后再将膜元件装进圆柱形压力容器内，构成一个螺旋卷式膜组件（图 9-25）。

在实际应用中，通常是将几个膜元件（即膜卷）的中心管密封串联起来，再安装到压力容器中，组成一个单元（图 9-26）。操作时，将料液从压力容器的一端输入，料液及残液沿着与中心管平行的方向在隔离网中流动，残液从压力容器的另一端引出。透过膜并进入膜袋的透过液则沿着螺旋方向在两层膜间（即膜袋内）的多孔支撑体中流动，最后汇集到中心集液管中而被导出。

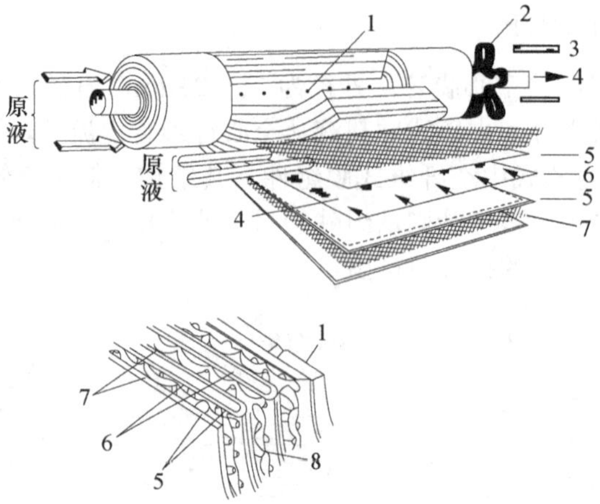

图 9-25 螺旋卷式膜组件

1. 透过液集液管；2. 抗伸缩装置；3. 浓缩液；4. 透过液；5. 膜；6. 多孔支撑体；7. 隔网；8. 黏合剂

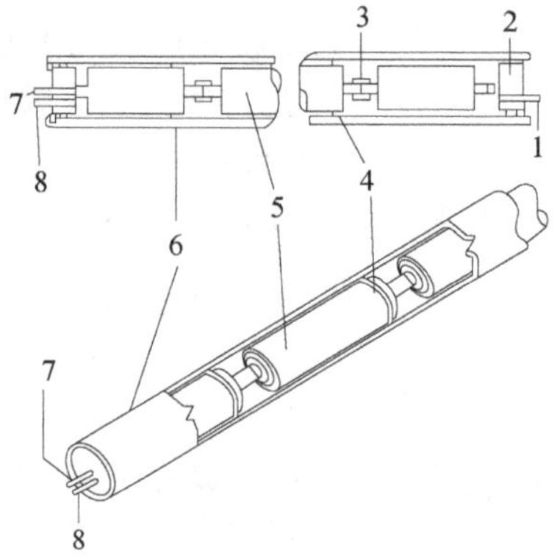

图 9-26 螺旋卷式膜组件装置图

1. 料液进口；2. 密封端盖帽；3. 密封接头；4. 密封；5. 螺旋卷式膜组件；6. 压力容器；7. 透过液出口；8. 浓缩液出口

二、膜组件的比较与选择

上述各种膜组件的特性比较见表 9-1。从单位体积的产水量来看，螺旋卷式和中空纤维式膜组件的产水率最高，工业上大型实用装置基本上都是采用这两种膜组件。但是，从装置的膜面洗涤角度来说，管式装置仍有它独到之处。尽管板框式膜组件是最古老的一种形式，本身有不足之处，但由于它仍具有一定特色而受到产业界的重视，迄今尚占有一定市场。因此，在选择设备时应从不同的发酵产品的特性（如物理稳定性、化学稳定性、外形尺寸）、设备配置的经济合理性、废弃物无害处理、膜的再生性等因素综合考虑。

表 9-1 各种膜组件的特性比较

类型	膜堆积密度/(m^2/m^3)	操作压强/MPa	透水率*/%	单位体积的透水量/[$m^3/(m^2 \cdot d)$]
板框式	492	5.49	1.00	502
内压管式	328	5.49	1.00	335
外压管式	328	6.86	0.61	220
螺旋卷式	656	5.49	1.00	670
中空纤维式	9180	2.64	0.073	670

*以 5000×10^6L NaCl 溶液为料液、脱盐率达 92%～96%时的透水率

第四节　萃 取 设 备

萃取是利用混合物中不同成分在溶剂中的溶解度不同，对混合物进行分离纯化的一种单元操作。按萃取剂的种类不同，萃取有溶剂萃取、双水相萃取和超临界流体萃取三种。溶剂萃取过程包括三个步骤，即混合、分离和溶剂回收。溶剂萃取设备也相应包括混合设备、分离设备和溶剂回收设备。目前，在生物工程中普遍采用的混合设备有搅拌罐、混合管和喷射式混合器。根据混合-分离的操作方式，可将溶剂萃取分为单级萃取和多级萃取，后者又可分为错流萃取和逆流萃取，还可将错流和逆流结合起来操作。

一、混合设备

（一）混合管

萃取剂和料液在一定流速下进入混合管的一端，混合后从另一端流出。为了保证较高的萃取效果，料液在管道内应维持足够的停留时间，并使流动呈完全湍流状态，强迫料液与萃取剂充分混合。一般要求雷诺数（Re）=（5～10）×10^4，流体在管内平均停留时间为 10～20s。混合管的萃取效果高于混合罐，且为连续操作。

（二）喷射式混合器

图 9-27 为三种常见的喷射式混合器示意图。其中交错喷嘴混合为器内混合过程，即萃取剂及料液由各自导管进入器内进行混合；同向射流混合和混合孔板则为两液相已在器外汇合，然后进入器内经喷嘴或孔板后，加强了湍流程度，从而提高了萃取效果。喷射式混合器是一种体积小、效率高的混合装置，特别适用于低黏度、易分散的料液。这种设备投资小，但需要料液在较高的压力下进入混合器。

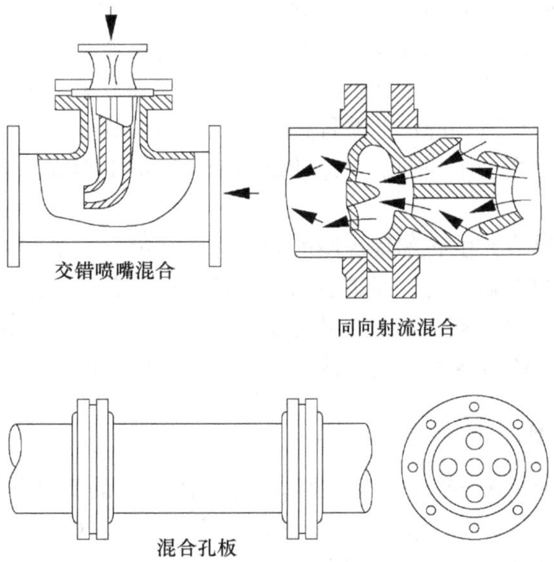

图 9-27　喷射式混合器

二、萃取机

（一）多级离心萃取机

多级离心萃取机是在一台设备中装有两级或三级混合及分离装置的逆流萃取设备。图 9-28 为 Luwesta EK10007 三级离心萃取机的结构示意图。其分上、中、下三段，下段是第一级混合与分离区，中段是第二级，上段是第三级。每一段的下部是混合区，中部是分离区，上部是重液相引出区。新鲜的萃取剂由第三级加入，待萃取料液则由第一级加入，萃取轻液相在第一级引出，萃余重液则在第三级引出。操作时转鼓转速为 4500r/min，料液最大处理量为 $7m^3/h$，料液进口压强为 5×10^5Pa，萃取剂进口压强为 3×10^5Pa。

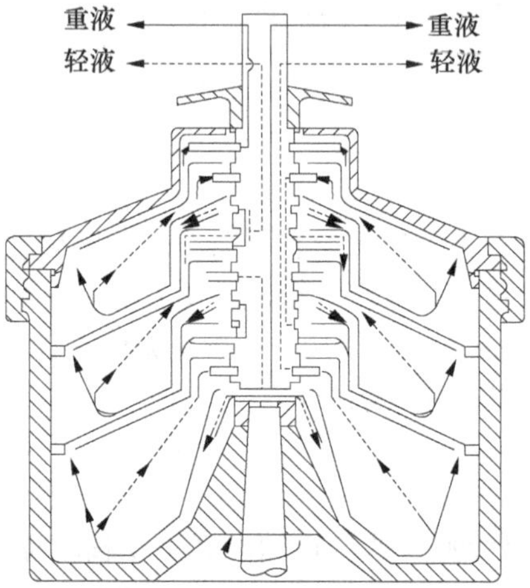

图 9-28　Luwesta EK10007 三级离心萃取机

（二）立式连续逆流离心萃取机

立式连续逆流离心萃取机是将萃取剂与料液在逆流情况下进行多次接触和多次分离的萃取设备。图 9-29 为 α-Laval-ABE-216 型离心萃取机的结构示意图。其主要部件为由 11 个不同直径的同心圆筒组成的转鼓，每个圆筒在一端有开孔，作为料液和萃取剂流动的通道。由于相邻筒之间开孔位置上下错开，液体上下曲折流动。从中心向外数第 4～11 个筒的外壁上均焊有螺旋形导流板，这样就使两个液相的流动路程大为加长，从而延长了两液相的混合与分离时间，在螺旋形导流板上又开设大小不同的缺口，使螺旋形长通道中形成很多短路，增加了两液相之间的接触机会。

操作时，重液相（料液）由底部轴周围的套管进入转鼓后，沿螺旋形长通道中形成很多短路，增加了两液相之间的接触机会。通道由内向外顺次流经各筒，最后由外筒经溢流环到向心泵室被排出。轻液（萃取剂）则由底部的中心管进入转鼓，流入第 10 个圆筒，从下端进入螺旋形通道，由外向内顺次流过各筒，最后从第一个筒经出口排出。

（三）倾析式离心机

倾析式离心机是一种具有轻液-重液-固体三相分离功能的新型萃取分离机。图 9-30 为德国 Westfalia 公司于 20 世纪 80 年代研制的三相倾析式离心萃取机的结构图。它由圆柱-圆锥形转鼓、螺旋输送器、驱动装置和进料系统等组成。

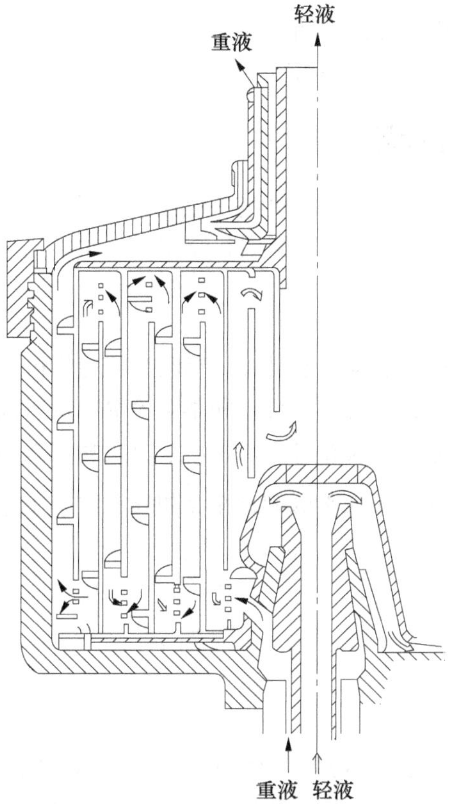

图 9-29　α-Laval-ABE-216 型离心萃取机

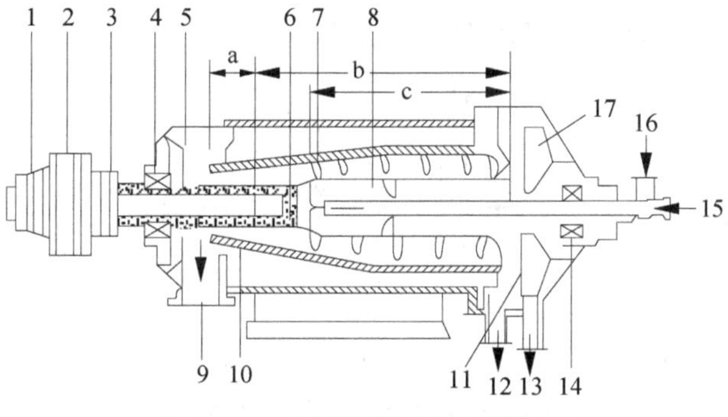

图 9-30　三相倾析式离心萃取机

1. V 带；2. 差速变动装置；3. 转鼓皮带轮；4. 轴承；5. 外壳；6. 分离盘；7. 螺旋输送器；8. 轻液相分布器；9. 排渣口；10. 转鼓；11. 调节环；12. 重液出口；13. 轻液出口；14. 转鼓主轴承；15. 轻相送料管；16. 重相送料管；17. 向心泵；a. 干燥段；b. 澄清段；c. 分离段

该机在螺旋转子柱的两端分别设有调节环和分离盘，以调节轻、重液相界面，轻液相出口处配有向心泵，在泵的压力作用下，将轻液排出。进料系统上设有中心套管式复合进料口，中心管和外套管出口端分别设有轻液相分布器和重相送料管，其位置是可调的，从而把转鼓柱端分为重液相澄清区、逆流萃取区和轻液相澄清区。

操作时，料液从重相送料管进入转鼓的逆流萃取区后受到离心力场的作用，与中心管进入的轻液相（萃取剂）接触，迅速完成相之间的物质转移和液-液-固分离。固体渣子沉积于转鼓内壁，借助于螺旋转子缓慢推向转鼓锥端，并连续地排出转鼓。而萃取液则由转鼓柱端经调节环进入向心泵室，借助向心泵的压力排出。

三、萃取设备的设计计算

按照萃取操作方式分类，萃取可分为单级萃取和多级萃取。现以单级萃取和多级错流萃取为例，分别讨论萃取设备的设计计算（郑裕国和薛亚平，2022）。

（一）单级萃取

单级萃取由一个分离器和一个混合器组成。萃取过程为将料液 F 和溶剂 S 加入混合器中充分接触后达到平衡，再用分离器得到萃取液 L 和萃余液 R。设料液体积为 V_f，萃取溶剂的体积为 V_s，分配系数为 K，则经过单级萃取后，溶质在萃取相和萃余相中的数量之比为 $E=K\frac{V_s}{V_f}$，式中 E 为萃取因素。由 E 可求得未被萃取的分率 ξ 和理论收率 $1-\xi$：

$$\xi=\frac{1}{E+1} \tag{9-1}$$

$$1-\xi=\frac{E}{E+1} \tag{9-2}$$

（二）多级错流萃取

多级错流萃取是指料液经过萃取后，萃取液再与新鲜萃取剂接触进行萃取。如图 9-31 所示，第一级萃余液进入第二级作为料液，并加入新鲜萃取剂进行萃取，以此类推，第二级萃余液再作为第三级的料液，同样用新鲜的萃取剂进行萃取。这种方法的特点在于每级中都加溶媒且消耗量大，得到的萃取液平均浓度较低，但萃取较完全。

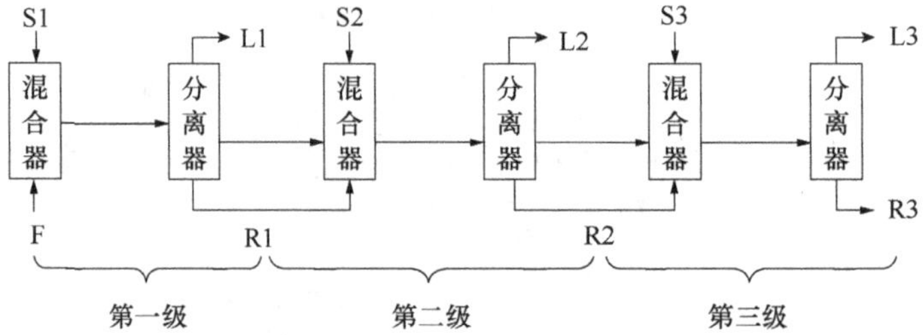

图 9-31 三级错流萃取示意图（郑裕国和薛亚平，2022）

F. 料液；S. 溶媒；L. 萃取液；R. 萃余液；1，2，3. 级数

经一级萃取后，未被萃取分率为

$$\xi_1=\frac{1}{E+1} \tag{9-3}$$

经二级萃取后，未被萃取分率为

$$\xi_2=\frac{1}{(E+1)(E+1)}=\frac{1}{(E+1)^2} \tag{9-4}$$

以此类推，经 n 级萃取后，未被萃取分率为

$$\xi_n=\frac{1}{(E+1)^n} \tag{9-5}$$

而理论收率为

$$1-\xi_n=1-\frac{1}{(E+1)^n}=\frac{(E+1)^n-1}{(E+1)^n} \tag{9-6}$$

可见，在萃取用量一定的情况下，随着萃取次数增加，萃取更完全。

第五节　蒸发浓缩设备

浓缩是通过一定的技术方法除去溶液中的部分溶剂，使溶液浓度提高的单元操作。目前浓缩技术很多，如蒸发浓缩、冷冻浓缩、膜蒸发浓缩等，但在生产实际中应用最普遍的是蒸发浓缩。图 9-32 为典型的单效真空蒸发浓缩系统的示意图。该系统主要包括蒸发器、冷凝器、分离器、缓冲罐和真空泵。稀料液经预热后进入蒸发器，在加热室中被加热冷凝水气化，浓缩后的溶液（常称为完成液）从蒸发器底部排出，产生的溶剂蒸汽（称为二次蒸汽）通过分离室（又称蒸发室）及其顶部的除沫器与所夹带的液沫分离，经冷凝器冷凝后排出。不凝性气体经分离器和缓冲罐由真空泵排出。

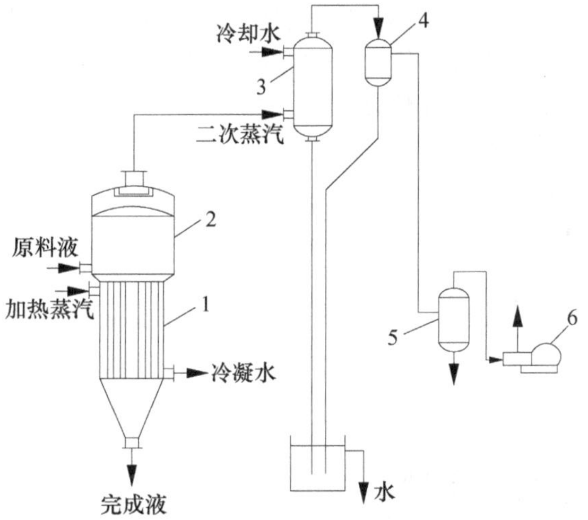

图 9-32　蒸发装置示意图

1. 蒸发器加热室；2. 蒸发器分离室；3. 冷凝器；4. 分离器；5. 缓冲罐；6. 真空泵

一、蒸发设备

蒸发设备的作用是使进入蒸发器的原料液被加热，部分汽化，得到浓缩的完成液，同时排出二次蒸汽，并使之与所夹带的液滴和雾沫相分离。蒸发器主要由加热室及分离室组成。按加热室的结构和操作时溶液的流动情况，可将工业中常用的间接加热蒸发器分为循环型（非膜式）和单程型（膜式）两大类。

（一）循环型蒸发器

这类蒸发器的特点是溶液在蒸发器内作连续的循环运动，以提高传热效果、缓和溶液结垢；蒸发器内溶液浓度基本相同，接近于完成液的浓度；操作稳定。因引起循环运动的原因不同，又可将其分为自然循环和强制循环两种类型。前者是由于溶液在加热室不同位置上的受热程度不同，产生了密度差而引起的循环运动；后者则是依靠外加动力迫使溶液沿一定方向作循环流动。

1. 中央循环管式蒸发器 其结构如图 9-33 所示，下部的加热室由垂直管束组成，管束中央有一根直径较粗的管子，称为降液管或中央循环管，细管称为沸腾管或加热管。加热管内单位体积溶液受热面大于粗管，受热好，溶液汽化得多，因此细管内气液混合物的密度比粗管内的小，这种密度差促使溶液做沿粗管下降而沿细管上升的连续规则的自然循环运动。溶液的循环流动提高了沸腾表面传热系数，强化了蒸发过程。为了促使溶液有良好的循环，中央循环管截面积一般为加热管总截面积的 40%～100%。管束高度为 1～2m，加热管直径为 25～75mm，长径之比为（20～40）∶1。

中央循环管式蒸发器具有结构简单、紧凑，制造方便，操作可靠，投资费用少等优点。但其清理和检修麻烦，溶液循环速度较低，一般仅在 0.5m/s 以下，传热系数小；由于溶液的不断循环，加热管内的溶液始终接近完成液的浓度，故有溶液黏度大、沸点高等缺点；此外，这种蒸发器的加热室不易清洗。

中央循环管式蒸发器适用于处理结垢不严重、腐蚀性较小的溶液。

2. 外热式蒸发器 外热式蒸发器的结构如图 9-34 所示。这种蒸发器的加热管较长，其长径之比为（50～100）∶1。由于循环管内的溶液未受蒸汽加热，其密度较加热管内的大，因此形成溶液沿循环管下降而沿加热管上升的循环运动，循环速度可达 1.5m/s。由于加热室装于蒸发室之外，因此加热室便于清洗和更换。

以上两种都是自然循环蒸发器。

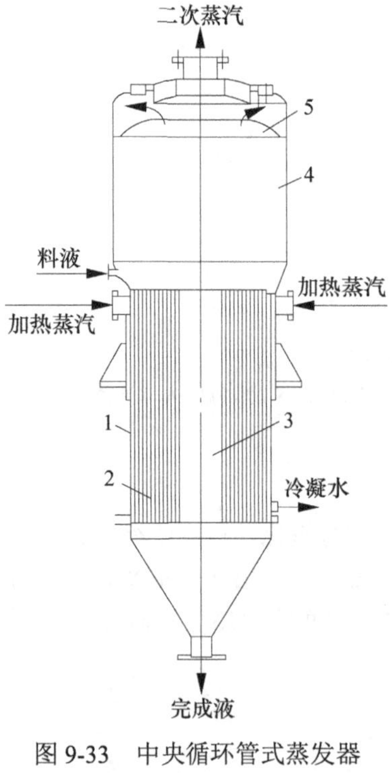

图 9-33 中央循环管式蒸发器

1. 外壳；2. 加热室；3. 中央循环管；4. 蒸发室；5. 除沫器

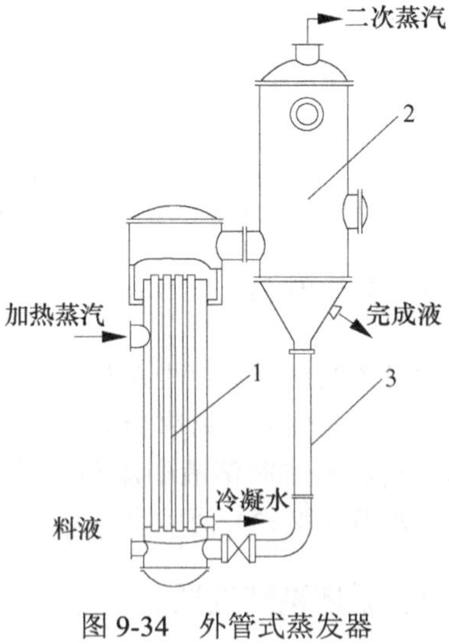

图 9-34 外管式蒸发器

1. 加热室；2. 蒸发室；3. 循环管

3. 强制循环蒸发器 强制循环蒸发器（图 9-35）指的是蒸发器内的溶液在泵的作用下进行强制循环的蒸发设备。强制循环速度可达 1.8～5.0m/s，提高蒸发器内液体循环速度的重要性不仅在于提高沸腾给热系数，其主要目的在于降低单程汽化率。在同样的蒸发能力下（单位时间的溶剂汽化量），循环速度越大，单位时间通过加热管的液体量越多，溶液一次通过加热管后，汽化率也越低。

强制循环蒸发器具有循环速度大，且可调节；可用于蒸发黏度大、易结晶结垢的物料；传热系数较大等优点。但输送设备的能耗大，每平方米加热面积需 0.4～0.8kW；造价高。

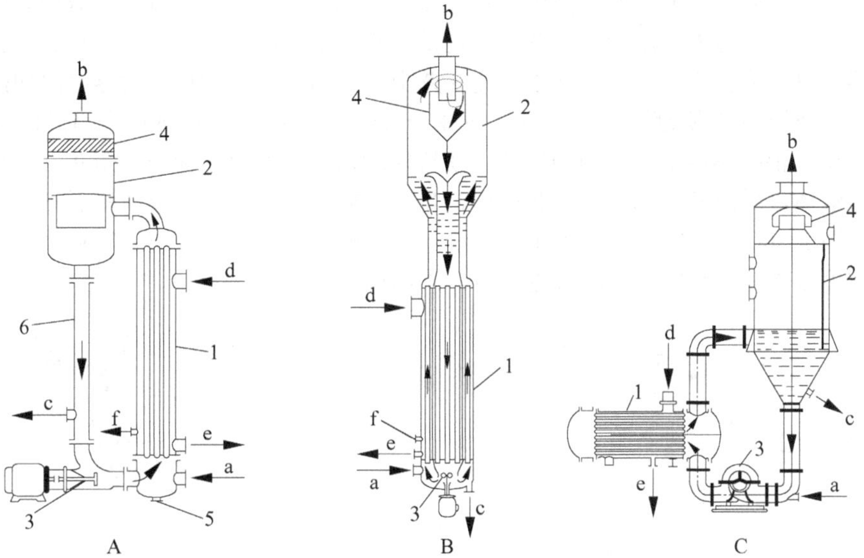

图 9-35 强制循环蒸发器

A. 立式单程加热室；B. 立式双程加热室；C. 卧式双程加热室；

a. 料液；b. 二次蒸汽；c. 浓缩液；d. 加热蒸汽；e. 冷凝液；f. 不凝气；

1. 加热室；2. 蒸发室；3. 循环泵；4. 分离器；5. 排放口；6. 下降管

（二）单程型蒸发器

循环型蒸发器的主要缺点是加热室内滞料量大，致使物料在高温下停留时间长，特别不适于处理热敏性物料。在单程型蒸发器内，溶液以液膜的形式一次通过加热室，不进行循环，离开加热管的溶液及时加以冷却，加热时间仅为数秒或十余秒，且操作过程中溶液沿加热管壁呈传热效果最佳的膜状流动，故特别适用于热敏性物料的蒸发。循环型蒸发器加热管中的溶液浓度接近于完成液浓度，而单程型蒸发器中的溶液平均浓度接近原料液浓度和完成液浓度的平均值。因为溶液浓度较低，所以由沸点升高而引起的温度差损失也较小。但当设计或操作不当时，溶液在加热室中不易成膜，热流量将明显下降。单程型蒸发器不适用于易结晶、结垢物料的蒸发。

1. 升膜式蒸发器 升膜式蒸发器的结构如图 9-36 所示，加热室由长达 3～10m 的单根或多根垂直管组成，加热管长径之比为 100～150，管径为 25～50mm。操作时原料液经预热达到沸点或接近沸点后，由加热室底部引入管内，为高速上升的二次蒸汽带动，沿壁面边呈膜状流动边进行蒸发，当到达分离室和二次蒸汽分离后即可得到完成液。完成液由分离器底部排出。

这种蒸发器需要精心操作，即加热管内的二次蒸汽应具有较高速度，并获得较高的传热系数，使料液一次通过加热管即达到预定的浓缩要求。通常，二次蒸汽在加热管内的速度不应小于 10m/s，一般为 20～50m，减压下可高达 100～160m/s 或更高。常压下，管上端出口处速度以保持 20～50m/s 为宜，减压操作时速度可达 100～160m/s。

这种蒸发器适用于处理蒸发量较大的稀溶液及热敏性或易起泡的溶液，不适用于处理高黏度、有晶体析出或易结垢的溶液。

2. 降膜式蒸发器 其结构原理与升膜式类似（图 9-37），区别在于：①原料液在蒸发器顶部加入，底部得到完成液。原料液由加热室顶部加入，经管端的液体分布器均匀地流入加热管内，在溶液本身的重力作用下，溶液沿管内壁呈膜状下流，并进行蒸发。②加热管顶部装有液体分布器，以使液体成膜。为了使溶液能在壁上均匀布膜，且防止二次蒸汽由加热管顶端直接窜出，加热管顶部必须设置加工良好的液体分布器。图 9-38 为三种最常用的液体分布器。图 9-38A 是用一根有螺旋形沟槽的导流柱，使流体均匀分布到内管壁上；图 9-38B 是利用导流杆均匀分布液体，导流杆下部设计成圆锥形，且底部向内凹，以免使锥体斜面下流的液体再向中央聚集；图 9-38C 是将管端周边加工成齿缝形，使液体通过齿缝分布到加热器内壁呈膜状下流。③对浓度较高、黏度较大的溶液也适用。④结构较复杂。

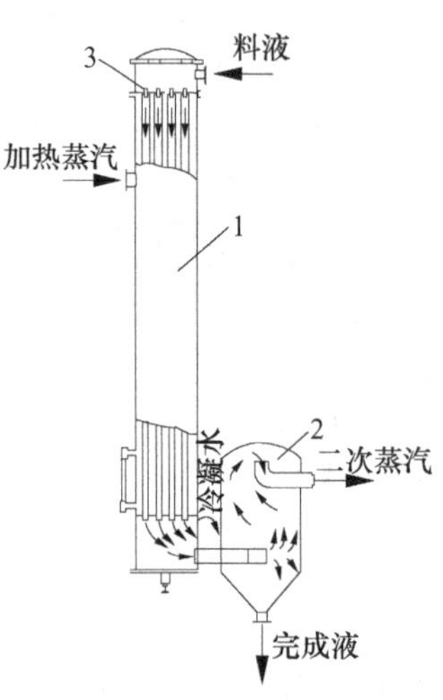

图 9-36 升膜式蒸发器

1. 蒸发器；2. 分离室；3. 布膜器

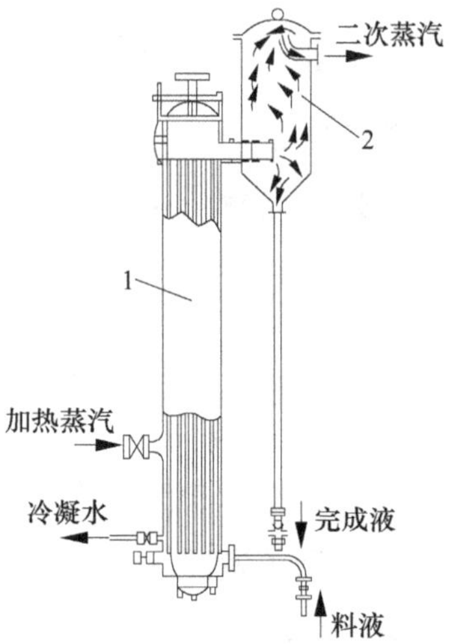

图 9-37 降膜式蒸发器

1. 蒸发器；2. 分离室

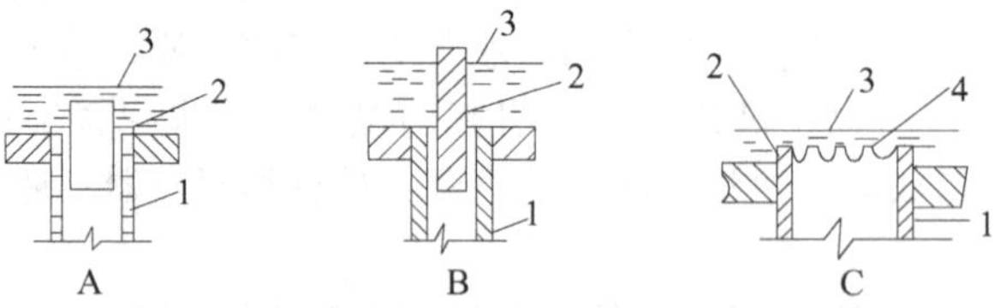

图 9-38 降膜式蒸发器的液体分布装置

1. 加热管；2. 分布器；3. 液面；4. 齿缝

降膜式蒸发器可用于蒸发黏度较大（0.05～0.45Pa・s）、浓度较高的溶液，但不适于处理易结晶和易结垢的溶液，因为这种溶液形成均匀液膜较困难，传热系数也不高。

3. 刮板式蒸发器 刮板式蒸发器的结构如图 9-39 所示，加热管是一根垂直的空心圆管，圆管外有夹套，内通加热蒸汽。圆管内装有可以旋转的搅拌叶片，叶片边缘与管内壁的间隙为 0.25～1.5mm。原料液沿切线方向进入管内，由于受离心力、重力及叶片的刮带作用，在管壁上形成旋转下降的薄膜，并不断地被蒸发，完成液由底部排出。

刮板式蒸发器是利用外加动力成膜的单程型蒸发器，故适用于高黏度、易结晶、易结垢或热敏性溶液的蒸发。其缺点是结构复杂、动力耗费大（约为 $3kW/m^2$ 传热面）、传热面积较小（一般每台为 3～$4m^2$），处理能力不大。

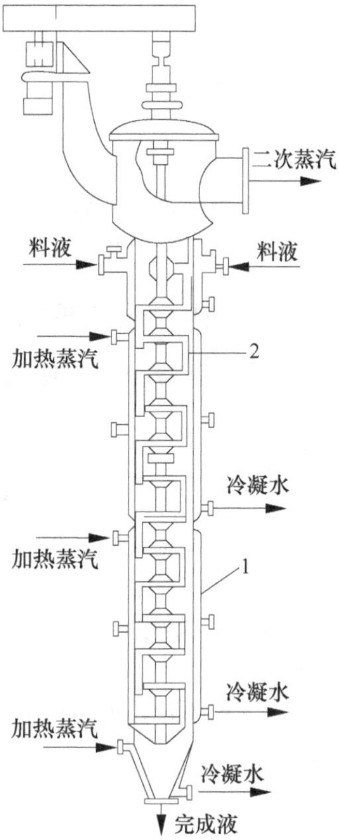

图 9-39 刮板式蒸发器（转子式）
1. 加热夹套；2. 刮板

二、蒸发器的选型

蒸发器的结构型式很多，实际选型时需考虑多种因素，首要是看它能否适应所蒸发物料的工艺特性，包括物料的特性、热敏性、腐蚀性、结晶性和结垢性等，然后再全面综合地加以考虑。数字资源 9-4 汇总了常规蒸发器的主要性能参数，可供选型时参考。

数字资源 9-4

此外，还应满足如下要求：传热效果好，热能利用率高，即传热系数高和有效温度差大；结构合理紧凑，操作清洗方便，安全可靠；满足工艺要求，如料液的浓缩比、浓缩后得率、保持料液的特性；动力消耗小；易于加工制造，维修方便，既要节省材料、耐腐蚀，又要保证足够的机械强度。

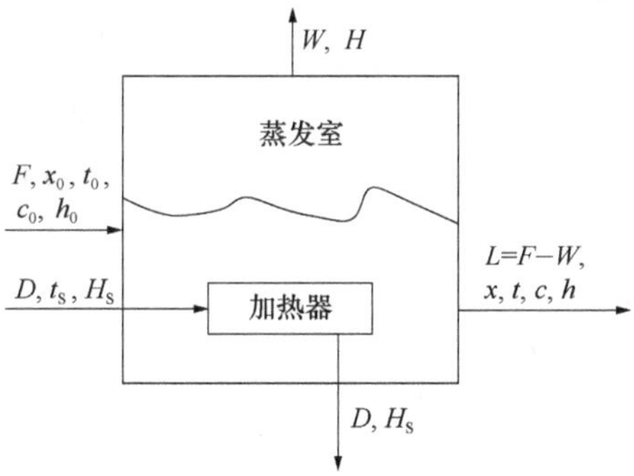

图 9-40 单效蒸发的物料衡算及焓衡算
（郑裕国和薛亚平，2022）

三、蒸发浓缩设备的设计计算

现以单效蒸发设备为例，讨论蒸发器的设计计算。单效蒸发是指单台设备的蒸发，因此确定生产任务和操作条件后，需要计算水分蒸发量、蒸汽消耗量和蒸发器的传热面积。

（一）蒸发量的计算

图 9-40 为单效蒸发的物料衡算及焓衡算示意图。假设溶质在蒸发过程中无挥发，原料液中的溶质全部进入完成液中。

根据物料衡算可得

$$Fx_0 = Lx = (F - W)x \tag{9-7}$$

由此可得水分蒸发量为

$$W = F\left(1-\frac{x_0}{x}\right) \tag{9-8}$$

完成液浓度为

$$x = \frac{Fx_0}{F-W} \tag{9-9}$$

式中，F 为原料液量，kg/h；W 为水分蒸发量，kg/h；L 为完成液量，kg/h；x_0 为料液中溶质的质量分数，%；x 为完成液中溶质的质量分数，%。

（二）加热蒸汽消耗量的计算

当加热蒸汽冷凝液在饱和温度下排出时，如图 9-40 所示，由焓衡算可得

$$FH_s + Fh_0 = Lh + WH + Dh_s + Q_1 \tag{9-10}$$

整理后得

$$D(H_s - h_s) + Fh_0 = (F-W)h + WH + Q_1 \tag{9-11}$$

式中，D 为加热蒸汽消耗量，kg/h；H_s 为加热蒸汽的焓，kg/kJ；h_0 为原料液的焓，kg/kJ；h 为完成液的焓，kg/kJ；H 为二次蒸汽（温度为 t 的过热蒸汽）的焓，kg/kJ；h_s 为加热器中冷凝水的焓，kg/kJ；Q_1 为热损失，kJ/h。

用式（9-9）计算时，需保证溶液在一定温度和浓度下的焓。通常，大多是物料蒸发的浓缩热，可忽略不计，而由比热求其焓。现设 0℃液体的焓为零，故有

$$h_s = c^* t_s - 0 = c^* t_s$$

$$h_0 = c_0 t_s - 0 = c_0 t_0$$

$$h = ct - 0 = ct$$

代入式（9-10）中，整理得

$$D(H_s - c^* t_s) + Fc_0 t_0 = (F-W)ct + WH + Q_1 \tag{9-12}$$

式中，c^* 为水的比热容，kJ/（kJ・K）；t_s 为加热蒸汽的饱和温度，℃；t_0 为料液的温度；c_0 为原料液比热容，kJ/（kJ・K）；c 为完成液的比热容，kJ/（kJ・K）。

c_0 和 c 可近似地计算如下：

$$c_0 = c^*(1-x_0) + c_B x_0 \tag{9-13}$$

$$c = c^*(1-x) + c_B x \tag{9-14}$$

式中，c_B 为溶质比热容，kJ/（kJ・K）。

由式（9-9）或式（9-10）可解得加热蒸汽消耗量为

$$D = \frac{F(h-h_0) + W(H-h) + Q_1}{H_s - h_s} \tag{9-15}$$

若浓缩热忽略不计，可得

$$D = \frac{F(ct - c_0 t_0) + W(H-ct) + Q_1}{H_s - h_s} \tag{9-16}$$

鉴于 $H_s - c^* t_s = R$，$H - ct \approx r$，代入得

$$D = \frac{F(ct - c_0 t_0) + Wr + Q_1}{R} \tag{9-17}$$

若为沸点进料，即 $t_0 = t$，并忽略比热容 c_0 和 c 的差别及热损失，则有

$$D=\frac{W(H-ct)}{R}\approx\frac{Wr}{R} \text{或} \frac{D}{W}=\frac{H-ct}{R}\approx\frac{r}{R} \tag{9-18}$$

式中，$\frac{D}{W}$为单位蒸汽消耗量，用以表示蒸汽利用的经济程度；R为加热蒸汽的蒸发潜热，kJ/kg；r为温度为t时二次蒸汽的蒸发潜热，kJ/kg。

（三）蒸发器传热面积的计算

由传热速率方程得

$$A=Q/K\Delta t_m$$

式中，A为蒸发器的传热面积，m^2；Q为传热量，W，显热=DR；K为传热系数，W/（m^2·K）；Δt_m为平均传热温度差，K。

由于在蒸发过程中为蒸汽冷凝和溶液沸腾之间的恒温差传热，即$\Delta t_m=t_s-t$，故有

$$A=\frac{Q}{K(t_s-t)}=\frac{DR}{K(t_s-t)} \tag{9-19}$$

四、除沫器、冷凝器和真空装置

（一）除沫器

为进一步除去离开蒸发器的二次蒸汽中夹带的液沫，避免造成产品损失、污染冷凝器和堵塞管道。通常在蒸发器二次蒸汽排出口或其后的管路上安装除沫器。常见的几种除沫器见图9-41。其中，图9-41A～E装于蒸发室顶部，图9-41F～H则在蒸发室之外，它们主要都是利用液体的惯性达到气液分离的目的。

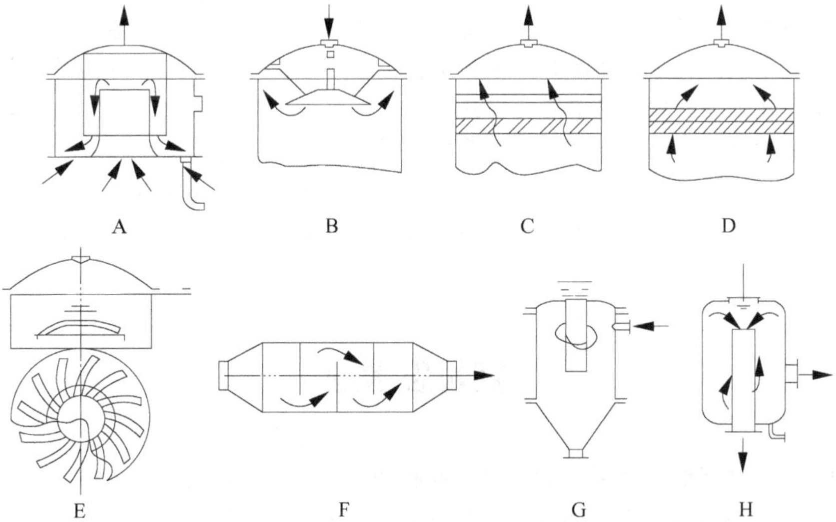

图9-41　除沫器的主要型式

A. 折流式；B. 球式；C. 百叶窗式；D. 金属丝式；E，H. 离心式；F. 冲击式；G. 旋风式

（二）冷凝器

冷凝器的作用是冷凝二次蒸汽。冷凝器有间壁式和直接接触式两种，倘若二次蒸汽为需回

数字资源 9-5

收的有价值成分或会严重污染水源，则应采用间壁式冷凝器，否则通常采用直接接触式冷凝器。后一种冷凝器一般均在负压下操作，这时为将混合冷凝后的液体排出，冷凝器必须设置得足够高。常规的逆流高位冷凝器构造见数字资源9-5。冷却水由顶部加入，依次经过各淋水板的小孔和溢流堰流下，在和底部进入并逆流上升的二次蒸汽的接触过程中，使二次蒸汽不断冷凝。水和冷凝液沿气压管流至地沟排走。不凝性气体则由顶部抽出，并与夹带的液沫分离后流入真空装置。

（三）真空装置

当蒸发器在负压下操作时，无论采用哪一种冷凝器，均需在冷凝器后安装真空装置。需要指出的是，蒸发器中的负压主要是二次蒸汽冷凝所致，而真空装置仅是抽吸蒸发系统泄漏的空气、物料及冷却水中溶解的不凝性气体和冷却水饱和温度下的水蒸气等。

常用的真空装置有喷射泵、水环式真空泵、往复式或旋转式真空泵等。

小　结

发酵产物常见的单元操作主要包括固液分离、分离纯化、蒸发浓缩三部分。混合物分离设备主要有压滤机、转鼓式真空过滤机、过滤式离心机、沉降式离心机、分离式离心机等，不同类型的离心机特点和适用范围也不同，在选择离心机时需要从物料性质和分离工艺要求，以及经济效果等方面综合考虑。随着分离技术的发展，膜分离成为当今分离科学中重要的手段之一。膜分离装置包括板框式膜组件、圆管式膜组件、中空纤维式膜组件和螺旋卷式膜组件。萃取是对混合物进行分离纯化的一种单元操作，其过程包括混合、分离和溶剂回收。生物工程中普遍采用的混合设备是搅拌罐、混合管和喷射式混合器。所用的分离设备主要是碟式离心机和管式离心机。对于液态、晶形和固体粉末等生物工程产品，为保证终产品达到规定的浓度或便于运输、贮藏，还需要利用蒸发浓缩的方法去除其中包含的部分溶剂。蒸发器是常见的蒸发设备之一，主要由加热室和分离室组成，工业中根据加热室的结构和操作时溶液流动情况，将蒸发器分为循环型（非膜式）和单程型（膜式）两大类。此外，为了去除蒸发器二次蒸汽中夹带的液沫并回收有价值的成分，通常在蒸发器二次蒸汽排出口安装有除沫器、冷凝器和真空装置等辅助装置。

复习思考题

1. 试说明板框式压滤机的滤板和洗板在结构和作用方面的异同。
2. 真空过滤机的转鼓被分为哪几个区？各自的作用是什么？
3. 什么是分离因数？其值大小反映了离心分离设备的什么特性？
4. 过滤式离心机与沉降式离心机在结构和分离原理上有什么主要差异？
5. 简要说明用于乳浊液和悬浮液分离的碟式离心机在结构上的主要区别。
6. 分离膜应具备哪些基本条件？简要说明常用的分离膜种类及其特性。
7. 膜组件有哪些种类？比较其优缺点。

8. 简要说明螺旋卷式膜组件的结构及各部分的作用。
9. 多功能提取罐系统由哪些主要设备构成？各自的作用是什么？
10. 蒸发浓缩系统一般是由哪些设备组成的？其核心设备是什么？

主要参考文献

陈国豪，俞俊棠. 2007. 生物工程设备. 北京：化学工业出版社.
段开红. 2016. 生物工程设备. 2 版. 北京：科学出版社.
陶兴无. 2017. 生物工程设备. 北京：化学工业出版社.
郑裕国，薛亚平. 2022. 生物工程设备. 2 版. 北京：化学工业出版社.
朱明军，梁世中. 2020. 生物工程设备. 3 版. 北京：中国轻工业出版社.

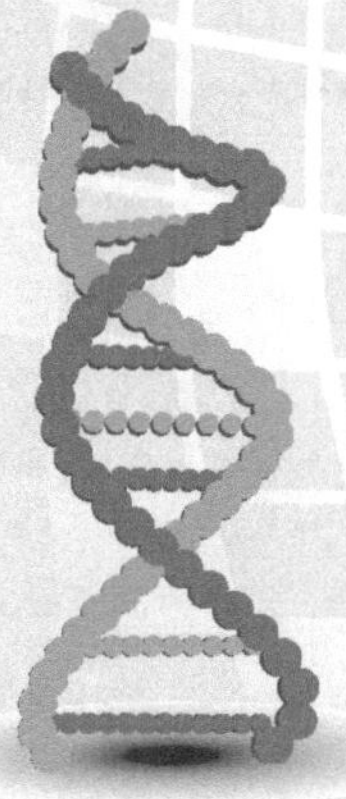

第十章　生物产品的精制

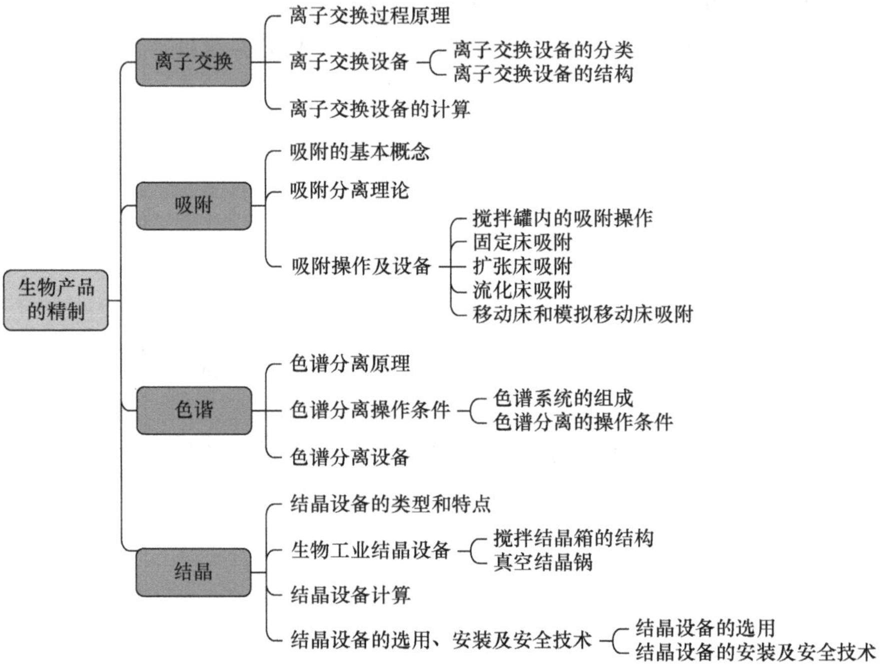

生物制品的生产中下游技术及工艺的选择很大程度上取决于产品的性质及产品要求的纯度。产物的提取和精制常用离子交换、吸附、色谱技术实现目标产品的分离纯化；采用蒸发和结晶实现液相与固相两者之间的转化，是现代生物加工过程中获得纯净固相产品的重要方式之一。这些生物产品精制方法的原理、使用的设备将是本章学习的重点。

第一节　离 子 交 换

离子交换法主要是基于一种合成的离子交换剂作为吸附剂，以吸附溶液中需要分离的离子。生物工业中最常用的交换剂为离子交换树脂，被广泛用于提取氨基酸、有机酸、抗生素等小分子生物制品。在提取过程中，生物制品从发酵液中被吸附在离子交换树脂上，然后在适宜的条件下用洗脱剂将吸附物从树脂上洗脱下来，达到分离、浓缩、提纯的目的。

离子交换法的特点是树脂无毒性且可反复再生使用，少用或不用有机溶剂，因而成本低，设备简单，操作方便，目前已成为生物制品提纯分离的主要方法之一。离子交换法还被广泛用于脱色、硬水软化及制备无盐水等。

一、离子交换过程原理

离子交换树脂是一种带有可交换离子（阳离子或阴离子）的不溶性高分子聚合物，它具有网状立体结构且不溶于酸、碱和有机溶剂。

离子交换树脂的单元结构由两部分组成：一部分是不可移动且具有立体结构的网络骨架，另一部分是可移动的活性离子。活性离子可在网络骨架和溶液间自由迁移，当树脂处在溶液中时，其上的活性离子可与溶液中的同性离子产生交换过程。如果树脂释放的是活性阳离子，它就能和溶液中的阳离子发生交换，称为阳离子交换树脂；如果释放的是活性阴离子，它就能交换溶液中的阴离子，称为阴离子交换树脂。

一般认为离子交换过程是按化学摩尔质量关系进行的，且交换过程是可逆的，最后达到平衡，平衡状态和过程的方向无关。因此，离子交换过程可以看作可逆多相化学反应。但和一般的多相化学反应不同，当发生交换时，树脂体积常发生改变，因而引起溶剂分子的转移。设有一粒树脂放在溶液中，发生下列交换反应：

$$A^{+} + RB \rightleftharpoons RA + B^{+}$$

不论溶液的运动情况如何，在树脂表面始终存在着一层薄膜，交换离子借助分子扩散通过薄膜（图 10-1）；显然，溶液流动愈剧烈，薄膜的厚度愈小，则液体主体的浓度愈均匀一致。一般来说，树脂的交换容量和颗粒大小无关。

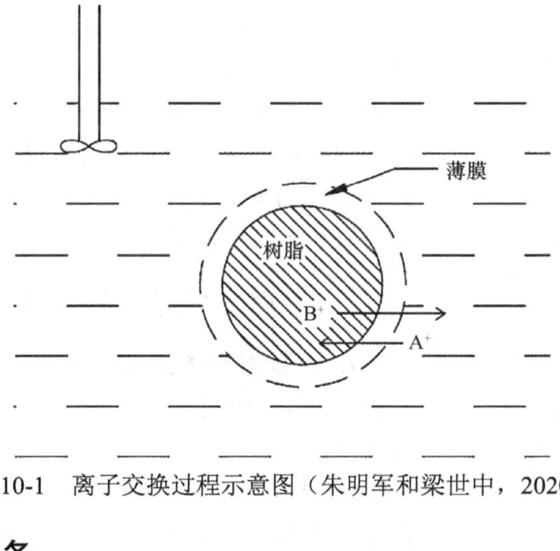

图 10-1　离子交换过程示意图（朱明军和梁世中，2020）

二、离子交换设备

离子交换的一般流程为：①原料液的预处理，使得流动相易于被吸附剂吸附；②原料液和离子交换树脂的充分接触，使吸附进行；③淋洗离子交换树脂，以去除杂质；④把离子交换树脂上的有用物质解吸并洗脱下来；⑤离子交换树脂的再生。

（一）离子交换设备的分类

根据离子交换的操作方式不同，离子交换设备可分为静态和动态交换设备两大类。生产中多采用动态离子交换罐或交换柱。动态交换设备按操作方式不同，可分为间歇操作的固定床和连续操作的流动床两类。固定床有单床（单柱或单罐操作）、多床（多柱或多罐串联操作）、复床（阳柱、阴柱）及混合床（阳、阴树脂混合在一个柱或罐中）。根据溶液进入交换柱（罐）的方向又有正吸附（溶液在柱中自上而下流动）和反吸附（溶液自下而上流过）两种。连续流动床是指溶液及树脂以相反方向均连续不断地流入和离开交换设备，一般也有单床、多床之分。

1. 静态交换设备 静态交换是指树脂和被交换的溶液一同置于一个容器中，一般需有搅拌装置（可以是机械搅拌或通气搅拌），这样做的目的是有利于传质，使其快速达到平衡。所用的设备称为静态交换设备。

在静态交换操作中，当树脂达到饱和后，可利用沉降或过滤等方法将饱和树脂分离出来再装入解吸罐（柱）中进行洗涤（解吸）。这种交换方法设备简单，操作容易。此法只能用于容易交换的场合，否则收率较低。

2. 动态交换设备 动态交换是指离子交换树脂和被交换液要在离子交换柱中进行交换的操作。根据操作方式不同，动态交换设备可分为固定床系统和连续逆流系统两大类。

固定床是指树脂装在树脂柱（或罐）中形成静止的床层，被交换液流过静止床层进行交换。固定床又可分为单床（单柱或单罐操作）、多床（多柱或多罐串联操作）、复床（阳、阴树脂柱串联操作）及混合床（阳、阴树脂混合在同一柱或罐中的操作）等均为间歇分批操作。

连续逆流系统是指树脂和被交换液以相反的方向逆流进入交换柱，可以使树脂、料液、再生剂和水都处于流动状态，使交换、再生及洗涤完全连续化进行，与连续逆流萃取机一样有最大的推动力，使设备的生产能力提高。当处理量很大时，多采用此操作。但由于树脂是固体，纯化过程中很难保证其做到稳定流动并会产生破碎现象等。因此，在生物工厂中较少使用，多用固定床多柱串联（阳树脂串联和阴树脂串联）。

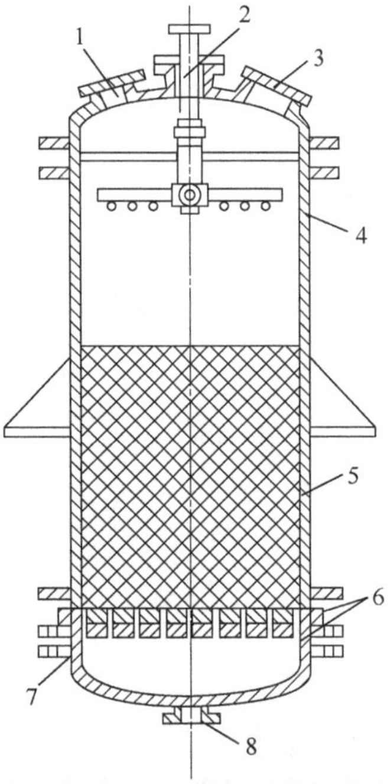

图 10-2 具有多孔支持板的交换罐（郑裕国和薛亚平，2022）

1. 视镜；2. 进料口；3. 手孔；4. 液体分布器；5. 树脂层；6. 多孔板；7. 尼龙布；8. 出液口

（二）离子交换设备的结构

1. 正吸附离子交换罐（柱） 正吸附离子交换罐（柱）是具有椭圆形顶和底的圆筒形设备，其圆体的长和筒径之比一般为（2～5）∶1，装树脂层高度占总体积的50%～70%，要留有足够的空间，以备反冲洗时树脂层的扩张。图 10-2 为正吸附固定床，在交换罐的上部设有液体分布装置，目的是让被交换液、解吸液或再生剂能在整个罐截面上均匀地通过树脂。圆筒体的底部与椭圆形封头之间可装有多孔板，板上铺有筛网及滤布以支撑树脂层。离子交换罐（柱）工作时，被处理的溶液从树脂上方加入，经过分布管使液体均匀分布于整个树脂的横截面。加料可以是重力加料，也可以是压力加料，后者要求设备密封。

料液与再生剂可以从树脂上方通过各自的管道和分布器分别进入交换器，树脂支撑下方的分布管则便于水的逆洗。固定床离子交换器的再生方式分成顺流与逆流两种。逆流再生有较好的效果，再生剂用量可减少，但会发生树脂层的上浮。

对于较大的设备也有的不安装支撑板，而是用块状石英石或卵石直接铺于罐底作支撑装置（数字资源 10-1）。交换罐必须能耐酸和碱（因为经常用酸碱处理），大型设备通常用普通钢内衬橡胶制成，小型交换柱可用聚氯乙烯筒制成，实验室交换柱多用玻璃制作。

数字资源 10-1

2. 反吸附离子交换罐（流化床）　反吸附离子交换罐为流化床操作，被吸附的料液是由罐的下部导入，交换后的溶液则由罐顶的出口溢出。控制好液体流速可使树脂在料液中既呈沸腾状态又不会溢出罐外。反吸附离子交换罐的结构见图 10-3。为了减少树脂从上部出口管溢出，可设计成扩口式反吸附离子交换罐（数字资源 10-2），以降低流体流速从而减少对树脂的夹带。

数字资源 10-2

3. 混合床离子交换罐　混合床离子交换罐是将阴离子、阳离子两种树脂混合装在一个罐内，用于精制生物产品时，避免了采用单床时溶液变酸（通过阳离子柱时）及变碱（通过阴离子柱时）的现象，即在交换时可以稳定 pH，减少目标产物的破坏。混合床制备无盐水的流程见数字资源 10-3。

数字资源 10-3

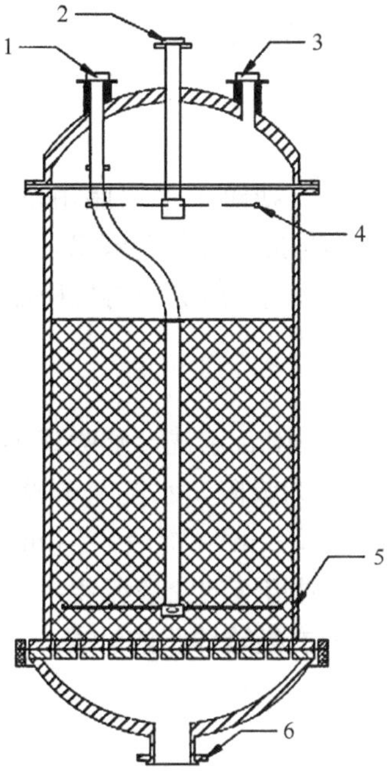

图 10-3　反吸附离子交换罐
（郑裕国和薛亚平，2022）
1. 被交换溶液进口；2. 淋洗水解吸液和再生液进口；3. 废液出口；4，5. 分布器；6. 淋洗水解吸液和再生液出口、反洗水进口

三、离子交换设备的计算

离子交换单元的设计主要解决以下几个问题：①选择离子交换树脂的类型和操作方式（一般通过实验）；②确定操作条件和计算交换剂用量；③确定离子交换单元设备的主要尺寸。

离子交换过程的平衡和速度常因所处理的物料性质及操作条件不同而有很大差异。例如，树脂对生物产品的交换容量常较无机离子小，这是因为生物产品的离子较大，不易到达树脂的所有活性中心，且发酵液中还含有较多的杂质。另外，操作时间及接触方式的限制，都影响树脂的交换容量。实际生产中，为避免生物产品的损失，常控制发酵液的上柱量不能达到饱和状态，一般控制树脂的吸附量仅为树脂总交换容量的 70%左右。

1. 离子交换树脂用量计算　交换罐中树脂的吸附量为

$$Q_1 = 10^6 Vq \tag{10-1}$$

式中，Q_1 为交换罐中树脂对生物产品的总吸附量，U 或 g；V 为树脂装填量，m^3；q 为单位体积树脂对生物产品的吸附量，U 或 g/mL。

溶液中的生物产品被树脂吸附的量为

$$Q_2 = V(c_1 - c_2) \times 10^6 = F\tau(c_1 - c_2) \times 10^6 \tag{10-2}$$

式中，Q_2 为溶液中的生物产品被树脂吸附的量，U 或 g；V 为每批处理的溶液量，m^3；F 为溶液进入交换罐的流量，m^3/h；τ 为溶液通过交换罐的操作时间，h；c_1 为进口溶液中生物产品的浓度，U 或 g/mL；c_2 为出口溶液中生物产品的浓度，U 或 g/mL。
且 $Q_1=Q_2$，所以

$$V=\frac{V_1(c_1-c_2)}{q}=\frac{F\tau(c_1-c_2)}{q} \tag{10-3}$$

干树脂质量为

$$m=V\times\frac{10^3}{V_2} \tag{10-4}$$

式中，m 为交换罐中干树脂用量，kg；V_2 为每克干树脂相当于湿树脂的体积，mL（湿）/g（干）；V_1 为每批处理的溶液量，m^3；q 为单位体积树脂对生物产品的吸附量，U 或 g/mL。

吸附、水洗、解吸或再生所需时间可由式（10-5）求出。

$$\tau=\frac{V}{F}=\frac{V}{V_2 f}=\frac{VH}{V_2\omega} \tag{10-5}$$

式中，τ 为吸附、水洗、解吸或再生所需时间，h；V 为吸附、水洗、解吸或再生所需溶液体积，m^3；F 为吸附、水洗、解吸或再生所需溶液流量，m^3/h；f 为吸附、水洗、解吸或再生的交换罐负荷，m^3（溶液）/［m^3（树脂）• h］；H 为树脂床层高度，m；ω 为吸附、水洗、解吸或再生时溶液的空塔流速，m^3 溶液/（m^2 床面积 • h）。

2. 离子交换罐体积的计算　离子交换罐体积的计算公式如下：

$$V_t=\frac{V}{y} \tag{10-6}$$

式中，V_t 为交换罐体积，m^3；y 为树脂装填系数，对于正吸附，$y=0.50\sim0.70$。罐高径比（H_t/D）一般取 2～3 。

由于离子交换过程的平衡及传质速率与所处理的物系性质和操作条件关系很大，因此，离子交换设备的设计是先利用模拟设备在实验室进行几次循环（交换和再生）取得可靠数据后再进行放大。从工程角度要求，为了完成交换设备的设计（主要指固定床），通过实验主要考察液体合理流速和接触时间（包括吸附、洗涤和再生）。已知生产任务（单位时间处理量）和流速就可确定设备直径，已知接触时间，就可确定设备高度。

第二节　吸　　附

吸附操作被广泛应用于各种生产领域的分离过程，如除臭、脱色、去盐、吸湿、防潮，以及制备软水、无盐水等方面。固体吸附与生物工程关系密切，在原料液处理、除臭、目标产物的分离等方面发挥着重要作用。

一、吸附的基本概念

吸附（adsorption）是指利用适当的吸附剂，在一定的操作条件下，使有用目标产物或有害成分被吸附剂吸附，富集在吸附剂表面，然后再以适当的洗脱剂将吸附的物质从吸附剂上解吸下来，从而达到浓缩和提纯的目的。当物质从流体相（气体或液体）浓缩到固体表面从而实现分离的过程称为吸附作用。在表面能发生吸附作用的固体微粒称为吸附剂，而被吸附的物质称为吸附质。

二、吸附分离理论

吸附过程是使流动相与多孔固体颗粒接触，使流动相中一种或多种组分被吸附于固体颗粒表面，以实现分离的过程，属于传质分离过程的一种。固体颗粒称为吸附剂。多孔介质的比表面积常达 500～1000m^2/g，流动相可以是气体或液体。

吸附剂是物质吸附分离过程得以实现的基础。常见的吸附剂有硅胶、硅藻土、氧化铝、分子筛、活性炭、活性炭纤维、球形炭化树脂和大孔网状聚合物吸附剂（数字资源 10-4）。

数字资源 10-4

在生物产品的分离过程中，针对不同的混合物系及不同的净化度要求需采用不同的吸附剂。生物工业中应用较广泛的是活性炭、大孔树脂。

当固体吸附剂从溶液中吸附溶质达到平衡时，其吸附量（q）与溶液浓度（c）、吸附温度（T）有关。若吸附操作在恒温下进行，则吸附量只是溶液浓度的函数，朗缪尔（Langmuir）第一个建立了单分子层吸附等温线方程。对于单分子层吸附（即每一个活性中心只能吸附一个分子）过程可用朗缪尔吸附等温线方程表示。

$$q = \frac{ac}{1+bc} \tag{10-7}$$

式中，a，b 为常数，可由实验确定。

当溶液很稀时，使得 $bc \ll 1$，则上式为

$$q = ac \tag{10-8}$$

可见，很低浓度下的等温吸附为一线性过程，实际中线性等温线并不常见，可把非线性等温线在一个浓度差很小的范围内近似成线性等温过程。可以推断，在浓溶液中，$1+bc \approx bc$，即吸附量为一恒定值，与浓度无关。

在中等浓度时，吸附量与浓度的 $1/n$ 次方成正比，则公式为

$$q = Kc^{\frac{1}{n}} \tag{10-9}$$

或写成

$$\ln q = \ln K + \frac{1}{n}\ln c \tag{10-10}$$

式（10-10）即弗尔德利希（Freundlish）方程。式中，K、n 均为常数，且 $n>1$，可由实验确定，对于抗生素、类固醇、激素等的吸附可用式（10-1）表示。

三、吸附操作及设备

吸附操作主要有两种：一种为搅拌罐内的吸附操作，即吸附主要在搅拌容器内进行，使吸附剂与溶剂均匀混合，充分接触，促使吸附的进行。另一种是吸附剂在容器中形成床层，溶液从床层流过时被吸附，床层可以是固定床或移动床，操作方式多采用间歇式，也有的采用多级串联式。

（一）搅拌罐内的吸附操作

这种吸附操作的主要设备为一搅拌罐，其结构与萃取操作中的物料混合罐基本相同。

溶液和吸附剂在搅拌罐中通过搅拌充分接触，在操作温度下维持一定时间后，通过沉降或

过滤将吸附剂与液体分离，再进入下一道解吸工序。

若一次加入溶液量为 V，其浓度为 c_0，加入吸附剂量为 m，吸附结束后，溶液浓度变为 c，设吸附剂的初始吸附量为 q_0，吸附结束后的量变为 q，则物料衡算有

$$m(q-q_0)=V(c_0-c) \tag{10-11}$$

或

$$q=q_0+\frac{V}{m}(c_0-c) \tag{10-12}$$

即表示经一定时间后吸附量（q）与溶液浓度（c）之间的操作关系，操作线的斜率为 V/m，此操作线与平衡线的交点即吸附达到平衡时的最大吸附量（q_{max}），与此对应的溶液，其浓度则为最小浓度（c_{min}）。

又若吸附平衡满足弗尔德利希方程，则

$$q=Kc^{\frac{1}{n}} \tag{10-13}$$

由以上两式可计算吸附剂用量（m）或平衡后溶液浓度（c）。

［例 10-1］ 在早期的实验中，用活性炭吸附庆大霉素时适合方程 $q=35.1c^{0.41}$。方程中，q 的单位是 mg/cm³，c 的单位是 mg/L，今将 10cm³ 的新鲜活性炭加入到 3.0L 浓度为 46mg/L 的抗生素发酵液中，其回收率为多少？

解：由

$$q=q_0+\frac{V}{m}(c_0-c)$$

且 $q_0=0$，则

$$q=\frac{3.0}{10}(46-c)=13.8-0.3c$$

吸附平衡时

$$q=35.1c^{0.41}$$

解以上两式，可得

$$q=\frac{13.8mg}{cm^3},\quad c=\frac{0.105mg}{L}$$

所以回收率为

$$\frac{c_0-c}{c_0}=\frac{46-0.105}{46}=99.8\%$$

（二）固定床吸附

固定床吸附是最普通且最重要的吸附操作，用于吸附的主要设备有吸附柱或吸附塔。吸附柱的结构基本同离子交换柱。柱内充满吸附颗粒，待吸附分离的溶液从吸附柱顶部进入，底部流出。实际上，吸附只是在床层的一部分区域内进行，其余部分或者在床层顶部已达到饱和而处于平衡状态，或者在床层底部还处于尚未开始吸附的状态。随着吸附的进行，吸附区逐渐向出口端移动，直至吸附区的末端到达床层的出口端，若溶液出床层的浓度等于进口浓度时，则吸附床层全部达到饱和状态，实际中是不允许的。

与搅拌罐吸附相比，理论上搅拌罐只能达到一级吸附平衡，而固定床可能达到多级吸附平衡。如果将吸附床层不断向上移动，顶部不断排出已达到饱和状态的床层，而从底部不断补充新的吸附床层，则沿吸附柱任一截面上的吸附量和浓度将保持不变。这样就可把固定床的间歇

式吸附操作变成连续吸附操作。

吸附设备的计算可在实验的基础上采用流速相等（即小设备内单位床层面积上溶液的流量与大设备的流量相等）。图 10-4 所示为 c 随时间 t 的变化曲线。

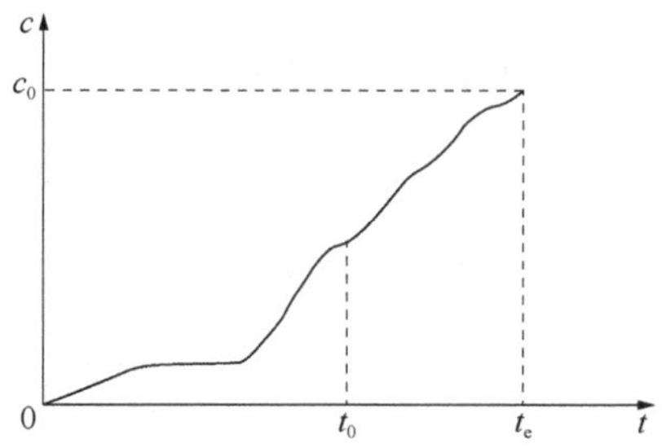

图 10-4 固定床吸附的突变线
（朱明军和梁世中，2020）

若吸附床的截面积为 A，吸附床高度为 L，则吸附区的高度（L_a）为

$$L_a = L\frac{t_e - t_0}{t_0} = L\frac{\Delta t}{t_0} \tag{10-14}$$

当 $t_0 = t_e$ 时，$L_a = 0$，表示整个床层全部为饱和区。

饱和区的高度（L_s）为

$$L_s = L - L_a = L\left(1 - \frac{t_e - t_0}{t_0}\right) = L\left(1 - \frac{\Delta t}{t_0}\right) \tag{10-15}$$

设吸附平衡区的吸附量为 q，吸附区的平均吸附量为平衡吸附量的 1/2，即 q_a=1/2q，则固定床的总吸附率（y）为

$$y = \frac{qAL\left(1 - \frac{\Delta t}{t_0}\right) + \frac{1}{2}qAL\frac{\Delta t}{t_0}}{qAL}$$

即

$$y = 1 - \frac{1}{2}\cdot\frac{\Delta t}{t_0} \tag{10-16}$$

$$\Delta t = t_e - t_0 \tag{10-17}$$

式中，t_0 为固定床出口端溶液浓度突变时所需要的吸附时间；t_e 为固定床全部达到饱和状态时所需要的吸附时间。

显然，吸附区上 L_a 越小，则床层利用率越高。实践证明，这种方法用来作为吸附床计算的基础是比较可靠的。

吸附柱的计算方法，其中一种是采用等流速放大，即吸附柱长度和溶液流速恒定，改变吸附柱直径。工程中还可采用单位体积吸附剂中溶液流量不变的方法进行放大，而流速和柱的长度发生变化，计算过程可参考有关资料。

［**例 10-2**］用化学修饰的纤维素固定床吸附乳酸脱氢酶。已知固定床直径为 0.7cm，高度为 1.3m，空隙率为 0.3，酶稀溶液浓度为 1.7mg/L，此种条件下，吸附符合以下线性等温线：

$$q\left(\frac{mg}{cm^3}\right) = 38c\left(\frac{mg}{L}\right) \tag{10-18}$$

在一定流速下，操作 6.4h 出现突变点，10h 后固定床失去吸附能力，计算：

1）突变时吸附段的高度；

2）平衡段的高度；

3）固定床吸附率。

解：1）突变时吸附段的高度：

$$L_a = L\frac{\Delta t}{t_0} = 1.3\times\frac{10-6.4}{6.4} = 0.73(\text{m})$$

2）平衡段的高度：

$$L_s = L\left(1-\frac{\Delta t}{t_0}\right) = 1.3\times\left(1-\frac{10-6.4}{6.4}\right) = 0.57(\text{m})$$

3）固定床吸附率：

$$y = 1-\frac{1}{2}\cdot\frac{\Delta t}{t_0} = 1-\frac{1}{2}\times\frac{10-6.4}{6.4} = 72\%$$

吸附量：

$$\begin{aligned} yqLA &= yLA(38c) \\ &= 0.72\times130\times\frac{\pi}{4}\times0.7^2\times38\times1.7 \\ &= 2326(\text{mg}) \\ &= 2.326(\text{g}) \end{aligned}$$

（三）扩张床吸附

扩张床吸附（expanded bed adsorption，EBA）是 20 世纪 90 年代首先由英国剑桥大学 H. A. Chasae 等在研究流化床吸附的基础上发展起来的，能在床层膨松状态下实现平推流的扩张床吸附技术。应用该技术可直接从细胞破碎液中提取出较纯的目标产物，固液分离和吸附同时进行，相当于将除细胞碎片和初步纯化合并于一个操作中，减少了操作步骤，缩短了操作时间，节约了生产成本，被称为近几十年来出现的第一个新的单元操作，短短几年，EBA 技术的应用研究迅速发展。不同学者都证明，EBA 技术是一种可以直接从含颗粒料液中提取生物大分子的新技术；开发适用的扩张床吸附基质是扩张床技术应用的关键之一（数字资源 10-5）。

数字资源
10-5

扩张床是一种广义流化床，稳定扩张时通过床层的流体流速应在最小流态化速度和夹带（自由沉降）速度之间。

介质颗粒的直径较小，一般其雷诺数 $Re_p < 20$，所以

$$u = \frac{d^2(\rho_s-\rho)g}{1650\mu} \tag{10-19}$$

夹带（自由沉降）速度由 Stokes 公式给出。

$$u_t = \frac{d^2(\rho_s-\rho)g}{18\mu} \tag{10-20}$$

式中，u 为最小流化态速度；u_t 为夹带（自由沉降）速度；d 为层析介质直径；μ 为流体黏度；ρ_s 为颗粒密度；ρ 为流体密度。

由 Stokes 公式计算出的理论值和实验值相差较大，特别是流体黏度较大时，实验值明显大于理论值，这与 Stokes 公式推导条件有关，所以使用时应对其进行修正或选用其他公式确定 u_t。

某一高度空隙率（ε）和表观速率（u_0）的关系，符合 Richardson-Zaki 公式：

$$u_0 = u_1\varepsilon^n \tag{10-21}$$

式中，n 为 Richardson-Zaki 系数。

由于扩张床内部的流动特性与固定床接近，二者都是平推流式吸附装置，因此扩张床吸附

的数学模型可用固定床的有关模型。

扩张床的设备包括充填介质的柱子、在线检测装置、收集器，以及转子流量计、恒流泵、床层高度调节器和上下两个速率分布器（数字资源 10-6）。

数字资源 10-6

（四）流化床吸附

流化床吸附操作与扩张床的床层膨胀状态不同，流化床（fluidized bed）内吸附剂粒子呈流化状态。利用流化床的吸附过程可间歇或连续操作，图 10-5 为间歇流化床吸附操作示意图。

吸附操作时料液从床底以较高的流速循环输入，使固相产生流化，同时料液中的溶质在固相上发生吸附或离子交换作用。连续操作中吸附剂粒子从床上方输入，从床底排出；料液在出口仅少量排出，大部分循环流回流化床，以提高吸附效率。与扩张床一样，流化床的主要优点是压降小，可处理高黏度或含固体微粒的粗料液。

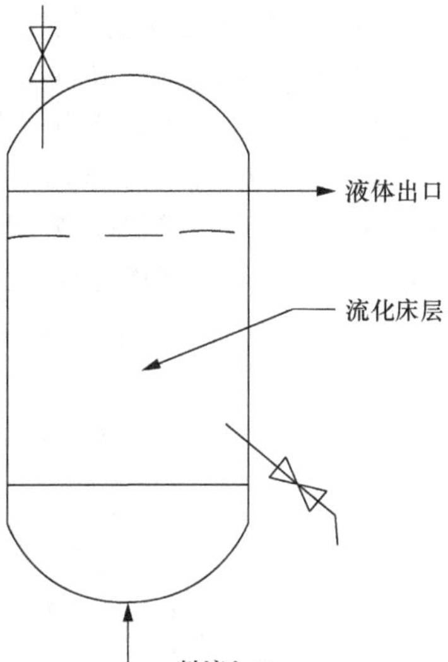

图 10-5　间歇流化床吸附操作示意图
（郑裕国和薛亚平，2022）

流化床处理含菌体细胞或细胞碎片的粗料液时，操作方式同扩张床类同。与扩张床不同的是，流化床不需特殊的吸附剂，设备结构设计也比扩张床容易，操作简便。与后述的移动床相比，流化床中固相的连续输入和排出方便，即流化床的连续化操作较容易。流化床的缺点是床内固相与液相的返混剧烈，特别是高径比较小的流化床。所以，流化床的吸附剂利用效率远低于固定床和扩张床。

（五）移动床和模拟移动床吸附

如果吸附操作中固相可连续输入和排出吸附塔，与料液形成逆流接触流动，则可实现连续稳态的吸附操作。这种操作法称为移动床（moving bed）操作（数字资源 10-7）。

数字资源 10-7

上述移动床易发生堵塞，固相的移动操作有一定的难度。因此，固相本身不移动，而移动切换液相（包括料液和洗脱液）的入口和出口位置，如同移动相一样，产生与移动床相同的效果，这就是模拟移动床（simulated moving bed）（数字资源 10-8）。

数字资源 10-8

第三节　色　　谱

色谱分离（chromatographic segregation）是一组相近分离方法的总称。它是利用多组分混合物中各组分物理化学性质（如吸附力、分子极性、分子形状和大小、分子亲和力、分配系数等）的差别以不同程度分布在两个相中。其中一相为固定相，通常为表面积很大或多孔的固体；另一相为流动相，是液体或气体（分别称为液相色谱和气相色谱）。当流动相流过固定相时，由于各组分在两相间的分配情况不同，易分配于固定相中的物质移动速度慢，而易分配于流动相中的物质移动速度快，从而达到逐步分离的目的。

色谱分离已成为目前生物产品高度纯化的重要手段之一，主要用于成品或中间品的鉴定、成品纯度的检查、粗制品的纯化和精制等。

一、色谱分离原理

色谱分离系统中的固定相为表面积较大的固体或附着在固体上且不发生运动的液体，固定相能与待分离的物质发生可逆的吸附、溶解或交换等作用；流动相是不断运动的气体或液体（又称洗脱剂、展层剂），其携带各组分朝着一个方向移动。在色谱分离中，亲固定相的组分在系统中移动较慢，而亲流动相的组分则随流动相较快地流出系统（图 10-6）。各组分对固定相亲和力的次序为球形分子（○）>方形分子（□）>三角形分子（△），所以三角形分子最先从柱中流出。加入洗脱剂而使各组分分层的操作称为展开。操作中可以选择各种固定相和流动相，故色谱法有着广泛的适用范围。

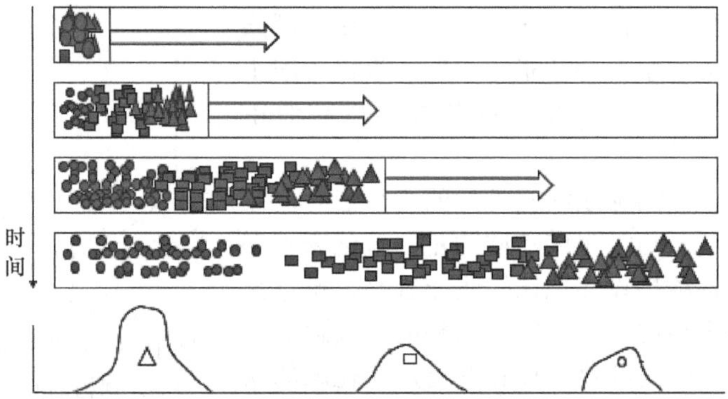

图 10-6　色谱分离过程（朱明军和梁世中，2020）

在吸附薄层色谱过程中，展开剂（溶剂）是不断供给的，所以吸附在活性点上的物质不断地被解吸，而解吸出来的物质溶解于展开剂中并随之向前移动，遇到新的吸附表面又会部分地被吸附而建立新的平衡。显然，吸附力较弱的组分首先被展开剂解吸下来推向前去，而吸附力强的组分被扣留下来，解吸较慢。

吸附色谱法的关键是选择吸附剂和展开剂。生物工业中常用的吸附剂有氧化铝（中性氧化铝、碱性氧化铝和酸性氧化铝）、硅胶、活性炭、纤维素、聚酰胺和硅藻土等。展开剂的选择一般应由实验决定。展开剂的极性越大，则对同一化合物的洗脱能力也越强。展开剂的选择一般应考虑：①展开剂对被分离物质应有一定的解吸能力，但又不能太大，通常展开剂的极性应该比被分离物质略小；②展开剂应对被分离物质有一定的溶解度。

二、色谱分离操作条件

（一）色谱系统的组成

制备色谱和工业生产色谱分离主要是采用以液相为流动相的柱色谱，包括对有机合成产物、天然提取物及生物大分子的分离。在柱色谱中，将固定相（如硅胶、氧化铝、碳酸钙、淀粉、纤维素或离子交换树脂等）装填在一根管子（称为色谱柱）中，流动相则泵送进入色谱柱。被分离的样品被加到色谱柱的上游，随着流动相向下游移动，依固定相对不同组分分子的吸附能力从弱到强，样品中的不同组分在色谱柱中的移动速度由快到慢，在色谱柱的下游按其流出顺序分别加以收集，即可实现对样品中不同组分的分离。

常见的洗脱方式有两种：一种是自上而下依靠溶剂本身的重力洗脱；另一种是自下而上依靠毛细作用洗脱。收集分离后的纯净组分也有两种不同的方法：一种方法是在柱尾直接接收流出的溶液；另一种方法是烘干固定相后用机械方法分开各个色带，以合适的溶剂浸泡固定相提取组分分子。

柱色谱装置一般由进样、流动相供给、色谱柱、检测及流分收集器等部分构成，其中色谱柱是色谱分离装置的关键部件。

制备型色谱系统的泵流量大、进样量大，采用制备柱、柱后馏分收集器。分析型的样品通量很小，而制备型的通量是分析型的几百倍甚至上千倍，为了达到这个效果，制备型选用的是大流速的泵（每分钟几十毫升甚至上百毫升）、粗粒径填料、粗管径的色谱柱，以提高柱子的载样量，同时牺牲的是分离效率。为便于分离和纯化较多的产品，要求色谱柱大些，进样量多些，其保留值不仅随不同样品而变，而且随样品的浓度而变，因而不能根据保留值定性。基于同样的原因，峰高也不能作为制备色谱和工业生产色谱定量分析的指标。

（二）色谱分离的操作条件

以丝裂霉素的精制为例，先用活性炭吸附发酵滤液，丙酮洗脱，蒸去丙酮后得浓缩溶液，使产物与发酵液分离；用氯仿萃取后进一步除杂；氯仿萃取液上氧化铝柱进行吸附色谱分离，操作中，先用氯仿冲洗，接着以氯仿-丙酮（3∶2）展开剂注入氧化铝柱展开。其中蓝紫色色带为有效成分丝裂霉素，再进行蒸发、结晶，即可得到蓝紫色丝裂霉素结晶。操作中，色谱分离工艺条件的选择至关重要。

分离柱内的固定相必须均匀，柱内不发生气泡，柱体垂直，固定相表面保持水平；溶质的上柱量应根据分离要求和床体积（V_t）的大小来确定，一般分离要求越精确，相应的比例应越小，其值为（3%～30%）V_t，溶质的浓度对分离效果的影响不大，但溶液黏度影响分离效果，一般应小于 0.01Pa·s；固定相粒度细，分离效果好，但柱内液体流速慢，常用于小型实验中，大规模分离时应采用较粗的颗粒。颗粒大，液体流动阻力小，流速快。但流速太快，洗脱峰往往变宽。操作时应根据实际需要，在不影响分离的情况下，可适当提高流速，以减少分离时间。

三、色谱分离设备

色谱分离柱是色谱法中的重要设备之一。目前，生物行业内的主流色谱柱在结构上主要由底座、色谱柱管和色谱柱头三大部分组成。

分离柱可用玻璃管或有机玻璃制造，以便于观察色带的移动情况。实验室中所用的柱，直径最小为几毫米，一般为 2～15cm，直径太小的柱使用不便，装柱困难，但适用于选择固定相和溶剂的小试验。工业生产的分离柱可用金属材料，内涂防腐层或用不锈钢、搪瓷玻璃。有时在柱壁嵌一条玻璃狭带，便于观察。柱的入口端应有进料分布头，使进入柱内的流动相分布均匀，并有规则的流型。有时也可在分离柱顶面加一层多孔的尼龙圆片或保持一段缓冲液层。

分离柱的高径比（L/D）大，有利于分离，其一般为 10～30；而对于分离差异极小的物质，高径比可高达 100，过长的分离柱流动阻力大，有时还会发生“壁面效应”，一般不宜过长。分离柱的出口管子应该尽量短些，这样可避免已分离的组分重新混合。最简单的玻璃色谱分离柱如图 10-7 所示，柱的底部用玻璃纤维或砂芯滤板衬托。砂芯滤板最好是活动的，能够卸下，这样分离结束后，能够将固定相推出。如果色带是有颜色的，则可将它们分段切下，有时可以利用这种方法做定量检测。

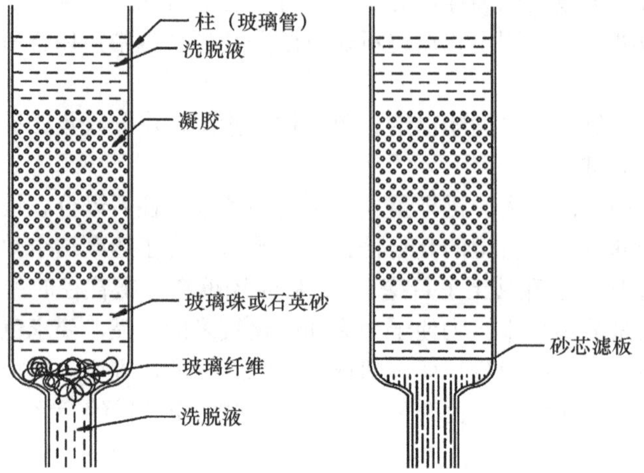

图 10-7　玻璃色谱分离柱（朱明军和梁世中，2020）

在分离生物活性物质时，分离柱有时需要热夹套以保持操作能在适宜的温度下进行。此时需要双层管分离柱，管间可通热水保温，底部设有漏斗状滤板托盘，以减少底部死体积，托盘周围用橡胶圈与柱壁密封。为使用方便起见，柱上下是对称的，对上行、下行或循环操作都适用。

为避免床层压紧，可使用反转式分离柱，分离柱用两根支柱固定，支柱中部装有转轴，这样分离柱就可上下反转。操作时，经一层分离后，将分离柱上下反转，再进行第二次分离，可避免床层压紧。

在制造设计分离柱时，必须满足以下要求。

1）滤板下部的死角体积应尽可能小，如死角体积过大，则被分离组分之间又会重新混合。其结果是洗脱峰形底部变宽而出现拖尾现象，从而降低分辨率。精确分离时，死角体积不能超过床层体积的 1/1000。死角体积过大时可用玻璃珠充填。

2）支撑滤板要适宜，各种多孔砂芯或多孔有机玻璃均可作为分离柱的支撑滤板，但滤板的孔目要合适，既不能使滤板孔堵塞又不能使固定相流失。使用烧结玻璃时，为了防止表面粗糙而产生黏附现象，可在板上铺一层 400 目左右的尼龙布或人造丝。

数字资源 10-9

工业规模的色谱分离装置见数字资源 10-9。

第四节　结　　晶

一、结晶设备的类型和特点

结晶是指溶质从过饱和溶液中析出形成新相，是一个表面化学反应的过程。它不仅包括溶质分子凝聚成固体，还包括这些分子有规律地排列在一定晶格中，这种有规律的排列与表面分子化学键力变化有关。

结晶是制备纯物质的有效方法。许多抗生素、氨基酸和维生素等就是利用多次结晶的方法制取高纯度产品的。

结晶设备可以根据改变溶液浓度方法的不同分为浓缩结晶设备、冷却结晶设备和其他结晶设备（如等电点结晶设备）。

浓缩结晶设备是采用蒸发溶剂，使浓缩溶液进入过饱和区起晶（自然起晶或晶种起晶），并不断蒸发，以维持溶液在一定的过饱和度进行育晶。结晶过程与蒸发过程同时进行，故一般称为煮晶设备。

冷却结晶设备是采用降温来使溶液进入过饱和区结晶（自然起晶或晶种起晶），并不断降温，以维持溶液一定的过饱和度进行结晶，常用于温度对溶解度影响比较大的物质结晶。结晶前先将溶液升温浓缩。

等电点结晶设备是利用物质具有等电点的性质，使晶体析出的设备。该设备的型式与冷却结晶设备较相似，区别在于等电点结晶时溶液比较稀薄，要使晶种悬浮，搅拌要求比较激烈；同时要选用耐腐蚀材料，以防加酸调整 pH 的腐蚀作用；传热面多采用冷却排管。

按结晶过程运转情况的不同，结晶设备可分为间歇式结晶设备和连续结晶设备两种。间歇式结晶设备比较简单，结晶质量较好，结晶收得率高，操作控制也比较方便，但设备利用率较低，操作的劳动强度较大。连续结晶设备比较复杂，结晶粒子比较细小，操作控制也比较困难，消耗动力较多，目前多采用计算机自动控制，已在生产中得到广泛推广。

二、生物工业结晶设备

设计结晶设备时应考虑溶液的性质和黏度，杂质的影响，结晶温度，结晶体的大小、形状及结晶长大速度特性等条件，以保证结晶良好，结晶速度快。

通常结晶设备应有搅拌装置，使结晶颗粒保持悬浮于溶液中，提高溶质质点的扩散速度，加速晶体长大。搅拌速度和搅拌器的型式应选择得当，若速度太快，则会因剧烈刺激而自然起晶，也可能使已长大了的晶体被打碎，同时功率消耗也大；太慢则晶核会沉积。因此，搅拌器的型式与速度要视溶液的性质和晶体大小而定。一般趋向于采用较大直径的搅拌桨叶，对于一般结晶锅多采用锚式搅拌，配合溶液在沸腾时的自然循环，可使晶体悬浮。立式结晶箱多采用框式搅拌器，卧式结晶箱多采用螺旋式搅拌器。关于搅拌速度的选择，味精煮晶采用 6～15r/min，柠檬酸结晶采用 8～10r/min，味精等电点结晶采用 28～36r/min。

当晶体颗粒比较小，容易沉积时，为了防止堵塞，排料阀要采用流线型直通阀（也称 Y 形阀），如图 10-8 所示，同时加大出口，以减少阻力，必要时安装保温夹套，防止晶体通过时突然冷却结块而堵塞阀门。为防止搅拌轴的断裂，应安装保险装置，如保险联轴销等。遇结块堵塞，阻力增大时，保险销即折断，可防止断轴，烧坏电动机或减速装置等严重事故。其他如排气装置、管道等应适当加大或严格保温，以防止结晶的堵塞。

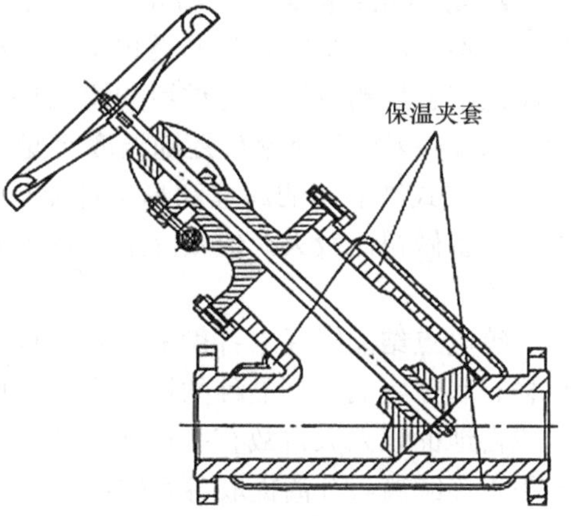

图 10-8 流线型直通阀
（朱明军和梁世中，2020）

由于结晶操作的质量直接影响成品质量，用于生化物质的结晶设备一般为不锈钢、搪瓷玻璃设备，内壁要求十分光滑，使晶体不易粘壁，并易于清洗或灭菌。

（一）搅拌结晶箱的结构

冷却搅拌结晶设备比较简单，对于产量较小，结晶周期较短的，多采用立式结晶箱；对于产量较大，周期比较长的，多采用卧式结晶箱。设备应具有：冷却装置，如冷却排管或冷却夹套；促使晶核悬浮和溶液浓度一致，使结晶均匀的搅拌装置。

1. 立式结晶箱 图 10-9 所示的立式结晶箱常用于生产量较小的柠檬酸结晶。其冷却装置为蛇管，蛇管中通入冷却水或冷冻盐水。浓缩后 55℃的柠檬酸净制液相对密度为 1.34～1.38，浓度接近 81%（质量分数），从上部进料口（4）流入结晶箱，同时启动两组框式搅拌器（9）搅拌，使溶液冷却均匀。搅拌器转速为 8r/min，对于 0.5～1m^3 的结晶箱，可用 1.6～2.2kW 的电动机带动。初期可采用快速冷却，1～2h 内降至 40℃，然后以 2～3℃/h 的速度降温，起晶以后再次减慢速度，直至冷却到 20℃。结晶时间一般为 96h，这样得到的柠檬酸结晶颗粒比较粗大均匀。结晶成熟后，晶体连同母液一起从设备的锥底放料口（7）放出。

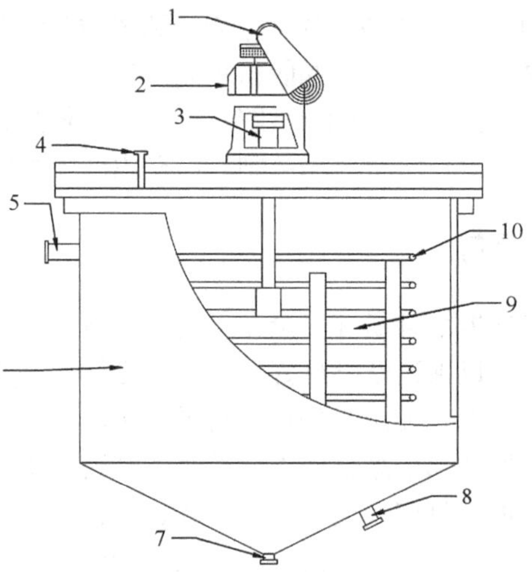

图 10-9 立式结晶箱（朱明军和梁世中，2020）

1. 电动机；2. 变速器；3. 搅拌轴；4. 进料口；5. 冷却水出口；6. 罐体；7. 放料口；8. 冷却水进口；9. 搅拌器；10. 冷却蛇管

2. 等电点结晶罐 等电点结晶同普通冷却结晶一样，都是过饱和溶液中溶质结晶析出过程，不同的只是因氨基酸类物质（如谷氨酸）同时带有正负电荷离子，它在不同 pH 溶液下有不同溶解度的特性，通过用酸调 pH 的办法来改变它的溶解度，使其变成过饱和溶液结晶析出。同样谷氨酸的溶解度还随温度而变化，温度越低，溶解度越小，故实际上等电点结晶罐与通常的立式结晶箱的原理和形态都相似，只不过等电点结晶罐为了适应味精生产大型化的需要，设备做得比较大，但实际上设备太大不利于加酸后溶液的 pH 迅速冷却，对结晶是有一定影响的。

等电点结晶罐通常都做成立式大罐，如图 10-10 所示。高径比（H/D）以 1.0～1.2 为宜，这样有利于育晶过程晶种的均匀悬浮和加酸液后溶液的 pH 迅速均匀，但是对于大容量设备会造成占地面积太大，故有些设计高径比增大到 1.5～1.8。罐底有锥形的，也有平底的，锥底罐多用于连续离心分离提取谷氨酸流程，在用人工挖取谷氨酸的情况下，大多等电点结晶罐都做成平底，用自然沉降的办法来将结晶沉出，放出母液经洗涤除去杂质、再沉淀，然后由工人进入池内挖取结晶。

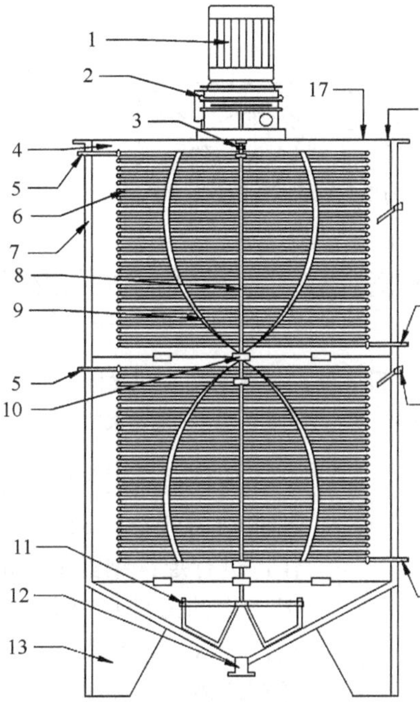

图 10-10 等电点结晶罐（朱明军和梁世中，2020）

1. 电动机；2. 变流器；3. 联轴器；4. 罐体；5. 冷却液进口；6. 冷却蛇管；7. 保温层；8. 空心搅拌轴；9. 上搅拌器；10. 中间轴承；11. 下搅拌器；12. 放料口；13. 支座；14. 冷却液出口；15. 温度计管；16. 进料口；17. 加酸口

搅拌器是等电点结晶罐的关键部件，它的作用主要是保证晶种均匀悬浮，使谷氨酸结晶良好，并使加酸后溶液的 pH 迅速均匀和增加传热系数，增大降温速度，使溶液温度一致。通常都采用桨式搅拌器，搅拌桨的直径为罐径的 1/2～1/3，桨叶都带有一定的倾角，以使溶液产生一个垂直方向运动的分力。一般都安装二挡搅拌，搅拌桨倾角为 10°～20°，倾斜方向在罐底一挡以促使液流上升为宜，且下挡不宜离底太高，以防止晶种下沉影响结晶。当罐身高度太大时，则要采用如图 10-10 中的框式搅拌器（9、11）。搅拌转速不宜太高，一般为 20～60r/min。罐底装有轴承，当罐高超过 4m 时则要加装中间轴承（10），以防止轴的摆动。为减小搅拌功率，搅拌轴都采用空心钢管制成。

谷氨酸的溶解度随温度的下降而减小，为减少母液含量，采用降温结晶，通常采用冷冻盐水降温，也有采用氨直接蒸发来降温的，但如果控制不好，温度差太大，会造成局部母液冻结而影响结晶，由于要求降温速度很慢，故传热面积不是很大，可采用蛇管（6）固定在罐内周边冷却即能满足需要。如采用垂直排管冷却，则排管不要太密，以防谷氨酸沉积。罐身需加绝热材料保温层（7），以减少低温时的冷量消耗。

3. 卧式结晶箱 卧式结晶箱通常有两种，半圆底的卧式长槽多应用于谷氨酸钠的助晶，其结构如图 10-11 所示；敞开的卧放圆筒长槽，用于葡萄糖结晶。半圆底的卧式长槽槽身高度的 3/4 处外装夹套（5），可以通水进行冷却。槽内装有两组螺条形的搅拌桨叶，桨叶宽度 40mm，螺距 600mm，桨叶与槽底距离为 3～5mm，一组桨叶（7）为左旋向，另一组（6）为右旋向，搅拌时可使两边物料都产生一个向中心移动的运动分速度，或向两边移动的运动分速度。搅拌器由电动机通过蜗杆蜗轮减速后带动，搅拌转速很慢，一般为 15r/min。槽身两端端板装有搅拌轴轴承，并装有填料密封装置，以防止溶液渗漏。

由于味精、葡萄糖要求卫生条件较高，凡与料液接触部分均采用紫铜或不锈钢制成，强度要求较高的搅拌轴和搅拌桨叶采用不锈钢，以保证产品质量。

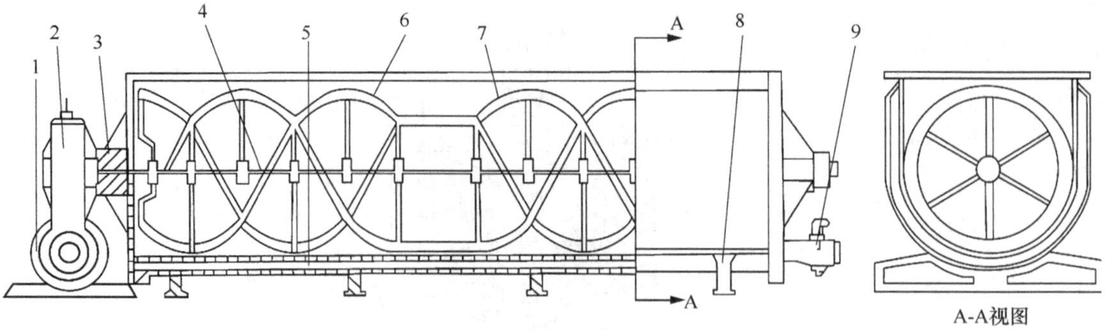

图 10-11　卧式结晶箱（朱明军和梁世中，2020）

1. 电动机；2. 涡轮减速箱；3. 轴封；4. 轴；5. 夹套；6. 右旋搅拌桨叶；7. 左旋搅拌桨叶；8. 支脚；9. 排料阀

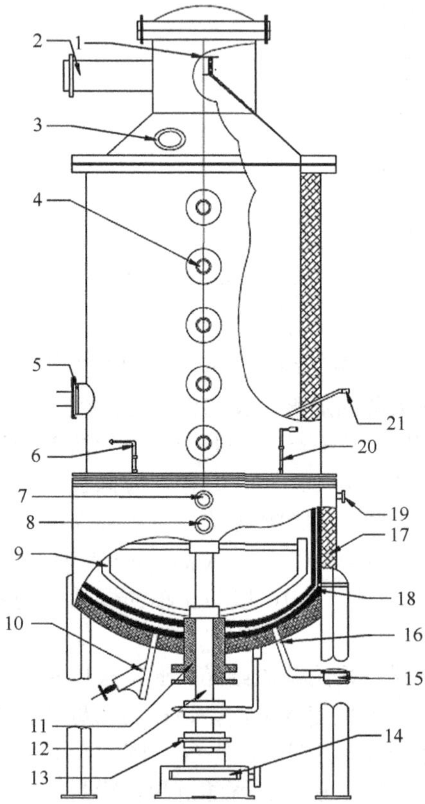

图 10-12　真空结晶锅
（朱明军和梁世中，2020）

1. 气液分离器；2. 二次蒸汽排出管；3. 清洗孔；4. 视镜；5. 人孔；6. 晶种吸入管；7. 压力表孔；8. 蒸汽进口管；9. 锚式搅拌器；10. 直通式排料阀；11. 轴封填料箱；12. 搅拌轴；13. 联轴器；14. 减速器；15. 疏水阀；16. 冷凝水出口；17. 保温层；18. 夹套；19. 不凝性气体排出口；20. 吸料管；21. 温度计插管

卧式结晶箱的特点是体积大，晶体悬浮搅拌所消耗的动力较小，对于结晶速度较快的物料可串联操作，进行连续结晶或育晶。对于葡萄糖结晶来说，连续操作的最佳控制是使溶液在进口处即开始生成晶核，进入设备后很快就生成足够的晶核，这些晶核悬浮在溶液中，随着溶液在槽中慢慢移动长大成晶体，最后从结晶槽的另一端排出。对于味精结晶，由于从真空结晶锅中放入到卧式结晶箱内的物料本身就是含有晶体的过饱和溶液，在卧式结晶箱内随着温度不断降低，晶体慢慢长大，此过程称为育晶，卧式结晶箱也被称为育晶槽、助晶槽。

（二）真空结晶锅

对于结晶速度比较快，容易自然起晶，且要求结晶晶体较大的产品，多采用真空结晶锅进行煮晶，如谷氨酸钠（味精）等的结晶就采用这种设备。它的优点是，可以控制溶液的蒸发速度和进料速度，以维持溶液一定的过饱和度进行育晶，同时采用连续加入未饱和的溶液来补充溶质的量，使晶体长大。要使结晶速度快，就要保持溶液较高的过饱和浓度，但较高的过饱和度育晶时，稍有不慎，即会自然起晶而增加细小的新晶核，这会导致最终产品晶体较小，晶粒大小不均匀，形状不一。产生新晶核时溶液出现白色浑浊，这时可通入蒸汽冷凝水，使溶液降到不饱和浓度而把新晶核溶解。随着水分的蒸发，溶液很快又进入介稳区，重新在晶核上长大结晶，这样煮出的结晶产品形状一致，大小均匀。

1. 普通结晶锅　普通结晶锅是一个带搅拌的夹套加热真空蒸发罐，如图 10-12 所示，整个设备可分为加热蒸发室、加热夹套、汽液分离器和搅拌器 4

部分。结晶锅凡与产品有接触的部分均应采用不锈钢制成，以保证产品质量。如果结晶锅体积比较大，采用夹套加热不能满足其加热面积时，也可以在结晶锅中安装列管进行换热，以保证结晶顺利进行。

加热蒸发室为一圆筒壳体，为了安装、维修方便，节省不锈钢，采用不同厚度的材料分两段加工，用法兰连接，封底可根据加工条件和设备尺寸大小做成半球形、碟形或锥形。采用半球形容量较大，搅拌动力较省，但加工比较困难。加工后要求设备弧度误差不超过 1cm，以保证搅拌间歇均匀。器身上下圆筒都装有视镜（4），用以观察溶液的沸腾状况、雾沫夹带的高度、溶液的浓度、溶液中结晶的大小、晶体的分布情况等，同时锅体还装有人孔（5），以方便清洗和检修。另外还装有晶种吸入管（6）、进料的吸料管（20）、取样装置、温度计插管（21）、二次蒸汽排出管（2）、压力表孔（7）等，锅底装有卸料管和直通式排料阀（10），下锅部分焊上加热夹套（18），夹套高度通过计算蒸发所需的传热面积而定，夹套宽度为 30～60mm，夹套上装有蒸汽进口管（8），安装于夹套的中上部，使蒸汽分布均匀，进口要加装挡板，防止直冲而损坏内锅，夹套上还装有压力表、不凝性气体排出口（19）和冷凝水排出阀（即疏水阀，15），疏水阀安装在夹套的最低位置，以防止冷凝水的积聚，降低传热系数。

结晶锅上部顶盖多采用锥形，上接气液分离器（1），以分离二次蒸汽所带走的雾沫，一般采用锥形除泡帽与惯性分离器结合使用。分离出的雾液由小管回流入锅内，二次蒸汽在升汽管中的流速为 8～15m/s。二次蒸汽可由真空泵、水力喷射泵或蒸汽喷射泵抽出，使整个结晶锅保持真空状态。

搅拌装置的型式很多，目前多采用锚式搅拌器（9）。锚式桨叶与锅底形状相似，一般与锅底间距为 2～5cm，转速通常是 6～15r/min。搅拌轴目前我国采用下轴安装，下轴安装可以缩短轴的长度，安装维修比较方便。若采用上轴安装，除锅底装锚式搅拌器外，锅的中部加装螺条搅拌桨叶，增加溶液上升的运动分速度，使晶核在锅内悬浮运动更均匀，增加锅的装载系数，提高利用效率，对提高结晶的质量和结晶速度有一定的好处，但是上轴安装会增加轴的长度和直径，加大动力消耗，同时安装也比较麻烦。目前下轴安装的搅拌轴的密封装置都采用填料轴封，需要经常维修；上轴安装的可采用密封性能较好的端面轴封。

2. Krystal-Oslo 型结晶器　目前国内外也出现了许多新型的结晶器，图 10-13 所示为一种常用的常压蒸发的 Krystal-Oslo 型结晶器。

将蒸发室与真空泵相连，可进行真空绝热蒸发。也就是蒸发室处于高真空（一般绝对压强为 650～4600Pa）下操作，溶液经外部循环加热后送入蒸发室蒸发浓缩，达到过饱和状态，通过大气腿下降到结晶生长槽中。而结晶生长槽是敞口的，是在常压下操作，这样循环泵、晶浆取出、溢流及细晶的取出都不必在高真空下操作，流体向上流动的同时结晶不断生长，大颗粒结晶发生沉降，从底部排出产品晶浆。因此，Krystal-Oslo 型结晶器也具备结晶分级能力。大气腿的长度应能使敞口的结晶槽液面上所受的大气压不致破坏蒸发室的真空度，也就是说应大于蒸发室液面与结晶槽液面位差和流动摩擦压降之和，即

$$\Delta h = \frac{P}{\rho_1} + \Delta h_f \qquad (10\text{-}22)$$

式中，Δh 为蒸发室和结晶槽的液面位差，m；Δh_f 为由蒸发室流经大气腿及结晶槽的总阻力，m；P 为绝对大气压，Pa；ρ_1 为晶浆密度，kg/m^3。

如果不加大气腿，把结晶器与蒸发室连成一体的，称为“密闭式”Krystal-Oslo 真空结晶器（数字资源 10-10）。由于没有大气腿，密闭式真空结晶器的循环泵、晶浆取出泵和溢流液泵都是在真空条件下吸入和操作的，要严防空气的漏入，在制造、安装时必须进行气密性试验。

数字资源
10-10

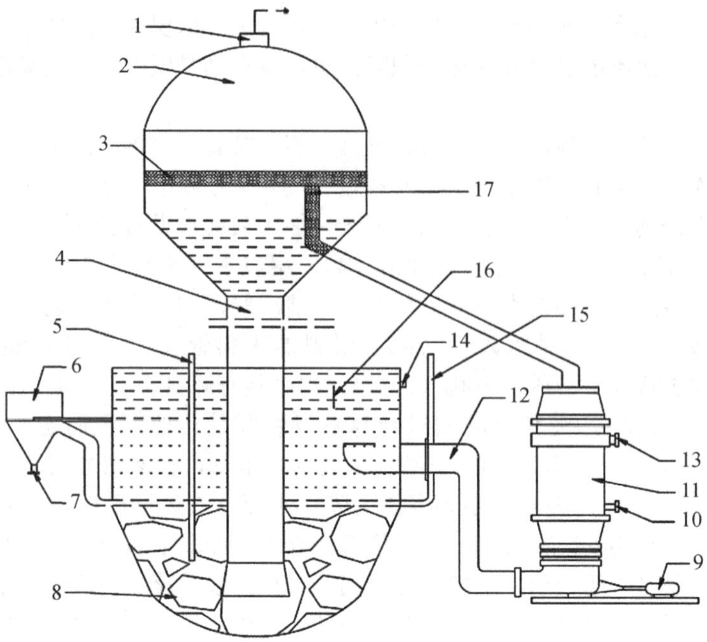

图 10-13 敞口式 Krystal-Oslo 型结晶器（朱明军和梁世中，2020）

1. 二次蒸汽抽出口；2. 蒸发室；3. 溶液均布环；4. 大气腿；5. 结晶出口；6. 细晶分离器；7. 蒸汽入口；8. 结晶槽；9. 循环泵；10. 冷凝水出口；11. 热交换器；12. 循环液出口；13. 加热蒸汽入口；14. 溢流口；15. 料液进口；16. 挡板；17. 蒸发室入口

真空系统如果大量漏入不凝性气体导致抽真空设备的负荷过重，会影响所要求的真空度；不凝性气体也造成表面式冷凝器的汽侧传热系数下降，使冷凝器过负荷，冷凝不完全，同样也会使真空度下降，达不到要求的结晶温度。

3. DTB 真空式结晶器　DTB 真空式结晶器是一种有导流筒-挡板的晶浆循环式结晶器。结晶器的中部有一导流筒，在四周有一圆形挡板。在导流筒接近下端处有螺旋桨搅拌器。操作时热饱和料液连续加到循环管下部，与循环管内夹带有小晶体的母液混合后泵送至加热器。加热后的溶液在导流筒底部附近流入结晶器，并由缓慢转动的螺旋桨沿导流筒送至液面。悬浮液在螺旋桨推动下，在筒内上升至液体表层，然后再折向下方，沿导流筒与挡板间的环形通道流至器底，再吸入导流筒，如此循环，形成良好的混合条件。圆筒形挡板将体系分为育晶区和澄清区。在育晶区，部分溶质沉积在悬浮的颗粒表面，使晶体长大。澄清区在挡板与罐壁之间的环隙内，该区中搅拌的影响可忽略，大颗粒晶体可以沉降而与母液分离，但过量的微晶可随母液由澄清区顶部排出罐外，经加热器溶化，这样可以实现对微晶量的控制。

结晶器的上部留有一段空间以防雾沫夹带。进料口在循环管上，经加热后进入导流筒下方。成品晶浆由底部排出。晶粒大小更均匀。为使结晶产品的粒度尽量均匀，将沉降区来的部分母液加到淘析柱底部，利用水力分级的作用，使小颗粒随液流返回结晶器，而结晶产品从淘析柱下部卸出。

DTB 真空式结晶器由于设置了导流筒，形成了循环通道，只需要很低的压头（1～2kPa）就能实现良好的循环，使罐内各流动截面都可以维持较高的流动速度，并使晶浆密度可以高达30%～40%（质量分数），能生产出较大的晶粒，生产能力高。由于产生过饱和度最强的区域在沸腾面上，但这种结晶器沸腾液层的过冷温差很小，不会产生过高的过饱和度而形成大量晶核，从而不易在内壁面上产生晶疤。经分级后的产品晶粒大小比较整齐，规格一致。对于不同性质的溶液结晶，或要求结晶大小不同的产品，则可改变搅拌桨叶的转速和循环泵的扬程（液流上升速度）来调整，所以这种结晶器可适用于多种溶液的结晶，用途较广，已取代了大部分Krystal-Oslo 型结晶器。

三、结晶设备计算

1. 物料衡算 总物质量平衡：

$$m_1 = m_2 + m_3 + m_4 \tag{10-23}$$

式中，m_1 为原料溶液量，kg；m_2 为结晶后母液量，kg；m_3 为结晶产量，kg；m_4 为蒸发溶剂（水蒸气）量，kg。

溶质物料平衡：

$$m_1\rho_1 = m_2\rho_2 + m_3\rho_3 \tag{10-24}$$

式中，ρ_1 为原料液的浓度（质量分数）；ρ_2 为母液的浓度（质量分数）；ρ_3 为结晶所含溶质的质量分数。

$$\rho_3 = \frac{\text{溶质分子质量}}{\text{晶体水合物的分子质量}}$$

当结晶不含结晶水时，$\rho_1 = 1$，结晶产量（kg）为

$$m_3 = \frac{m_1\left(\rho_1 - \rho_2\right) + m_3\rho_3}{\rho_3 - \rho_2} \tag{10-25}$$

对非蒸发溶剂的冷却结晶的结晶产量为

$$m_2 = \frac{m_1\left(\rho_1 - \rho_2\right)}{\rho_3 - \rho_2} \tag{10-26}$$

2. 热量衡算 进入结晶设备的热量计算如下。

1）原料液带入热量 Q_1（kJ）：

$$Q_1 = m_1c_1T_1 \tag{10-27}$$

式中，c_1 为原料液的比热容，kJ/（kg · ℃）；T_1 为原料液的温度，℃。

2）溶质结晶时放出的热量 Q_2（kJ）与物质的溶解热相等。

3）加热溶液的热量 Q_3（kJ）对于蒸发结晶，Q_3 可用需要蒸发出的水量进行计算，对于冷却结晶，$Q_3 = 0$，表示离开结晶设备的热量为 0。

4）随母液带走的热量 Q_4：

$$Q_4 = m_2c_2T_2 \tag{10-28}$$

式中，c_2 为母液的比热容，kJ/（kg · ℃）；T_2 为母液的温度，℃。

5）随结晶带走的热量 Q_5：

$$Q_5 = m_3c_3T_2 \tag{10-29}$$

式中，c_3 为晶体的比热容，kJ/（kg · ℃）。

6）随溶剂蒸汽带走的热量 Q_6：

$$Q_6 = wh \tag{10-30}$$

式中，h 为溶剂蒸发的热焓，kJ/kg；w 为溶剂质量，kg。

7）对于冷却结晶设备冷却所带走的热量 Q_7：

$$Q_7 = m_0c_0\left(T_0^{'} - T_0^{''}\right) \tag{10-31}$$

式中，m_0 为冷却剂的用量，kg；c_0 为冷却剂的比热容，kJ/kg；$T_0^{'}$，$T_0^{''}$ 分别为冷却剂冷却前后

的温度，℃。

对于蒸发煮晶设备：$Q_7 = 0$。

8）结晶设备向周围散失的热量Q_8：

$$Q_8 = KA\tau\Delta T \tag{10-32}$$

式中，K 为结晶设备对周围空气的传热系数，kJ/（m²·h·℃）；A 为结晶设备的表面积，m²；ΔT 为结晶设备壁面与周围空气的温度差，℃，$\Delta T = T_{壁} - T_{空气}$；$\tau$ 为结晶时间，h。

3. 结晶时间计算 按上面结晶速度计算公式，若结晶过程不产生新的晶核，只在晶种的晶面上长大，则 A 为已知数。当要求晶体在 A 晶面上从 S_1 长大到 S_2，则得

$$\frac{S_2 - S_1}{\tau} = AK_0\Delta c$$

所以

$$\tau = \frac{S_2 - S_1}{AK_0\Delta c} \tag{10-33}$$

式中，Δc 为溶液浓度差，kg/m³；K_0 为总括结晶速度常数。

从式（10-32）即可计算出结晶所需要的时间，但是计算时 K_0 需要通过实验求出，且求出的时间仅为晶体由 S_1 长大到 S_2 所需要的时间。整个结晶过程所需的总时间还应加上从不饱和溶液浓缩到过饱和溶液所需要的时间 τ_1、起晶时间 τ_2（或加晶种的时间），以及设备清洗间歇的时间 τ_3（h），故

$$\tau_{总} = \tau_1 + \tau_2 + \tau_3 \tag{10-34}$$

4. 结晶设备容积和尺寸确定 设备的生产能力（kg/h）（G）为

$$G = \frac{V\rho\omega\varphi}{t} \tag{10-35}$$

式中，V 为结晶设备总体积，m³；ρ 为浓液的密度，kg/m³；φ 为结晶设备最终时充填系数，对于煮晶锅一般为0.4～0.5；ω 为结晶溶液中晶体的质量分数比；t 为每批结晶操作总时间，h。

所以

$$V = \frac{Gt}{\rho\omega\varphi} \tag{10-36}$$

计算出整个设备体积后，即可根据选定设备的型式来确定设备的其他尺寸，如采用球形底的煮晶锅，则

$$V = \frac{Gt}{\rho B\varphi} = \frac{2Gt}{\rho B} = V_1 + V_2 = \frac{1}{2}\pi D^3 + \pi D^2 H \tag{10-37}$$

式中，B 为球形底煮晶锅中结晶溶液中晶体的质量分数比。

一般 $\frac{H}{D} = 2～3$，取2.5时，直径 D（m）为

$$D = \sqrt[3]{\frac{24Gt}{8.5\pi\rho B}} \tag{10-38}$$

计算出直径D后，要验算蒸发时器内二次蒸汽流速是否为1～3m/s，过大会造成雾沫夹带严重，需要修正。

5. 结晶设备的传热面积 使用冷却结晶设备时，通常是将经过饱和但还未能自然起晶（在该温度下）的热溶液送进结晶器，在设备内迅速冷却，使溶液进入不稳定的过饱和区而起晶，或到达介稳区的过饱和浓度时加入晶种育种。在育种过程中，溶液中溶质的含量随着不断

析出晶体而减少，因此，要求保持较大的结晶速度，则要维持溶液较高的过饱和浓度，采用降温的办法来改变溶液的溶解度。随着溶液中晶体的增加，以及结晶速度的下降，降温速度也应逐渐减慢。在整个结晶过程中，最初迅速冷却阶段的传热量为最大，传热面积是以最大的传热量进行计算的。若冷却结晶设备的传热面积以最佳条件（即送入的溶液都已达到育晶条件）计算，这时需要的传热面积比较小，可以用结晶速度与维持溶液一定过饱和浓度的降温速度相等的联立方程进行计算。

间歇式蒸发结晶设备通常是在蒸发过程中连续不断补充溶液，以维持设备内溶液一定容积和过饱和浓度的条件下进行育晶，这样可取得较快的结晶速度和较大晶体。浓缩最初阶段是把溶液从进料的不饱和浓度快速浓缩到育晶过程所需要的过饱和浓度，同时不断加入溶液，以保持设备内最大的容积系数，此时所需要的传热面积最大。当溶液达到一定的过饱和浓度后，加入晶种育晶，此时的蒸发量是所补充的原料溶液浓缩到育晶过饱和浓度所蒸发的溶剂量，随着晶体不断增加，补充溶液量和蒸发量也不断减少。通常加热面积是以最大蒸发量进行计算的。若溶液以介稳区育晶浓度进料，则所需要的传热面积较小。这时的传热面积可用结晶速度和进料溶液所需要的蒸发速度相等的联立方程来计算。

四、结晶设备的选用、安装及安全技术

（一）结晶设备的选用

结晶设备选用时应考虑以下因素。

1）冷却搅拌结晶设备比较简单，对于产量较小，结晶周期较短的，多采用立式结晶箱；对于产量较大，周期比较长的，多采用卧式结晶箱。

2）冷却搅拌结晶设备结构简单，适用范围不宽，产品结晶颗粒较小。连续真空煮晶锅的适用范围宽，结晶晶粒大，规格一致。

3）连续结晶过程中，最好采用分级装置。分级时消耗较少的动力。

4）真空结晶器比蒸发结晶器要求有更高的操作真空度；真空结晶器一般没有加热器或冷却器，料液在结晶器内闪蒸浓缩并同时降低了温度，因此在产生过饱和度的机制上兼有蒸除溶剂和降低温度两种作用。由于不存在传热装置，从根本上避免了在复杂的传热表面上析出并积结晶体。

5）真空结晶器由于省去了热交换器，其结构简单、投资较低的优势使它在大多数情况下成为首选的结晶器。只有溶质溶解度随温度变化不明显的场合才选用蒸发结晶器；而冷却结晶器几乎都可为真空结晶器所代替。

（二）结晶设备的安装及安全技术

结晶罐的安装必须垂直，其偏差不应大于 10mm，否则设备在操作时振动较大，也会影响搅拌器传动装置的垂直性、同心性和水平性，使传动功率增大，甚至不能转动。传动装置安装时必须保持旋转轴的垂直、同心和水平，在安装时应用水平仪进行检查，安装后要进行 0.2MPa 的水压试验，夹套内水压试验为 0.6MPa，不应有渗漏现象。

设备上的仪表应安装在方便观看的位置，其高度与操作工人的视线水平，控制阀门的位置应方便工人操作，管路的坡度约为 1/1000。

设备的除泡罩容易被腐蚀破坏，如果不衬胶，则每年均须检修一次。检修轴封及搅拌器等传动装置时，应打开电闸，并挂上警告牌。

小　结

离子交换属于传质分离过程的单元操作，是利用离子交换剂与料液中离子发生交换作用进行物质分离的方法。离子交换、吸附和色谱设备已被成功用于各种工业生产过程并取得技术、经济及社会效益。结晶从过饱和溶液中析出而形成新相，是获得纯净固体物质的重要方法。

复习思考题

1. 影响吸附过程的因素有哪些？
2. 离子交换罐的设计需要确定哪些参数？
3. 选择结晶设备时需要考虑哪些因素？

主要参考文献

时钧. 2002. 化学工程手册（上、下）. 北京：化学工业出版社.
孙彦. 2013. 生物分离工程. 北京：化学工业出版社.
于信令. 2009. 味精工业手册. 北京：中国轻工业出版社.
郑裕国，薛亚平. 2022. 生物工程设备. 2 版. 北京：化学工业出版社.
朱明军，梁世中. 2020. 生物工程设备. 3 版. 北京：中国轻工业出版社.

第十一章　生物工程公用系统

- 生物工程公用系统
  - 供水
    - 水的组成及用水质量分级
      - 天然水的组成
      - 水的质量指标
        - 微生物指标
        - 毒理指标
        - 感官性状和一般化学指标
        - 放射性指标
      - 生物工程的用水质量要求
    - 水处理系统及设备
      - 水的沉降和过滤
        - 水的沉降
        - 水的过滤
      - 水的软化及脱盐
        - 离子交换法
        - 电渗析法
        - 反渗透法
    - 水的杀菌
    - 供水系统及设备
      - 水源选择
      - 地下水取水方式
      - 地表水取水方式
      - 供水系统装置
    - 供水设备计算及设计
  - 制冷
    - 制冷原理
    - 常用的制冷剂
      - 氨
      - 氟利昂
    - 载冷剂
      - 冰点低
      - 热容量大
      - 对设备腐蚀性小
      - 价格低廉
    - 制冷系统设备
      - 制冷压缩机
      - 氨油分离器
      - 贮氨罐
      - 冷凝器
      - 膨胀阀和蒸发器
      - 空气分离器
    - 耗冷量计算
    - 绝热材料及结构
  - 供热
    - 热量衡算的意义、方法和步骤
    - 锅炉设计
      - 蒸汽锅炉的分类
      - 工业锅炉产品型号表示方法
      - 锅炉房的位置选择

第一节 供 水

生物工程生产如酒类的酿造、抗生剂的生产等，其生产过程的半成品及制成品都含有大量的水。有些生物产品尽管以固体形式存在，但在一系列的生产过程如从原料的清洗、调湿、溶解、蒸煮、糖化、发酵、分离到灭菌等都离不开水。水质的好坏对产品质量有很大的影响，因此，生物工程生物用水必须进行严格的水质管理及必要的水处理。

一、水的组成及用水质量分级

（一）天然水的组成

天然水是成分复杂的溶液。就目前所知，其中所含化学元素有 80 种以上。天然水成分的复杂性不仅仅在于这众多的化学元素，还在于这些元素的组成千差万别，并且其存在的形式也多种多样。

自然界中的水分为地表水和地下水两部分，工厂采水也分为地下水和地表水，以河流为例，其成分与地区的地质条件关系密切，如酸碱度、泥沙含量、色度、含盐的种类及浓度、矿化度等，而且极大程度地受到生物及人类活动的影响，如工业生产及农业生产带来的有机物污染、微生物污染等。我国依据地表水水域环境功能和保护目标，按照相应水质检测指标，将地表水的水质按功能高低分为 5 类：第一类主要适用于源头水、国家自然保护区；第二类适用于集中式生活饮水地表水源地一级保护区、珍稀水生生物栖息地、鱼虾产卵场等；第三类主要适用于集中式生活饮用水源地二级保护区等；第四类适用于一般工业用水区及人体非直接接触的娱乐用水区；第五类主要适用于农业用水区及一般景观要求水域。

（二）水的质量指标

水被广泛用于工农业生产及日常生活中，因此在利用水资源时，要求水必须符合相应的质量标准。由于水中成分复杂，其含量不同时，水的感官性状如色、味、浊度等，物理化学性质如温度、酸碱度、电导率、放射性、硬度等，生物组成如微生物种类、数量、形态等也不同，这种由水和水中杂质共同表现出的综合特性即水质。描述水质的参数就是水的质量指标，它是水中杂质的具体衡量尺度。我国已经颁布了一系列给水及排水的水质标准，以生活饮用水卫生标准为例，该标准将水质指标分为以下四大类。

1. 微生物指标 微生物指标包含特定种类微生物及总微生物浓度，如饮用水标准中总大肠菌群数、大肠埃希菌菌落总数，其检出浓度常用最大概率数（most probable number，MPN）/100mL 或者菌落形成单位（colony forming unit，CFU）/100mL 表示。

2. 毒理指标 毒理指标是以毒理学研究作为依据，对人体健康有影响的指标，包括重金属铅、汞等，无机毒性物质砷、氰化物等，有机毒性物质如三氯甲烷、氯铵盐等。这些物质的浓度一般用 mg/L 表示。

3. 感官性状和一般化学指标 感官性状是指物质在人类感觉器官中产生的一系列感受，在水质指标中包括色度、浑浊度、嗅和味及肉眼可见物。一般化学指标包括酸碱度（pH）、一般无机金属离子浓度、氯化物及硫酸盐浓度、氨浓度、溶解性总固体浓度、总硬度等，其检测浓度一般用 mg/L 表示。

4. 放射性指标　水中核素一般分为稳定核素和不稳定核素两大类，不稳定核素通过放射性衰变释放出 α 射线和 β 射线，这些射线可以通过直接或间接的电离作用，使人体的分子发生电离或激发，产生多种自由基和活化分子，严重的会导致人体细胞或机体的损伤和死亡。其检出单位为贝克/升（Bq/L）。

（三）生物工程的用水质量要求

生物用水水质的评价主要考虑两方面的因素，一是微生物污染，二是化学杂质。当有微生物污染时，微生物在有机物存在的情况下很容易繁殖，从而引起产品变质，因此，需严格控制微生物的污染。化学杂质的污染尽管不会像细菌一样繁殖生长，但有时微量化学物质都可引起生物产品品质的降低。

依据实验室用水标准，水质分为三级（表 11-1），一级水一般称为超纯水，水中的电解质几乎全部被除掉，主要用于高灵敏度的高压液相色谱仪等高端精密实验仪器及高标准实验室的分析检测。二级水又称为高纯水，通过离子交换树脂等方法去除掉绝大多数的离子，微生物并未全部除去，可用于配制不用保藏的一般试剂。三级水的离子去除率较小，蒸馏水及通过反渗透获得的初级纯水归属为三级水，通常用作洗刷用水及配制微生物培养基。

表 11-1　实验室用水分级表

参数	一级	二级	三级
pH（25℃）	—	—	5.0～7.0
电导率（25℃）/（ms/m）	⩽ 0.01	⩽0.10	⩽ 0.50
可氧化物质含量/（mg/L）	—	⩽ 0.08	⩽ 0.40
吸光度（254nm）	⩽0.001	⩽ 0.01	—
可溶性硅含量（以二氧化硅计）/（mg/L）	⩽ 0.01	⩽ 0.02	—
蒸发残渣含量/（mg/L）	—	⩽ 1.0	⩽ 2.0

二、水处理系统及设备

生物工业水处理系统按欲达到的目的可分为三个工段：第一工段常采用絮凝沉降、过滤的方法，除去水中的固体悬浮物和各种大分子有机质粒等；第二工段是除去水中各种金属离子或其他离子，即水的软化或除盐；第三工段是水的杀菌处理，通常使用一些杀菌剂如活性氯系列、臭氧、双氧水等，或者使用紫外线等杀灭水中的微生物，制得无菌水。

（一）水的沉降和过滤

1. 水的沉降　为了促进水中细小固体颗粒沉降，在除去水中微小颗粒时加入絮凝剂，常用的有无机高分子絮凝剂和有机高分子絮凝剂，无机高分子絮凝剂有铁系列和铝系列絮凝剂。有机高分子絮凝剂如聚丙烯酰胺等。利用絮凝剂的吸附架桥、交联卷扫作用，将细小颗粒聚集成较大的颗粒以增大沉降速度，进而除去固体颗粒。一般常用的设备有沉降池及增稠器，其作用机制都是固体颗粒在重力场中的沉降。

2. 水的过滤　过滤按照操作原理的不同可以分为两大类：一类是滤饼过滤，另一类是深层过滤。滤饼过滤主要针对的是浓度较大的悬浮液，过滤介质一般使用的是织物介质，在过滤过程中，滤饼起主要的过滤作用。深层过滤主要处理浓度较小的悬浮液体系，过滤介质通常使用堆积介质，如河砂，在过滤过程中，过滤介质始终起过滤作用。在水处理中，滤饼过滤主要针对的是经过沉降后沉降池底部的浓度较大的悬浮液，而深层过滤主要处理经过沉降后的上清液，使之进一步得到净化处理。常用的过滤设备，按照操作方式可以分为间歇过滤机和连续过滤机，工业上应用最广泛的板框式压滤机和加压叶滤机属于间歇过滤机，转筒真空过滤机则为连续过滤机。

（二）水的软化及脱盐

水的硬度主要由水中钙、镁等金属离子决定，除去水中钙、镁离子的处理过程称为水的软化，而除去所有阴、阳杂质离子的处理过程则称为脱盐。常用的处理方法有离子交换法、电渗析法和反渗透法等。

1. 离子交换法 离子交换法是用离子交换剂和水中溶解的某些阴、阳离子发生交换反应，进而除去水中的有害离子。在软化处理中常选用离子交换树脂。常用的原料为苯乙烯或丙烯酸（酯），通过聚合反应生成具有三维空间立体网络结构的骨架，再在骨架上导入不同类型的化学活性基团（通常为酸性或碱性基团）而制成。离子交换树脂不溶于水和一般溶剂；大多数被制成颗粒状，也有一些被制成纤维状或粉状。树脂颗粒的尺寸一般为 0.3～1.2mm，大部分为 0.4～0.6mm。它们有较高的机械强度，化学性质也很稳定，在正常情况下有较长的使用寿命。

离子交换树脂中含有一种或几种化学活性基团，是交换官能团，在水溶液中能解离出某些阳离子（如 H^+或 Na^+）或阴离子（如 OH^-或 Cl^-），同时吸附溶液中原来存有的其他阳离子或阴离子，即树脂中的离子与溶液中的离子互相交换，从而将溶液中的离子分离出来。

依据离子交换的类型，树脂可分为强酸性、弱酸性阳离子树脂和强碱性、弱碱性阴离子交换树脂 4 种基本类型，在实际使用时，常将这些树脂转变为其他离子形式运行，以满足各种需要。例如，常将强酸性阳离子树脂与 NaCl 作用，转变为钠型树脂再使用。工作时钠型树脂放出 Na^+与溶液中的 Ca^{2+}、Mg^{2+}等阳离子交换吸附，从而除去这些离子。反应时没有放出 H^+，可避免溶液 pH 下降和由此产生的副作用（如蔗糖转化和设备腐蚀等）。这种树脂以钠型运行使用后，可用盐水再生（不用强酸）。又如，阴离子树脂可转变为氯型再使用，工作时放出 Cl^-而吸附交换其他阴离子，它的再生只需用食盐水溶液。氯型树脂也可转变为碳酸氢型（HCO_3^-）运行。强酸性阳离子树脂及强碱性阴离子树脂在转变为钠型和氯型后，就不再具有强酸性及强碱性，但它们仍然有这些树脂的其他典型性能，如解离性强和工作的 pH 范围宽广等。

如果只需除去水中的 Ca^{2+}、Mg^{2+}，可选用弱碱性或弱酸性树脂，如除去碱金属离子 K^+、Na^+或 HCO_3^-、$HSiO_3^-$时，应选用强酸性阳离子树脂或强碱性阴离子树脂。根据生产的不同需要，可采用不同的离子交换方式。

2. 电渗析法

（1）*工作原理* 电渗析的工作原理（图 11-1）是在直流电场作用下，利用阴、阳离子交换膜对水中离子具有选择性和透过性的特点，使原水中阴、阳离子分别通过阴离子交换膜和阳离子交换膜迁移，从而达到除盐的目的。

电渗析器中交替排列着许多阳膜和阴膜，分隔成小水室。当原水进入这些小水室时，在直流电场的作用下，溶液中的离子就定向迁移。阳膜只允许阳离子通过而把阴离子截留下来；阴膜只允许阴离子通过而把阳离子截留下来。结果这些小水室的一部分变成含离子很少的淡水室，出水称为淡水。而与淡水室相邻的小水室则变成聚集大量离子的浓水室，出水称为浓水。通过以上途径从而使离子得到分离和浓缩，水便得到了净化。

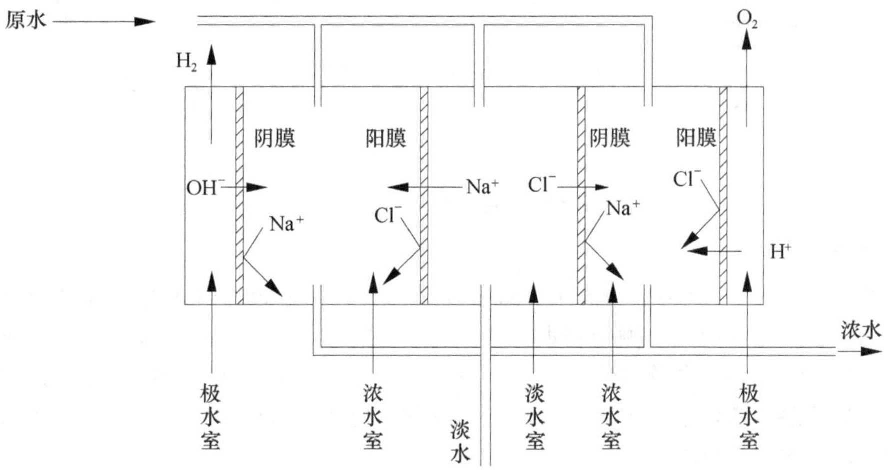

图 11-1　电渗析的工作原理

（2）电渗析器结构与组装　电渗析器的整个结构可分为膜堆、极区、锁紧装置等三部分（图 11-2）。一对阴、阳膜和一对浓、淡水隔板交替排列，组成最基本的脱盐单元，称为膜对。电极之间由多组膜对堆叠在一起，即膜堆。电渗器两端的电极区连接直流电源，还设有原水进口，淡水、浓水出口，以及极室水的通路。电极区由电极、极框、阴膜、阳膜、电极托板和橡胶垫板等组成。常用的电极材料有石墨、钛涂钌、铅和不锈钢等。锁紧装置用来把整个极区与膜堆均匀夹紧，使电渗析器在压力运行下不致漏水。压板由槽钢加强的钢板制成，紧固时四周用螺杆拧紧。此外，电渗析器的配套设备还包括整流器、水泵和转子流量计等。

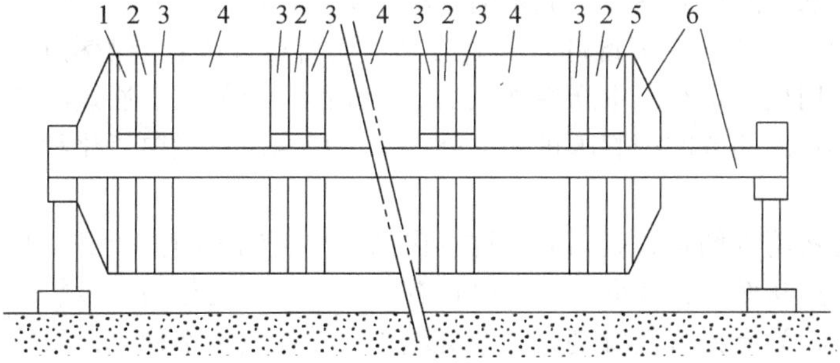

图 11-2　立式电渗析器的结构

1. 阳极室；2. 导水板；3. 压紧板；4. 膜堆；5. 阴极室；6. 锁紧装置

电渗析器的组装方式常用级和段来说明（图 11-3）。一对电极之间的膜堆称为一级，具有同向水流的并联膜堆称为一段。增加段数就等于增加脱盐流程，即提高脱盐效率。增加膜对数，则可提高水处理量。一台电渗析器的组装方式有一级一段、多级一段、一级多段和多级多段等。一级一段是电渗析器的基本组装方式。可采用多台并联来增加产水量，也可采用多台串联以提高除盐率。为了降低一级一段的操作电压，可在膜堆中增设中间电极，即成为二级一段的组装方式。对于小水量，则可采用一级多段的组装方式。

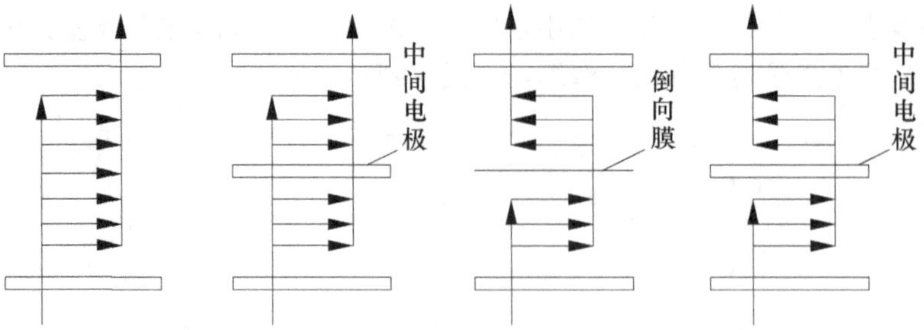

图 11-3　电渗析器的组装方式

3. 反渗透法

（1）*工作原理*　反渗透（reverse osmosis，RO），是通过对进水及反渗透膜施加高压，使水从半透膜的一侧流向另一侧的制水方法。进水中的盐、颗粒、细菌及热源留在供水一侧，作为废水排放，纯水则从半透膜的另一侧流出，通过反渗透可以滤除 90%以上的污染物。一般水的流动是从稀溶液通过半透膜向浓溶液方向流动，但在高压情况下，反渗透装置水的流动方法恰恰相反，因此称为反渗透。

（2）*反渗透工艺*　一般的纯水制作工艺采用反渗透装置（图 11-4），原水经过石英砂、活性炭等初级过滤后，经过高压泵加压，进入一级反渗透主机，再经过二级高压泵，送入二级反渗透装置，经过杀菌工艺，最终作为纯水使用或作为制作高纯水的原料使用。

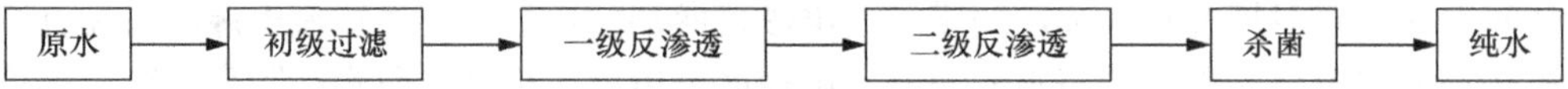

图 11-4　纯水制作工艺流程图

三、水的杀菌

杀菌是指杀灭水中的致病菌，水的杀菌方法很多，目前常用的有活性氯系列、臭氧系列及紫外线杀菌。目前常用的含氯消毒剂有次氯酸钠、漂白粉（或者漂粉精）、二氧化氯、二氯异氰尿酸钠等。其作用机制是在水中产生次氯酸，次氯酸又可放出活性氯和新生氧，具有强烈的氧化作用，它可以穿过细菌的细胞膜进入细胞内部，使病原体蛋白氧化和氯化，从而使病原体死亡。

常用的过氧化物消毒剂有过氧乙酸、过氧化钙、过氧化氢和臭氧等。其作用机制是放出新生氧产生强氧化作用从而杀灭病原体，同时也有给水体增氧的作用。过氧化物消毒剂可分解成无毒成分，无残留，为无公害消毒剂。其中臭氧的化学性质极不稳定，只能边制取边应用。臭氧杀菌体系包括空气净化装置、臭氧发生器（图 11-5）和臭氧加注设备。通常 $1m^3$ 水中加入臭氧 0.1～1g，接触 10～15min，即可达到满意的杀菌效果。杀菌作用比氯快 15～30 倍。

此外，水的杀菌也可选择紫外线杀菌，波段主要为 200～300nm，其中以 253.7nm 波长的杀菌能力最强。当水中的各种细菌、病毒经过紫外线照射区域时，紫外线穿透微生物的细胞膜和细胞核，破坏核酸的分子键，使其失去复制能力或失去活性而死亡。

四、供水系统及设备

供水系统包括水源选择、供水方式和供水系统装置选择。

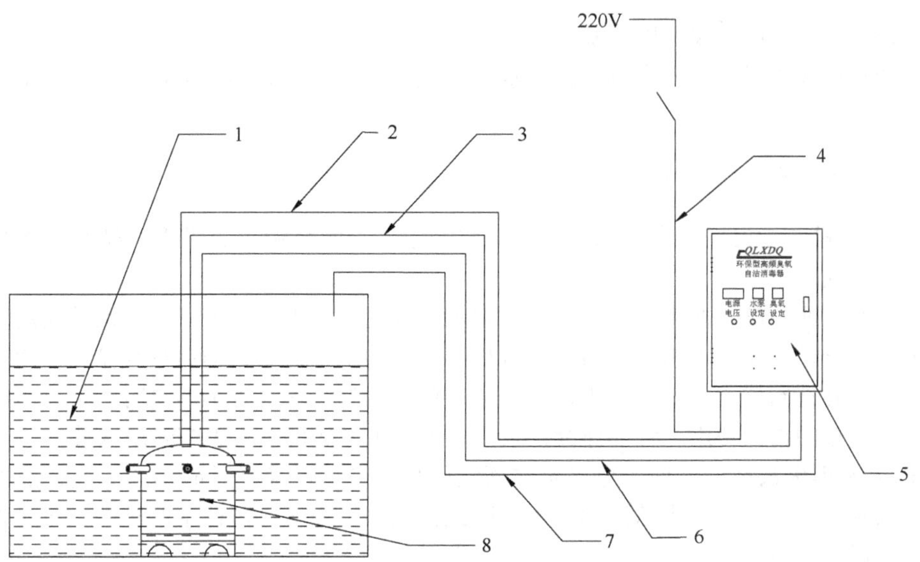

图 11-5　臭氧发生器

1. 水箱；2. 水泵电源；3. 臭氧输出管线；4. 臭氧发生器电源线；5. 臭氧发生器；6. 臭氧发生器冷却水进水管；7. 臭氧发生器回水管；8. 臭氧溶水释能器

（一）水源选择

给水水源分为地下水源和地表水源，取自任何水源的水中都不同程度地含有各种各样的杂质。水源选择的依据为：①水源水量充沛可靠，便于防护。②原水水质符合要求。③符合卫生要求的地下水，宜优先作为生活饮用水的水源。④全面考虑统筹安排，正确处理与给水工程有关部门的关系，取水、输水及水处理设施安全经济和维护方便，具备施工条件。

（二）地下水取水方式

地下水可分为无压水（浅水）和承压水（深水）两种，取用无压水时，多采用大口井，井口直径一般在 1m 以上，井深一般不超过 20m，供水泵可安装在地下、半地下或地面上。深水井的生产能力高，可以符合卫生防护的要求，一般井口直径 150～500mm，井深 30～150m 或者更深。深井可以分为完全井和不完全井，二者的区分主要依据井管的深度，当井管穿通整个含水层时为完全井，井管不完全穿透含水层时为不完全井。

（三）地表水取水方式

江河水的取水类型分为固定式取水和移动式取水两种。固定式取水分为岸边式取水和河床式取水两种。岸边式取水宜建在岸边较陡，主流近岸，岸边有足够水深，水质和地质条件较好，水位变化幅度不大的地区，但水下施工工程量较大，且须在枯水期或冰冻期施工完毕。河床式取水适用于河床稳定，河岸平坦，枯水期主流离岸较远，岸边水深不够或水质不好而河中又具有足够水深或较好水质时。

移动式取水类型分为浮船式取水和缆车式取水两种。浮船式取水适合水位变化幅度在 10～40m、涨落速度小于 2m/h 的江河，设在水流平缓、风浪小的地方，以利于浮船的锚固和减小颠簸，同时需要避开河漫滩和浅滩地段。缆车式取水适合水位变化幅度在 10～35m、涨落速度小于 2m/h 的江河，设在河道漂浮物少，主流近岸，岸坡稳定且倾角为 10°～280°的地段，避免设在回水区或凸岸，以防淤积。

湖泊和水库取水类型可分为隧洞式取水、引水明渠取水、取水构筑物的分层取水和自流管式取水。

（四）供水系统装置

1. 供水方式 根据生产用水的特点及水源条件，常采用直流供水、循环供水和连续供水三种供水方式。

直流供水，即生产、非生产用水直接由供水水源提供，当供水水源水量比较充足时，采用这种系统比较合适。循环供水，即将生产过程中用过的水经适当处理后继续循环使用，在循环过程中可适当补充新鲜水。若水源不足，当生产使用过的废水污染不严重时，可以不经处理，直接供给其他车间再次使用，称为连续供水，这种供水方式可以大大节约用水量。

2. 自来水供水系统 城市自来水在送往用户之前，已经经过简单的沉淀、消毒处理。但由于自来水流量不稳定，水压波动不大，因此自来水不能直接送往生产车间，应设置加压，储存装置，以保证压力、流量稳定，满足生产需要。

3. 地下水供水系统 刚抽取的地下水由于含有泥沙，因此不能立即使用，应先进行沉砂处理，再经二级泵房送往生产车间。供水系统必要时可设两级泵房，一级水泵房根据水源情况布置在地面下、半地下或者地面上。二级泵房则根据一级泵房可布置在半地下和地面上。在条件许可的情况下，工厂供水系统可以同时设置地下水供水系统和自来水供水系统。

五、供水设备计算及设计

在生产用水过程中，一部分水可由自来水系统或地下水供水系统通过管网直接供水，另一部分生产用水由于受到工艺条件的限制，如水质、水压，还需要供水设备对管网来水进行二次供水。供水设备主要由泵、容器及控制仪表组成，在满足流量及压力的情况下，要求优化设备能耗及储水容器的体积，进而降低运行成本及减小设备使用空间。离心泵作为外加工设备，通常可独立也可与储水容器联立使用以实现供水。此外，也可采用气压供水。

气压供水（图 11-6）常被用在消防系统中，其是利用密闭气压水罐内空气的压缩性储存、调节和输送水量的装置。在未发生火灾时，该装置用来补充由消防管路微小泄漏引起的压力降低，避免因为小的泄漏频繁启动稳压泵，造成能源的消耗与设备的损耗。在发生火灾时，其存储的水可以在消防泵启动前，由气压水罐供给消防用水。该装置由水泵、气压水罐、仪表及自动控制系统、管路及管件组成。水泵将储水池或水管网系统的水，经加压后输送至新的管路系统及气压水罐内，随着罐内水的液位增加，罐内气体体积减小，压力增大，当罐内压力增大到设计压力的高值时，由压力自动控制系统关泵，管路系统由气压水罐供水，随着供水的进行，罐内水位下降，压力降低，当罐内压力降至设计的低位时，又由压力自动控制系统启动离心泵，给气压水罐及管路供水，通过此原理，既实现了对管路的持续供水保压，又通过离心泵的间歇式操作实现了节能。

气压水罐容积（V）的计算是气压供水的重要环节，依据式（11-1）进行设计计算。

$$V=\frac{\beta V_X}{1-\alpha_b} \tag{11-1}$$

式中，β 为气压水罐的容积系数；α_b 为气压水罐的工作压力比，一般取值 0.65～0.85；V_X 为消防水的总容积，m^3。

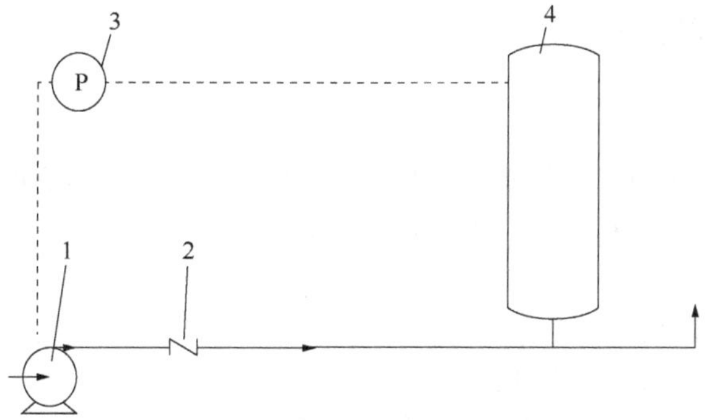

图 11-6 气压供水流程图

1. 水泵；2. 止回阀；3. 气压水罐；4. 压力自动控制系统

伴随着仪表及自动化技术的发展，又出现了变频调速供水及数字集成全频控制恒压供水等设备，在这些设备中，其外加动力设备主要还是离心泵，单台或多台联合供水。在离心泵选型基础之上，还通过仪表自动化的设计计算，在不影响供水任务的前提下，进一步节约能耗。

第二节 制 冷

在生物发酵工业中，许多加工过程或单元操作都需要在低温下进行，如培养基物料的冷却、发酵罐罐体的冷却、生物反应热的移除、物料的冷冻干燥等工序都需要制冷。制冷设计的好坏直接影响生产的正常进行、产品质量、工厂投资和产品成本。

通常冷冻温度高于−100℃为一般冷冻，低于−100℃为深度制冷。发酵工厂所用的冷冻温度一般在−100℃以上，属于一般冷冻，可采用单级压缩式制冷系统。

一、制冷原理

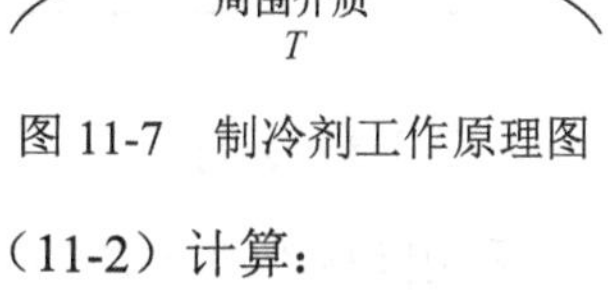

图 11-7 制冷剂工作原理图

制冷过程就是在制冷剂自身状态发生变化的同时，将热量从被冷却的物质移向周围介质，使物质的温度降低。在通常状态下，热量从高温物质传向低温物质。但是制冷过程是热量从低温物质传向高温物质，过程中需要消耗能量。在制冷过程中（图 11-7），被冷却物质的温度为T_0，周围介质的温度为T，制冷剂从被冷却的物质中取得热量，传递给周围介质。

压缩式制冷循环中，设制冷量为Q_0（制冷剂在蒸发器中吸收的热量），压缩机所消耗的机械功为L，则制冷效率（ε）可由式（11-2）计算：

$$\varepsilon = \frac{Q_0}{L} = \frac{T_0}{T - T_0} \tag{11-2}$$

压缩式制冷循环实质上是一种逆向卡诺循环，制冷过程分为压缩、冷凝、膨胀和循环 4 个阶段。制冷剂被压缩机吸入压缩，在冷凝器中被冷凝，同时放出热量，制冷剂经过膨胀阀，压力降低，低压的液态制冷剂吸收周围介质的热量汽化为气体，气体再次被压缩，压力升高，气体把热量传递给冷凝水，从而冷凝到液态。如此反复循环，使周围介质的温度降低，这就是制冷过程。

二、制冷剂及载冷剂

（一）制冷剂

制冷剂是制冷系统中吸收被冷却介质或者载冷剂热量，并将热量传递给周围介质的循环工质。选择合适的制冷剂要从热力学、物理化学、经济性等几方面来考虑。一般来说，对制冷剂的要求如下。

1）制冷剂的沸点要低，正常的沸点一般不应超过 10℃，在蒸发器内的蒸发压力应大于外界大气压力；冷凝压力不超过 1.5MPa。

2）单位体积产冷量要尽可能大；密度和黏度应尽可能小。

3）导热系数、散热系数高；蒸发的比体积要小，蒸发潜热要大，凝固点越低而临界温度越高越好。

4）制冷剂与水互溶；对金属无腐蚀作用；化学性质稳定，在高温下不易分解。

5）制冷剂不应有毒性，不会引起人窒息或具有其他刺激作用。

6）制冷剂应易于取得，并且价格低廉。

目前常用的制冷剂有氨、二氧化碳和几种氟利昂等，其性能见表 11-2。氨具有价格低廉、单位体积产冷量大、易于获得、压力适中、不溶解于润滑油、传热系数高、在管道中流动阻力小、泄漏易于被发现等特点，被广泛应用于制药厂、酵母厂等其他生物工程企业中。其缺点是有刺激性臭味，有一定的毒性，会燃烧和爆炸，对铜和铜合金有腐蚀作用。氟利昂制冷剂是饱和的碳氢化合物卤素衍生物的统称，具有无毒、不易燃烧、绝热指数小、适于离心式压缩机使用等特点。其缺点是价格昂贵，易于泄漏，而且泄漏不易被发现。其中 F-12、F-22 多用于冰箱、空调、双级压缩系统及冷库中。

表 11-2 常用的几种制冷剂的性能

项目	氨	F-11	F-12	二氧化碳
化学分子式	NH_3	CCl_3F	CCl_2F_2	CO_2
沸腾温度/℃	−33.4	23.6	−29.8	−78.5
临界温度/℃	132.4	198.0	111.5	31.0
冰点/℃	−77.7	−111.1	−155.0	−56.6
临界压强（绝对）/MPa	11.43	4.38	4.01	7.39
制冷系数	4.87	5.23	4.70	2.56
使用温度范围/℃	−60～10	0～10	−60～10	−60～0

（二）载冷剂

采用间接冷却方法进行制冷所用的低温介质（如盐水）称为载冷剂。载冷剂在制冷系统的蒸发设备中被冷却，由泵输送至冷却设备内，吸收热量后返回蒸发器中，将热量传递给制冷剂，使其温度降低，再被送入冷却设备内，反复循环，使被冷却设备温度下降最终达到所需要的温度。

载冷剂必须具备以下几个条件：①冰点低；②热容量大；③对设备的腐蚀性小且价格低廉。常用的载冷剂有盐水、氯化钙水溶液、乙醇和乙二醇等。盐水价格低廉，但对金属的腐蚀性较大。氯化钙水溶液对金属的腐蚀性较小。采用乙醇、乙二醇作为载冷剂可以避免金属腐蚀现象。

要降低盐水的腐蚀作用，必须减少盐水与空气接触的机会。在盐水中加入一定量的防腐剂如重铬酸钠可以减轻腐蚀，加入防腐剂的盐水应呈弱碱性。

三、制冷系统设备

（一）制冷压缩机

制冷压缩机分为容积型和速度型两种类型。容积型制冷压缩机是用机械的方法缩小密闭容器的体积，使单位体积分子数增加，撞击容器壁的次数和强度也增加，压力增加。常用的类型有活塞式制冷压缩机、滑片式制冷压缩机和螺杆式制冷压缩机。

速度型制冷压缩机是用机械使气体获得较高的流速，再急剧减速，在减速的过程中分子之间彼此靠近，增大压力。速度型制冷压缩机常用的有离心式制冷压缩机。

活塞式制冷压缩机在工厂中使用较多。本书以活塞式制冷压缩机为例进行介绍。图 11-8 是活塞式制冷压缩机工作原理图。吸气阀门装在压缩机的活塞顶部，利用曲轴连杆使活塞上下活动。当活塞向下运动时，装在安全板上的排气阀关闭，此时气缸内压力小于吸气管中的压力，吸气阀打开，氨气进入气缸。当活塞向上运动时，气缸内氨气被压缩，压力逐渐增大，此时吸气阀关闭，当氨气压力大于冷凝器压力时，安全板上的排气阀被顶开，氨气进入高压管中。为了有利于气缸散热，在气缸外部设置有水夹套，当压缩机工作时，用水进行冷却。

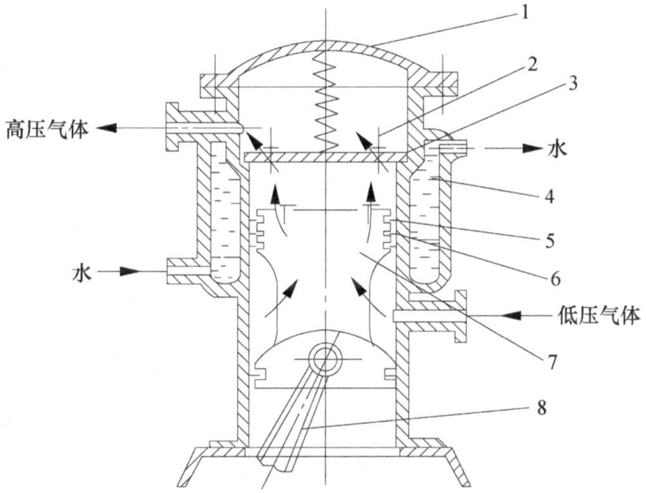

图 11-8 活塞式制冷压缩机工作原理图

1. 上盖；2. 排气阀；3. 汽缸；4. 水夹套；5. 吸气阀门；6. 活塞环；7. 活塞；8. 连杆

活塞式制冷压缩机用电动机驱动，常用的制冷剂为氨和氟利昂。其特点：①压力范围广，可使用的冷量范围更广；②热效率高；③造价比较低；④使用方便。

压缩机运转时，气缸内存有余隙。余隙是活塞运动到尽头位置与气缸盖之间的体积，其作用是避免活塞撞击缸盖。对于小型压缩机，余隙为 5%～15%；对于中型、大型压缩机，余隙为 3%～8%。

通常压缩机的实际吸气体积（V_P）小于理论吸气体积（V_T），实际产冷量受到损失，二者之比为压缩机的吸气系数，用 λ 表示。

$$\lambda=\frac{V_P}{V_T} \tag{11-3}$$

对于大型立式氨压缩机，其 λ 为 0.81～0.92，见表 11-3。

表 11-3 大型立式氨压缩机的 λ

蒸发温度/℃	冷凝温度/℃				
	15	20	25	30	35
−5	0.915	0.899	0.882	0.862	0.841
−10	0.900	0.885	0.869	0.850	0.830
−15	0.883	0.867	0.851	0.832	0.812

由表 11-3 可知，蒸发温度越高，λ 越大；冷凝温度越高，λ 越小。

新系列活塞式制冷压缩机按汽缸直径分为 50mm、70mm、100mm、125mm、170mm 五种基本系列，其中 50mm、70mm、100mm 三种系列可做成半封闭式（压缩机的机体与电动机外壳联成一体，构成封闭机壳）。按气缸外形布置型式分为 Z 型、V 型、W 型、S 型，缸数有 2 个、3 个、4 个、6 个、8 个几种。较新的制冷压缩机有 8AS-17 型（扇式、8 缸、单作用、逆流式、气缸直径 170mm）、8AS-12.5 型（扇式、8 缸、单级、逆流式、缸径 125mm）和 8AS-10 型（扇式、8 缸、单作用、逆流式、气缸直径 100mm）等。

（二）氨油分离器

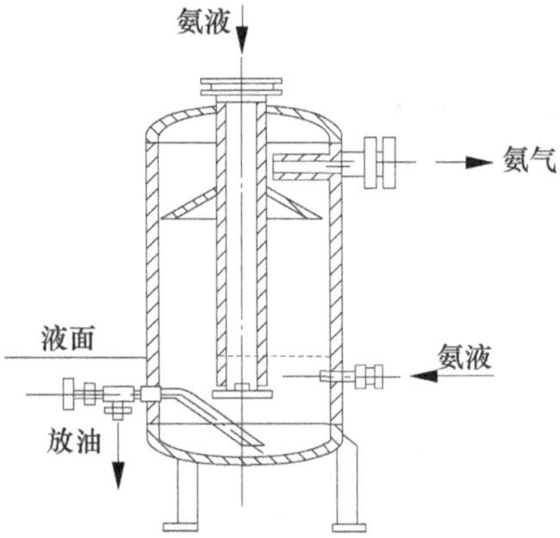

图 11-9 氨油分离器

氨油分离器的作用是除去压缩后氨气中携带的油雾，防止冷凝器及蒸发器内油分过多而影响传热效果。氨油分离器有洗涤式、填料式和离心式等几种。

洗涤式氨油分离器属于惯性型分离器，见图 11-9，其原理是利用氨油的密度不同，在突然改变流速和方向时，由于油的密度较氨大而下降聚集在底部。

一般氨油分离器的直径比高压进气管径大 4～5 倍。常用的氨油分离器有 YF-40、YF-50、YF-70、YF-80、YF-100、YF-125、YF-150、YF-200 等型号，型号数字表示氨气进口管径（单位：mm）。为了提高分离效果，在氨油分离器内设有扇形挡板，并保持一定的氨液液位，压缩后的氨气通入氨油分离器的氨液内，进行洗涤降温，分离效率可达 95%。

（三）贮氨罐

贮氨罐的作用是为制冷系统供应液氨，使系统各设备内有均衡的氨液量，以保证压缩机的正常工作。高压贮氨罐和冷凝器的排液管、均压管连接，生产中常用卧式贮氨罐，它是一个由圆柱形钢板壳体及封头焊接而成的容器，装有液氨出口、放空气管、放油阀、排污阀、压力表等部件。容器的容积一般为每小时制冷循环量的 1/3～1/2，氨液装入量不应超过容量的 80%。

（四）冷凝器

冷凝器的作用是使高温高压的过热气体冷凝成高压液氨，将热量传递给周围介质。冷凝器有卧式冷凝器、立式冷凝器、套管冷凝器和外喷淋蛇管冷凝器等几种型式。其中，氨立式壳管冷凝器（图 11-10）应用较多，为钢板圆壳体，两端各焊有一块管板，壳体内有Φ51mm×3mm或Φ38mm×3mm 的无缝钢管与管板固定。冷凝水自顶部进入配水箱，经分水器沿着导向槽进入列管的边壁螺旋下流，成膜状分布在管内表面。氨气自壳中上部引入，冷凝后从壳体下部引出。立式冷凝器具有占地面积小、可安装在室外、冷却效率高等优点，但也存在用水量大的不足。常用的立式冷凝器有 LN-20m^2、LN-35m^2、LN-50m^2、LN-75m^2、LN-100m^2、LN-125m^2、LN-150m^2、LN-200m^2、LN-250m^2 传热面积型，以及 LNA-35 m^2～LNA-300m^2 传热面积型等。

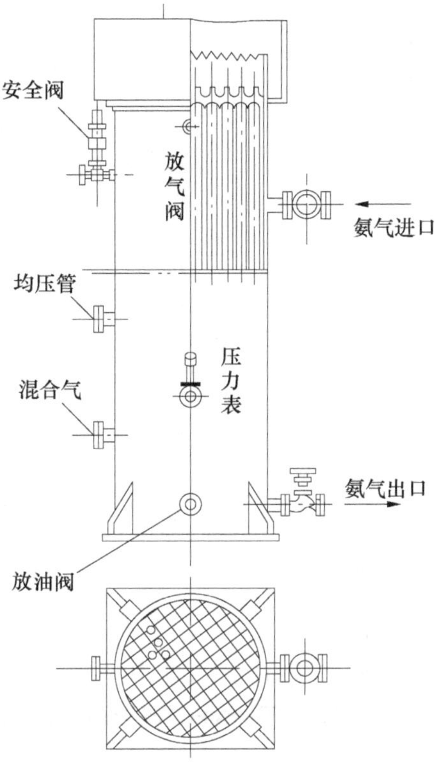

图 11-10 氨立式壳管冷凝器

（五）膨胀阀和蒸发器

1. 膨胀阀 膨胀阀又称截流阀，作用是截流高压液氮。高压液氨通过膨胀阀截流而降压，使液氨由冷凝压力降低到所要求的蒸发压力，液氨气化吸热，使其本身的温度降低到需要的低温，再进入蒸发器。常用的手动膨胀阀有针形阀（公称直径较小）和 V 形缺口阀（公称直径较大）两种，如图 11-11 所示。螺纹为细牙，阀门开启度变化较小，阀口有一定的结构和形状，一般开启度为 1/8～1/4 周，不超过一周。手动膨胀阀按公称直径大小选用。热力膨胀阀是一种能自动调节液体流量的节流膨胀阀，它利用蒸发器出口处蒸汽的过热度来调节制冷剂的流量。

2. 蒸发器 蒸发器的作用是在制冷过程中传递热量，制冷剂蒸发吸热，使介质冷却。常用的蒸发器有立管式蒸发器（图 11-12）和卧式蒸发器（图 11-13），此外还有冷却空气的蒸发器。

立管式蒸发器由多组纵向排列的蒸发管组成，有 10m^2、15m^2、20m^2 及 40m^2 四种蒸发面积。经冷凝器冷凝的制冷剂进入蒸发管进行蒸发，蒸发过程中连续抽出蒸发器内的蒸发气体，维持液面稳定。立管式蒸发器的型号有 LZ-20～LZ-300 型，整个蒸发器有输液总管、回气总管、氨液分离器、集油器及远距离液面指示器等接头。卧式壳管式蒸发器的结构与卧式壳管式冷凝器相似。

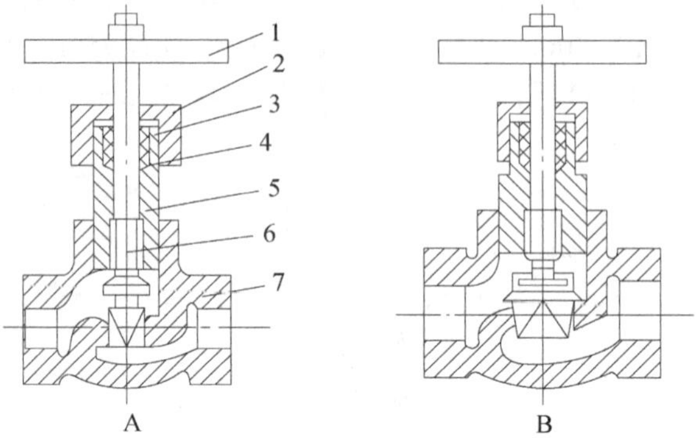

图 11-11 手动膨胀阀

A. 针形阀门；B. V 形缺口阀门；

1. 手轮；2. 螺母；3. 钢套筒；4. 填料；5. 铁盖；6. 钢阀杆；7. 外壳

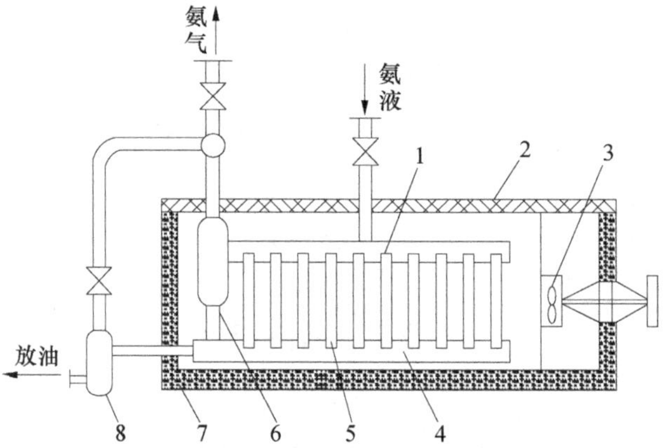

图 11-12 立管式蒸发器

1. 上总管；2. 木板盖；3. 搅拌器；4. 下总管；5. 直立短管；6. 氨液分离器；7. 软木；8. 集油器

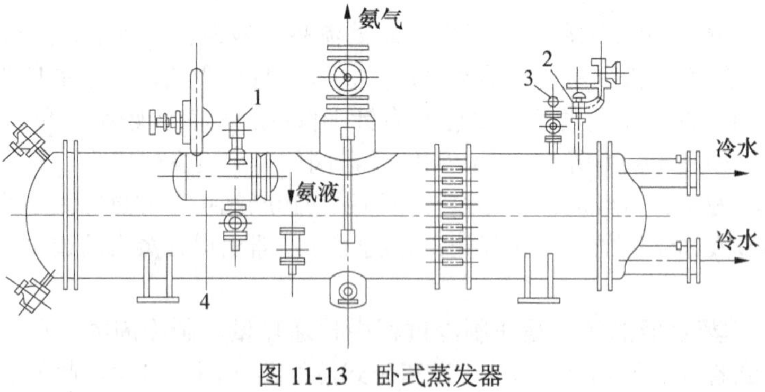

图 11-13 卧式蒸发器

1. 液氮过滤器；2. 安全阀；3. 压力表；4. 浮球阀

（六）空气分离器

空气分离器是用来去除制冷系统中的不凝性气体和空气的装置。其原理是在冷凝压力下，将氨气空气混合物冷却到蒸发温度，氨气成为液氨，此时将空气与不凝性气体除去。立式空气分离器（图 11-14）的混合气体从中部进入，被蒸发盘冷却后，空气与不凝性气体从上部排出，氨液从底部排出，经膨胀间，供蒸发吸热用。

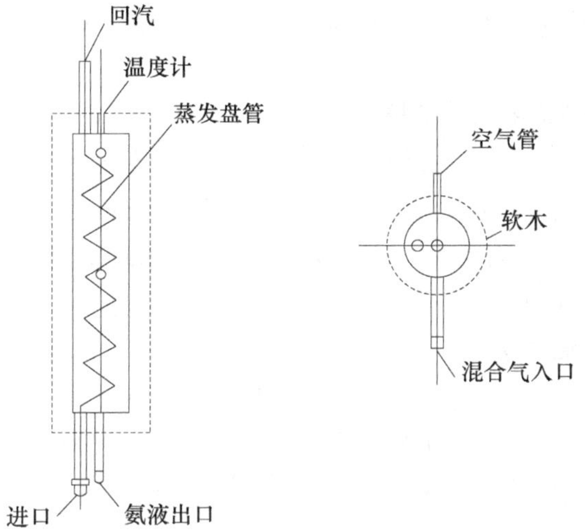

图 11-14　立式空气分离器

四、耗冷量计算

（一）计算耗冷量的意义

现代生物工厂通常都有制冷系统。无论是菌种培养、发酵还是产品提取精制等过程，都可能要求在室温下进行。例如，酶、疫苗、生物干扰素或者抗生素等许多生物活性物质，其发酵生产及提取精制过程都需要在较低的温度下进行；植物细胞培养生产活性物质的培养温度须为 22～24℃；啤酒生产中，主发酵温度通常为 6～10℃，后发酵温度在 1℃左右；大麦芽发芽适宜温度为 12～16℃。这些温度条件都需要制冷工艺来满足。

通过耗冷量的计算，结合冷冻工艺要求，选定制冷系统类型和冷冻机的型号、规格，进而完成制冷系统的设计。

（二）耗冷量计算的步骤

通常可把生物工厂耗冷量分为工艺耗冷量和非工艺耗冷量两大部分。其中，工艺耗冷量包括发酵培养基和发酵罐体的冷却降温，生物反应放热（发酵热）的移除等；非工艺耗冷量主要包括照明及用电设备放热需降温的厂房维护机构，以及低温设备、管道的冷量散失等。计算耗冷量主要有如下几个步骤：①首先画出衡算范围的工艺流程示意图，注明每股物料的温度变化。②搜集列出必要的工艺技术指标及基础数据。③针对衡算范围进行各项耗冷量的计算。④将计算结果整理成耗冷量衡算表。

（三）耗冷量计算的方法

以啤酒生产厂发酵车间耗冷量计算为例，每小时耗冷总量为

$$Q_T = \sum Q_1 + \sum Q_2 + \sum Q_3 + \sum Q_4 + \sum Q_5 \quad (11\text{-}4)$$

式中，Q_T 为耗冷总量，kJ/h；$\sum Q_1$ 为发酵间外部维护结构散失的冷量，kJ/h；$\sum Q_2$ 为冷却发酵液所消耗的冷量，kJ/h；$\sum Q_3$ 为排走发酵热所消耗的冷量；$\sum Q_4$ 为室内照明、室门打开等引起的耗冷量，kJ/h；$\sum Q_5$ 为发酵间通风换气所消耗的冷量，kJ/h。

各项分别计算如下。

1. 发酵间外部维护结构散失的冷量

$$\sum Q_1 = \sum AK(T_0 - T_i) + Q_r \quad (11\text{-}5)$$

式中，$\sum A$ 为发酵间的四周墙壁、天花板、地面的面积，m^2；K 为发酵间的四周墙壁、天花板、地面的传热系数；$T_0 - T_i$ 为墙壁、天花板、地面在夏季时室内外的最大温差，℃；Q_r 为由太阳辐射引起的冷损失，kJ/h。

2. 冷却发酵液所消耗的冷量

$$\sum Q_2 = (m_1c_1 + m_2c_2)(T_1 - T_2) \quad (11\text{-}6)$$

式中，m_1为发酵罐质量，kg；c_1为发酵罐材料比热容，kJ/（kg·℃）；m_2为发酵液质量，kg；c_2为发酵液比热容，kJ/（kg·℃）；T_1为发酵液的初温，℃；T_2为发酵液冷却结束后的温度，℃。

3. 排走发酵热所消耗的冷量

$$\sum Q_3 = 745G \quad (11\text{-}7)$$

式中，G为发酵时的降糖量，kg/h；1kg 糖发酵放热 745kJ。

4. 室内照明、室门打开等引起的耗冷量　可按发酵液的多少进行估算，如取 0.837kJ/（100kg·h），则

$$\sum Q_4 = 0.837m_2 / 100 \quad (11\text{-}8)$$

5. 发酵间通风换气所消耗的冷量　可按发酵液的多少进行估算，如取 40kJ/（100kg·h），则

$$\sum Q_5 = 40m_2 / 100 \quad (11\text{-}9)$$

制冷能力（Q）为

$$Q = \sum Q_{总} / y \quad (11\text{-}10)$$

式中，$\sum Q_{总}$为需要的总能量，kJ/h；y为制冷机安全系数，可取 0.7。

五、绝热材料及结构

（一）绝热材料

在制冷过程中，设备的绝热是一个非常重要的部分，绝热不良将造成极大的冷量浪费。为了防止冷量的损失，提高制冷剂的制冷效率，在制冷设备的表面包上传热性差的材料，称为绝热材料。绝热效果与绝热材料的性能有关，好的绝热材料应符合以下要求：①导热系数小；②密度小；③能经长时间使用，能抗鼠类的啃咬，不易腐蚀、腐败、变质、变形；④吸水性小；⑤具有一定的耐火性；⑥耐冻；⑦无异味；⑧价格低廉。常用的绝热材料有软木、泡沫

塑料、泡沫玻璃和玻璃纤维等。

（二）绝热结构

制冷设备的绝热结构包括冷库的绝热结构、低压管路、冷水池、盐水池、冷水管、盐水管、贮罐和发酵罐等的绝热结构。对于制冷系统，绝热结构要求：①能使绝热层有足够的厚度和连续性；②能够防止绝热层受潮；③使绝热层牢固地固定在维护结构上；④能够防止鼠类侵害；⑤具有一定的耐火性。

常见的软木冷藏库的隔热结构见图 11-15。

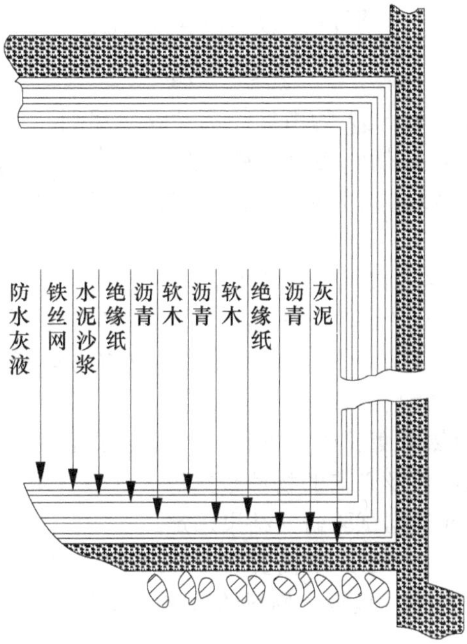

图 11-15　软木冷藏库的隔热结构

第三节　供　　热

在发酵生产过程中，原料的预处理、发酵罐及相关管线的灭菌都要用到蒸汽。生物工程工厂的蒸汽主要由锅炉房来提供，一般供应全厂生产、采暖等所需的热量。计算供热量需要进行热量衡算。热量衡算的目的在于定量研究生产过程，为过程设计和操作最优化提供依据。

一、热量衡算的意义、方法和步骤

（一）热量衡算的意义

首先，通过热量衡算可计算生产过程能耗定额指标。应用蒸汽等热量消耗指标，可对工艺设计的多种方案进行比较，以选定先进的生产工艺，分析过程的经济合理性和先进性。其次，热量衡算的结果可为设备选型及确定尺寸、台数提供依据。最后，热量衡算有助于改进生产流程及设备，达到节约能源，降低生产成本的目的。

（二）热量衡算的方法和步骤

热量衡算可以作全过程的或单元设备的热量衡算。现以单元设备的衡算为例加以说明，具体的方法和步骤如下。

1. 画出物料流向及变化示意图 画出单元设备的物料流向及变化的示意图。

2. 写出热量衡算式 分析物料流向及变化，写出热量衡算式。

$$\sum Q_{入} = \sum Q_{出} + \sum Q_{损} \tag{11-11}$$

式中，$Q_{入}$为输入的热量总和，kJ；$Q_{出}$为输出的热量总和，kJ；$Q_{损}$为损失的热量总和，kJ。通常，

$$\sum Q_{入} = Q_1 + Q_2 + Q_3 \tag{11-12}$$

$$\sum Q_{出} = Q_4 + Q_5 + Q_6 + Q_7 \tag{11-13}$$

$$\sum Q_{损} = Q_8 \tag{11-14}$$

式中，Q_1为物料带入的热量，kJ；Q_2为由加热剂（或冷却剂）传给设备和所处理的物料的热量，kJ；Q_3为过程的热效应，包括生物反应热、搅拌热等，kJ；Q_4为物料带出的热量，kJ；Q_5为加热设备需要的热量，kJ；Q_6为加热物料需要的热量，kJ；Q_7为气体或蒸汽带出的热量，kJ。

将式（11-12）～式（11-14）代入式（11-11），得

$$Q_1 + Q_2 + Q_3 = Q_4 + Q_5 + Q_6 + Q_7 + Q_8 \tag{11-15}$$

值得一提的是，对于具体的单元设备，上述Q_1～Q_8各项热量不一定都存在，故进行热量衡算时，必须根据具体情况进行具体分析。

3. 收集数据 为了使热量衡算顺利进行，计算结果正确无误和节约时间，首先要搜集有关数据，如物料量、工艺条件及必需的物性数据等。这些有用的数据可以从专门手册查阅，或取自工厂实际生产数据，或根据试验研究结果选定。

4. 确定合适的计算基准 在热量衡算中，取不同的基准温度，算出的各项数据就不同。所以必须选准一个设计温度，且每一物料的进出口基准态必须一致。通常，取0℃为基准温度可简化计算。

此外，为使计算方便、准确，可灵活选取适当的基准，如按100kg原料或成品、每小时或每批次处理量等作基准进行计算。

5. 进行具体的热量计算

（1）物量带入的热量（Q_1）和带出热量（Q_4） 可按式（11-16）计算，即

$$Q = \sum mCt \tag{11-16}$$

式中，Q为Q_1或Q_4；m为物料质量，kg；C为物料比热容，kJ/（kg·K）；t为物料进入或离开设备的温度，℃。

（2）过程热效应（Q_3） 过程的热效应主要有发酵热（Q_B）、搅拌热（Q_S）和状态热（如汽化热、溶解热、结晶热等）。

$$Q_3 = Q_B + Q_S \tag{11-17}$$

$$Q_S(\text{kJ}) = 3600P\eta \tag{11-18}$$

式中，P为搅拌功率，kW；η为搅拌过程中功热转化率，通常η取92%。

（3）加热设备或物料的耗热量（Q_5和Q_6） 为了简化计算，忽略设备或物料不同部分的温度差异，则

$$Q = mC(t_2 - t_1) \tag{11-19}$$

式中，m 为设备或物料的总质量，kg；C 为设备材料或物料的比热容，kJ/（kg・K）；t_1 和 t_2 分别为设备或物料加热前后的平均温度，℃。

（4）气体或蒸汽带出热量（Q_7）

$$Q_7 = \sum m(Ct + r) \tag{11-20}$$

式中，m 为离开设备的气态物料量，kg；C 为液态物料由 0℃升温至蒸发温度的平均比热容，kJ/（kg・K）；t 为气态物料温度，℃；r 为蒸发潜热，kJ/kg。

（5）设备向环境所散的热量（Q_8）　为了简化计算，假定设备壁面的温度是相同的，则

$$Q_8 = A\alpha_T(t_w - t_a)\tau \tag{11-21}$$

式中，A 为设备总表面积，m^2；α_T 为壁面对空气的联合给热系数，W/（m^2・℃）；t_w 为壁面温度，℃；t_a 为环境空气温度，℃；τ 为操作过程时间，s。

α_T 的计算：

1）空气作自然对流，$\alpha_T = 8 + 0.05t_w$。

2）强制对流时，$\alpha_T = 5.53 + 3.6w$（空气流速 $w = 5\text{m/s}$）或 $\alpha_T = 6.7w^{0.78}$（$w > 5\text{m/s}$）。

（6）加热（或冷却）介质传入（或带出）的热量（Q_2）　对于热量平衡计算的设计任务，Q_2 是待求量，也称为有效热负荷。若计算出的 Q_2 为正值，则过程需加热；若 Q_2 为负值，则过程需从操作系统移出热量，即需冷却。最后，根据 Q_2 来确定加热（或冷却）介质及其用量。

二、锅炉设计

供热设计主要是锅炉房的设计，设计的主要内容包括：根据全厂需要的供热量决定锅炉的供汽量，按照蒸汽消耗选择锅炉，根据所选锅炉型号、台数决定锅炉房的设计，完成全厂蒸汽管网的设计。

（一）蒸汽锅炉的分类

可以从不同角度出发对锅炉进行分类。

1）按结构形式可分为锅壳锅炉（火管锅炉）、水管锅炉和水火管锅炉，火管锅炉就是燃料燃烧后产生的烟气在火筒或烟管中流过，对火筒或烟管外水汽混合物进行加热。

2）按用途不同可分为动力锅炉、工业锅炉和生活锅炉等。

3）按容量大小可分为大型锅炉、中型锅炉和小型锅炉。一般蒸发量大于 75t/h 的锅炉为大型锅炉，蒸发量在 20～75t/h 的锅炉为中型锅炉，蒸发量小于 20t/h 的锅炉为小型锅炉。

4）按蒸汽压力大小可分为低压锅炉（P≤1.47MPa）、中压锅炉（1.47MPa＜P≤5.88MPa）和高压锅炉（P＞5.88MPa）。

5）按燃料和能源种类不同可分为燃煤锅炉、燃油锅炉、燃气锅炉和废热（余热）锅炉等。

6）按燃料在锅炉中的燃烧方式可分为层燃炉、沸腾炉和室燃炉。

7）按工质在蒸发系统的流动方式可分为自然循环锅炉、强制循环锅炉和直流锅炉等。

8）按出口介质可分为蒸汽锅炉和热水锅炉。生物工程工厂一般采用低压小型工业锅炉。

（二）工业锅炉产品型号表示方法

工业锅炉产品型号的表示方法采用机械行业标准 JB/T 1626—2002，型号的组成如图 11-16

所示。

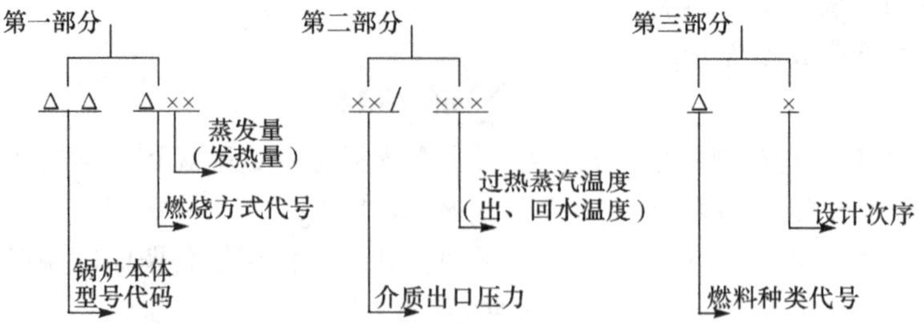

图 11-16　工业锅炉产品型号组成表示方法

锅炉型式的汉语拼音字母代号见表 11-4。

表 11-4　锅炉型式的汉语拼音字母代号

锅炉型式	代号	锅炉型式	代号
立式水管	LS	分联箱横汽包	pH
立式横火管	LH	双横汽包	HH
卧式双火筒	WS	双汽包纵置	SZ
卧式内燃	WN	双汽包横置	SH
卧式外燃	WW	单汽包纵置	DZ
卧式块装	KZ	热水锅炉	RS
强制循环	QZ	废热锅炉	FR

燃烧方式的汉语拼音代号见表 11-5。

表 11-5　燃烧方式的汉语拼音代号

燃烧方式	代号	燃烧方式	代号
固定炉排	G	倒转炉排加抛煤机	D
活动手摇炉排	H	煤粉	F
链条炉排	L	煤气	Q
抛煤机	P	燃油	Y
振动炉排	Z	沸腾燃烧	T

固体燃料种类代号见表 11-6。

表 11-6　固体燃料种类代号

燃烧种类	代号	燃烧种类	代号
褐煤	H	无烟煤	W
劣质烟煤	L	甘蔗渣	Z
贫煤	P		

（三）锅炉房的位置选择

锅炉房的粉尘会对周围环境造成污染，所以锅炉房的位置应选择在地区的下风向，厂区全年主风向的下风向。布置上要尽量接近所服务的车间，可节省管道和节约费用，旁边最好设置有方便燃料进入和灰渣运出的厂门，此厂门要与工厂正门分开。

小　结

天然水由于含有固体颗粒、可溶性无机盐、微生物及有机碳等，这些杂质会影响生物工程制品的品质。将取来的天然水作为原水，通过初步的沉降和过滤可以除去大多数固体颗粒，而溶解于其中的无机盐则需要通过离子交换、反渗透等技术，降低硬度及除去大多数可溶性无机盐、热源等制备纯水。也可综合使用反渗透技术、电渗析技术等，制备超纯水，水中无机盐、有机物将降到最低，纯度最高。很多生物发酵工业生产中都需要制冷，制冷系统设计的好坏直接影响生产的正常进行。制冷系统由制冷剂和制冷设备组成，常用的制冷剂有氨、氟利昂等，根据性能和特点不同，被广泛用于制药厂等生物工程企业中。在发酵生产过程中，原料的预处理、发酵罐及相关管线的灭菌都要用到蒸汽。生物工程工厂的蒸汽主要由锅炉房来提供，一般供应全厂生产、采暖等所需的热量。计算供热量需要进行热量衡算。

复习思考题

1. 生活用水的水质分为哪几类？
2. 除去水中可溶性无机盐的基本方法有哪几种？请简述各自的原理。
3. 简要说明冷冻系统的制冷原理。
4. 试为某味精厂选择制冷系统，并指出各设备的作用。

主要参考文献

国家环境保护总局，国家质量监督检验检疫总局. 2022. 地表水环境质量标准. https://www.mee.gov.cn/ywgz/fgbz/bz/bzwb/shjbh/shjzlbz/200206/t20020601_66497.shtml[2024-05-20].

生态环境部，国家市场监督管理总局. 2021. 农田灌溉水质标准. https://www.mee.gov.cn/ywgz/fgbz/bz/bzwb/shjbh/shjzlbz/202102/t20210209_821075.shtml[2024-05-20].

水浩然. 2024. 消防给水气压罐的快速选择与计算. 给水排水，30（2）：50-51.

谭永辉. 2016. 建筑给水工程中气压给水设备设计选型计算. 中国给水排水，32（12）：60-63.

王彤，刘力嘉，曹仙桃，等. 2023. 全变频控制恒压供水设备技术探讨. 中国给水排水，39（4）：42-46.

王志奎. 2019. 化工原理. 5版. 北京：化学工业出版社：99-124.

中华人民共和国国家经济贸易委员会. 2002. 工业锅炉产品型号编制方法. 北京：法律出版社：1-4.

朱明军，梁世中. 2020. 生物工程设备. 3版. 北京：中国轻工业出版社：466-475.

附录 A　饱和水蒸气表

A1　按温度排列

温度（t）/℃	绝对压强（P）/ kPa	水蒸气的密度（ρ）/（kg/m^3）	焓（H）/（kJ/kg）		汽化热（r）/（kJ/kg）
			液体	水蒸气	
0	0.608 2	0.004 8	0.00	2 491.1	2 491.10
5	0.873 0	0.006 8	20.94	2 500.8	2 479.86
10	1.226 2	0.009 4	41.87	2 510.4	2 468.53
15	1.706 8	0.012 8	62.80	2 520.5	2 457.70
20	2.334 6	0.017 2	83.74	2 530.1	2 446.30
25	3.168 4	0.023 0	104.67	2 539.7	2 435.00
30	4.247 4	0.030 4	125.60	2 549.3	2 423.70
35	5.620 7	0.039 6	146.54	2 559.0	2 412.10
40	7.376 6	0.051 1	167.47	2 568.6	2 401.10
45	9.583 7	0.065 4	188.41	2 577.8	2 389.40
50	12.340 0	0.083 0	209.34	2 587.4	2 378.10
55	15.743 0	0.104 3	230.27	2 596.7	2 366.40
60	19.923 0	0.130 1	251.21	2 606.3	2 355.10
65	25.014 0	0.161 1	272.14	2 615.5	2 343.10
70	31.164 0	0.197 9	293.08	2 624.3	2 331.20
75	38.551 0	0.241 6	314.01	2 633.5	2 319.50
80	47.379 0	0.292 9	334.94	2 642.3	2 307.80
85	57.875 0	0.353 1	355.88	2 651.1	2 295.20
90	70.136 0	0.422 9	376.81	2 659.9	2 283.10
95	84.556 0	0.503 9	397.75	2 668.7	2 270.50
100	101.330 0	0.597 0	418.68	2 677.0	2 258.40
105	120.850 0	0.703 6	440.03	2 685.0	2 245.40
110	143.310 0	0.825 4	460.97	2 693.4	2 232.00
115	169.110 0	0.963 5	482.32	2 701.3	2 219.00
120	198.640 0	1.119 9	503.67	2 708.9	2 205.20
125	232.190 0	1.296 0	525.02	2 716.4	2 191.80
130	270.250 0	1.494 0	546.38	2 723.9	2 177.60
135	313.110 0	1.715 0	567.73	2 731.0	2 163.30
140	361.470 0	1.962 0	589.08	2 737.7	2 148.70
145	415.720 0	2.238 0	610.85	2 744.4	2 134.00
150	476.240 0	2.543 0	632.21	2 750.7	2 118.50
160	618.280 0	3.252 0	675.75	2 762.9	2 037.10
170	792.590 0	4.113 0	719.29	2 773.3	2 054.00

续表

温度（t）/℃	绝对压强（P）/ kPa	水蒸气的密度（ρ）/（kg/m^3）	焓（H）/（kJ/kg）		汽化热（r）/（kJ/kg）
			液体	水蒸气	
180	1 003.500 0	5.145 0	763.25	2 782.5	2 019.30
190	1 255.600 0	6.378 0	807.64	2 790.1	1 982.40
200	1 554.770 0	7.840 0	852.01	2 795.5	1 943.50
210	1 917.720 0	9.567 0	897.23	2 799.3	1 902.50
220	2 320.880 0	11.600 0	942.45	2 801.0	1 858.50
230	2 798.590 0	13.980 0	988.50	2 800.1	1 811.60
240	3 347.910 0	16.760 0	1 034.56	2 796.8	1 761.80
250	3 977.670 0	20.010 0	1 081.45	2 790.1	1 708.60
260	4 693.750 0	23.820 0	1 128.76	2 780.9	1 651.70
270	5 503.990 0	28.270 0	1 176.91	2 768.3	1 591.40
280	6 417.240 0	33.470 0	1 225.48	2 752.0	1 526.50
290	7 443.290 0	39.600 0	1 274.46	2 732.3	1 457.40
300	8 592.940 0	46.930 0	1 325.54	2 708.0	1 382.50
310	9 877.960 0	55.590 0	1 378.71	2 680.0	1 301.30
320	11 300.300 0	65.950 0	1 436.07	2 648.2	1 212.10
330	12 879.600 0	78.530 0	1 446.78	2 610.5	1 116.20
340	14 615.800 0	93.980 0	1 562.93	2 568.6	1 005.70
350	16 538.500 0	113.200 0	1 636.20	2 516.7	880.50
360	18 667.100 0	139.600 0	1 729.15	2 442.6	713.00
370	21 040.900 0	171.000 0	1 888.25	2 301.9	411.10
374	22 070.900 0	322.600 0	2 098.00	2 098.0	0.00

A2 按压强排列

绝对压强（P）/ kPa	温度（t）/℃	水蒸气的密度（ρ）/（kg/m^3）	焓（H）/（kJ/kg）		汽化热（r）/（kJ/kg）
			液体	水蒸气	
1.0	6.3	0.0077	26.48	2503.1	2476.8
1.5	12.5	0.0113	52.26	2515.3	2463.0
2.0	17.0	0.0149	71.21	2524.2	2452.9
2.5	20.9	0.0184	87.45	2531.8	2444.3
3.0	23.5	0.0218	98.38	2536.8	2438.1
3.5	26.1	0.0252	109.30	2541.8	2432.5
4.0	28.7	0.0287	120.23	2546.8	2426.6
4.5	30.8	0.0321	129.00	2550.9	2421.9
5.0	32.4	0.0354	135.69	2554.0	2416.3
6.0	35.6	0.0420	149.06	2560.1	2411.0
7.0	38.8	0.0486	162.44	2566.3	2403.8
8.0	41.3	0.0551	172.73	2571.0	2398.2
9.0	43.3	0.0616	181.16	2574.8	2393.6
10.0	45.3	0.0680	189.59	2578.5	2388.9
15.0	53.5	0.0996	224.03	2594.0	2370.0
20.0	60.1	0.1307	251.51	2606.4	2354.9
30.0	66.5	0.1909	288.77	2622.4	2333.7
40.0	75.0	0.2498	315.93	2634.1	2312.2
50.0	81.2	0.3080	339.80	2644.3	2304.5
60.0	85.6	0.3651	358.21	2652.1	2393.9
70.0	89.9	0.4223	376.61	2659.8	2283.2

续表

绝对压强（P）/ kPa	温度（t）/℃	水蒸气的密度（ρ）/（kg/m^3）	焓（H）/（kJ/kg）		汽化热（r）/（kJ/kg）
			液体	水蒸气	
80.0	93.2	0.4781	390.08	2665.3	2275.3
90.0	96.4	0.5338	403.49	2670.8	2267.4
100.0	99.6	0.5896	416.90	2676.3	2259.5
120.0	104.5	0.6987	437.51	2684.3	2246.8
140.0	109.2	0.8076	457.67	2692.1	2234.4
160.0	113.0	0.8298	473.88	2698.1	2224.2
180.0	116.6	1.0209	489.32	2703.7	2214.3
200.0	120.2	1.1273	493.71	2709.2	2204.6
250.0	127.2	1.3904	534.39	2719.7	2185.4
300.0	133.3	1.6501	560.38	2728.5	2168.1
350.0	138.8	1.9074	583.76	2736.1	2152.3
400.0	143.4	2.1618	603.61	2742.1	2138.5
450.0	147.7	2.4152	622.42	2747.8	2125.4
500.0	151.7	2.6673	639.59	2752.8	2113.2
600.0	158.7	3.1686	676.22	2761.4	2091.1
700.0	164.0	3.6657	696.27	2767.8	2071.5
800.0	170.4	4.1614	720.96	2773.7	2052.7
900.0	175.1	4.6525	741.82	2778.1	2036.2
1×10^3	179.9	5.1432	762.68	2782.5	2019.7
1.1×10^3	180.2	5.6333	780.34	2785.5	2005.1
1.2×10^3	187.8	6.1241	797.92	2788.5	1990.6
1.3×10^3	191.5	6.6141	814.25	2790.9	1976.7
1.4×10^3	194.8	7.1034	829.06	2792.4	1963.7
1.5×10^3	198.2	7.5935	843.86	2794.4	1950.7
1.6×10^3	201.3	8.0814	857.77	2796.0	1938.2
1.7×10^3	204.1	8.5674	870.58	2797.1	1926.1
1.8×10^3	206.9	9.0533	883.39	2798.1	1914.8
1.9×10^3	209.8	9.5392	896.21	2799.2	1903.0
2×10^3	212.2	10.0338	907.32	2799.7	1892.4
3×10^3	233.7	15.0075	1005.40	2798.9	1793.5
4×10^3	250.3	20.0969	1082.90	2789.8	1706.8
5×10^3	263.8	25.3663	1146.90	2776.2	1629.2
6×10^3	275.4	30.8494	1203.20	2759.5	1556.3
7×10^3	285.7	36.5744	1253.20	2740.8	1487.6
8×10^3	294.8	42.5768	1299.20	2720.5	1403.7
9×10^3	303.2	48.8945	1343.50	2699.1	1356.6
10×10^3	310.9	55.5407	1384.00	2677.1	1293.1
12×10^3	324.5	70.3075	1463.40	2631.2	1167.7
14×10^3	336.5	87.3020	1567.90	2583.2	1043.4
16×10^3	347.2	107.8010	1615.80	2531.1	915.4
18×10^3	356.9	134.4813	1699.80	2466.0	766.1
20×10^3	365.6	176.5961	1817.80	2364.2	544.9

附录 B　水的密度

t/℃	ρ/（kg/m^3）									
	0.0	0.1	0.2	0.3	0.4	0.5	0.6	0.7	0.8	0.9
0	999.88	999.84	999.85	999.85	999.86	999.87	999.87	999.88	999.88	999.89
1	999.89	999.90	999.90	999.91	999.91	999.92	999.92	999.92	999.93	999.93
2	999.94	999.94	999.94	999.94	999.95	999.95	999.95	999.95	999.96	999.96
3	999.96	999.96	999.96	999.96	999.96	999.97	999.97	999.97	999.97	999.97
4	999.97	999.97	999.97	999.97	999.97	999.97	999.96	999.96	999.96	999.96
5	999.96	999.96	999.96	999.95	999.95	999.95	999.95	999.94	999.94	999.94
6	999.94	999.93	999.93	999.93	999.92	999.92	999.91	999.91	999.91	999.90
7	999.90	999.89	999.89	999.88	999.88	999.87	999.87	999.86	999.86	999.85
8	999.84	999.84	999.83	999.82	999.82	999.81	999.80	999.80	999.79	999.78
9	999.78	999.77	999.76	999.75	999.75	999.74	999.73	999.72	999.71	999.70
10	999.69	999.69	999.68	999.67	999.66	999.65	999.64	999.63	999.62	999.61
11	999.60	999.59	999.58	999.57	999.56	999.55	999.54	999.53	999.52	999.50
12	999.49	999.48	999.47	999.46	999.45	999.43	999.42	999.41	999.40	999.38
13	999.37	999.36	999.35	999.33	999.32	999.31	999.29	999.28	999.27	999.25
14	999.24	999.23	999.21	999.20	999.18	999.17	999.15	999.14	999.12	999.11
15	999.09	999.08	999.06	999.05	999.03	999.02	999.00	998.99	998.97	998.95
16	998.94	998.92	998.91	998.89	998.87	998.86	998.84	998.82	998.80	998.79
17	998.77	998.75	998.74	998.72	998.70	998.68	998.66	998.65	998.63	998.61
18	998.59	998.57	998.55	998.53	998.52	998.50	998.48	998.46	998.44	998.42
19	998.40	998.38	998.36	998.34	998.32	998.30	998.26	998.24	998.23	998.22
20	998.20	998.18	998.16	998.14	998.12	998.09	998.07	998.05	998.03	998.01
21	997.99	997.97	997.94	997.92	997.90	997.88	997.86	997.83	997.81	997.79
22	997.77	997.74	997.72	997.70	997.67	997.65	997.63	997.60	997.58	997.56
23	997.53	997.51	997.49	997.46	997.44	997.41	997.39	997.37	997.34	997.32
24	997.29	997.27	997.24	997.22	997.19	997.17	997.14	997.12	997.09	997.07
25	997.04	997.04	996.99	996.96	996.94	996.91	996.83	996.83	996.83	996.81
26	996.78	996.75	996.73	996.70	996.67	996.64	996.62	996.59	996.56	996.54
27	996.51	996.48	996.45	996.43	996.40	996.37	996.34	996.31	996.29	996.26
28	996.23	996.20	996.17	996.14	996.11	996.09	996.06	996.03	996.00	995.97
29	995.94	995.91	995.88	995.85	995.82	995.79	995.76	995.73	995.70	995.67
30	995.64	995.61	995.58	995.55	995.52	995.49	995.46	995.43	995.40	995.37
31	995.34	995.31	995.27	995.24	995.21	995.18	995.15	995.12	995.09	995.05

续表

t/°C	ρ/（kg/m³）									
	0.0	0.1	0.2	0.3	0.4	0.5	0.6	0.7	0.8	0.9
32	995.02	995.99	994.96	994.93	994.89	994.86	994.83	994.80	994.76	994.73
33	994.70	994.67	994.63	994.60	994.57	994.53	994.50	994.47	994.43	994.40
34	994.37	994.33	994.30	994.27	994.23	994.20	994.16	994.13	994.10	994.06
35	994.03	993.99	993.96	993.92	993.89	993.85	993.82	993.78	993.75	993.71
36	993.68	993.64	993.61	993.57	993.54	993.50	993.47	993.43	993.40	993.36
37	993.32	993.29	993.25	993.22	993.18	993.14	993.11	993.07	993.03	993.00
38	992.96	992.92	992.89	992.85	992.81	992.78	992.74	992.70	992.66	992.63
39	992.59	992.55	992.51	992.48	992.44	992.40	992.36	992.33	992.29	992.25

注：表中为 0~39.0℃下数据

附录C　水的黏度

温度（t）		黏度（μ）		温度（t）		黏度（μ）	
℃	K	厘泊（cP①）	Pa·s或N·s/m^2	℃	K	厘泊（cP①）	Pa·s或N·s/m^2
0	273.16	1.7921	1.7921×10^{-3}	20.2	293.36	1.0000	1.0000×10^{-3}
1	274.16	1.7313	1.7313×10^{-3}	21	294.16	0.9810	0.9810×10^{-3}
2	275.16	1.6728	1.6728×10^{-3}	22	295.16	0.9579	0.9579×10^{-3}
3	276.16	1.6191	1.6191×10^{-3}	23	296.16	0.9358	0.9358×10^{-3}
4	277.16	1.5674	1.5674×10^{-3}	24	297.16	0.9142	0.9142×10^{-3}
5	278.16	1.5188	1.5188×10^{-3}	25	298.16	0.8937	0.8937×10^{-3}
6	279.16	1.4728	1.4728×10^{-3}	26	299.16	0.8737	0.8737×10^{-3}
7	280.16	1.4284	1.4284×10^{-3}	27	300.16	0.8545	0.8545×10^{-3}
8	281.16	1.3860	1.3860×10^{-3}	28	301.16	0.8360	0.8360×10^{-3}
9	282.16	1.3462	1.3462×10^{-3}	29	302.16	0.8180	0.8180×10^{-3}
10	283.16	1.3077	1.3077×10^{-3}	30	303.16	0.8007	0.8007×10^{-3}
11	284.16	1.2713	1.2713×10^{-3}	31	304.16	0.7840	0.7840×10^{-3}
12	285.16	1.2363	1.2363×10^{-3}	32	305.16	0.7679	0.7679×10^{-3}
13	286.16	1.2028	1.2028×10^{-3}	33	306.16	0.7523	0.7523×10^{-3}
14	287.16	1.1709	1.1709×10^{-3}	34	307.16	0.7371	0.7371×10^{-3}
15	288.16	1.1404	1.1404×10^{-3}	35	308.16	0.7225	0.7225×10^{-3}
16	289.16	1.1111	1.1111×10^{-3}	36	309.16	0.7085	0.7085×10^{-3}
17	290.16	1.0828	1.0828×10^{-3}	37	310.16	0.6947	0.6947×10^{-3}
18	291.16	1.0559	1.0559×10^{-3}	38	311.16	0.6814	0.6814×10^{-3}
19	292.16	1.0299	1.0299×10^{-3}	39	312.16	0.6685	0.6685×10^{-3}
20	293.16	1.0050	1.0050×10^{-3}	40	313.16	0.6560	0.6560×10^{-3}

注：表中为0～40.0℃下数据

①1cP=10^{-3}Pa·s

附录 D　饱和水的物理性质

温度（t）/℃	饱和蒸汽压（P）/ kPa	密度（ρ）/（kg/m^3）	比焓（H）/（kJ/kg）	比热（$c_p\times10^{-3}$）/［J/（kg/K）］	热导率（$\lambda\times10^2$）/［W/（m/K）］	黏度（$\mu\times10^{-5}$）/（Pa·s）	体积膨胀系数（$\beta\times10^4$）/ $℃^{-1}$	表面张力（$\sigma\times10^3$）/（N/m）	普朗特数（Pr）
0	0.608 2	999.9	0.00	4.212	55.13	179.21	−0.63	77.10	13.66
10	1.226 2	999.7	42.04	4.191	57.45	130.77	0.70	75.60	9.52
20	2.334 6	998.2	83.91	4.183	59.89	100.50	1.82	74.10	7.01
30	4.247 4	995.7	125.69	4.174	61.76	80.07	3.21	72.60	5.42
40	7.376 6	992.2	167.51	4.174	63.38	65.60	3.87	71.00	4.32
50	12.340	988.1	209.30	4.174	64.78	54.94	4.49	69.00	3.54
60	19.923	983.2	251.12	4.178	65.94	46.88	5.11	67.50	2.98
70	31.164	977.8	292.99	4.178	66.76	40.61	5.70	65.60	2.54
80	47.375	971.8	355.00	4.195	67.45	35.65	6.32	63.80	2.12
90	70.136	965.3	376.98	4.208	67.98	31.65	6.95	61.90	1.96
100	101.33	958.4	419.10	4.220	68.04	28.38	7.52	60.00	1.76
110	143.31	951.0	461.34	4.233	68.27	25.89	8.08	58.00	1.61
120	198.64	943.1	503.67	4.250	68.50	23.73	8.64	55.90	1.47
130	270.25	934.8	546.38	4.266	68.50	21.77	9.17	53.90	1.36
140	361.47	926.1	589.08	4.287	68.27	20.10	9.72	51.70	1.26
150	476.24	917.0	632.20	4.312	68.38	18.63	10.30	49.60	1.18
160	618.28	907.4	675.33	4.346	68.27	17.36	10.70	47.50	1.11
170	792.59	897.3	719.30	4.379	67.92	16.28	11.30	46.20	1.05
180	1 003.50	886.9	763.30	4.417	67.45	15.30	11.90	43.10	1.00
190	1 255.60	876.0	807.63	4.460	66.99	14.42	12.60	40.80	0.96
200	1 554.77	863.0	852.43	4.505	66.29	13.63	13.30	38.40	0.93
210	1 917.72	852.8	897.65	4.555	65.48	13.04	14.10	36.10	0.91
220	2 320.88	840.3	943.70	4.614	64.55	12.46	14.80	33.80	0.89
230	2 798.59	827.3	990.18	4.681	63.73	11.97	15.90	31.60	0.88
240	3 347.91	813.6	1 037.49	4.756	62.80	11.47	16.80	29.10	0.87
250	3 977.67	799.0	1 085.64	4.844	61.76	10.98	18.10	26.70	0.86
260	4 693.75	784.0	1 135.04	4.949	60.48	10.59	19.70	24.20	0.87
270	5 503.99	767.0	1 185.28	4.070	59.96	10.20	21.60	21.90	0.88
280	6 417.24	750.7	1 236.28	5.229	57.45	9.81	23.70	19.50	0.89
290	7 443.29	732.3	1 289.95	5.485	55.82	9.42	26.20	17.20	0.93
300	8 592.94	712.5	1 344.80	5.736	53.96	9.12	29.20	14.70	0.97

续表

温度（t）/℃	饱和蒸汽压（P）/ kPa	密度（ρ）/（kg/m^3）	比焓（H）/（kJ/kg）	比热（$c_p\times10^{-3}$）/［J/(kg/K)］	热导率（$\lambda\times10^2$）/［W/(m/K)］	黏度（$\mu\times10^{-5}$）/（Pa・s）	体积膨胀系数（$\beta\times10^4$）/ $℃^{-1}$	表面张力（$\sigma\times10^3$）/（N/m）	普朗特数（Pr）
310	9 877.96	691.1	1 402.16	6.071	52.34	8.83	32.90	12.30	1.02
320	11 300.3	667.1	1 462.03	6.573	50.59	8.53	38.20	10.00	1.11
330	12 879.6	640.2	1 526.10	7.243	48.73	8.14	43.30	7.82	1.22
340	14 615.8	610.1	1 594.75	8.164	45.71	7.75	53.40	5.78	1.38
350	16 538.5	574.4	1 671.37	9.504	43.03	7.26	66.80	3.89	1.60
360	18 667.1	528.0	1 761.39	13.984	39.54	6.67	109.00	2.06	2.36
370	21 040.9	450.5	1 892.43	40.319	33.73	5.65	264.00	0.48	6.08

附录 E　干空气的热物理性质

温度（t）/℃	密度（ρ）/（kg/m^3）	比热（$c_p\times10^{-3}$）/［J/（kg·K）］	热导率（$\lambda\times10^2$）/［W/（m·K）］	黏度（$\mu\times10^{-5}$）/（Pa·s）	普朗特数（Pr）
−50	1.584	1.013	2.035	1.46	0.728
−40	1.515	1.013	2.117	1.52	0.728
−30	1.453	1.013	2.198	1.57	0.723
−20	1.395	1.009	2.279	1.62	0.716
−10	1.342	1.009	2.360	1.67	0.712
0	1.293	1.009	2.442	1.72	0.707
10	1.247	1.009	2.512	1.77	0.705
20	1.205	1.013	2.593	1.81	0.703
30	1.165	1.013	2.675	1.86	0.701
40	1.128	1.013	2.756	1.91	0.699
50	1.093	1.017	2.826	1.96	0.698
60	1.060	1.017	2.896	2.01	0.696
70	1.029	1.017	2.966	2.06	0.694
80	1.000	1.022	3.047	2.11	0.692
90	0.972	1.022	3.128	2.15	0.69
100	0.946	1.022	3.210	2.19	0.688
120	0.898	1.026	3.338	2.29	0.686
140	0.854	1.026	3.489	2.37	0.684
160	0.815	1.026	3.640	2.45	0.682
180	0.779	1.034	3.780	2.53	0.681
200	0.746	1.034	3.931	2.60	0.680
250	0.674	1.043	4.268	2.74	0.677
300	0.615	1.047	4.605	2.97	0.674
350	0.566	1.055	4.908	3.14	0.676
400	0.524	1.068	5.210	3.31	0.678
500	0.456	1.072	5.745	3.62	0.687
600	0.404	1.089	6.222	3.91	0.699
700	0.362	1.102	6.711	4.18	0.706

续表

温度（t）/℃	密度（ρ）/（kg/m^3）	比热（$c_p\times10^{-3}$）/［J/（kg·K）］	热导率（$\lambda\times10^2$）/［W/（m·K）］	黏度（$\mu\times10^{-5}$）/（Pa·s）	普朗特数（Pr）
800	0.329	1.114	7.176	4.43	0.713
900	0.301	1.127	7.630	4.67	0.717
1000	0.277	1.139	8.071	4.90	0.719
1100	0.257	1.152	8.502	5.12	0.722
1200	0.239	1.164	9.153	5.35	0.724

注：表中为 $P=1.013\ 25\times10^5$Pa 时数据

附录 F　污垢系数值

F1　冷却水污垢系数

［单位：（m²·h·℃）/kcal］

热物料温度	115℃ 以下		115～205℃	
水温	52℃ 以下		52℃ 以上	
流速	<1m/s	>1m/s	<1m/s	>1m/s
海水	0.000 1	0.000 1	0.000 2	0.000 2
苦咸水	0.000 4	0.000 2	0.000 6	0.000 4
凉水塔，人工喷池水				
未处理过的补给水	0.000 6	0.000 6	0.001 0	0.000 8
处理过的补给水	0.000 2	0.000 2	0.000 4	0.000 4
自来水，井水 软化水	0.000 2	0.000 2	0.000 4	0.000 4
河水（平均）	0.000 6	0.000 4	0.000 8	0.000 6
河水（最小）	0.000 4	0.000 2	0.000 6	0.000 44
硬水	0.000 6	0.000 6	0.001 0	0.001 0
淤泥水	0.000 6	0.000 4	0.000 8	0.000 6
蒸馏水	0.000 1	0.000 1	0.000 1	0.000 1
处理的锅炉供水	0.000 2	0.000 1	0.000 2	0.000 2

注：1m²·h·℃/kcal=0.86m²·K/W。其中，1cal=4.1868J

F2　工艺物料的污垢系数

［单位：（m²·h·℃）/kcal］

1. 工业液体		重质柴油	0.0006
有机物	0.0002	重质燃料油	0.0010
冷冻剂 有机热载体	0.0002	沥青和残渣油 裂化和焦化装置物料	0.0020
冷冻盐水	0.0002	塔顶蒸气	0.0004

续表

传热用熔融盐	0.0001	轻质循环油	0.0004
单乙醇胺溶液	0.0004	重质循环油	0.0006
烧碱溶液	0.0004	轻质焦化瓦斯油	0.0006
盐类	0.0001	重质焦化瓦斯油	0.0008
2. 工业气体			
焦炉气，造气	0.0020	底部油浆$\left(最小4\frac{1}{2}\text{ft/s}\right)$	0.0006
水蒸气	0.0001	轻质液态产品	0.0004
空气	0.0004	催化重整和加氢脱硫物料	0.0004
溶剂蒸气	0.0002	重整炉进料	0.0002
天然气	0.0002	重整炉流出物	0.0004
有机化合物	0.0001	加氢脱硫进料和出料	0.0002
柴油机排气	0.0020	塔顶蒸气	0.0002
往复泵废蒸气	0.0002	50°API 以上的液体产品	0.0004
酸性气体	0.0002	30°～50°API 的液态产品	
3. 工业油类		轻馏分加工物料	0.0002
燃料油	0.0010	塔顶蒸气和气体	0.0002
净循环油	0.0002	液态产品	0.0004
机械和变压器油	0.0002	吸收油	0.0004
淬冷油	0.0008	微酸烷基化物料	0.0006
汽油	0.0002	再沸器物料	0.0040
挥发油	0.0002	润滑油加工物料	0.0004
煤油	0.0002	进料	0.0004
重油	0.001	混合溶剂进料	0.0002
植物油	0.0006	溶剂	0.0006
4. 炼油装置		萃取物	0.0002
汽油	0.0002	提余液	0.0010
石脑油和轻馏分	0.0002	沥青	0.0006
煤油	0.0002	蜡膏	0.0002
轻质柴油	0.0004	精致润滑油	0.0004

F3 油类污垢系数

［单位：（m^2·h·℃）/kcal］

物料	0～92℃			92～148℃		
	速度/（m/s）			速度/（m/s）		
	<0.6	0.6～1.2	>1.2	<0.6	0.6～1.2	>1.2
无水原油	0.0006	0.0004	0.0004	0.0006	0.0004	0.0004
含盐原油	0.0006	0.0004	0.0004	0.0010	0.0008	0.0008

物料	148～260℃			260℃以上		
	速度/（m/s）			速度/（m/s）		
	<0.6	0.6～1.2	>1.2	<0.6	0.6～1.2	>1.2
无水原油	0.0008	0.0006	0.0004	0.0010	0.0008	0.0006
含盐原油	0.0012	0.0010	0.0008	0.0014	0.0014	0.0010

附录 G　糖汁的有关性质

G1　糖汁在不同温度及浓度下的黏度

（单位：$10^{-3}Pa\cdot s$）

浓度/%	温度/℃									
	30	40	50	60	65	70	80	90	95	100
16	1.24	1.02	0.84	0.70	0.66	0.62	0.52	0.50	0.48	0.46
18	1.37	1.11	0.91	0.77	0.70	0.65	0.55	0.52	0.49	0.46
20	1.57	1.21	0.98	0.82	0.74	0.69	0.59	0.53	0.50	0.47
30	2.44	1.90	1.50	1.22	1.12	1.02	0.81	0.71	0.67	0.62
40	4.47	3.42	2.56	2.02	1.78	1.62	1.32	1.10	1.04	0.69

G2　糖汁在不同浓度时的相对密度（d_{20}^{4}）

固形物含量（B）/%	d_{20}^{4}	固形物含量（B）/%	d_{20}^{4}	固形物含量（B）/%	d_{20}^{4}	固形物含量（B）/%	d_{20}^{4}
10	1.038	20	1.080	30	1.103	40	1.176
15	1.059	25	1.103	35	1.151	50	1.230

注：当温度超过 20℃时，相对密度 d_t 可用下式计算：

$$d_t = d_{20}^{4} - \frac{(0.4+0.0025B)(t-20)}{1000}$$

G3　糖汁在不同浓度时温差损失表

固形物含量/%	20	30	40	50	55	60	65	70
常压下的温差损失/℃	0.30	0.65	1.15	2.00	2.60	3.30	4.25	5.40

附录 H　化工管路标准化表

H1　公 称 压 力

标准压强与公称压力对照表

标准压强/MPa	0.05	0.1	0.25	0.4	0.6	1.0	1.6	2.5	4.0
公称压力/（kgf/cm^2）	6.4	8.0	10.0	13.0	16.0	20.0	22.0	25.0	32.0

H2　低压流体用焊接钢管规格

公称直径		外径/mm	壁厚/mm		公称直径		外径/mm	壁厚/mm	
mm	in		普通管	加厚管	mm	in		普通管	加厚管
6	$\frac{1}{8}$	10.0	2.00	2.50	40	$1\frac{1}{2}$	48.0	3.50	4.25
8	$\frac{1}{4}$	13.5	2.25	2.75	50	2	60.0	3.50	4.50
10	$\frac{3}{8}$	17.0	2.25	2.75	（65）	$2\frac{1}{2}$	75.5	3.75	4.50
15	$\frac{1}{2}$	21.3	2.75	3.25	80	3	88.5	4.00	4.75
20	$\frac{3}{4}$	26.8	2.75	3.50	100	4	114.0	4.00	5.00
25	1	33.5	3.25	4.00	（125）	5	140.0	4.50	5.50
（32）	$1\frac{1}{4}$	42.3	3.25	4.00	150	6	165.0	4.50	5.50

注：表中括号内为不推荐使用的规格尺寸

H3　管路的水压试验压力

（单位：MPa）

公称压力	试验压力	公称压力	试验压力	公称压力	试验压力
0.05		2.5	3.8	20.0	30.0
0.1	0.2	4.0	6.0	22.0	33.0
0.25	0.4	6.4	9.6	25.0	38.0
0.4	0.6	8.0	12.0	32.0	48.0
0.6	0.9	10.0	15.0	40.0	56.0
1.0	1.5	13.0	19.5	50.0	70.0
1.6	2.4	16.0	24.0	64.0	90.0

H4　管路的弯曲半径

（单位：mm）

结构简图	公称直径（d）	最小弯曲半径（R）		公称直径（d）	最小弯曲半径（R）	
		热弯	冷弯		热弯	冷弯
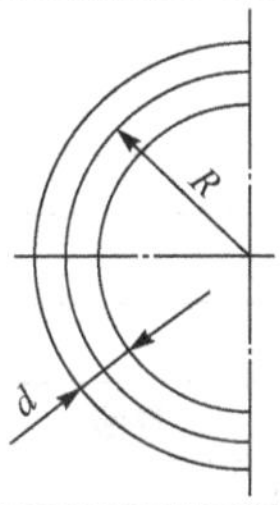	8	40	80	40	150	290
	10	50	100	50	180	360
	15	65	130	70	225	450
	20	80	160	80	265	530
	25	100	200	100	340	680
	32	130	250			

附录 I　金属管子、管件强度

I1　中压、低压管子的壁厚计算

设计公式	符号说明
$\delta = \dfrac{PD}{2[\sigma]^t \Phi - P} + C$ $C = C_1 + C_2 + C_3$	δ ——管壁厚度，mm P ——管内介质的工作压强，MPa D ——管子外径，mm Φ ——焊接系数，无缝钢管 $\Phi = 1$，直缝焊接管 $\Phi = 0.8$，螺旋焊缝焊接管 $\Phi = 0.6$ $[\sigma]^t$ ——管材在工作温度下的许用压强，MPa C ——管子壁厚附加量，mm C_1～C_3 的意义及确定如下

C_1 ——管子壁厚负偏差附加量

钢管种类		壁厚/mm	壁厚偏差	
			普通级	高级
无缝钢管和石油裂化用钢管	冷拔（冷轧）钢管 热轧钢管	>1.0	−15.0%	
		3.5～20.0	−15.0%	
		>20.0	−12.5%	
不锈钢、耐酸钢无缝钢管	冷拔（冷轧）钢管	≤1.0	−0.15mm	−0.1mm
		1.0～3.0	−15.0%	−10.0%
		>3.0	−12.5%	−10.0%
	热轧钢管	≤10.0	−15.0%	−12.5%
		10.0～20.0	−20.0%	−15.0%
		>20.0	−15.0%	−12.5%

C_2 ——腐蚀裕度

当介质对钢材的腐蚀速度≤单面腐蚀，双面腐蚀（包括大气腐蚀）：$C_2 = 2.0$～2.5mm

当管外涂防腐漆时，可认为是单面腐蚀；当管内、外壁均有较严重的腐蚀时认为是双面腐蚀

当介质对管材的腐蚀速度大于 0.05mm/年时，有的设计者根据腐蚀速度和使用寿命确定 C_2 值

C_3 ——管壁加工减薄量（单位：mm）

对于车削螺纹的管子，C_3 = 螺纹深度；若管子不车削螺纹，则 C_3 =0

I2　管道壁厚选用

公称直径/mm	管道外径/mm	选用壁厚/mm					常用壁厚规格/mm
		PN≤2.5MPa	PN=4.0MPa	PN=6.4MPa	PN=10.0MPa	PN=16.0MPa	
15	18	2.0	2.0	2.0	3.0	3.0	3.0
20	25	2.0	2.0	2.5	3.0	3.0	3.0
25	32	2.5	2.5	3.0	3.5	3.5	3.5
40	45	2.5	2.5	3.0	3.5	4.5	3.5
50	57	2.5	3.0	3.5	3.5	5.0	3.5
80	89	3.5	3.5	5.0	5.0	7.0	4.0
100	108	4.0	4.0	6.0	6.0	12.0	4.0
150	159	4.5	5.0	6.0	8.0	13.0	4.5
200	219	6.0	7.0	7.0	11.0	17.0	
250	273	6.0	8.0	9.0	14.0	21.0	
300	325	8.0	9.0	11.0	16.0		
350	377	8.0	9.0	12.0	25.0		
400	426	9.0	10.0	14.0			

注：PN 为公称压力

附录 J 单位换算表

说明：在下列表格中，各单位名称上的数字标志代表所属的单位制度：①cgs 制；②SI；③mkfs 制。*为英制单位，没有标志者为制外单位。

J1 长　　度

① cm（厘米）	②　③ m　米	* ft（英尺）	* in（英寸）
1	10^{-2}	0.032 81	0.393 7
100	1	3.281	39.37
30.48	0.304 8	1	12
2.54	0.025 4	0.083 33	1

J2 面　　积

① cm^2（厘米^2）	②　③ m^2　米^2	* ft^2（英尺^2）	* in^2（英寸^2）
1	10^{-4}	0.001 076	0.155 0
10^4	1	10.76	1 550
929.0	0.092 9	1	144.0
6.452	0.000 645 2	0.006 944	1

J3 体　　积

① cm^3（厘米^3）	②　③ m^3　米^3	1 公升	* ft^3（英尺^3）	* gal（UK）英加仑	* gal（US）美加仑
1	10^{-6}	10^{-3}	3.631×10^{-5}	0.000 22	0.000 264 2
10^6	1	10^2	35.31	220	264.2
10^3	10^{-3}	1	0.035 31	0.22	0.264 2
28 320	0.028 32	28.32	1	6.228	7.481

续表

① cm^3（厘米³）	②　　③ m^3　　米³	1 公升	* ft^3（英尺³）	* gal（UK）英加仑	* gal（US）美加仑
4 546	0.0045 46	4.546	0.160 5	1	1.201
3 785	0.0037 85	3.785	0.133 7	0.832 7	1

J4　质　　量

① g（克）	② kg（千克）	③ kgf・s^2/m （千克力・秒²/米）	t（吨）	* 1b（磅）
1	10^{-3}	1.020×10^{-4}	10^{-6}	0.002 205
1 000	1	0.102	10^{-3}	2.205
9 807	9.807	1		
453.6	0.453 6		4.536×10^{-4}	1

注：1kgf=9.806 65N

J5　密　　度

① g/cm^3（克/厘米³）	② kg/m^3（千克/米³）	③ kgf・s^2/m^4 （千克力・秒²/米⁴）
1	1000	102.0
10^{-3}	1	0.102
0.009 807	9.807	1

J6　重量或力

① dyn（达因）	② N（牛顿）	③ kgf（千克力）	1bf（磅力）
1	10^{-5}	1.020×10^{-6}	2.249×10^{-6}
10^5	1	0.102	0.2248
9.807×10^5	9.807	1	2.205
4.448×10^5	4.448	0.4536	1

J7　压　　力

① 1bar（巴） $=10^8dyn/cm^2$	② Pa（帕斯卡）	③ 1kgf /m^2（千克力/米²） $=1mmH_2O$	atm （标准大气压）	at （工程大气压）	mmHg （毫米汞柱） （0°C）
1	10^5	10 200	0.986 9	1.02	750
10^{-5}	1	0.102	9.869×10^{-5}	1.02×10^{-5}	0.007 5
9.871×10^{-5}	9.807	1	9.678×10^{-5}	10^{-4}	0.073 55

续表

① 1bar（巴） $=10^8$dyn/cm^2	② Pa（帕斯卡）	③ 1kgf/m^2（千克力/米^2） =1mmH_2O	atm （标准大气压）	at （工程大气压）	mmHg （毫米汞柱） （0℃）
1.013	1.013×10^5	10 330	1	1.033	760
0.980 7	9.807×10^4	10 000	0.967 8	1	735.56
0.001 333	133.3	13.6	0.001 36	0.001 316	1

J8 能量、功、热

① 1erg（尔格）= dyn·cm	② 1J（焦耳）=1N·m	③ kgf·m （千克力·米）	③ 1kal（千卡） =1000cal	kW·h （千瓦·时）	* Btu （英热单位）
1	10^{-7}				
10^7	1	0.102	2.39×10^{-4}	2.778×10^{-7}	9.486×10^{-4}
	9.807	1	2.342×10^{-3}	2.724×10^{-4}	9.296×10^{-3}
	4187	426.8	1	1.162×10^{-3}	3.968
	3.6×10^6	3.671×10^5	860	1	3413
	1055	107.6	0.252	2.928×10^{-4}	1

注：1 千卡=4186 焦耳，1 尔格=1 达因·厘米=10^{-7}焦耳

J9 功率、传热速率

① 1erg/s （尔格/秒）	② 1kW（千瓦）=1000J/s	③ kgf·m/s ［（千克力·米）/秒］	③ 1（kcal/s）（千卡/秒）= 1000cal/s
1	10^{-10}		
10^{10}	1	102	0.2389
	9.807×10^{-3}	1	2.342×10^{-3}
	4.187	426.8	1

J10 黏度（动力黏度）

P（泊）	② kg/（m·s） ［千克/（米·秒）］	③ kgf·s/m^2 （千克力·秒/ 米^2）	cP （厘泊）
1	0.1	0.0102	100
10	1	0.102	1000
98.07	9.807	1	9870
10^{-2}	10^{-3}	1.02×10^{-4}	1

注：1 泊=1 克/（厘米·秒）=1 达因·秒/厘米^2

J11 运动黏度

① cm^2/s（厘米²/秒）	② m^2/s（米²/秒）	③ m^2/h（米²/时）
1	10^{-4}	0.36
10^4	1	3600
2.778	2.778×10^{-4}	1

J12 表面张力

① dyn/cm （达因/厘米）	② N/m （牛顿/米）	③ kgf/m （千克力/米）
1	0.001	1.020×10^{-4}
1000	1	0.1020
9807	9.807	1

J13 导热系数

① cal/（cm·s·℃） [卡/(/厘米·秒·℃)]	② W/（m·K） [瓦/（米·开）]	③ kcal/（m·s·℃） [千卡/（米·秒·℃）]	kcal/（m·h·℃） [千卡/（米·时·℃）]
1	418.7	0.1	360
2.388×10^{-3}	1	2.388×10^{-4}	0.8598
10	4187	1	3600
2.778×10^{-3}	1.163	2.778×10^{-4}	1

J14 焓、潜热

① cal/g （卡/克）	② J/kg （焦耳/千克）	③ kcal/kgf （千卡/千克力）
1	4187	1
2.389×10^{-4}	1	2.389×10^{-4}

J15 比热容、熵

① cal/（g·℃） [卡/（克·℃）]	② J/（kg·K） [焦耳/（千克·开）]	③ kcal/（kgf·℃） [千卡/（千克力·℃）]
1	4187	1

J16 传 热 系 数

① cal/（cm^2·s·℃） [卡/（/厘米²·秒·℃）]	② W/（m^2·K） [瓦/（米²·开）]	③ kcal/（m^2·s·℃） [千卡/（米²·秒·℃）]	kcal/（m^2·h·℃） [千卡/（米²·时·℃）]
1	4.187×10^4	10	3.6×10^4
2.388×10^{-5}	1	2.388×10^{-4}	8598
0.1	4.187	1	3600
2.778×10^{-5}	1.163	2.778×10^{-4}	1

J17 温 度 换 算

TK 与 *t*℃换算：

$$TK^{②}= t℃+273.15$$

J18 标准重力加速度

$$g=9.807\ (m/s^2)^{②}$$
$$=32.17\ (ft/s^2)^{*}$$

J19 通用气体常数

$$R=1.987\left[cal/(mol\cdot K)\right]^{①}$$
$$=8.314\left[kJ/(kmol\cdot K)\right]^{②}$$
$$=0.08206\left[atm/(mol\cdot K)\right]$$